城市与区域规划研究

本期执行主编　田　莉　顾朝林　武廷海

2018年·北京

图书在版编目（CIP）数据

城市与区域规划研究. 第10卷. 第4期：总第29期/田莉，顾朝林，武廷海主编. —北京：商务印书馆，2018

ISBN 978 - 7 - 100 - 16841 - 0

Ⅰ. ①城… Ⅱ. ①田… ②顾… ③武… Ⅲ. ①城市规划—研究—丛刊②区域规划—研究—丛刊 Ⅳ. ①TU984 - 55②TU982 - 55

中国版本图书馆CIP数据核字（2018）第261860号

城市与区域规划研究

本期执行主编　田　莉　顾朝林　武廷海

商　务　印　书　馆　出　版

（北京王府井大街36号邮政编码100710）

商　务　印　书　馆　发　行

北京教图印刷有限公司印刷

ISBN 978 - 7 - 100 - 16841 - 0

2018年12月第1版　　开本787×1092　1/16

2018年12月北京第1次印刷　印张19 1/2

定价：42.00元

主编导读
Editor's Introduction

Since the reform and opening up, China's large-scale urbanization and industrialization have brought about not only rapid economic and social development, but also unprecedented threats and challenges to public health. The "13th Five-Year Plan" (2016-2020) proposed the strategy of building "Healthy China". How to combine the concept of health with sustainable development to promote the coordinated and sustainable development of urban environment, society, and public health, has become a core issue that must be faced with by urban and rural development as well as urban planning in the future.

Since the 1970s, the international academic community has gradually recognized the impact of the built environment on public health. Modern medicine pays great attention to evidence-based practice. In the Global Perspectives of this issue, "Evidence-Based Practice: Challenges in a Changing World", written by Professor Ann FORSYTH of Harvard University, states that health is affected by a number of factors, including planning and design. However, how does planning and design affect public health? Existing research is still difficult to provide sufficient evidence, but this does not influence the ability of planning and design to contribute to health work. That is, planning and design can make a difference through assessing environments through the lens of heath, creating regulations and policies, developing model

改革开放以来，我国大规模城镇化和工业化进程带动了经济社会快速发展，同时也给公共健康带来了前所未有的威胁与挑战，国家《十三五规划纲要》（2016～2020）提出了建设"健康中国"的战略。如何将健康理念与可持续发展相结合，以此促进城市的环境、社会和公共健康协调可持续发展，已经成为未来我国城乡发展和城市规划必须直面的核心议题。

20 世纪 70 年代以来，国际学术界已经逐步认识到建成环境对公共健康的影响。现代医学讲究循证实践（evidence-based practice），本期"国际快线"刊载哈佛大学安·福赛思的文章"健康城市的循证实践：变化世界中的挑战"，研究表明健康受到多重因素的影响，其中包括规划设计，可是规划设计究竟如何影响公共健康？现有的研究还难以提供足够的证据。不过，这并不影响规划设计可以为健康工作做出贡献，那就是从健康的视角评估环境，制定规范与政

environments, promoting programs that help people use places in healthier ways, and fostering collaborations with groups interested to promote health.

In this issue, eight papers on healthy urban and regional planning studies are organized. As a strategic health resource, urban green space has been widely recognized for its role in promoting public health benefits. In "Transformation Strategy of Urban Green Space in China from a Healthy City Perspective" by WANG Shifu et al., it proposes policy suggestions for urban green space to transform to urban healthy green space. In "Health Impact Assessment in Urban Green Space Planning and Its Implications" by LENG Hong et al., the paper points out that the health impact assessment (HIA), targeted at urban green space planning, can help integrate the health goals and strategies with specific planning projects at the practical level. In "Management of Health-Enhancing Recreation Resource in Urban Green Spaces: A Lesson from American Park Rx Program" by CHEN Zheng et al., the paper introduces the "Park Rx" Program of the United States by use of urban park geodatabase, and holds that it is of great importance to improve the health service level of the green space in Chinese cities. Urban space and social development are closely related, influencing the physical and mental health of residents. In "Impacts of Built Environment on Residents' Health: Evidence from Residents Living in Relocation Housing" by SUN Bindong et al., the paper analyzes the impacts of the built environment elements of Shanghai's streets on the physical and mental health of local residents, indicating that over-concentration will have negative effects on the residents' health, which is different from the experience of the developed countries in the West. In "Study on the Mechanism Between Social Tie and Mental Health of Affordable Housing Residents" by MIAO Siyu et al., the paper indicates that the social tie between affordable housing residents and commercial housing residents has a direct effect on residents'

策，建设环境范例，制定改善计划，帮助人们以更健康的方式来使用场所，与致力于健康工作的团体众志成城。

本期组织了八篇有关健康城市与区域规划研究的文章。城市绿色空间作为一种战略性健康资源，在促进公共健康效益方面的作用受到广泛认可，华南理工大学王世福等“健康绩效导向的中国城市绿色空间转型策略”构建了从城市绿地系统到城市健康绿色空间的策略建议；哈尔滨工业大学冷红等“城市绿色空间规划健康影响评估及其启示”指出，针对城市绿色空间规划的健康影响评估（HIA），将有助于在实践层面使促进健康的目标和策略与具体规划项目实现深度融合；同济大学陈筝等“面向健康服务的城市绿色空间游憩资源管理：美国公园处方签计划启示”介绍了美国利用城市公共公园地理数据库的“公园处方签”实践，认为提升中国城市绿色空间的健康服务水平至关重要。城市空间与社会发展关系密切，影响居民身心健康，华东师范大学孙斌栋等“建成环境对居民健康的影响——来自拆迁安置房居民的证据”分析了上海市街道建成环境要素对居民身体和心理健康的影响，发现过度紧凑对居民的身心健康会产生负面作用，这与西方发达国家的传统经验有所差异；同济大学苗丝雨等“社会联系对保障房居民心理健

mental health, and improving housing satisfaction can indirectly affect the mental health, so the development of mixed community is conducive to improving the mental health of residents. In "Measurement and Analysis of the Equalized Construction of the 15-Minute Community Sports Ring Using Spatial Layer Model" by WANG Qian et al., this paper, by taking Shanghai as the research object and building a model for measuring the 15-minute community sports ring (CSR), finds that the unequal degree of 15-minute CSR construction is high and there is an apparent "urban and rural binary" structure, and then suggests that it can help eliminate unequal supply by increasing the coverage rate of public sports facilities in the non-central city area. In addition, in "Evaluation and Optimization Strategy of Urban Healthy Development of the Yangtze River Economic Belt" by MIAO Wenwei et al., the paper, for the first time, conducts a comprehensive evaluation on regional city clusters. It expands the concept of healthy city to the socio-economic and environmental fields, analyzes the spatial distribution pattern of the healthy development level of the regional city cluster, and puts forward the optimization strategy for promoting the healthy development of cities and regions from the three aspects of field optimization, zoned guidance, and coordinated development. Many internationally renowned universities, including Berkeley University and Georgia Institute of Technology, have successively established a double degree in urban planning and public health. The paper entitled "Review of Books Published on Healthy City and Healthy Urban and Rural Planning" by LI Qing et al. reviews the books centering on the three themes of healthy city, health impact assessment, and healthy city planning, and introduces some representative books published by China and other countries. In general, the study on the relationship between urban planning and public health is on the rise, the direct mechanism of action between the two is still unclear, and research conclusions drawn at

康的机制影响研究”发现，保障房居民和周边商品房社区居民社会联系对于居民的心理健康不仅有直接影响作用，而且通过提高住房满意度间接影响心理健康，因此鼓励适当混合的居住模式对身心健康是有利的；湖北经济学院王茜等“基于圈层模型的 15 分钟社区健身圈均等化建设测度与分析”以上海市为研究对象，构建了 15 分钟社区健身圈测度模型，发现建设不均等程度较高，存在明显的“城乡二元”结构，认为提升非中心城区公共体育设施的覆盖率对消除供给不均等具有积极意义。此外，华中科技大学缪雯纬等“长江经济带城市健康发展评价及优化策略”首次对区域城镇群的城市健康发展进行综合评价，将城市健康的概念拓展到社会经济和环境领域并分析其健康发展水平差异的空间分布格局规律，指出需要从领域优化、分区指引和发展协同三方面提出促进城市与区域健康发展的对策建议。多所国际知名大学包括伯克利大学、乔治亚理工大学等都先后设立了城市规划与公共健康的双学位。同济大学李晴等“健康城市与健康城乡规划图书评介”围绕健康城市、健康影响评估和健康城市规划三类主题展开并介绍了国际国内的代表性书籍。总体看来，城市规划与公共健康相互关系的研究方兴未艾，两者之间的直接作用机制尚不明确，在不同尺度和维度上得出的研

different scales and dimensions are not the same, which requires to be further deepened in the subsequent studies.

With regards to urbanization studies, ZHOU Lin et al., based on the "emergence" theory of complex adaptive system, expand the theoretical framework of "Homo Urbanicus" proposed by LEUNG Hok-Lin in terms of the formation and evolution of typical human settlements structure. GUAN Weihua et al. carry out a comprehensive evaluation on the marginal benefits of land urbanization and population urbanization in China from 2003 to 2016, pointing out that the traditional development mode that relies on resources for expansion has encountered its bottleneck, and the mode of intensive use of resources needs to be applied to promote the urbanization benefits. ZHAO Ming investigates the informal employment in Zhoukou City and analyzes its characteristics, finding that informal employment is an important driving force for the urbanization of small and medium-sized cities, which is different from the phenomenon that informal employment is of poor stability, has no social insurance, and is often discriminated in big cities. It is of great significance for exploring low-cost urbanization paths in small and medium-sized cities. In terms of community governance, SHEN Mingrui et al. investigate the evolution of urban community planning and governance in China from the perspective of public products, and explore the changes from "work-unit compound" to "homeowner community"; DAI Siyuan pays close attention to public housing in Hong Kong as a social protection policy issued by the government to deal with capital urbanization, finding that this policy is restricted by the tensions of various objective values. It is suggested to promote the construction of mixed communities and public transport facilities, so as to ensure the sharing of urban space between different social classes. In terms of the protection of historic blocks, WU Qian et al. compare the protection incentive policies for urban private historic buildings in China and abroad,

究结论也不尽相同，后续研究需进一步深化完善。

在城市化研究方面，清华大学周麟等基于复杂适应性系统“涌现”理论，从典型人居结构的形成与演化发育等方面，对梁鹤年先生提出的“城市人”理论框架进行了拓展；南京师范大学管卫华等对 2003～2016 年中国土地城镇化和人口城镇化所产生的边际效益进行了综合评价，指出传统依赖资源扩张发展模式面临“瓶颈”，需要通过资源的集约利用来提升城镇化效益；清华大学赵明对河南周口市非正规就业进行调查与特征分析，发现非正规就业是推动中小城市城镇化发展的重要动力，不同于大城市中非正规就业稳定性差、缺少社会保障、被歧视等现象，在中小城市探索低成本的城镇化发展路径十分重要。在社区治理方面，南京大学申明锐等从公共产品角度考察中国城市社区规划与治理演进，探讨从“单位小区”到“业主社区”的变迁；中山大学戴思源关注香港公屋这一政府为应对资本城市化而出台的社会保护政策，在实践中所面临各种目标价值张力制约的困境，认为应着力推进混合社区和公共交通设施的建设，以保证城市空间的阶层共享。在历史街区保护方面，清华大学吴骞等比较了国内外城市的私有历史建筑保护激励政策，认为应首先考虑选择产权限制，谨慎使用产权征收，并探索了

conclude that priority should be given to the method of property right restriction and that the method of property right expropriation should be taken cautiously, and explore the protection incentive policies suitable for the urban private historic buildings in China.

As China enters a new era, urban and regional planning also enters a new stage of development. Starting from this issue, a new column called "Classic Articles by New Authors" is set up, which will introduce the Chinese "new stars" of the urban and regional planning discipline in both China and abroad, who have been promoted to full professor in these three years along with the rapid development of this discipline. Their personal resume and research papers will be published, in hope of promoting the disciplinary development. TANG Shuangshuang, Professor of School of Geography Science, Nanjing Normal University, studies population migration and settlement in the context of China's rapid urbanization, and compares the regional planning between France and China. Her representative work is "Return Intentions of China's Rural Migrants: Study in Nanjing and Suzhou", which indicates that most of the rural migrants will not settle down in the city where they currently work and live and they prefer to return to their hometown in the future. So it is suggested that the future urbanization policy reform should further narrow the institutional gap as well as the social, economic, and environmental gap between different regions. HU Lingqian, Professor and Dean of School of Architecture and Urban Planning, University of Wisconsin-Milwaukee, is devoted to the study on integrated transport and land use planning, as well as the impacts of transport on economic development and social equality. Her research programs cover Los Angeles, Chicago, Beijing, etc. Her representative work is "Job Accessibility of the Poor in Los Angeles: Has Suburbanization Affected Spatial Mismatch", which questions the assertion that disadvantaged groups who reside in inner-city neighborhoods have less access to regional jobs, and

适用于我国的城市私有历史建筑保护激励政策。

中国进入新时代，城市与区域规划事业也进入新的发展阶段，本刊特别新设“新人名篇”栏目，从本期开始将陆续推出该学科近三年迅速成长并晋升正教授的海内外华人城市与区域规划学科新星，刊载个人简历和名篇新作，推动学科发展。南京师范大学地理科学学院汤爽爽教授，以中国快速城市化时期为研究背景研究人口流动和定居以及法国与中国的区域规划比较，代表性著作“中国农村流动人口的回流意愿分析——以南京市和苏州市为例”表明，大部分的农村流动人口未来并不会定居在当前工作和生活的城市，而会选择回流，建议未来的城镇化政策改革需进一步缩小不同地区间体制以及经济社会环境上的差距。胡伶倩是威斯康星大学密尔沃基分校（University of Wisconsin-Milwaukee）城市规划系教授、系主任，致力于研究综合交通与土地利用规划以及交通对经济发展与社会公平的影响，研究项目包括洛杉矶、芝加哥以及北京等地区，其代表性作品“洛杉矶地区贫困求职者的就业可达性——郊区化是否影响空间不匹配”对通常认为的居住在内城的弱势群体有较低的就业可达性这一观念提出质疑，因此一些广为提倡的空间政策，如郊区安置人口计划、增加内城工作岗位计划、提供更多公交

holds the view that some widely advocated space policies, such as moving people to the suburbs, bringing jobs to the inner city, or providing mobility options, will not be effective. Readers can read this paper for more details.

This issue also includes the papers of three young scholars. The paper "Transition of Ideas of the Rural Area Preservation in Dujiangyan Irrigation Region at the New Era and Its Prospect" by YUAN Lin et al. proposes new thoughts for the issue of rural area preservation in Dujiangyan Irrigation Region; the paper "Recognition, Analysis, and Construction of Contemporary Rural Space" by FAN Dongyang et al. conducts a review on the book *La France des Campagnes A l'Heure des Métropoles*; the paper "A Framework of Spatial Distribution of Cities at Provincial Level on Resilience Perspective" by LI Tongyue shows the rise of new talents in the field of urban and regional planning.

The next issue will take "Technical Methods for National Land and Space Planning" as the theme. Please continue to pay attention to this journal.

服务等，并不会奏效，读者可以一观其详。

本期还收录了三篇青年学者的文章。清华大学袁琳等"新时代都江堰灌区乡村保护思路的转变与展望"就世界文化遗产都江堰灌区的乡村保护问题提出新思路；清华大学范冬阳等"当代乡村空间的认知、分析与建构"对《大都市时代的乡村法国》一书进行评述；研究生李彤玥"基于韧性视角的省域城镇空间布局框架构建研究"显示了城市与区域规划领域"小荷已露尖尖角"的景象。

本刊下期主题为"国土空间规划技术方法"，敬请继续关注。

城市与区域规划研究

目　次［第 10 卷 第 4 期 （总第 29 期）2018］

Journal of Urban and Regional Planning

CONTENTS [Vol.10, No.4, Series No.29, 2018]

健康城市的循证实践：变化世界中的挑战①

安・福赛思

孙文尧　王　兰　译

Evidence-Based Practice: Challenges in a Changing World

Ann FORSYTH
(School of Urban Planning, Harvard University, Cambridge, MA 02138, USA)
Translated by SUN Wenyao, WANG Lan
(College of Architecture and Urban Planning, Tongji University, Shanghai 200092, China)

Abstract Evidence-based practice promises to improve the work of urban planning and design. However, a number of challenges mean that it has not been adopted as widely as might be expected. Existing research may not cleanly match the problems practitioners face in terms of topic or setting. Practitioners may have difficulty locating relevant studies in order to assess the balance of evidence about an issue. When many factors affect health, it can be difficult to see where to put one's effort, and even if planning and design will make much difference. As environments and populations change this is made even more complex. However, planning and design can make a difference through assessing environments through the lens of heath, creating regulations and policies, developing model environments, promoting programs that help people use places in healthier ways, and fostering collaborations with groups interested promoting health.

Keywords evidence; research; health; practice

作者简介

安・福赛思，哈佛大学城市规划学院。

孙文尧，王兰（通讯作者），同济大学建筑与城市规划学院。

摘　要　循证实践为城市规划与设计工作的不断改善提供了保障，但因为存在一定挑战使得循证实践未能像预期那样被广泛采用。就主题和研究背景而言，已有研究可能无法很好地与实践者面临的问题相匹配。实践者可能难以定位相关的研究，对照着一个特定的问题进行评估。因而，当许多因素影响健康时，即使规划和设计会起到很大作用，也很难判断应该在哪方面努力。随着环境和人口的变化，这种情况变得更加复杂。但是规划和设计可以通过从健康的视角评估环境，制定规章和政策，构建范式环境，使人们以更健康的方式使用场所并促进对健康感兴趣的团体之间的合作，从而带来改变。

关键词　证据；研究；健康；实践

1　显著事实与循证

如今，建成环境对人类健康的影响似乎日益明显。在此情况下，城市规划师、城市设计师、景观建筑师和建筑师均可发挥潜在的重要作用，让居民的生活更好。在一场宏大的、不分派系的、与疾病和死亡的战斗中，他们能成为引领人类行动的英雄。他们可基于联系健康和场所的大量研究来指导实践，发展新的同盟者，并从整体上改善世界。

我的观点是：循证实践具有巨大的潜力，然而在实际推进中却面临困境。首先是研究应用于实践的考虑不足。部分原因在于：实践者寻求解决问题的范围和特点与大学等科研机构开展研究的形式存在不匹配；实践者习惯于使用的论据（例如主要来源于个体经验）与针对各种背景和人群，超越研究者直接经验的研究结果也存在不匹配。研究本身可能非常有用，但实践者难以把握研究的整体维度，不能确定如何应用这些研究；也可能因为研究存在大量具有特殊性的发现，实践者难以看到全局。

其次，理论上很难确定干预措施的重点，因为许多现有的概念框架均强调了与健康有关的一系列问题（尽管其中的某些问题并没有发挥显著的作用）。一个实践者不可能一次性处理所有问题，需要明确什么才是最佳的干预。城市世界正在相对快速地变化，尤其是环境变化和人口增长。在这种快速变化的背景下，将当前阶段的研究应用于未来的问题，需要技能和判断力。将健康和场所联系起来的项目案例，展示了建立这种联系所面临的机会和局限。总体而言，在实践中建立健康和场所之间的联系重要而又复杂。

2 健康与场所之间的多元联系

循证实践，即采用研究证据指导我们如何行动，是一个跨越多领域的热点（Krizek et al.，2009）。城市规划和设计的相关研究涉及多个领域与专业范畴。尽管这种跨学科、跨领域现象在其他专业也普遍存在，但规划尤其横跨了从地块到区域的各种空间尺度，并致力于协调各个领域：物质、社会、经济、生态和制度等。这意味着与其相关的研究将来源于各种学科。下文根据“健康和场所倡议”（Health and Place Initiative）列出了部分健康和场所相关联的主题，展示在此交叉领域的一系列环境特征和健康行为。

（1）暴露

· 空气质量

· 灾害

· 噪声

· 有毒物

· 水质

· 气候变化

· 住房

（2）联系

· 社区资源的地理可达性

· 医疗资源的地理可达性

· 社会资本

· 机动性和无障碍设计

（3）行为支持

· 体力活动的选择

· 心理健康效应
· 食物选择
· 安全（事故，犯罪）

这些健康和场所相关联的研究主题既是令人振奋的机会，也是一项艰巨的挑战。

在这些主题领域中，健康相关的暴露、行为和结果如何与场所产生联系的研究已大量存在，而其他主题的研究相对较少。例如，健康研究数据库有数十万篇文章的摘要提到了“城市”（urban，city）、“乡村”（rural），但仅有数百篇文章的摘要中提到了“城市规划”（urban planning）。许多职业协会和大学的项目使上述主题的研究更易开展，例如由美国室内设计师协会（American Society of Interior Designers，ASID）资助的示范项目“信息设计”（InformeDesign，2015）。然而，融合多领域研究成果的任务依然十分艰巨。

3 理论的复杂性

多重交叉性意味着需要更加广泛地考虑健康和健康行为的众多决定因素：从生物学和行为到政策和定价。为了解释所有这些影响因素如何相互作用，最新的研究使用了“社会生态模型”（social ecological model）。这一概括性的模型借鉴了布朗芬布伦纳（Bronfenbrenner，1979）的生态系统理论以及其他学者促进健康的社会生态学研究（McLeroy et al.，1988，Stokols，1992）。这一模型与社会流行病学（social epidemiology）以及健康影响因素的研究工作有很多共同点（Kawachi，2002；House，2002）。通过干预改善公共健康的模型也有其他形式，巴拉诺夫斯基等（Baranowski et al.，2003）列举了用于指导行为变化的主要理论，包括知识—态度—行为模型、行为学习理论、健康信念模型、社会认知理论、计划行为理论、跨理论模型/变化阶段、社会营销学和社会生态模型。然而，社会生态模型的使用频率更高，部分原因是该模型很容易纳入更大的环境，包括建成环境和社会不公平环境。在一些例如预防肥胖的案例中，公共卫生倡议者的努力通常难以推动个体做出改变，环境层面的干预反而比较有效。

社会生态模型通常表示为彩虹形状或一组同心圆（Sallis et al.，2006、2012；Dahlgren and Whitehead，1991、2007；Rao et al.，2011）。其典型特征是个体因素处于中心（包括年龄、性别、健康或生物学等因素），周围是由感知、行为、社交网络（家庭、同龄人、学校、社区、工作等）、环境（建成环境、社会环境、政策环境）和广义环境条件（如文化、经济）组成的辐射带。各版本模型的辐射带数量及其确切内容有所不同，共同点是个体均在不同程度上被各种影响因素环绕。

在城市规划领域，环境的重要性已不言而喻。然而，在以生物学理论或心理社会学理论为主导的健康领域，社会生态模型提供了一种融合环境、组织环境和政策的方式。该模型框架能够促进健康和环境研究者之间开展有效合作，尤其是在能量平衡（体力活动和食品环境）方面。

社会生态模型的优势在于其全面性，有利于广泛提高人们对健康影响的认知。社会生态模型可以使研究人员在研究设计时考虑并纳入多个变量，例如针对降低肥胖这一棘手问题（Pothukuchi，2005；Rittell and Webber，1973；Rao et al.，2011）。基于该模型的研究不会急于聚焦于单一的解决方案，也不会过早地缩小选择范围。但这一模型的劣势在于，这种彩虹形状或嵌套圆形的图示并没有说明各影响因素的相对优势、相互作用和因果路径。即使研究仅处理一个健康问题，如肥胖，或者仅以因果路径的形式展开（例如 Schulz and Northridge，2004），也很难明确哪些因素发挥中介作用（解释两个变量如何互相联系）和哪些因素发挥调节作用（影响变量之间关系的方向或强度）。从图示关系上，该模型为距中心较远的环境因素提供了广阔的视觉空间，但并未准确表达它们的重要性。虽然目前存在这些问题，但是该模型仍然可以为许多新的研究合作提供有益的灵感。

其他研究人员尝试开发中层模型（midlevel model），从而更加明确地表示不同健康结果之间的联系，区分主要和次要的因果路径、调节作用与互动影响[②]。在暴露与健康结果直接相关的领域中（例如污染物导致呼吸问题），建构中层模型相对简单。但对于肥胖问题，环境与健康结果之间的联系更为复杂。例如，能量平衡的一个关键方面是食品摄入量。近几十年来，由于全球食品供应量增加，食品摄入量也在增加（Swinburn et al.，2011；Rao et al.，2011）。虽然美国对“食物沙漠”这一现象深表忧虑，但食品比比皆是，特别是在大都市区。因此，除了附近能否获取特定食物，其他因素可能对食物消费产生至关重要的影响。选择更健康的食物意味着费用更高、更难以存放、在特定季节无法获得、不适宜某些群体的口味或文化，或者没有被很好地营销宣传（Forsyth et al.，2010；Wells et al.，007）。与食品环境相关的某些影响因素十分微观，例如食品如何装盘（Wansink and Sobal，2007；Sobal and Wansink，2007）。以上这些因素都将影响消费。

能量平衡等式的另一个关键方面是体能消耗。图 1 作为中层理论的示例，简要构建了一个环境如何调节体能消耗的中层模型。能量消耗可能发生在不同的地点：工作地、家庭、社区、从一个场所移动到另一个场所的过程中以及在锻炼设施上。上述不同地点通常是人们在一天、一周或一个月的主要活动场所，可以支持或妨碍人们体力活动（Wells et al.，2007；Leslie et al.，2007）。这些环境从微观尺度（例如楼梯标志）到宏观尺度（在区域尺度上推进积极交通）轮流发挥作用。这些作用可能非常微妙，例如没有暖气的家庭需要消耗更多的体能来维持体温。

彩虹形状或嵌套圆形的图示为环境因素提供了大量的视觉空间。食物摄入量可能是关键，体能消耗的个人特征和个人约束条件也可能非常重要（例如 Stafford et al.，2007；Christian et al.，2011）。图 1 中使用粗线在视觉上强调这些变量。

由于存在复杂性，影响体力活动的社区环境与肥胖之间关联性的研究，结论表现出不一致性。Feng 等（2010）综述了 63 篇客观测量的社区因素与身体质量指数（Body Mass Index，BMI）之间相关性的论文，发现研究方法和研究结果都存在异质性，难以从这些文献中得出结论。而莱尔和谢（Leal and Chaix，2011）系统综述了 131 篇关于当地环境与心脏代谢风险因素（包括肥胖）之间关系的文章，发现很多研究明确居住密度较高、街道交叉口较多、服务设施较多、社会凝聚力较高的环境与较低的 BMI 相关（Black and Macinko，2008）。而洛沃希等（Lovasi et al.，2009）综述了 45 项针对美国弱势群体的

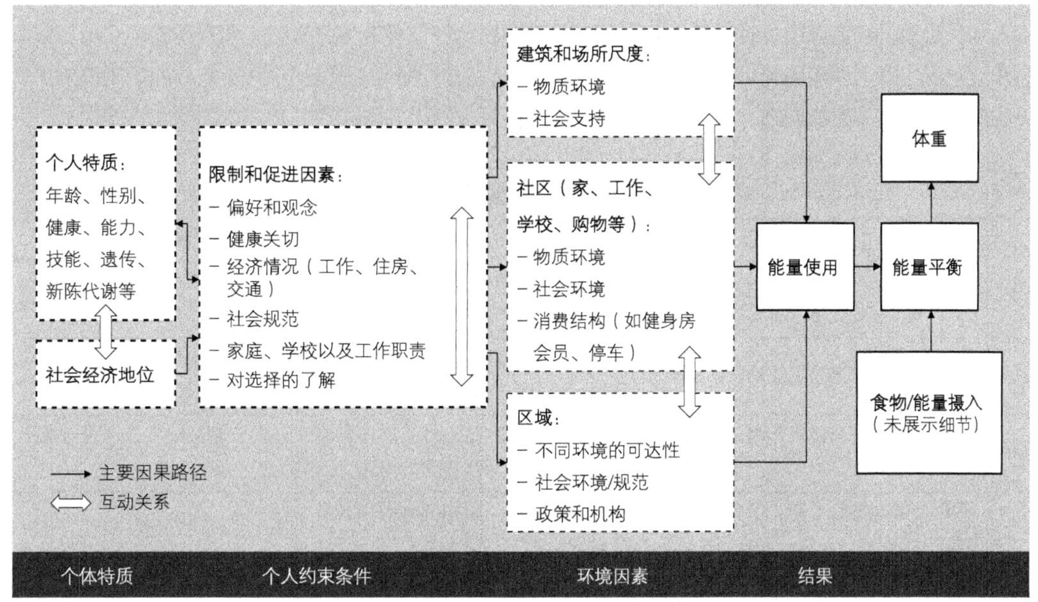

图 1　体力活动、环境与体重之间的关系

建成环境和肥胖的研究，发现高肥胖程度与食品店匮乏、当地运动设施不足和安全问题的相关性最强。然而，运用这些研究来理解肥胖的成因，却存在严重问题（例如，个人选择、不可测量的变量、缺乏社区变量等）（Oakes，2004）。

4　采用规划和设计研究作为实践证据的挑战

在任何领域进行循证实践都需要面对众多的挑战（Krizek et al.，2009）。实践者需要处理从逻辑到政策的多种问题，而研究者所开展的研究可能无法立即准确地应用于实践。

当考虑研究开展的方式时，寻求将研究应用于实践的途径愈加复杂。目前存在很多考虑这一路径的思路，例如，实证的还是理论/批判的（Forsyth and Crewe，2006）。另一种思路是从研究文化方面进行考虑，涉及“研究成果的范围、形式、目标受众和感知价值”（Forsyth，2012）。我曾在规划中明确五类规划文化。尽管它们可以提供的证据类型不同，但均可为实践提供依据。

从事科学前沿工作的人倾向于各自聚焦于一小部分的研究项目，并从多项研究中积累形成知识（表 1）。在这些项目中，研究方法明确，资金到位，论文精简，大型合作习以为常。而关注实际应用的研究更可能产生影响力，部分原因是对此感兴趣的政府和基金会赞助了研究。此类研究经常需要解决一个问题的多个方面，并判断哪些方面可以在实践中完成。评估实践的人则分为两个阵营：一小部分人反思他们在实践中进行的工作是否具有足够的系统性而可被称为研究；而更多的人从历史经验的角度审视实践。两者均提供了大量背景细节。最后，另一部分人提出关于什么是好的、正确的、公正的等这样经久不衰的问题，这是一系列理论的然而可被置于实践和实证背景中的问题。

表1 与实际设计相比的规划研究文化

	示例问题	典型研究范围	如何创造某个问题的知识
科学前沿	住在快餐店附近的低收入家庭儿童吃更多快餐吗?	每篇论文（科学期刊）包含一个小问题;一个项目包含多篇论文	随着时间推移的、高度针对研究的知识积累和系统综合
实际应用	自行车道是否能降低事故率?	多个问题，例如当前知识+研究论据+对实践的意义	来自与政策相关的、可提供高质量和实时证据的研究
评估实践	存在哪些健康影响评估的体制障碍?	提出问题+使用经验/扩展案例作为论据和说明；与理论相关	从历史和实践中吸取经验得出可行结论
经久不衰的问题	健康的城市是一个公正的城市吗?	提出一个大问题和/或批评对象；与理论相关；提出了发展路径	基于系统、理论和实证的反思

资料来源：改编自福赛思（Forsyth，2012）。

显然，科学前沿最接近于健康领域所使用的循证实践模式（Krizek et al.，2009）。但由于每篇论文致力于回答一个非常具体的问题，因此寻找对实践的启示意味着需要详细查阅多个研究。将目标定位为实际应用的研究最容易转化为实践，但这样的研究较少。与那些试图回答经久不衰的问题的人类似，评估实践的研究倾向于全面审视整体情况，提出实践之间的细微差别，要求实践适用于新环境。所有研究文化都可为循证实践提供依据，尽管他们各自最适用的问题类型不同。

5 循证实践的更普遍性困境

与其他领域相似，城市规划和设计中应用循证方法复杂而微妙，这是因为某些特定主题的研究非常少，例如特定种类的植被能否改善空气质量；而某些主题的研究可能有数百甚至数千篇，例如在不同背景下运用不同方法，探究环境与休闲式步行之间的联系。因此这很容易导致仅凭个人直觉挑选最符合预期的研究文章。尽管公共卫生领域提供了“系统综述”（systematic reviews）的方法，从而对文章论据进行严格审查，但并不适用于所有相关研究主题。许多系统综述并没有清楚地描述研究的特点，例如在某种类型环境对于中心区男性青少年有效应，但对其他人群并不一定有效应的情况下，文章仍可能声称这样的环境可促进体力活动（Krizek et al.，2009）。

另一个应用循证实践存在问题的原因是出版和研究报告偏颇，即发现影响效应的研究比没有发现影响效应的研究更可能发表，并且具有统计学意义的研究比没有统计学意义的研究更可能发表（Dwan et al.，2008）。作者、审核者和编辑会对这些发现影响效应及具有统计学意义的研究更感兴趣。例如，如果一篇关于社区食物可获得性与肥胖之间联系的研究发现，邻近距离对食物消费的影响很小，而社会经济因素才是关键，那么该研究将很难发表。如果研究结论是环境没有影响效应，作者的发表意愿将会降低，编辑也会质疑该研究。因此，系统综述会统计发现积极影响、消极影响和无影响的研究数量，并梳理这些研究，得出一个比较均衡的结论。但由于出版和报告偏颇，已发表相关论据的研究者更偏向于同样发现环境很重要的研究，这意味着所有类似研究的结果有待仔细考虑。

以实践为导向的项目填补了这一领域的部分缺口，包括早期项目"为健康而设计"（Design for Health）和近期项目"健康和场所倡议（2015）""信息设计（2015）"等。但这些已成型的项目仍需要使用者投入额外的工作，而他们还要满足其他许多需求，因此这些项目依然是繁重的负担。

6 在转型时期不断变化的健康背景

城市世界正发生着许多重大的变化。根据多项预测，世界人口总量将在 21 世纪中期达到平稳水平甚至下降。届时，绝大多数人口将居住在城市地区，尽管某些城市化地区在萎缩，但某些地区仍将持续增长（Forsyth，2014）。我们目前面临着前所未有的多方面挑战。几千年来，人口数量相对较少，这是因为疾病、饥荒、冲突和生育压力造成人类寿命较短。在 20 世纪，全球人口从 16 亿增长到 60 亿，很大程度上是因为预期寿命延长。1900 年全球范围内的人类预期寿命为 31 岁（Prentice，2006）。到 2000 年，该数字增长为男性 62 岁，女性 67 岁。在日本、新加坡和澳大利亚等高度城市化地区，这一数字更高（UN，2004；CIA，2011）。

19 世纪的大都市区健康水平不高，而现在已发展为拥有充足基础设施、大量教育机会、预期寿命最长的地区（Montgomery et al.，2003；Satterthwaite，2007）。在过去大多数人过早死亡的年代，社会、经济和健康环境都与现在大为不同。过去只有特级阶层才能克服恶劣条件，活得较长。在未来，将有更多人变得长寿，这意味着老龄化的人口将需要应对更多与健康相关的环境问题，而同时这其中很多人将继续面对贫困问题（Forsyth，2014）。这使得健康与场所之间的联系变得更加难以理解，因为场所和居住在这些场所中的人都在不断发展变化。

中国的"4∶2∶1 问题"是一个人口变化的案例，独生子女政策于 1979 年开始在中国实施，最近有所放宽。由于出生率下降，后代人数变少，典型家庭为四个祖父母、两个成年子女和一个孙子/女（Flaherty et al.，2007；Riley，2004）（图 2、图 3）。即使已经发布了新政策，中国的人口可能在 2020 年中期到 2030 年中期达到峰值。但是，60 岁以上人口将持续增加，于 2050 年达到总人口的 30%（UN，2002）。虽然这是一个人口快速变化的极端情况，但就全球而言，不断上升的预期寿命和不断降低的出生率都导致了类似情况，需要在创造健康环境时对此有所考虑和应对。如图 2 和图 3 照片所示，中国的人口老龄化处于全球人口变化的突出位置，规划实践和研究都需要适应这种变化。

图2 中国城市住区老龄化状况

图3 中国城市中的祖辈与孙辈

7 规划和环境设计如何发挥作用

虽然存在复杂性和变化，实施干预确实可以使环境变得更加健康。目前我们使用的工具由五种主要策略构成。

（1）采用综合系统评估环境、政策、计划和规划的健康影响，例如“健康影响评估”或“安全审核和食品安全评估”等特定工具。

（2）制定法规政策和编制规划，用以引导和约束新开发，从而确定如何维护、利用和重建环境的框架。

（3）从新城总体规划到新型街道设计，为场所建构新的健康模式。

（4）促进具有针对性的健康项目，帮助人们以更健康的方式使用各类场所，或者减少有害暴露。范例包括让人与大自然、人与人联系起来的社区花园，或者在特定时间改变交通路线，将道路让给骑行者。

（5）促进各个政府部门、私营部门、教育和研究机构、民间团体、室内设计师和居民之间的合作。从世界卫生组织的"健康城市项目"到各种工作小组，都可以帮助实现干预措施（Forsyth，2015）。

雷德朋规划是由美国区域规划协会成员 Clarence Stein 和 Henry Wright 于 20 世纪 20 年代创立，该体系借鉴了英国田园城市的经验，旨在实现人车分行（UK，1963）。这一体系使用了超级街区模式，汽车通过尽端路到达住房单元，而人则通过居民协会负责维护的内部公园绕行回家。最早的位于新泽西州雷德朋开发项目（图 4a）以及位于其他地区的经典雷德朋开发项目（包括荷兰的豪滕，如图 4b 所示）均改变了房屋朝向，使之面向人行道。这样的设计在世界各地得到复制。在 20 世纪 50 年代，

a. b.

c. d.

图 4　雷德朋体系案例

注：雷德朋规划原则，例如行人、自行车骑行者、汽车的分离。世界各地的开发都受到了该模式的影响。美国的雷德朋（a）、荷兰的豪滕（b）、苏格兰的坎伯诺尔德（c）以及瑞典的瓦林比（d），这些仅是雷德朋体系的个案。

苏格兰格拉斯哥郊外开发的坎伯诺尔德（图 4c）几乎完全做到了人车分离，使该地当年的事故发生率低于英国平均水平的 1/4（Sykes et al.，1967；Forsyth and Crewe，2009）。与此同时，一项调查发现，87%的居民对坎伯诺尔德感到满意，理由是该地拥有安静、健康、开放的空间，是令人向往的地方（Sykes et al.，1967）。20 世纪 50 年代，在瑞典斯德哥尔摩郊区以类似方式布局的瓦林比（图 4d）是世界各地规划师的朝圣之地。类似规划的地方不胜枚举。

然而，故事在不同时期和不同场所具有不同版本。在过去几年，坎伯诺尔德面临各种挑战。有些挑战与试验性的现代建筑有关，有些则与公共住房私有化后的维护难度有关。而随着时间的发展，由于缺乏照明、视线不佳等原因，人们不再热衷于人车完全分离（2006 年居民访谈；Forsyth and Crewe，2009）。澳大利亚悉尼的情况类似，20 世纪 60～70 年代，雷德朋规划广泛用于公共住房。20 世纪 80～90 年代，出现了“去雷德朋化”，重新规划人行道，封闭无人管理的开放空间并将房屋朝向翻转。这样做的部分原因是为了回应居民的投诉（Freestone，2004）。部分投诉与居民的社会经济条件和地理位置不佳有关，其他的则与布局问题有关（Murray，2007）。

案例表明，相似背景下（远郊的公共住房）相似的设计策略应用于某些时期比其他时期效果更好，或者应用在某些地方比其他地方效果更好。但这并不意味着应该放弃开发新的模式，而是应该意识到创建健康社区是一项多方面的任务。

8 案例：为健康而设计、健康和场所倡议

将健康纳入规划过程是另外一种完全不同的干预方式。例如“为健康而设计”，这是一项旨在研究公共健康与城市规划之间联系并将研究转化为实践工具的合作项目；主体运作时间为 2004～2009 年。关键研究问题包括：

（1）环境与人类健康之间的关键联系是什么？

（2）人类健康受到影响的重要临界指标值是什么？

（3）规划和设计如何提高人类健康并解决问题？

（4）我们是否可以开发特定工具，将健康与景观设计师、建筑师和规划师的工作更清晰地联系起来？

我在明尼苏达州与“蓝十字”和“蓝盾”两个机构共同开展了相关工作，该项目在此基础上发展而来，旨在研究新的健康促进策略。明尼苏达州“双子城大都市区”被大都市委员会（区域管理机构）授权各城市每十年完成一次总体规划，2008 年正是一个窗口期，是一个影响未来规划的机会，给“为健康而设计”提供了动因。作为响应，“为健康而设计”创建了一支跨学科团队，由城市规划师、城市设计师、公园规划师、公共事务官员和公共卫生专业人员组成。“为健康而设计”的关注重点是城市环境与人类健康之间的广泛联系。

“为健康而设计”项目的基本观点是：与健康有关的研究具备潜力，但需要系统性地看待这一类

研究。找到一篇支持某个观点的文章固然容易，但寻求论据之间的平衡才是更好的做法。“为健康而设计”项目的一个关键方面就是明确建成环境（包括种植环境）如何影响健康。正如我在其他地方表述的那样，该项目与19个地方政府进行合作，产生了许多对健康影响评估有益的研究成果并将这些成果投入应用。但是当下人们需要优先考虑的事情太多，只有那些优先考虑健康问题并愿意为之付出努力的地方，才能实质性地利用这些成果（Krizek et al.，2009）。地方政府通过上级拨款将健康纳入规划；其中也有少数地方政府由于其他问题负担过重，只能以尽可能最简单的方式完成该工作。

有一种深刻见解是：实践者是关键，但他们也需要工具。最近，我在哈佛指导推进“健康和场所倡议”，致力于提供最新版本的工具，用以编制社区设计蓝本、导则，开发健康评估工具和开展研究总结，并扩展原有工作，使之国际化（HAPI，2015）。

9 健康转向的反思

最近“规划健康转向”始于人们对肥胖问题和社区的关注，但规划与健康两者的关联性明显具有更宽泛的议题和空间尺度。由于这种多样化的关联，健康转向呈现出多种形式并且在未来具有不同的发展轨迹。倡导者和专业人士发现，健康影响效应可以为他们的工作提供更多的正当理由，他们将继续以这种方式在工作中利用健康。他们在相关领域也找到了新的合作对象。与公共卫生领域开展的研究合作，有助于学术型城市规划师和设计师学习新的方法，改进旧的方法，并拥有更多参与解决公共事务问题的资源。

实际上，循证实践复杂而微妙，主要问题在于如何通过研究明确所需的干预、研究本身存在的缺陷和规划中不断变化的环境等。目前已有一些干预方式，但需要实践者承担起责任并了解其中易犯的错误。总体而言，在健康规划、城市设计和建筑设计之间建立联系，可能不会将我们的从业者塑造为英雄，但对十分关注生死问题的公众而言，我们的领域将与之息息相关。

注释

① 本文原载于弗吉尼亚大学出版社（University of Virginia Press）2018年5月3日出版的 *Healthy Environments, Healing Spaces: Practices and Directions in Health, Planning, and Design* 一书。作者分别为：蒂莫西•比特利(Timothy Beatley)，弗吉尼亚大学建筑学院，Teresa Heinz 教授；卡拉•琼斯（Carla Jones），弗吉尼亚大学设计与健康中心，项目主任；鲁本•雷尼（Reuben Rainey），弗吉尼亚大学建筑学院，荣休教授。ISBN: 9780813941158。

② 针对特定健康结果（如压力），此类模型还有许多其他示例（如 Rashid and Zimring，2008）。

致谢

国家自然科学基金项目（51578384、71741039）；北京建筑大学未来城市设计高精尖创新中心资助项目（udc2018010921）。

参考文献

[1] Baranowski, T., Cullen, K. W., Nicklas. T., et al. 2003. "Are current health behavioral change models helpful in prevention of weight gain efforts?" Obesity Research, 11: 23S-43S.

[2] Bauman, A. E., Bull, F. C. 2007. Environmental Correlates of Physical Activity and Walking in Adults and Children: A Review of Reviews. Review undertaken for the National Institute of Health and Clinical Excellence.

[3] Black, J., Macinko, J. 2008. "Neighborhoods and obesity," Nutrition Reviews, 66(1): 2-20.

[4] Bronfenbrenner, U. 1979. The Ecology of Human Development. Cambridge, MA: Harvard University Press.

[5] Brown, A. L., Khattak, A. J., Rodriguez, D. A. 2008. "Neighbourhood types, travel and body mass: A study of new urbanist and suburban neighbourhoods in the US," Urban Studies, 45(4): 963-988.

[6] Central Intelligence Agency (CIA). 2011. Country Comparison: Life Expectancy at Birth. World Factbook. https://www. cia. gov/library/publications/the-world- factbook/ rankorder/2102rank. html.

[7] Cervero, R., Kockelman, K. 1997."Travel demand and the 3DS：Density, diversity and design," Transportation Research Part D, 2(3): 199-219.

[8] Christian, H., Giles-Corti, B., Knuiman, M., et al. 2011. "The influence of the built environment, social environment and health behaviors on body mass index," Results from RESIDE. Preventive Medicine, 53: 57-60.

[9] Cohen, B. 2006. "Urbanization in developing countries: Current trends, future projections, and key challenges for sustainability," Technology in Society, 28: 63-80.

[10] Corburn, J. 2005. "Urban planning and health disparities: Implications for research and practice," Planning Practice & Research, 20(2): 111-126.

[11] Dahlgren, G., Whitehead, M. 1991. Policies and Strategies to Promote Social Equity in Health. Stockholm: Institute of Futures Studies.

[12] Dahlgren, G., Whitehead, M. 2007. European Strategies for Tackling Social Inequities in Health: Levelling Up, Part 2. Copenhagen: WHO Regional Office for Europe.

[13] Dwan, K., Altman, D. G., Amaiz, J. A., et al. 2008. "Systematic review of the empirical evidence of study publication bias and outcome reporting bias," PLOS One, 3(8): e3081. doi. org/10. 1371/journal. pone. 0003081.

[14] Feng, J., Glass, T., Curriero, F. C., et al. 2010. "The built environment and obesity: A systematic review of the epidemiologic evidence," Health and Place, 16: 175-190.

[15] Flaherty, J. H., Liu, M. L., Ding, L., et al. 2007. "China: The aging giant," Journal of the American Geriatrics Society, 55(8): 1295-1300.

[16] Forsyth, A. 2007. "Innovation in urban design: Does research help?" Journal of Urban Design, 12(3): 461-473.

[17] Forsyth, A. 2012. "Alternative cultures in planning research: From extending scientific frontiers to exploring

enduring questions," Journal of Planning Education and Research, 32(2): 160-168.

[18] Forsyth, A. 2014. "Global suburbs and the transition century: Physical suburbs in the long term," Urban Design International, 19(4): 259-273.

[19] Forsyth, A. 2015. When public health and planning closely intersect: Five moments, five strategies. In: Mah, D., and Ascencio Villoria, L. (Eds.). Life-Styled: Health and Places. Berlin: Jovis.

[20] Forsyth, A., Crewe, K., 2006. "Research in environmental design: Definitions and limits," Journal of Architectural and Planning Research, 23(2): 160-175.

[21] Forsyth, A., Crewe, K. 2009. "New visions for suburbia: Reassessing aesthetics and place-making in modernism, imageability, and New Urbanism," Journal of Urban Design, 14(4): 415-438.

[22] Forsyth, A., Hearst, M., Oakes, J. M, et al. 2008. "Design and destinations: Factors influencing walking and total physical activity," Urban Studies, 45(9): 1973-1996.

[23] Forsyth, A., Krizek, K. 2010. "Promoting walking and bicycling: Assessing the evidence to assist planners," Built Environment, 36(4): 429-446.

[24] Forsyth, A., Lytle, L., Van Riper, D. 2010. "Finding food: Issues and challenges in using GIS to measure food access," Journal of Transport and Land Use, 3(1): 43-65.

[25] Forsyth, A., Oakes, J. M., Schmitz, K. H. 2009. "Test-retest reliability of the Twin Cities walking survey," Journal of Physical Activity and Health, 6(1): 119-131.

[26] Forsyth, A., Oakes, J. M., Schmitz, K., et al. 2007. "Does residential density increase walking and other physical activity?" Urban Studies, 44(4): 679-697.

[27] Freestone, R. 2004. "The Americanization of Australian planning," Journal of Planning History, 3(3): 187-214.

[28] Health and Places Initiative (HAPI). 2015. Harvard University, Graduate School of Design. http: // research. gsd. harvard. edu/hapi/.

[29] House, J. S. 2002. "Understanding social factors and inequalities in health: 20th century progress and 21st century prospects," Journal of Health and Social Behavior, 43(2): 125-142.

[30] InformeDesign. 2015. http://www. informedesign. org/.

[31] Kawachi, I. 2002. "What is social epidemiology?" Social Science and Medicine, 54: 1739-1741.

[32] Krizek, K., Forsyth, A., Shively Slotterback, C. 2009. "Is there a role for evidence-based practice in urban planning and policy?" Journal of Planning Theory and Practice, 10(4): 455-474.

[33] Leal, C., Chaix, B. 2011. "The influence of geographic life environments on cardiometabolic risk factors: A systematic review, a methodological assessment and a research agenda," Obesity Reviews, 12: 217-230.

[34] Leslie, E., McCrea, R., Cerine, E., et al. 2007. "Regional variations in walking for different purposes: The South East Queensland Quality of Life Study," Environment and Behavior, 39(4): 557-577.

[35] Lovasi, G. S., Hutcon, M. A., Guerra, M., et al. 2009. "Built environments and obesity in disadvantaged populations," Epidemiologic Reviews, 31: 7-20.

[36] McDonald, K., Oakes, J. M., Forsyth, A. 2011. "Effect of street connectivity and density on adult BMI: Results from the Twin Cities Walking Study," Journal of Environmental and Community Health, 66: 636-640.

[37] McLeroy, K. R., Bibeau, D., Steckler, A., et al. 1988. "An ecological perspective on health promotion programs,"

Health Education Quarterly, 15(4): 351-377.
[38] Montgomery, M. R., Stren, R., Cohen, B., et al. 2003. Cities Transformed: Demographic Change and Its Implications in the Developing World. Panel on Urban Population Dynamics, National Research Council. Washington, DC: National Academies Press. https://www. nap. edu/read/10693/chapter/1.
[39] Murray, E. 2007. Remembering Minto: Life and Memories of a Community. Parramatta, N. S. W. : Information and Cultural Exchange and the Remembering Minto Group.
[40] Oakes, J. M. 2004. "The (mis)estimation of neighborhood effects: Causal inference for a practicable social epidemiology," Social Science and Medicine, 58(10): 1929-1952.
[41] Oakes, J. M., Forsyth, A., Hearst, M., et al. 2009. "Recruiting a representative sample for neighborhood effects research: Strategies and outcomes of the Twin Cities Walking Study," Environment and Behavior, 41(6): 787-805.
[42] Pothukuchi, P. 2005. "Building community infrastructure for healthy communities: Evaluating action research components of an urban health research programme," Planning Practice & Research, 20(2): 127-146.
[43] Prentice, T. 2006. Health, History, and Hard Choices: Funding Dilemmas in a Fast-Changing World. World Health Organization. Presentation at Health and Philanthropy: Leveraging Change, Indiana University. http://www. Who. int/global_ health_histories/seminars/presentation07. pdf.
[44] Pucher, J., Buehler, R. 2008. "Making cycling irresistible: Lessons from the Netherlands, Denmark, and Germany," Transport Reviews, 28: 495-528.
[45] Rao, M., Barten, F., Blackshaw, N., et al. 2011. "Urban planning, development and noncommunicable diseases," Planning Practice & Research, 26(4): 373-391.
[46] Rashid, M., Zimring, C. 2008. "A review of the empirical literature on the relationships between indoor environment and stress in healthcare and office settings: Problems and prospects of sharing evidence," Environment and Behavior, 40(2): 151-190.
[47] Riley, N. E. 2004. "China's population: New trends and challenges," Population Bulletin,. 49(2): 1-36.
[48] Rittell, H. W. J., Webber, M. M. 1973. "Dilemmas in a general theory of planning," Policy Sciences, 4: 155-169.
[49] Saelens, B., Handy, S. 2008. "Built environment correlates of walking: A review," Medicine and Science in Sports and Exercise, 40: S550-S566.
[50] Sallis, J. F., Cervero, R. B., Ascher. W., et al. 2006. "An ecological approach to creating active living communities," Annual Review of Public Health, 27: 297-322.
[51] Sallis, J. F., Floyd. M. F., Rodriguez, D. A. et al. 2012. "Role of built environments in physical activity, obesity, and cardiovascular disease," Circulation, 125(5): 729-737.
[52] Satterthwaite, D. 2007. The Transition to a Predominantly Urban World and Its Underpinnings. IIED Human Settlements Discussion Paper. http://pubs. iied. org/pdfs/10550IIED. pdf.
[53] Schulz, A., Northridge, M. E. 2004. "Social determinants of health: Implications for environmental health promotion," Health Education and Behavior, 31: 455-471.
[54] Sobal, J., Wansink, B. 2007. "Kitchenscapes, tablescapes, platescapes, and foodscapes: Influences of microscale built environments on food intake," Environment and Behavior, 39: 124-142.

[55] Stafford, M., Cummins, S., Ellaway, A., et al. 2007. "Pathways to obesity: Identifying local, modifiable determinants of physical and diet," Social Science and Medicine, 65: 1882-1897.

[56] Stokols, D. 1992. "Establishing and maintaining healthy environments: Toward a social ecology of health promotion," American Psychologist, 47(1): 6-22.

[57] Swinburn, B. A., Sacks, G., Hall, K. D., et al. 2011. "The global obesity pandemic: Shaped by global drivers and local environments," Lancet, 378: 804-814.

[58] Sykes, A. J. M., Livingstone, J. M., Green, M. 1967. Cumbernauld 67: A Household Survey and Report Occasional paper No. 1. Glasgow: University of Strathclyde, Department of Sociology.

[59] Twin Cities Walking Study. 2005. Twin Cities Walking Survey. http://activelivingresearch. org/twin-cities-walking-survey.

[60] United Kingdom (UK), Ministry of Transport. 1963. Traffic in Towns: A Study of the Long Term Problems of Traffic in Urban Areas. London: HMSO.

[61] United Nations (UN). 2002. World Population Ageing 1950-2050: China. http://www. un. org/esa/population/publications/worldageing19502050/pdf/065china. pdf.

[62] United Nations (UN), Department of Economic and Social Affairs. 2004. World Population to 2300. New York: United Nations.

[63] Wansink, B, Sobal, J. 2007. "Mindless eating: The 200 daily food decisions we overlook," Environment and Behavior, 39(1): 106-123.

[64] Wells, N. M., Ashdown, S. P., Davies, E. H. S., et al. 2007. "Environment, design, and obesity: Opportunities for interdisciplinary collaborative research," Environment and Behavior, 39(1): 6-33.

[欢迎引用]

安·福赛思. 健康城市的循证实践：变化世界中的挑战[J]. 孙文尧，王兰，译. 城市与区域规划研究，2018，10(4)：1-15.

Forsyth, A. 2018. "Evidence-based practice: Challenges in a changing world," translated by Sun, W. Y., Wang, L. Journal of Urban and Regional Planning, 10(4):1-15.

健康绩效导向的中国城市绿色空间转型策略

王世福　刘明欣　邓昭华　刘　铮

Transformation Strategy of Urban Green Space in China from a Healthy City Perspective

WANG Shifu, LIU Mingxin, DENG Zhaohua, LIU Zheng
(School of Architecture, South China University of Technology, Guangzhou 510640, China)

Abstract Healthy urban-rural development is regarded as an important strategy for building "Healthy China". However, the current practice mainly focuses on promoting public health resources, with limited concerns on the management of urban spatial resources. Domestic researches pay close attention to technical issues, with limited attempts to explore the systematic relationship between the management of urban green space and the promotion of public health. Taking the urban green space as the research object, this paper reviews the concept of public health and its historical origins with the urban green space, and expounds the health benefit and impact assessments of urban green space. The paper then analyzes the health contents of China's current urban green land management and the healthy green space strategy promoted by the World Health Organization. A theatrical model is proposed to transform China's urban green space system through the introduction of three concepts: proximity, environmental performance, and activity stimulation. In the end, based on the research framework, the paper puts forward some suggestions for developing healthy urban green space in China, including promoting the value system of urban green space supporting public health, establishing a public health performance system, and building a health impact assessment system for urban green space.

Keywords health performance; urban green space; transformation strategy

摘　要　健康城乡建设被认为是实现“健康中国”战略的重要策略之一，但目前仍停留在侧重公共卫生资源考核模式，较少关注城市空间资源的规划配置。国内针对城市绿色空间与公共健康关联的研究多聚焦于技术性问题，鲜有探究城市绿色空间规划管理系统与促进公共健康目标之间的关联匹配。本文以城市绿色空间为研究对象，回顾公共健康概念起源、其与城市绿色空间的历史渊源、城市绿色空间的健康效益及影响评估，详细分析中国城市绿地管控的健康内涵、世卫组织倡导的健康绿色空间策略，并提出中国城市绿地健康转型的思考。本研究初步构建“从城市绿地系统到城市健康绿色空间”的理论模型框架：倡议以邻近性的内涵拓展传统城市绿地系统空间布局的可达性；转变覆被结构的环境美化功能的主导地位，增加其环境生态效益评估；以主动活动激发为衡量场所品质的重要指针，拓展传统较为被动的活动支持。在研究框架基础上，进一步为中国城市健康绿色空间发展提出了公共健康价值观树立、公共健康绩效体系构建、影响评估体系确立等建议。

关键词　健康绩效；城市绿色空间；转型策略

1　引言

联合国报告预测，在2030年全球将有超过60%的人口居住在城市中（联合国人居署，2015）。高度集聚的城市虽然可为人们提供便利生活，但同时也面临来自包括公共健康、环境污染与社会分异等在内的多方挑战。20世纪80年代以来，世界卫生组织（以下简称“世卫组织”）提出

作者简介
王世福、刘明欣、邓昭华、刘铮（通讯作者），华南理工大学建筑学院。

发展“健康城市”作为公共健康议题下的一种空间干预策略。相比更加关注个体的临床医疗模式，“健康城市”以预防疾病和促进公共健康为主要方向，在推动预防医学发展和改善环境卫生工作之外，进一步通过影响生活方式来促进公共健康的策略。围绕健康城市议题，世卫组织积极倡导多学科交叉合作，以创新的视角推动不同国家和地区相关政策、制度和规划的转型。

城市绿色空间作为一种战略性健康资源，在促进公共健康效益方面的作用已在城乡规划、公共卫生与环境保护等领域被长期认可（王世福、刘铮，2018）。近年来，随着技术进步，越来越多的实证研究为城市绿色空间的健康效应和作用机理提供理性解析，进一步证实城市绿色空间作为促进公共健康空间策略的积极意义。2016 年以来，世卫组织编撰了一系列关于城市绿色空间公共健康效益的报告①，系统回顾了关于城市绿色空间健康作用的最新研究进展，并结合案例总结和监测评估得出“合宜的规划设计有助于最大化城市绿色空间的健康效益”的结论。在此基础上，世卫组织进一步提出“绿色空间干预”作为具体行动工具，从而为不同国家和地区提供现实方案。

目前，中国正处于快速城镇化阶段，其城市环境具有高密度、多人口的特征，面临复杂的公共健康问题。在过去近 30 年内，“健康城市”作为先进政策经验被引介后经历了长期的发展。但是，对《全国健康城市评价指标体系（2018 版）》的解读发现，当前中国“健康城市”发展仍停留在侧重公共卫生资源考核模式，较少关注城市空间资源的规划配置。这种情况下，从拓宽“健康城市”干预模式的视角，引入城市绿色空间作为实现“健康城市”的重要抓手，对促进公共健康具有重要意义。

在城乡规划领域，国内学者对国际“健康城市”的空间资源、模式和管理经验（刘天媛、宋彦，2015；田莉等，2016；王兰、凯瑟琳·罗斯，2016）等引介已形成了基本的知识储备，部分学者着手定量研究高密度城市环境对居民心理健康的影响（陈筝，2018）。针对城市绿色空间与公共健康的关联，相关研究集中在城乡规划、风景园林、环境科学、生态学等跨学科领域，主要包括：绿色空间覆盖物结构特征与环境效益关联的定量研究（吴志萍等，2008；李萍等，2011；王国玉等，2014）；城市绿色空间的布局与环境效益关联的定量研究（冯娴慧等，2014；Shen and Lung，2016），其中 Shen 等学者定量评价了绿色空间结构的环境效益，发现其对心血管疾病死亡率的显著影响，并得出增强城市绿色空间健康效益的最关键的因素在于“使最大的绿色斑块比例最大化和绿色空间碎片最小化”；绿色空间的健康效益评估，如刘红晓等（Liu et al.，2017）验证城市公园对使用者的体育活动起到显著的支持作用，而邻近性是影响公园使用频率的重要因素，公园使用者进行体育活动与身心健康效益呈正相关；绿色空间健康效益综述性研究，如王兰和凯瑟琳·罗斯（2016）从已有研究中归纳出绿地的规模、布局和植物配置是影响公共健康的关键要素。至此，国内针对城市绿色空间与公共健康关联的研究较多聚焦于技术性问题，鲜有探究我国城市绿色空间规划管理系统与促进公共健康目标之间的关联匹配。

因此，本研究以城市绿色空间为研究对象，在剖析公共健康概念起源及其与城市绿色空间的历史渊源的基础上，审视中国城市绿地管控的健康内涵，借鉴世卫组织倡导的健康绿色空间策略，提出对中国城市绿地健康转型的思考，初步构建“从城市绿地系统到城市健康绿色空间”的理论模型作为转型策略，最后为中国城市健康绿色空间发展提出建议。

2 公共健康与城市绿色空间

2.1 健康与公共健康的概念

世卫组织于 1948 年[②]提出了世界范围广泛认可的“健康”定义，即“健康不仅是没有疾病或不处于虚弱状态，而是身体、精神与社会各方面的良好状态”。该概念与一般理解的“健康就是没有疾病”或是“健康就是身体强壮”存在显著差别，强调“健康”是指身体、精神及社交都处于一种完全安宁的状态[③]，并进一步指出享受可达到的最高标准的健康是每个人的基本权利之一，不应该受种族、宗教、政治信仰或经济和社会条件所影响。因此，促进健康的工作不仅与卫生医疗相联系，还涉及广泛的经济、社会、环境等因素。

世卫组织引入“健康决定因素模型”（图 1）和“健康改善梯度模型”（图 2）来解析健康与其决定因素之间的关系。其中，前者反映各种因素之间的层级关系，各层外部决定因素具有可变性且相互作用；后者则反映由于经济社会水平不同而导致的健康差异条件，揭示了当前社会发展中的健康不公平现象（Judge et al.，1998）。在这种情况下，如何提高公共健康水平对多专业、多部类之间的协作提出了更高的要求，而传统依赖医疗卫生部门的模式存在一定的局限性。因此，世卫组织于 1952 年提出：公共健康学是通过社区资源的组织，为公众提供疾病预防和提高公共健康水平的一门管理学，公共健康学以预防医学、健康促进、环境卫生、社会科学等技术和手段作为支撑。为了实现公共健康水平的提高，需要同时支撑多项健康决定因素，并尽可能缓解健康不公平的现象。

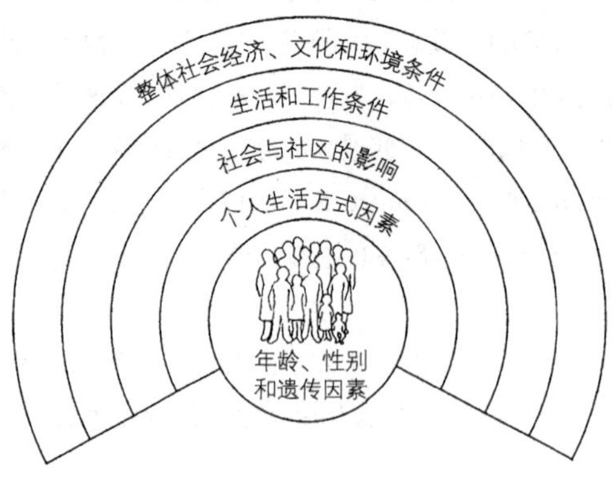

图 1 健康决定因素模型

资料来源：World Health Organization，1997。

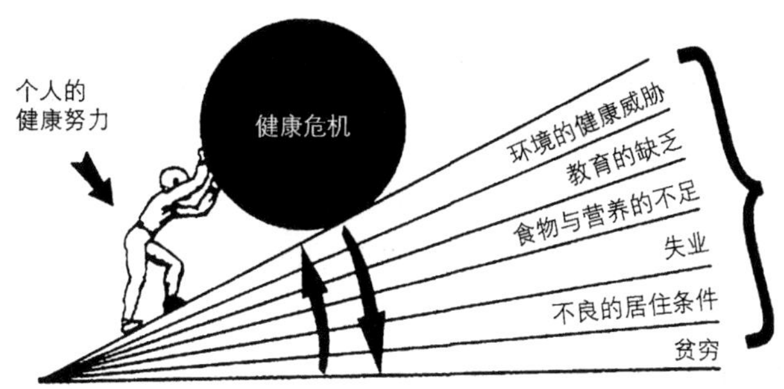

图 2　健康改善梯度模型

资料来源：Taket，1990。

2.2　城市绿色空间与公共健康的历史关联：缘起—离析—再重视

19 世纪工业城市普遍具有人口过度集聚、交通拥挤、居住环境恶劣的问题。与此同时，传染性疾病蔓延、工作强度倍增、暴力事件频发等状况逐渐成为威胁公共健康的重要因素。因此，改善城市环境与公共卫生条件成为各国需重点解决的问题。在城市建设中，提出了住房改革、清洁水源供应、铺设污水设施健康策略，并推动了散步道、广场和公园等城市开放空间的建设。在这个过程中，医疗卫生体系也逐渐认识到城市绿色空间的重要性。在西班牙巴塞罗那，20 世纪初兴建的圣保罗医院就将绿色开敞空间作为医院功能布局的重要组成部分，并提出“圣保罗花园的设计理念是将美学与（健康）功能整合在一起，由树木、绿篱、草坪等植物构成的自然空间可以为人们提供疗愈功能”。以植被覆盖为特征的公园为城市补充新鲜空气，被称为“城市之肺”。奥姆斯特德与沃克斯认为：公园是“卫生的”和“恢复性的”，自然景色舒缓身心压力、净化心灵，公园是城市不可或缺的“解毒剂”（Heckscher，2008）。这些工作直接促成了现代城市规划的出现，而改善公共卫生状况则作为城市绿色空间布局工作的主要考虑因素。

在 20 世纪，随着“细菌理论”的确立和医学的进步，公众逐渐转向通过求医问诊来解决个人健康问题，城市规划领域与公共卫生领域渐行渐远。这一时期医学界的研究主要集中在制定具体的干预措施来抵抗个人疾病，而不是解决整体人口的健康需求。医学模式将身体看作是一台机器，以疾病为焦点制定干预措施，并认为健康是疾病的对立面（World Health Organization，1997）。预防医疗（如免疫和筛查）被认为是保证个体健康最为重要的手段，并导致卫生保健服务承担了绝大部分维持和提升公共健康的职责。在大多数国家中，医疗资源主要集中在治疗和康复部分，而促进广义公共健康的比例相对有限。例如，英国的公共卫生预算仅有 2%～3％用于推广与宣传公共健康，而其中大部分预算则停留在提供健康信息层面（World Health Organization，1997）。面对临床医学与公共卫生的快速发展，城市规划逐渐将绿色空间看作是一种必要的空间类型，其主要功能为城市空间结构的组织，且特别强调其中的景观游憩作用。在这个过程中，城市规划与公共健康的发展目标出现了一定程度的离析。

20 世纪 80 年代以来，可持续发展理念逐渐成为全世界范围内城市发展的一个共识。面对人居环境恶化、社会排斥加剧及一系列相关的公共卫生问题，世卫组织提出“健康城市”④概念，强调“城市不仅只是一个经济实体，更应该成为生活、呼吸、成长和愉悦生命的现实空间”。在城市规划领域，公共健康问题同样再次受到重视，促使城市规划与公共健康、公共管理等的跨学科的研究成为必然的趋势，而城市绿色空间则是其中的一种重要资源与策略载体。

2.3 城市绿色空间的健康效益及影响评估

在《城市绿色空间与健康：数据回顾》中，基于对现有研究的系统综述，世卫组织从四个方面阐述了城市绿色空间的健康效益（The WHO Regional Office for Europe，2016a）。首先，在环境污染治理方面，城市绿色空间可以改善空气质量、隔绝噪音污染、降低环境风险，从而优化居住环境。其次，在提升社会活力层面，城市绿色空间可以承载体力锻炼、促进社会交往与加强社区融合。再次，在改善生理健康方面，城市绿色空间不仅可以提高精神健康、体力活动、认知能力与免疫能力，对于降低死亡率也具有一定作用。特别是在恢复认知注意力（Kaplan，1995）、减少注意缺陷障碍的症状（Kuo et al.，2004）、改善血管压力承受力（Pretty et al.，2005）、降低心血管疾病发病率（Tamosiunas et al.，2014）、降低二型糖尿病的患病率（Thiering et al.，2016）等方面具有已被证实的积极作用。最后，在促进社会公平方面，城市绿色空间具有最广泛的公共性，不仅可以减少不同社会阶层在获取与使用公共资源能力方面的差异，还有助于提高低收入与社会弱势群体的健康水平（The WHO Regional Office for Europe，2017）。

但不可否认的是，面对复杂的城市建成环境、建设行为与使用方式，城市绿色空间存在各种各样的影响因素。在此情况下，作为环境影响评估（EIA）的类型细分与专项延展，健康影响评估已成为一种重要的政策工具与规划手段。狭义的影响评估可以简单理解为对于当前或拟议行动可能产生的影响进行审查的过程，而较为广义的影响评估则具有技术与制度的双重内涵：一是作为一种技术手段，对可预见的干预行为（政策、规划、计划、工程）或不可预见的事件（自然灾害、社会冲突、地区战争）的结果做出分析，并为利益相关者与决策制定者提供相关信息；二是作为一种法律程序，嵌入在决策制定与规划干预的制度框架中（IAIA，2009）。在影响评估的理论与技术框架下，世卫组织进一步结合公共健康的影响因素提出健康影响评估概念，即“评判一项政策、计划或者项目对特定人群健康的潜在影响及其在该人群中分布的一系列相互结合的程序、工具和方法”（World Health Organization，1999；丁国胜等，2017）。

在城市绿色空间中，健康影响评估在识别健康触媒资源、评估健康威胁因素、监测健康条件变化等方面具有积极的应用意义。例如，美国亚特兰大公园链计划在规划过程中引入健康影响评估，针对旧铁路轨道沿线及周边的城市空间现状提出了包括可达条件（access）、体力活动（physical activity）、社会资本（social capital）、安全问题（safety）和环境问题（environment）五个部分在内的健康影响模型。在该模型的指导下，规划进一步识别了项目沿线机动车交通的污染影响、工业污染导致的易患病空间、促进体力活动的接口联系以及服务健康活动的设施布局。

3 公共健康视角下中国城市绿地管控的绩效思考

3.1 中国城市绿地管控的健康内涵有所缺失

在 1992 年颁布的《城市绿化条例》中，已阐明城市绿地的目标涉及对人民身心健康的关注，但是绿地的主要功能更多指向环境美化和休闲游憩（兼具隔离防护、生产和发展科学文化等）功能。近年来，随着城市化进程推进和国际相关理论的引入，绿地的生态服务、防灾减灾、雨洪调蓄、科普教育等方面的综合功能得到逐步扩展，但直接促进公共健康的功能仍不在其中。 2016 年以来，住房和城乡建设部发布的多部城市绿地（含城市绿化）相关修订或新版标准⑤。如表 1 所示，最新的《城市绿地

表 1 绿地相关新修订或新版标准中与“健康”相关的词频及主要观点比较

规范 / 标准名称	施行时间 / 最新修订时间	词频比较			主要健康观点
		“健康”	“卫生”	“生态”	
《城市绿化条例》	1992 年 8 月 1 日施行，最新修订版于 2017 年 3 月 1 日发布	1 次	—	1 次	为了促进城市绿化事业的发展，改善生态环境，美化生活环境，增进人民身心健康，制定本条例
《城市绿地设计规范》	2007 年 10 月 1 日实施，最新修订版于 2016 年 8 月 1 日发布	2 次	—	12 次	为……，保证城市绿地符合适用、经济、安全、健康、环保、美观、防护等基本要求，确保设计质量，制定本规范 城市绿地设计应贯彻人与自然和谐相处、可持续发展、经济合理等基本原则，创造良好生态和景观效果，促进人的身心健康
《城市绿地分类标准》	2002 年 9 月 1 日起实施	1 次	6 次	38 次	“防护绿地”是……，因受安全性、健康性等因素的影响，防护绿地不宜兼作公园绿地使用
《城市绿地规划标准（征求意见稿）》	—	3 次	30 次	293 次	儿童公园是……，对于促进城市社会和谐、增进少年儿童健康具有重要意义 城市绿线规划……，纳入用于卫生和安全防护目的的防护绿地是由于该类绿地直接关系人民群众的安全和健康

规划标准（征求意见稿）》，相关条文已对具有不同功能的绿色网络给出原则性建议，可从支撑环境生态安全、运动型娱乐和提升周边绿地可达性等不同方面促进公共健康。但相比“生态”和“卫生”功能，绿地的“健康”功能仍涉及较少，“健康”仅作为一种原则性意见，尚未出现具有指导性的具体设计指引。其中，涉及公共卫生的内容主要集中在防护绿地的“卫生安全”规划要求中，即基于空间隔离与缓冲功能，设置专门的用地类型以防护可能的污染。

因此，可初步判别中国现今的绿地管控已涉及康体游憩、生态环境等与公共健康关联的目标，但仍缺失直接促进公共健康的绩效内涵与相应管控指标。在国家“十三五规划”首次将“健康中国”提高至国家战略层面的背景下，“健康城市”的推行亟需建立多部门跨领域合作，特别需要在城市绿地的发展目标中明确公共健康效益的促进路径。在这方面，世卫组织《城市绿色空间干预与健康：影响与效率回顾》（2017）报告中提出，以“城市绿色空间干预”策略（以下简称“干预”策略）来指导城市绿色空间的规划、设计和管理，以确保其发挥最优效益，是中国城市绿色空间定义和规划设计导引的重要借鉴。

3.2 世卫组织的健康绿色空间策略

3.2.1 对城市绿色空间的定义

世卫组织对城市绿色空间的定义是由任何形式植被覆盖的城市空间，既包括行道树和路边植被等小型绿色空间，公园、游乐场或绿道等提供各种社交和娱乐功能的较大型城市绿色空间以及服务于更大范围兼具生态、社会、娱乐功能的大型绿色空间（如大型公园、绿化带、绿廊或城市林地），也包括不可供公众娱乐使用的城市绿色空间，如绿色屋顶和外墙或私属的绿色空间（The WHO Regional Office for Europe，2016a）。在高度人工化的城市环境中，该定义显然有利于城市绿色空间的拓展，通过积极涵盖尽可能多元的空间类型为目标，促进广大公众的健康。从维护城市整体而系统的公共健康出发，世卫组织强调尽可能使城市绿色空间可视、可达和可活动。

相比之下，中国“城市绿地”的概念[®]虽同以 urban green space 为英文译名，但其内涵较为狭义。从历年来国家相关标准（表 2）解读可知：中国城市绿地的本质为一种城市用地类型而非绿色空间，是城市绿地系统规划、设计、建设、管理和统计工作的基础。针对这个问题，国内对于城市绿地的认识正不断拓宽，其内涵与定义逐渐从用途、权属扩展到对形态、功能和服务等的关注。

3.2.2 对规划设计的导引

世卫组织提出的“城市绿色空间干预”是通过改变城市绿色空间的质量、数量和可达性，实现公共健康效益的最优化。其中，具体行动方式包括创造新的城市绿色空间、改变或提升现状城市绿色空间的特征、使用和功能以及替换或重构城市绿色空间（The WHO Regional Office for Europe，2016b）。此外，鉴于“健康”是受多种因素共同影响的，“干预”行动需要得到全方位的健康效益评估，从而实现对城市绿色空间健康效益的全面评估与持续监测。

表 2 中国“城市绿地”定义辨析

来源	版本号	施行/定义时间	定义	主编单位
《城市用地分类与规划建设用地标准》	GBJ137—90	1991 年 3 月 1 日起施行，自 2012 年 1 月 1 日起废止	绿地包括市级、区级和居住区级的公共绿地及生产防护绿地，不包括专用绿地、园地和林地	中华人民共和国原城乡建设环境保护部
	GBJ137—2011	2012 年 1 月 1 日	公园绿地、防护绿地等开放空间用地，不包括住区、单位内部配建的绿地	中国城市规划设计研究院
《园林基本术语标准》	CJJ91T—2002	2002 年 12 月 1 日起施行，2017 年 7 月 1 日起废止	以植被为主要存在形态，用于改善城市生态，保护环境，为居民提供游憩场地和美化城市的一种城市用地	建设部城市建设研究院
《风景园林基本术语标准》	CJJ/T91—2017	2017 年 7 月 1 日	城市中以植被为主要形态且具有一定功能和用途的一类用地	中国城市建设研究院有限公司
《城市绿地分类标准》	CJJ/T85—2002	2002 年 9 月 1 日	以自然植被和人工植被为主要存在形态的城市用地。一是城市建设用地范围内用于绿化的土地；二是城市建设用地之外，对城市生态、景观和居民休闲生活具有积极作用、绿化环境较好的区域	北京北林地景园林规划设计院有限责任公司
	CJJ/T85—2017	2018 年 6 月 1 日	在城市行政区域内以自然植被和人工植被为主要存在形态的用地。它包含两个层次的内容：一是城市建设用地范围内用于绿化的土地；二是城市建设用地之外，对生态、景观和居民休闲生活具有积极作用、绿化环境较好的区域	

“干预”行动的本质，涉及城市绿色空间的调查、规划、设计、监测与反馈等循环过程（图 3）。以规划过程为例，“干预”策略提出：从详细了解城市绿色空间的规划目标入手，将城市绿色空间作为基础设施纳入城市规划语境和各级规划框架之中，在各类型发展项目（包括城市重建项目）中尽可能开辟绿色空间，并注重衔接绿廊和绿网等区域层面的规划结构，同时将社区参与作为城市绿色空间规划过程的重要组成部分。

以设计过程为例，“干预”策略提出四项原则。一是邻近性，即创造贴近生活的城市绿色空间，世卫组织提出“居民能够在 300 米以内（约 5 分钟步行路程）进入至少 0.5～1 公顷的公共绿色空间”的经验法则，同时确保所有群体和使用者到达的空间品质。二是多样性，即通过多样化的设计满足不同的需求，适当限制为特定使用者服务的绿色空间类型，以确保对所有人群提供服务。三是宜人性，包括创造清晰可见的入口、设置标识系统和提供必要的基础设施，考虑不同季节对如照明、排水、材料的需求。四是适应维护需求，即考虑设计维护的便利性、安全性和健康风险等因素，以确保城市绿色空间的安全、干净和有序。

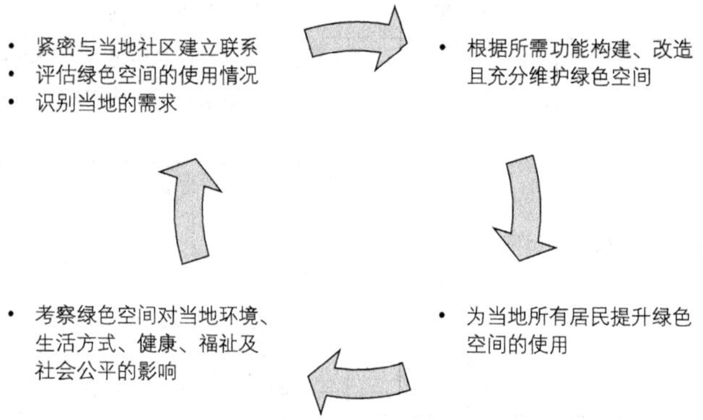

图 3　世卫组织建议的城市绿色空间运作循环

资料来源：The WHO Regional Office for Europe，2017，p. 21。

3.2.3　对潜在挑战的应对建议

世卫组织对"干预"有可能产生的潜在挑战提出相应的指导意见，面对潜在的挑战与矛盾，应通过积极的前期准备与评估，并在推动后进行监测与反馈，及早发现问题并采取合适对策。

表 3　潜在的挑战和建议的解决方案

潜在的挑战	建议的解决方案
使用者之间的冲突和空间竞争	•及早引入社区参与； •提供足够的城市绿色空间，以同时供应不同群体的需求； •混合供应具有特定用途的城市绿色空间（常配备特定设施）与适合开展各类型活动的绿色空间（常配备少量的设施）
由于过度使用而导致城市绿色空间的退化	•提供贴近生活的日常性绿色空间，以缓解需求压力； •依据城市绿色空间面积和容量配置相匹配的功能； •确保足够和经常性的维护与清洁； •避免设立举办活动的场地，以免吸引过多使用者（除非规模足够大）
社区对城市绿色空间特征或服务的不满意	•及早引入社区参与； •让当地居民参与设计和施工； •在规划阶段管理预期愿望，明确表示不可能满足所有要求； •及早澄清"绿色空间干预"需要一定时间来充分发挥其效益

续表

潜在的挑战	建议的解决方案
安全问题、反社会行为、破坏行为和对犯罪的恐惧	•确保足够和经常性的维护，以避免造成不受管理的印象； •提供充足的照明以改善安全感； •安排当地警察定期巡逻； •让当地居民参与规划、建设和维护城市绿色空间，增强主人翁意识； •通过促进社交和娱乐活动，使城市绿色空间充满生气，每天的不同时段均被利用
绅士化和低社会经济地位的居民被取代	•与城市和房屋经理合作，避免公共绿色空间投资导致租金大幅增加； •在各个区域之间均匀分配绿色空间投资
与城市绿色空间相关的健康风险增加	•定期检查和维护城市绿色空间及相关设施； •为老年人和残疾人提供专用的步行路径，以尽量减少摔倒的风险； •使用不会产生大量过敏花粉或有毒果实或叶子的物种； •向使用者介绍与使用城市绿色空间相关的潜在风险（如紫外线照射或蜱虫等病媒疾病）以及如何避免这些风险； •考虑防止来自水体和蓝色空间（如湖泊、水井和河流）的潜在风险
维护城市绿色空间的预算不确定或减少	•确保低维护设计； •研究创新的资金模式（如土地信托、基金会或合作社等社区所有权模式）； •尽早确保当地的政治支持； •与社区团体、非政府组织和其他组织合作支持维护

资料来源：The WHO Regional Office for Europe，2017，p.18。

3.3 对中国城市绿地公共健康转型的启示

目前，我国各类城市绿地的发展指标是根据城市总体规划中的城市性质、城市定位及其经济社会发展水平、发展目标、用地布局等确定的[⑦]。主要的绿地或绿化指标包括：人均公园绿地面积、建成区绿化覆盖率、建成区绿地率和人均绿地面积等。在一定时期政府发展目标和策略直接影响绿地供应及其空间配置，而相关规定往往只给出“形成具有合理结构的绿色空间系统”“最佳实现绿地所具有的生态保护、游憩休闲和社会文化等功能”等原则性标准。而针对城市绿地管控最强有力的抓手是城市绿地用地性质与绿线划定，绿地系统规划按绿地类型和规模配置各类用地与基础设施。这种方式强制性强、容易操作，能够满足城市绿地管控的基本需求，但不能明确有效地承载健康城市的空间需求，也不易促进健康城市环境和社会等目标的实现。

此外，中国城市绿地规划是一个自上而下的空间干预过程。同时城市绿地系统常常从城市总体规划（作为专项规划）阶段直接落到公园绿地项目的修建性详细规划（廖远涛、肖荣波，2012），在控制性详细规划层级存在对绿地管控深度不足的失位（图 4）。世卫组织强调“社区”层级城市绿色空间统筹规划，鼓励公众参与城市绿色空间前期评估、规划乃至设计和建设过程，并作为使用者提出反馈和完善意见。显示世卫组织对健康公平性的充分关注，建立自下而上的反馈机制才有可能更详实地了解不同群体公众的使用需求，在公众之间培育城市绿色空间的使用和维护意识。从促进我国城市绿地健康转型的视角出发，对绿地规划管理运作过程进行必要的调整和塑造，有助于应对实现“健康”的多种影响因素及过程复杂性。

从促进中国城市绿地管控公共健康转型的可操作性考量，近期可通过引入公共健康绩效的相关指标与现有的指标体系形成叠加效应，同时考虑远期绿地规划相关政策和制度的更新。

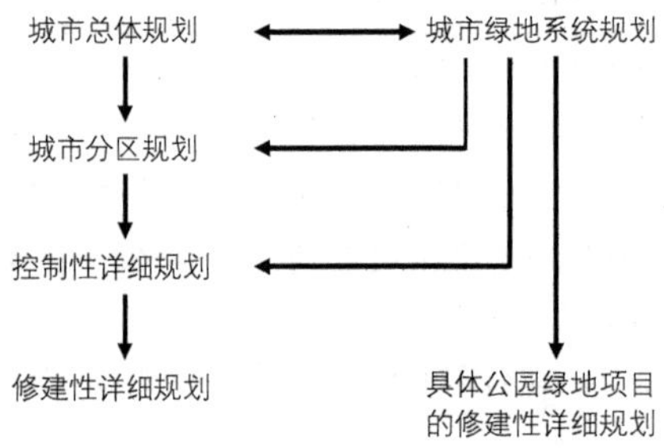

图 4　我国城市绿地系统规划层级

4　从城市绿地系统到城市健康绿色空间

目前，对于城市绿色空间的主要健康指标，存在多种不同的看法。其中，世卫组织提出包括可用性（availability）、可达性（accessibility）、使用性（usage）在内的三重标准，分别从规模数量、空间分布、社会活动的角度考察城市绿色空间的健康效益（The WHO Regional Office for Europe，2016b）。但是世卫组织同样承认，目前可用性与可达性在很多情况下常常具有相同的考察内容，因此较难识别两者之间的区别（The WHO Regional Office for Europe，2016b）。在健康城市规划方面，也有学者提出城市绿色空间的规模、布局和植物配置是其健康效益的主要影响因素（王兰、凯瑟琳·罗斯，2016）。在已有研究基础上，本文提出构建“从城市绿地系统到城市健康绿色空间”的理论模型框架（图 5），通过城市绿色空间的空间布局、覆被结构、场所品质这三个方面，从空间邻近、环境生态与活动激发的角度阐述城市健康绿色空间的实现路径。

4.1　空间布局：从可达性到邻近性

为提高城市绿地的可达性，在最新版《城市绿地规划标准（征求意见稿）》中，对“中心城区绿地系统”空间布局提出具体要求，即“综合公园（规模宜大于 10 公顷）、专类公园、社区公园（规模

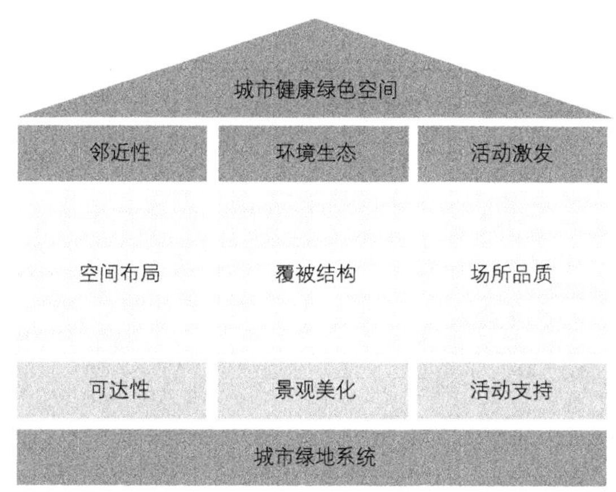

图 5　从城市绿地系统到城市健康绿色空间的理论模型框架

宜大于 1 公顷）500 米服务半径覆盖居住用地的比例应达到 100%”，并且明确这一统计标准不包括游园绿地。如表 4 所示，《城市绿地规划标准（征求意见稿）》与世卫组织所提出的城市绿色空间可达性建议存在一定的差异。前者的优势在于该标准倾向能容纳更多活动的较大规模绿地，因绿地规模较少在人口稠密的大城市地区具有较为现实的操作性，但主要存在问题是步行可达性的服务能力较弱；后者侧重于居民社区邻近绿色空间的步行可达性，将面积较小的绿色空间纳入统计对象，更加强调公共性、公平性等目标。总体来看，在高密度城市环境中，世卫组织提出的“邻近性”概念，更加适合活动能力存在差异的不同社会人群，特别是亟须日常绿色空间的老人、小孩与孕妇。

表 4　可达性法则比较

	《城市绿地规划标准（征求意见稿）》	《城市绿色空间：行动计划概述》
可达性	综合公园（规模宜大于 10 hm^2）、专类公园、社区公园（规模宜大于 1 hm^2）500m 服务半径覆盖居住用地的比例应达到 100%	居民能够在 300 m 以内（约 5 分钟步行路程）进入至少 0.5～1 hm^2 的公共绿色空间
步行可达性	较弱	更优
绿色空间规模平均值	较大	偏小
绿色空间预期包含的活动	更多	偏少
绿色空间的类型	综合公园、专类公园、社区公园	不限，但强调公共性

续表

	《城市绿地规划标准（征求意见稿）》	《城市绿色空间：行动计划概述》
高密度建成区实现的难易程度	中等	较易
模式图	绿色空间 居民用地 网格单位：100 m	绿色空间 居民用地 网格单位：100 m

4.2 覆被结构：从景观美化到环境生态

城市绿色空间的覆被结构指覆盖的自然或人工营造物的结构，一般可分为垂直和水平两个方向（李秀彬，1996）。已有研究发现，城市绿色空间的覆被结构直接影响其供应的环境调节服务，从而关联其促进健康的效益。相关实践中基于不同的规划目标，城市绿色空间的类型、规模、主要功能、预期使用群体和维护管理等情况各不相同，当促进公共健康的目标叠加，意味着需要从以往更多考虑景观美化转向更多考虑环境生态效益。因而，对覆被结构提出有针对性且越详细的指引，就越能引导相关实践中发挥公共健康的效益。目前比较具有积极意义的是，我国园林城市、卫生城市和文明城市等各级评比也提出了增强物种多样性、乔灌木结构占比等指标，涉及常绿树种与落叶树种种植面积比例、乔木灌木与草本植物种植面积比例、规划本地木本植物指数等。如《国家园林城市系列标准》中提及城市建成区绿树覆盖面积中乔、灌木所占比率（%）≥60%。这些指标制定得到相关植物生理及环境效益评价结论的支持，如按照同等面积条件下计算年固碳释氧量、蒸散量，乔、灌木优于草类植物，在乔木覆被结构中存在常绿乔木优于落叶树（陈自新等，1998；李萍等，2011；王国玉等，2014）。目前，有关覆被特征与环境生态效益的关联的定量研究大多集中在农林、环境等研究机构，尚缺乏与公共卫生、城乡规划的结合，其已有的研究结果急需转化应用到绿色空间体系规划的指标设定中。如通过调整覆被结构减缓或引导气流的变化，调节局地环境舒适度（Caborn，1965；Woolley，2003）；通过树墙、密植林带降低噪声（Coder，1996；Chinh et al.，2007；Pathak et al.，2008）。同时，针对高密度的城市环境开展立体绿化的趋势，目前已有研究提出垂直面覆被结构健康效益的定性结论，如树木或垂直绿化减少来自于太阳直接辐射或具有玻璃或浅色材料的建筑物对太阳光的反射，促进眼部健康等（Federer，1976；Woolley，2003），仍需开展定量评价以支持设计标准的制定。公共健康导向下应加强不同覆被结构的城市绿色空间健康效益的测定与评估，同时积极开展空间实证、人群实证相关的研究拓展。

4.3 场所品质：从活动支持到活动激发

一般认为，城市绿色空间以自然化环境承载人们各种类型的活动，而其中体力型活动（锻炼）对健康促进较为显著。在空间实体层面，城市绿色空间规划阶段对绿色空间类型和空间布局的把控，以及设计阶段对设施供应、到达品质、空间品质等的营造均影响着各类型活动的发生。目前，国内公园绿地的技术标准侧重指导基础设施的供应，为公园基本游憩活动提供支持，但针对促进健康为目的的体力型活动则缺乏引导标准，且缺乏对人的"健康活动"进行引导性设计。以《公园设计规范》GB51192—2016为例，按照公园的性质和规模，仅提出所需提供的相应的设施配套和技术要求（包括园路、游乐场、停车场、厕所等）。近年绿道运动的实践与推广，各地普遍开始规划绿道或慢行系统，大部分城市制定的亦是对慢行系统相关设施的技术指引。只有个别城市的绿地系统规划已涉及对"体力型活动"的规划，如《深圳绿地系统规划修编（2014～2030）》的"景观体系建设规划"章中对城市公园和社区公园两级公园绿地的文体综合功能提出指引，主要针对运动设施的内容，其中社区公园根据规模拟定服务对象和健身设施类型。从促进公共健康的视角，中国的绿地系统建设、绿道运动等虽然对城市绿色空间发展起到相当重要的空间和设施保障作用，但仍需加强以服务大众的健康活动和激发健康活动意识为导向的相关政策和制度建设，以全面促进公共健康的理念与方法。

近年来，西方国家则从社会空间层面考虑关联空间和社会活动，在推动社会交往的同时实现历史文脉的延续与地方知识的发展。一般通过多种形式的场所营造与环境治理促进健康活动的发生，其中也包括以实现健康为目的的活动激发。例如，倡导将开展公园里的活动作为"处方"以实现预防或治疗目的的"公园处方"行动正在快速兴起，目前在美国已有75～100个项目正在运行（Seltenrich，2015）。特别是在旧金山，公共卫生部门系统地采用了公园处方计划，一方面通过开展公园健康项目推动公共参与，另一方面鼓励医生采用公园处方作为健康问题的解决办法。这种方式变革性地输入医疗模式以外对人体健康的修复，且由于发生在公园之中，服务于不同群体，具有较好的包容性和社会意义。

同时，应特别注意目前部分国外研究提出的城市绿色空间体力型活动潜在的健康风险。如泰尼奥（Tainio，2016）的研究发现，每天骑行超过90分钟或步行超过10小时的过量运动有可能损害健康，此项研究的最终结论仍然确认运动型的交通方式（或体力活动）对人体健康利大于弊，但同时确认在极度空气污染的情况下则相反。在针对珠三角绿道的研究中，刘铮（2017）发现约84%的绿道位于交通廊道空间中，其中更有相当部分是通过在机动车道与人行道内划线而设定的。因而绿道布线与交通性干道大面积叠合，依据泰尼奥等的结论可推出使用绿道锻炼同样存在健康的风险。由此可见，城市绿色空间康体活动亟须尽快开展全方位健康评价及相关有针对性的研究，以便转化为对各类型城市绿色空间康体活动的更翔实的技术指导。

5 中国城市健康绿色空间发展建议

响应“健康中国”的国家战略，“健康城市”以公共卫生、城乡规划、环境科学等学科作为基础，以空间干预为主要手段，以“预防”为策略，从“源头”提升公共健康水平。城市绿色空间对“健康城市”目标的发挥至关重要，在认识传统城市绿地系统规划的局限性基础上，本文提出建立城市绿色空间支撑公共健康价值观、构建城市绿色空间公共健康绩效体系和多部门多专业协作的健康影响评估体系的城市绿色空间发展策略。

5.1 建立城市绿色空间支撑公共健康的价值观及其认识论

在当前科技进步、理论革新和城市发展转型、价值重构的背景下，传统对城市绿色空间的认识和功能设定、规划管理均已显狭隘，有必要建立作为支撑公共健康的城市绿色空间系统价值观，明确其作为公共健康载体的性质。以实现公共健康为目标的城市绿色空间涉及规划、设计、建设和维护的全过程。与之对应，城市绿色空间干预是一项长期行为，需要得到持续稳定的政策支撑，需要建立持续的监测与反馈体系，其效益需要较长时间才能充分展现。城市绿色空间干预是跨领域的协作，应促进资源、发展、建设等各个部门的合作，减少孤立化、片面化、线性化的工作思路，强调系统关联，协同实现健康城市目标。

同时，城市绿色空间与公共健康关联的研究需要跨学科的方法协作，需要持续探明公共健康与城市绿色空间的关系。在这方面，世卫组织对目前的探索性研究进行了系统整理，包括：城市绿色空间的干预及其影响的研究证据；城市绿色空间干预案例和经验教训；城市绿色空间规划的影响评估等（The WHO Regional Office for Europe，2016a）。但是，尽管已有的数据能够逐步验证绿色空间给身心健康带来的影响，现有数据仍难以支撑详细的城市绿色空间技术指导体系。究其缘由，“健康”是受多种因素共同影响的，需要采用复杂的方法来评估和监测，除非相关医学专家提供专业的支持，否则我们应该谨慎建立健康参数（如体重指数或心血管疾病）与城市绿色空间干预的关系（The WHO Regional Office for Europe，2016a）。同时，该种关系链条的确认需要不同使用群体的共同参与，以了解使用者的感受、疗效、需求和意愿，并预防和管理潜在的挑战与冲突。

5.2 构建城市绿色空间公共健康绩效体系

目前，我国城市绿地系统规划体系已为城市绿地发展奠定基础，城市健康绿色空间为城市和居民服务为目标，随着社会经济发展需求的变化，必将面临标准的提升和建设更新。公共健康目标的引入，实则提供激活城市绿色空间潜在价值的契机，从人本思路出发，以空间模式激发大众健康意识和生活方式，具有极为重要的社会意义。在此过程中，构建公共健康绩效体系将成为原有城市绿地系统基础之上叠加的指导体系。本文初步构建“从城市绿地系统到城市健康绿色空间”的理论模型框架，以城市绿色空间的空间布局、覆被结构、场所品质作为关键内容，倡议从空间邻近、环境生态与活动激发的角度推动城市绿色空间的健康转型：以邻近性的内涵拓展传统城市绿地系统空间布局的可达性；转变覆被结构的环境美化功能的主导地位，增加其环境生态效益评估；以主动活动激发为衡量场所品质的重要指针，拓展传统较为被动的活动支持。在此议题下，应进一步构建适用于城市绿色空间的健康绩效指标体系，从而回应城市绿地系统规划自上而下实施过程中“社区”层级绿地系统规划缺失的问题，并通过引入社区参与的方式为公共健康绩效体系的构建提供翔实的数据和及时的信息反馈。

5.3 构建多部门多专业协作的健康影响评估体系

专业技术的划分与行政管辖的割裂所导致的城市绿色空间的复杂关系，以人为本的公共健康水平与影响因素为考察相关城市治理工作提供了一项现实透镜。但是，面对公共健康发展的诉求与跨部门、跨专业的影响因素构成，如何进行全面、系统、科学的评估，也成为当前城市绿色空间规划与治理工作的重要挑战。一方面，随着各专业精细化发展，城市绿色空间具有错综复杂的定义与认知。例如在土地利用规划中体现为绿地资源，主要评价指标是空间层面的用地范围；在市政园林管理中体现为绿化植被，主要评价指标是绿化面积与植物数量；在环境保护治理中体现为缓冲隔离，主要评价指标为绿带宽度与植物高度。另一方面，公共健康必然要求城市绿色空间规划与治理工作不再局限于单一的用地管理、绿化配置或空间管控，而是积极共同面向环境健康与个体健康相关的复杂矛盾和影响因素。以空气污染为例，颗粒物或微生物的健康隐患亟须公共卫生部门引入多部门多专业讨论议题中，特别是体育促进部门与城市规划部门应了解空气污染对健康活动的威胁，明确健康活动场地对空气质量的要求，而城市绿色空间的空气质量改善能力也应成为市政园林与林业部门的关注对象。在这种情况下，健康影响评估作为目前较为热门的学术概念，在指导多部门多专业协作工作模式方面具有一定的理论意义，在适应性应对中国城市治理问题方面更具有重要的实践价值。

致谢

国家重点研发计划“绿色建筑及建筑工业化”重点专项（2018YFC0704603）；国家自然科学基金（51878285）；华南理工大学亚热带建筑科学国家重点实验室开放课题项目（2016ZB13）；广州市人文社会科学重点研究基地成果。

注释

① 世卫组织的系列报告包括：《城市绿色空间与健康：数据回顾》《城市绿色空间与健康：干预的影响与效率》

《城市绿色空间：行动计划概述》以及《城市绿色空间干预与健康：影响与效率回顾》。

② 该定义出处为：1946年6月19日至7月22日在纽约召开的国际卫生会议通过的、61个国家代表于1946年7月22日签署（《世界卫生组织正式记录》第2号第100页）并于1948年4月7日生效的世界卫生组织《组织法》的序言。自1948年以来，该定义未经修订。

③ 身体（生理）健康是指身体各器官和系统都能够正常运作。精神（心理）健康是指人能够认识到自己的潜力，应付正常的生活压力，有成效地从事工作并对其社区做出贡献;而不仅是没有精神障碍。社会（社交）健康是指人能够与他人和谐共处并与社会制度和道德观念相融合。

④ 对城市的存在和发展提出新的呼吁："城市不仅是一个经济实体，更应该成为生活、呼吸、成长和愉悦生命的现实空间。"

⑤ 包括《城市绿化条例》《城市绿地设计规范（GB50420—2007）》《城市绿地分类标准（CJJ/T85—2017）》和《城市绿地规划标准（征求意见稿）》。

⑥ 中国的城市绿地定义来源于苏联，即以植被为主要存在形态，用于改善城市生态，保护环境，为居民提供游憩场地和美化城市的一种城市用地（勒・勃・卢恩茨，1963）。

⑦ 《城市绿地系统规划编制纲要(试行)》由中华人民共和国建设部于2002年10月16日颁布实施，是我国编制绿地系统规划的重要指导性文件。

参考文献

[1] Caborn, J. M. 1965. Shelterbelts and Wind-breaks. London: Faber & Faber.

[2] Chinh, L. D., Gheewala, S. H., Bonnet, S. 2007. "Integrated environmental assessment and pollution prevention in Vietnam: The case of anthracite production," Journal of Cleaner Production, 15(18): 1768-1777.

[3] Coder, K. 1996. Identified Benefits of Community Trees and Forests. Ottawa Forests and Green Space Advisory Committee.

[4] Federer, C. A. 1976. "Trees modify the urban microclimate," Journal of Arboriculture, 2(7): 121-127.

[5] Heckscher, M. H. 2008. Creating Central Park. Metropolitan Museum of Art.

[6] IAIA. 2009. What Is Impact Assessment? International Association for Impact Assessment. www.iaia.org/publications-resources/downloadable-publications.aspx

[7] Judge, K., Mullingan, J. A., Benzeval. M. 1998. "The relationship between income inequality and population health," Social Science & Medicine, 46(4-5): 567-579.

[8] Kaplan, S. 1995. "The restorative benefits of nature: Toward an integrative framework," Journal of Environmental Psychology, 15(3): 169-182.

[9] Kuo, F. E., Faber, T. A. 2004. "A potential natural treatment for attention-deficit/hyperactivity disorder: Evidence from a national study," American Journal of Public Health, 94(9): 1580-1586.

[10] Liu, H., Li, F., Li, J., et al. 2017. "The relationships between urban parks, residents'physical activity, and mental health benefits: A case study from Beijing, China," Journal of Environmental Management, 190: 223-230.

[11] Pathak, V., Tripathi, B. D., Mishra, V. K. 2008. "Dynamics of traffic noise in a tropical city Varanasi and its abatement through vegetation," Environmental Monitoring and Assessment, 146(1-3): 67-75.

[12] Pretty, J., Peacock, J., Sellens, M., et al. 2005. "The mental and physical health outcomes of green exercise,"

International Journal of Environmental Health Research, 15(5): 319-337.

[13] Seltenrich, N. 2015. "Just what the doctor ordered: Using parks to improve children's health," Environ Health Perspect, 123(10): A254.

[14] Shen, Y. S., Lung, S. C. 2016. "Can green structure reduce the mortality of cardiovascular diseases?" Science of the Total Environment, 566-557:1159-1167.

[15] Tainio, M., Nazelle, A. D., Gotschi, T., et al. 2016. "Can air pollution negate the health benefits of cycling and walking?" Preventive Medicine, 87(2): 233-236.

[16] Taket, A. R. 1990. Making Partners: Intersectoral Action for Health. World Health Organization.

[17] Tamosiunas, A., Grazuleviciene, R., Luksiene, D., et al. 2014. "Accessibility and use of urban green spaces, and cardiovascular health: Findings from a Kaunas cohort study," Environmental Health, 13(1): 20.

[18] The WHO Regional Office for Europe. 2016a. Urban Green Spaces and Health: A Review of Evidence. World Health Organization.

[19] The WHO Regional Office for Europe. 2016b. Urban Green Space and Health: Intervention Impacts and Effectiveness. World Health Organization.

[20] The WHO Regional Office for Europe. 2017. Urban Green Spaces: A Brief for Action. World Health Organization.

[21] Thiering, E., Markevych, I., Brüske, I., et al. 2016. "Associations of residential long-term air pollution exposures and satellite-derived greenness with insulin resistance in German adolescents," Environmental Health Perspectives, 124(8): 1291-1298.

[22] Woolley, H. 2003. Urban Open Spaces. London: Taylor & Francis.

[23] World Health Organization. 1997. City Planning for Health and Sustainable Development. World Health Organization.

[24] World Health Organization. 1999. Health Impact Assessment: Main Concepts and Suggested Approach. WHO Regional Office for Europe.

[25] 北京市园林局. GB51192—2016 公园设计规范[S]. 北京：中国建筑工业出版社，2016.

[26] 陈筝. 高密高异质性城市街区景观对心理健康影响评价及循证优化设计[J]. 风景园林，2018，25(1)：106-111.

[27] 陈自新，苏雪痕，刘少宗，等. 北京城市园林绿化生态效益的研究[J]. 中国园林，1998(1)：55.

[28] 丁国胜，魏春雨，焦胜. 为公共健康而规划——城市规划健康影响评估研究[J]. 城市规划，2017，41(7)：16-25.

[29] 冯娴慧，高克昌，钟水新. 基于 GRAPES 数值模拟的城市绿地空间布局对局地微气候影响研究——以广州为例[J]. 南方建筑，2014(3)：10-16.

[30] 勒・勃・卢恩茨. 绿化建设[M]. 朱钧珍，等，译. 北京：中国建筑工业出版社，1963.

[31] 李萍，王松，王亚英，等. 城市道路绿化带"微峡谷效应"及其对非机动车道污染物浓度的影响[J]. 生态学报，2011，31(10)：2888-2896.

[32] 李秀彬. 全球环境变化研究的核心领域——土地利用 / 土地覆被变化的国际研究动向[J]. 地理学报，1996(6)：553-558.

[33] 联合国人居署. 城市和区域国际准则[R]. 2015.

[34] 廖远涛，肖荣波. 城市绿地系统规划层级体系构建[J]. 规划师，2012，28(3)：46-49+54.

[35] 刘天媛，宋彦．健康城市规划中的循证设计与多方合作——以纽约市《公共健康空间设计导则》的制定和实施为例[J]．规划师，2015，31(6)：27-33.

[36] 刘铮．都市主义转型：珠三角绿道的规划与实施[D]．广州：华南理工大学，2017.

[37] 深圳市城市管理局，深圳市规划和国土资源委员会．深圳绿地系统规划修编(2014～2030)[R]．2017.

[38] 田莉，李经纬，欧阳伟，等．城乡规划与公共健康的关系及跨学科研究框架构想[J]．城市规划学刊，2016(2)：111-116.

[39] 王国玉，白伟岚，李新宇，等．北京地区削减 PM2. 5 等颗粒物污染的绿地设计技术探析[J]．中国园林，2014，30(7)：70-76.

[40] 王鸿春．健康城市蓝皮书：北京健康城市建设研究报告[M]．北京：社会科学文献出版社，2015.

[41] 王兰，凯瑟琳·罗斯．健康城市规划与评估：兴起与趋势[J]．国际城市规划，2016 (4)：1-3.

[42] 王世福，刘铮．线形绿色空间作为战略性健康城市资源的机遇与挑战[J]．城市建筑，2018(8)：29-32.

[43] 吴志萍，王成，侯晓静，等．6 种城市绿地空气 PM2. 5 浓度变化规律的研究[J]．安徽农业大学学报，2008(4)：494-498.

[44] 肖玉，王硕，李娜，等．北京城市绿地对大气 PM2. 5 的削减作用[J]．资源科学，2015，37(6)：1149-1155.

[45] 中共中央国务院．"健康中国 2030"规划纲要[R]．2016.

[46] 中国卫生部疾病预防控制局．全国健康城市评价指标体系(2018 版)[R]．2018.

[47] 中华人民共和国国务院．城市绿化条例[S]．1992.

[48] 中华人民共和国住房和城乡建设部，中华人民共和国国家质量监督检验检疫总局．城市绿地设计规范(GB50420—2007)[S]．北京：中国计划出版社，2016.

[49] 中华人民共和国住房和城乡建设部．城市绿地分类标准(CJJ/T 85—2002)[S]．北京：中国建筑工业出版社，2002.

[50] 中华人民共和国住房和城乡建设部．城市绿地分类标准(CJJ/T 85—2017)[S]．北京：中国建筑工业出版社，2018.

[51] 中华人民共和国住房和城乡建设部．城市绿地系统规划编制纲要(试行)[S]．2002.

[52] 中华人民共和国住房和城乡建设部．国家园林城市系列标准[S]．2016.

[欢迎引用]

王世福，刘明欣，邓昭华，等．健康绩效导向的中国城市绿色空间转型策略[J]．城市与区域规划研究，2018，10(4)：16-34.

Wang, S. F., Liu, M.X., Deng, Z. H., et al. 2018. "Transformation strategy of urban green space in China from a healthy city perspective," Journal of Urban and Regional Planning, 10(4):16-34.

城市绿色空间规划健康影响评估及其启示

冷 红 李姝媛

Health Impact Assessment in Urban Green Space Planning and Its Implications

LENG Hong, LI Shuyuan
(School of Architecture, Harbin Institute of Technology, Harbin 150001, China)

Abstract Green space planning, for promoting population health, is not only an important part of constructing a healthy city, but also the focus of urban planning discipline in recent years. A large number of studies have confirmed that green spaces, as a main place for physical activity and social interaction, can have a positive impact on improving the public physical and mental health. Health impact assessment can provide support for decision-making of health planning. And in urban green space planning, it will help integrate healthy goals and strategies with specific planning projects at the practical level, so that the health benefits of green space can be realized effectively. Besides, both the knowledge system of scientific evidence-health impact assessment and its application in urban green space planning are lagging behind in China. Therefore, on the basis of clarifying the influence of urban green space on public health, this paper analyzes the significance of health impact assessment in urban green space planning, and discusses the main points of the application of health impact assessment in urban green space planning in Europe, the United States, and other developed countries. In addition, according to the experience, it obtains the implications of health impact assessment application in urban green space planning in China.

Keywords healthy city; urban green space; health impact assessment; public health

作者简介
冷红、李姝媛，哈尔滨工业大学建筑学院。

摘 要 促进人群健康的绿色空间规划是健康城市建设的重要组成部分，同时也是城市规划学科近年来重点关注的内容。已有大量研究证实绿色空间作为人们体力活动和社会交往的主要场所，能够对提升身心健康水平产生积极影响。健康影响评估能够为促进健康的规划决策提供支持，针对城市绿色空间规划的健康影响评估将有助于在实践层面使促进健康的目标和策略与具体规划项目实现深度融合，从而使绿色空间的健康效益得到切实发挥。中国以科学实证为基础的健康影响评估知识体系及其在城市绿色空间规划中的应用均显滞后。本文在阐明城市绿色空间对公共健康影响的基础上，分析城市绿色空间健康影响评估的意义，对欧美等发达国家城市绿色空间规划中健康影响评估的应用及要点进行探讨，并结合经验分析得出在中国城市绿色空间规划中应用健康影响评估的启示。

关键词 健康城市；城市绿色空间；健康影响评估；公共健康

1 引言

在城市环境问题日益突出、慢性病患者比例持续增长的背景下，物质空间环境对公共健康影响的研究不断增多（王兰等，2017）。城市绿色空间作为居民体力活动、社会交往的重要物质空间载体，以多种方式影响着居民的健康状况。绿色空间与公共健康研究已成为国际前沿议题，相关研究主要可概括为绿色空间与公共健康的相关性研究、绿色空间影响公共健康的方式与作用机制研究以及绿色空间影响公共健康的政治经济学研究三个方面。在这一领域中，国外针对这三方面内容的研究成果较为丰富、扎实，就绿色空间的相关变量对发病率的影响、对体力活动与心理健康的促进以及绿色空间使用差异背后的深层原因对公共健康的影响均有涉猎（李志明、樊荣甜，2017）；国内则主要针对前两个方面进行了研究探索，涉及绿色空间与居民生理和心理健康的关联性以及促进健康的绿色空间特征、影响因子与健康促进策略等内容（陈璐瑶等，2017；刘耀阳等，2016；谭少华、洪颖，2015；谭少华、李进，2009；谭少华、彭慧蕴，2016）。整体来看，国内针对绿色空间与公共健康关联性在理论研究方面取得了一定成果，既证实了绿色空间对于公共健康的诸多正面效益，也可以为促进健康的绿色空间规划设计提供一些参考建议。但对该领域研究系统而全面的梳理略显不足，且在具体实践中，其应用发展尚处于初级探索阶段，这在很大程度上导致绿色空间的健康效用无法得到切实发挥，如何将公共健康相关研究成果与绿色空间规划方案决策相融合尚需深入探讨。

绿色空间规划决策的健康影响评估（Health Impact Assessment，HIA）融合健康促进理念，通过分析规划方案、政策、项目对公众健康的影响方式和效果，能够为促进健康的绿色空间规划决策提供可靠支持（Vanclay，1995）。在欧美等发达国家，绿色空间规划 HIA 已形成较为成熟的理论体系，并在许多绿色空间规划项目中得到应用，成为健康城市理论发展与实践应用的重要组成部分。这在实践层面上对绿色空间综合健康效益的发挥具有重要意义。中国针对该领域的研究目前主要是将绿色空间 HIA 融合在宏观层次规划的 HIA 分析当中，如丁国胜等结合对戴维森镇 HIA 的系统分析，对项目涉及的绿色空间 HIA 从评估目的与建议两方面加以阐释（丁国胜等，2017）；李煜等以亚特兰大公园链项目（该项目为包括公园、轨道交通、慢性步道、住宅区和商业区建设在内的城市更新项目）为例，对评估要素体系中的绿地公园系统配备与质量以及评估建议中的绿色空间与居住办公空间结合对策进行了介绍（李煜、王岳颐，2016）。总体而言，国内针对绿色空间规划中 HIA 的应用要点目前较少有系统专门的分析，运用绿色空间规划 HIA 知识体系及实践应用来支持健康促进的绿色空间规划决策亟待引起重视。

基于此，本文在阐述绿色空间对公共健康影响的基础上，明确城市绿色空间规划 HIA 的意义，并深入分析其应用要点，以期在借鉴欧美等发达国家相关理论与实践经验的基础上，为促进绿色空间规划 HIA 与中国城市绿色空间规划建设的结合提供启示。

2 城市绿色空间对公共健康的影响

城市绿色空间包括各类城市公园、自然保留地、滨水绿地、城市绿道、步行绿径等（叶林等，2018）。绿色空间拥有经济、生态、社会等多种功能效益，改善居民的身心健康是其功能效益中的重要组成部分（秦飞等，2012）。通过绿色空间促进健康越来越受到城市规划、风景园林、公共健康等学科的重视，既是健康城市建设实践的重要路径（王兰等，2016），同时也是绿色空间与公共健康相关研究领域的前沿议题（李志明、樊荣甜，2017）。绿色空间以多种方式对公共健康产生影响，一方面，城市绿色空间可以通过促进体力活动、减缓精神压力、提升社区凝聚力等方式增强居民身心健康水平（姜斌等，2017）；另一方面，城市绿色空间会通过活动及环境接触机会的增加引发运动伤害、治安安全隐患等问题，造成身心健康损害。因此，城市绿色空间环境中众多的自然、人工要素对居民健康不仅会形成一系列正面影响，也会形成一定的负面影响。

绿色空间以一种“基于自然的方法”，已成为以可持续发展理念作为价值观的城市规划基本策略。在中国城市规模不断扩张、城市环境不断发生改变的过程中，绿色空间的潜在复合价值日益得到重视，针对此过程中绿色空间健康效益的发挥应予以重点关注。将健康促进的理念纳入绿色空间规划、分析规划方案或项目可能带来的健康影响，不仅能够辅助支持健康的科学决策（王兰等，2017；张雅兰等，2017），还将有助于推动公共卫生成果融入与绿色空间相关的规划实证研究与实践应用中，推动健康促进事业在中国规划领域的发展。

3 城市绿色空间规划 HIA 的意义

通过 HIA 使决策者和公众意识到健康问题（王兰等，2017），使绿色空间尽可能地加强对健康的正面影响，削弱负面影响，从而辅助支持健康的方案决策，这是在绿色空间规划中应用 HIA 的直接意义。这主要是从健康促进的视角对 HIA 意义进行的考虑，在应用过程中，基于健康促进带来的影响，评估还会产生经济、社会等其他方面的意义，对人们长期的健康水平与福祉发挥作用。

第一，为促进健康的绿色空间规划决策提供支持。HIA 最早是循证医学中的一项重要研究方法（李煜、王岳颐，2016），后逐渐发展为健康城市规划中的重要技术工具，用于评估具体项目的健康影响（杨瑞等，2018）。评估过程会依托绿色空间与公共健康的相关研究，如绿色空间要素对居民的身体活动水平、发病率、食品摄入水平等健康指标的影响研究，判断项目、规划或政策对健康的影响，形成有证可循、更加客观的决策分析。同时，与广受重视的体力活动促进、精神压力缓解等正面影响效果相比，绿色空间的致病或不安全健康影响因素容易被忽视。HIA 不仅能够帮助识别出这些负面影响，还会以规划建议的形式提出有效的规划和管理措施进行避免（Fischer et al.，2017）。此外，HIA 还可以对项目进行跟踪，以使促进健康的目标尽可能落地实现。因此，HIA 能够客观、清晰地识别健康效益与风险并提出相应改善建议，从而使决策者有效防范潜在的健康问题，明确更有利于促进健康的绿色空间规划措施，最终形成最大化促进健康的决策方案。

第二，增强绿色空间项目所用资金与空间资源的利用效率，提升经济效益。无论是新建或改造类型的绿色空间项目，项目实施前期的土地出让、方案设计，项目实施过程中的开发、建设，以及项目实施后期的维护、管理过程，均会不同程度地消耗城市建设的资金与空间资源。若未能对绿色空间合理地进行设计、建设或管理，将降低绿色空间的资金与空间资源利用效率，阻碍各种效益的发挥。HIA 能够帮助确定如何使绿色空间最有效地改善健康，获取相较常规方案更为确切的健康效益，这能够使绿色空间的资金与空间资源得到更高效的利用，带来潜在的城市经济效益的提升。

第三，促进健康公平性发展，实现相对落后地区、弱势群体的健康促进。健康公平是社会公平的一个重要方面，主要体现为健康状况公平和卫生保健公平。不同国家（或地区）、同一国家（或地区）不同人群之间的健康状况存在明显差异。21 世纪以来，寻求健康公平成为国际组织和各国政府追求的政策目标，并把消除健康不公平作为卫生改革与发展的重点目标（李敏，2005）。1999 年，世界卫生组织（WHO）发布了关于 HIA 的《哥德堡共同议定书》，将“公平”确立为 HIA 的核心价值之一（WHO，1999）。HIA 在具体应用过程中，绿色空间规划能够从两方面发挥促进健康公平性的作用：其一是通过将地区健康状况、医疗卫生的指标（慢性病发病率、体力活动水平、感到沮丧或抑郁的频次等）与所在州县及州县内其他地区进行对比，发现评估地区与这些地区绿色空间状况、健康状况、卫生保健状况的差距，提出绿色空间改善建议，以促进地区间的健康公平性；其二是结合调查和基线数据将评估地区内不同人群的健康状况进行对比，尤其关注儿童、妇女、老年人、低收入者、种族人群等弱势群体的状况，考虑他们的健康水平与需求（吴怡沁、田莉，2018），提出绿色空间改善建议，以确保不同年龄、收入、种族的人群均能便利、轻松、安全地使用绿色空间，促进地区内弱势群体的健康公平性。

4 城市绿色空间规划 HIA 的应用及要点分析

4.1 城市绿色空间规划 HIA 的应用

绿色空间规划 HIA 作为 HIA 在城市规划领域的重要应用内容，在确定项目的潜在健康影响，辅助支持健康的规划决策方面，能够发挥极其重要的作用。其主要是在欧美等国日益严重的居民体力活动缺乏、慢性病患病率走高，部分地区因经济欠发达而面临健康风险等背景下编制。

许多学者从评估的意义、内容、结果、运作形式等角度，针对绿色空间 HIA 的应用进行了研究探讨，如菲舍尔等通过对七个绿色空间 HIA 的分析发现，在绿色空间作为工作出发点的项目中，绿色空间与健康的关联性往往更强，而在绿色空间仅作为部分内容介入的项目中这种关联性较弱（Fischer et al.，2017），揭示了在项目初期使决策者意识到绿色空间健康影响的重要性；理查德森等认为绿色空间与健康的关系较为复杂，多种要素在其中发挥影响作用，HIA 的健康影响分析方法将帮助阐明这一过程，具有重要研究价值（Richardson et al.，2013）；桑塔纳等结合对阿马多拉绿色空间 HIA 的研究分析发现，通过使用绿色空间，该地区 27%的居民自评健康状况得到改善，明确预测了项目将产生的健康影响效果（Santana et al.，2009）；阿米莉亚·坦布利尼从利益相关者的角度对 HIA 进行分析，给出了两项提高利益相关者参与度的建议，即明确规定监管流程和形成评估指南可以对 HIA 的发展机制有所启示（Ame-LiaTamburrini，2011）。

另外，各地区公共卫生部门、城市规划部门与相关部门合作，结合地区和居民主要面临的健康问题，开展了一系列绿色空间规划 HIA 应用实践。美国南卡罗来纳州格林维尔县西部地区为应对经济发展滞后、健康不公平性挑战，由南卡罗来纳州医学和公共卫生研究所（IMPH）与格林维尔可持续发展团队共同组成评估小组，聚焦该地区绿色空间，从体力活动、社会资本、社会经济稳定性、食物可达性、个人及社区安全性、空气及水环境质量等方面进行 HIA。威斯康星州马凯特县绿径扩建项目为解决居民慢性病、抑郁症患病率高等健康问题，从体力活动、心理健康、社会联结、绿径设施等方面着手开展 HIA。洛杉矶县夜间公园项目 HIA 中，评估小组以公园夜间活动的安全问题为背景，在明确暴力因素与慢性病、活动水平、社会隔离等关系的基础上，指出夜间公园项目将通过影响犯罪率、居民安全感，使居民的活动水平、社会联结等受到影响，并给出将夜间公园项目拓展到那些缺乏夜间活动、犯罪率高且肥胖问题显著的社区公园等规划建议。奥克兰东部湾绿道 HIA 在超过 50%的成年人和超过 33%的高中生未达到体力活动推荐量的背景下，论证了街道和步道缺乏与体力活动大量减少之间的联系，结合公园和自然空间、安全性、交通、空气和水环境质量、社交网络、健康服务、住房条件、社会平等性开展评估。曼彻斯特戈斯勒公园社区以健康饮食积极生活（HEAL）项目为契机，以提供安全、可步行的娱乐场所并促进多学科协作为目标，从交通运输、步行安全性、骑行安全性、土地使用、健康食物可达性、社会联结、休闲娱乐设施、校园等方面提出了项目将会带来的影响与改善建议措施。

美国疾病预防中心（CDC）与相关部门合作，综合公共卫生、城市规划等学科的研究成果和实践案例，还制定了专门的绿色空间项目 HIA 工具集。相较其他综合或专项的评估工具[如美国旧金山市公共健康部开发的健康发展测度工具（healthy development measurement tool）、明尼苏达大学为规划师研发的“为健康设计”评估工具（design for health）以及加拿大国家健康公共政策合作中心开发的社区 HIA 工具（community health impact assessment tool）（丁国胜、蔡娟，2017），CDC 制定的“建成环境评估工具”（built environment assessment tool）]而言，绿色空间 HIA 工具集（Parks and Trails Health Impact Assessment Toolkit 以及 Parks, Trails, and Health Workbook）的评估对象聚焦为以公园、绿道、步行绿径为主体的绿色空间，因此对该类绿色空间规划项目 HIA 的指导作用更加明确具体，富有针对性。该工具集将来自不同学科的信息纳入一个文档，总结出可能的利益相关者、评估要素与相应的数据获取来源，并结合相关的研究和 HIA 案例汇编了潜在建议，可以为绿色空间 HIA 中的范围界定、评估和建议三个核心步骤提供十分有价值的参考。

4.2 城市绿色空间规划 HIA 的应用要点

结合相关的研究成果、应用案例以及 CDC 制定的绿色空间 HIA 工具集（以下简称“CDC 工具集”），具体从专项性评估要素、有证可循影响分析、对接理论和实践的规划建议三个方面的应用要点，来对绿色空间规划 HIA 的相关内容进行介绍及分析。

4.2.1 专项性评估要素

确立评估要素是调研和论证绿色空间将通过哪些方面产生健康影响的关键前提。在早期过程中建立起评估要素和框架能够对决策发挥预见性作用。一般而言，HIA 评估要素的确立主要来自文献综述、评估地段实际问题、专家和居民综合意见三个方面（张雅兰等，2017）。针对绿色空间，CDC 工具集为辅助项目评判现状情况及潜在健康影响提供了一套简明框架，该工具集涵盖了绿色空间规划中主要的健康影响要素及其数据来源，具有专项性指导意义。

具体而言，绿色空间 HIA 中主要考虑的健康影响要素通常会涉及四类主题（绿色空间、安全、邻里和公共健康）15 个方面的要素。其中，公园特征涵盖四方面要素，包括现有绿色空间、步行可达性、场地出入口可视性和场地现状条件；安全特征涵盖三方面要素，包括犯罪情况、自然监督和交通事故；邻里特征涵盖六方面要素，包括人口统计数据和社区概况、邻里环境、邻里组织在社区内可能与绿色空间有关系的重要特征或服务、步行和骑行路线、到达特定目的地的路径（如从公园入口到学校入口的路径）以及服务区域内的服务供给与障碍；公共健康特征涵盖两方面要素，包括疾病预防数据和评估。这一系列要素涉及相应的统计数据，数据来源包括地方和国家两个层面，来自城市规划部门、公共卫生部门、社区部门、工程部门和其他相关部门。

概言之，四类主题要素是经研究证实影响绿色空间发挥健康效益的基本要素。公园特征对活动参与发挥重要的基础影响作用；安全特征是居民前往绿色空间活动的先决条件；邻里特征为明确所在社区经济社会发展水平及可能改善方面提供信息；公共健康特征用以挖掘社区居民面临的主要健康问题与需求。在具体的绿色空间规划 HIA 中，可在该工具集提供的专项性评估要素遴选的基础上，结合评估地段实际问题及数据可得性进行针对性的要素、指标体系建立。如洛杉矶县夜间公园项目 HIA 结合主要关注的安全问题，仅将公园的夜间安全性和居民的体力活动水平作为评估要素；曼彻斯特戈斯勒公园社区 HIA 结合社区环境特征，加入了对校园周边公园和休闲娱乐设施要素的评估。

4.2.2 有证可循影响分析

HIA 的分析过程是明确项目所带来健康影响的关键环节，有证可循的健康影响分析对于绿色空间规划的健康影响判定至关重要。分析内容包括现状分析和健康影响结果分析两方面（吴怡沁、田莉，2018）。其中，现状分析主要针对绿色空间及其周边社区的经济社会和人口健康水平现况，健康影响结果分析主要针对绿色空间项目引起的居民活动、社会资本、物理环境等要素变化给健康带来的影响。健康影响结果通常指居民身心健康状况、社会资本等反映健康水平的内容，具有正向、负向两种影响性质。确定绿色空间项目会给健康带来什么性质及方面的影响结果是评估分析的关键。

分析方法包括定性分析与定量分析两种。定性分析主要基于问卷调查、数据统计、GIS 可视化分析、对比分析和文献综述等方法。其中的文献综述主要是来自城市规划与公共卫生等学科的相关研究，它们为分析并预判绿色空间规划将会分析健康带来的潜在影响提供了大量依据。如奥克兰东部湾绿道 HIA 基于文献综述所知关系生成健康影响因果路径图，将新建绿道与健康结果联系起来，定性分析得出新建绿道将会分析体力活动、绿化景观、机动车使用和社会凝聚力等要素带来的潜在影响。再如格林维尔县西部地区绿色空间规划 HIA，以一系列文献分析为基础，建立了一组绿色空间不同要素如何促成各种健康结果的影响机理路径，进而预判得出新建、扩建绿色空间将会给周边三个社区居民的体力活动、社会资本、社会经济稳定性和食物可达性等要素带来的影响（表 1）。

表 1　格林维尔县西区绿色空间规划 HIA 对健康的影响分析

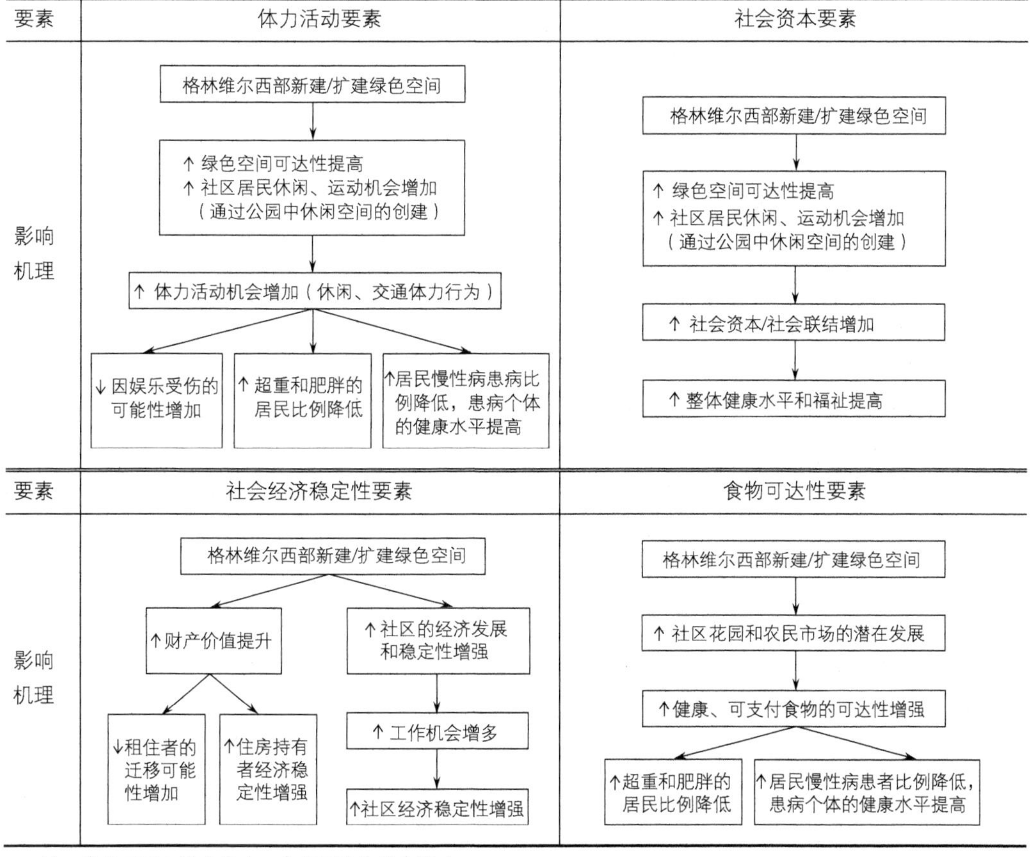

要素	体力活动要素	社会资本要素
影响机理	格林维尔西部新建/扩建绿色空间 ↓ ↑ 绿色空间可达性提高 ↑ 社区居民休闲、运动机会增加 （通过公园中休闲空间的创建） ↓ ↑ 体力活动机会增加（休闲、交通体力行为） ↓ ↓ 因娱乐受伤的可能性增加；↑ 超重和肥胖的居民比例降低；↑居民慢性病患病比例降低，患病个体的健康水平提高	格林维尔西部新建/扩建绿色空间 ↓ ↑ 绿色空间可达性提高 ↑ 社区居民休闲、运动机会增加 （通过公园中休闲空间的创建） ↓ ↑ 社会资本/社会联结增加 ↓ ↑ 整体健康水平和福祉提高
要素	社会经济稳定性要素	食物可达性要素
影响机理	格林维尔西部新建/扩建绿色空间 ↓ ↑财产价值提升 → ↓租住者的迁移可能性增加；↑住房持有者经济稳定性增强 ↑社区的经济发展和稳定性增强 → ↑ 工作机会增多 → ↑社区经济稳定性增强	格林维尔西部新建/扩建绿色空间 ↓ ↑ 社区花园和农民市场的潜在发展 ↓ ↑健康、可支付食物的可达性增强 ↓ ↑超重和肥胖的居民比例降低；↑居民慢性病患者比例降低，患病个体的健康水平提高

注：↑ 表示正向健康影响，↓ 表示负向健康影响。

资料来源：根据 A Health Impact Assessment (HIA) of Park, Trail, and Green Space Planning in the West Side of Greenville,South Carolina. http://www.healthimpactproject.org/resources/body/HIA-of-Park-Trail-and-Green-Space-Planning-in-Greenville-SC. pdf 整理绘制。

定量分析主要基于调查数据进行统计分析、类推预测，可对部分评估要素的预测影响结果进行定量表征。如马凯特县绿径扩建项目 HIA 基于现状数据，对扩建后绿径规模、使用人口数量、财产价值、游客数量及消费量、参与者活动时长等指标的增加值进行了预测；洛杉矶县夜间公园项目 HIA 基于现状数据和犯罪变化趋势，对项目施行后的犯罪减少量以及包括执法、审判、监护监督等方面所能降低的成本进行了预测，基于综合交通和健康影响模型（ITHIM），对体力活动增加将会带来的健康收益进行了预测。

总体来看，定性分析会应用在各种项目的HIA中，能够对项目健康影响的可能性、性质和分布进行明确判定，在降低评估工作的复杂性和时长方面具有显著优势。定量分析主要应用在大型项目、评估模型已预先建立好且相应数据较易获取项目的HIA中。相关研究指出，在其他类型HIA中被使用的模型和工具，如空气污染和体力活动（TAPAS）模型、步行和骑自行车健康经济评估工具等，虽尚待进一步开发和改进（Nieuwenhuijsen et al.，2017），但应用到绿色空间规划HIA的定量分析中具有较大潜力和价值。在具体应用中可以根据项目周期、规模、资金支持、模型工具与数据情况，选择合适的分析方法。

4.2.3 对接理论和实践的规划建议

在判定项目的健康影响之后，针对项目提出与理论和实践紧密结合的规划建议，从而指导绿色空间规划，使之发挥出切实的健康效应也是重要的经验之一。规划建议是以绿色空间与公共健康相关的理论研究、实践经验为依据，围绕项目涉及的各项健康影响要素提出的改善建议及措施，旨在加强对健康的积极影响并削弱消极影响。

以上文提到的格林维尔县西部地区绿色空间HIA为例，评估小组在分析项目将会给体力活动、社会资本、社会经济稳定性等要素带来的影响之后，基于文献综述，提出了针对性规划建议，如在体力活动促进方面，提供往返于公园的步行与骑行路径，增设各年龄组居民体力活动设施，在公园内提供足够的树荫等；在社会联结促进方面，设置花园、运动场等互动场所，设置可以放松和冥想等有益于精神健康的场所；在社区及家庭经济稳定性促进方面，增加就业机会，提供可负担的住房等。

针对规划建议，CDC工具集总结了体力活动促进、心理健康促进、社区凝聚力促进、绿色空间可达性提升、安全性提升、使用公平性提升、环境优化、经济增长、服务拓展和评估跟踪共十个方面内容。基于对健康的干预路径，可将这些建议概括成四个维度：一是通过规划设计直接促进体力活动、心理健康和社区凝聚力；二是提升绿色空间的可达性、安全性、公平性以及环境健康性，间接影响健康；三是运用经济手段提升经济水平，如增加周边社区的就业机会等；四是运用管理手段拓展影响范围，如进行评估跟踪、开展宣传及活动策划等（表2）。就理论研究而言，这些建议对接于社会、经济、

表2 绿色空间规划HIA规划建议的内容

规划建议维度	目标	部分措施
绿色空间：直接健康干预	体力活动促进	提供多功能活动设施，形成全年、全天候的活动吸引力；提供不同难度级别的运动设施，如排球场、篮球场、散步道等
	心理健康促进	在公园内提供可以放松和冥想的场所；提供可以观看绿地、水、野生动物栖息的场所

续表

规划建议维度	目标	部分措施
绿色空间：间接健康干预	社区凝聚力促进	设计容纳节日、街头集市和其他社区活动的公园；提供公园设施辅助开展社区聚会
	可达性提升	建立连接社区和绿色空间的人行道及自行车道的综合网络；确定从家到公园入口的步行距离少于 1 英里的人口比例
	安全性提升	在公园内部、公园邻近街道和街道交叉口强化监督；在相邻建筑物中设置面向公园或小径的入口和窗户
	使用公平性提升	创建使周边社区内不同人群易于到达的公园或小径；将健康公平纳入规划项目和评估标准中
	物理环境优化	采用乡土植物；增加公园边界的树冠覆盖
经济：间接健康干预	经济增长	增加周边社区的就业机会；通过提供可负担的住房、公园维护资金来增强公园使用的可持续性
管理：间接健康干预	评估跟踪	在项目开展之前、开展之后通过测试或调查对项目进行持续跟踪；制定评估计划，确定负责数据收集、分析和报告编制的人员
	服务拓展	提供场地活动设施及项目手册；通过各种宣传活动，如环境教育、历史教育、体育赛事，为公园活动发生营造机会

资料来源：根据 https://www.cdc.gov/healthyplaces/parks_trails/default.htm 整理。

绿色空间和周边环境等绿色空间影响健康研究中的关键结论，促进了研究成果的落实转化。就实践应用而言，这些建议对接于公共卫生、住房、交通、管理等多部门、多领域的支持，涵盖丰富的细节设计内容，可以为建议的提出在框架与建议施行细节方面形成可靠参考。

5 城市绿色空间 HIA 启示

绿色空间 HIA 在欧美等发达国家对于促进绿色空间健康功能的发挥显示出重要的理论研究和实践应用价值。中国绿色空间规划主要关注绿色空间的生态、美学、功能、文化等方面（马明等，2018），对于其健康功能的承载未能给予足够的重视。新时期空间品质提升成为城市规划重要的目标导向，应对慢性病挑战、促进公共健康是其关键内容，通过绿色空间承载健康功能，给居民健康生活带来积极影响具有重要意义。概而言之，绿色空间 HIA 发展经验可以对中国形成如下启示。

5.1 注重研究内容的方向拓展和系统整理，为评估提供理论支持

欧美等发达国家针对绿色空间影响公共健康的相关内容开展了大量研究，为绿色空间 HIA 的评估框架搭建、健康影响机理分析、规划建议形成等关键环节提供了大量有证可循的参考，为 HIA 的开展

奠定了重要的理论基础。相比而言，中国针对绿色空间健康性的研究主要体现在城市绿地系统健康的研究，关注内容集中在城市绿地系统及其植物群落、物种多样性、生态和景观功能及服务等，侧重于从生态学视角为营建健康的绿色空间环境提供研究支持；针对绿色空间与公共健康的关联性研究，虽然在绿色空间的可达性、安全性、美观性等与公共健康的关联方面取得了一定成果，但结合地域背景、社会经济、人群差异、潜在负面影响、因果机制等因素的研究尚需进一步深入（姚亚男、李树华，2018），研究的内容体系也尚待完善。未来应考虑针对关键健康影响问题进行研究内容的拓展并与现有研究进行整合，将其整理转化为评估核心环节的理论指引，从而形成有力的证据支持体系。

5.2 探索与发展阶段相适应的专项评估工具，为评估提供方法支持

CDC 工具集囊括了利益相关者、涉及学科专家、健康影响要素、指标及数据来源、规划建议等内容，可以为绿色空间 HIA 的范围界定、评估和规划建议等步骤形成快速、方便的参考。借鉴国外经验，探索形成适用于中国的绿色空间 HIA 专项性评估工具，将为评估提供重要的方法支持。

发展专项评估工具需要相应的政府引导、部门合作、学科交叉、公众参与作支撑。目前，中国尚处于 HIA 支撑体系较为薄弱的发展阶段，具体体现在：HIA 作为环境影响评估的部分内容存在，针对 HIA 的相关法规和技术导则等实践机制尚未完善（丁国胜、蔡娟，2013），专门针对绿色空间规划的 HIA 尚未起步；部门之间条块分割，协作和配合不足，公共卫生和城乡规划部门的合作尚处于草创阶段；学科交叉研究的系统性有待增强，公共卫生研究成果较少转化到绿色空间规划实践；居民对城市规划和健康的关注度日益提升，但公众参与的方案与实施刚刚开始。与之相适应的，现阶段可以重点关注健康水平较低的地区及人群的健康问题，围绕绿色空间健康影响要素、影响机理、规划建议等核心评估要点，建立起快速评估工具，以一种简便且易于操作的方式支持影响健康的绿色空间规划决策。

未来建议积极发展 HIA 支撑体系。政府层面应确立评估法规、导则，建立评估制度，对评估操作程序进行权威界定；部门层面应加强协作和配合，明确参与部门权责，实现对数据的调研采集、提供与定期整理；学科交叉层面应结合前文所述完善研究内容体系，建立起针对绿色空间规划的专项性评估框架、要素体系；公众参与层面应可视化评估成果以加强公众对方案的理解，同时提升公众参与程度。随着发展条件步入相对完善的阶段，探索开发相应的评估工具，最终形成包含科学操作流程、参与部门及其合作形式、详尽要素指标及数据来源的工具手册，作为绿色空间 HIA 的指导资料。

5.3 引导 HIA 与城市规划体系融合，促进评估结果落实至规划实践

将评估结果融入规划编制与实践，为促进健康的规划决策发挥指导作用是绿色空间规划 HIA 的重要目标。在中国城市规划体系中，绿色空间主要以城市绿地为空间载体，各层次绿地规划的目标功能以及实践操作内容较少与公共健康形成密切关联，对健康的促进功能也较难发挥出来。借鉴国外绿色

空间规划 HIA 经验，形成融合 HIA 的城市绿地规划体系，将有助于使公共健康研究成果系统、有效地转化为绿色空间规划实践，使绿色空间决策中促进健康的目标和措施得以落实。

因此，可以从“总体规划—控制性详细规划—修建性详细规划”三个层级，结合评估目标，划分评估内容，形成融合 HIA 的城市绿地规划体系（图 1）。在总体规划阶段，评估可以将具有整体生态、健康效益的大型公园绿地、防护绿地、附属绿地、其他绿地作为评估对象，评估城市绿地系统宏观布局、结构、指标对城市整体环境（如空气质量、热岛效应）及居民健康的影响。根据方案将产生的健康影响后果，结合研究分析（如城市污染物的空间扩散规律分析、绿地可达性分析），确定能够改善城市整体环境、提升绿地可达性及使用公平性的绿地布局方式，从而指导规划方案从绿地规模、绿地布局位置与形态结构等方面进行调整优化，以提升城市绿地系统对宏观健康水平的影响效果。

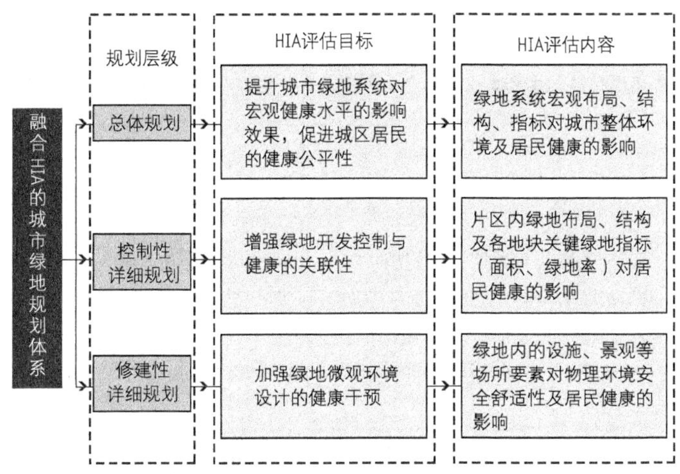

图 1　融合 HIA 的城市绿地规划体系

在控制性详细规划阶段，评估可以将片区内承载居民交通、生活、游憩的公园绿地、防护绿地、附属绿地作为评估对象，评估片区内绿地布局、结构以及各地块关键绿地指标对居民健康的影响。在判定影响结果之后，确定能够提升片区内绿地可达性及使用公平性、增强绿地周边社区经济社会稳定性的绿地布局方式。在此基础上进行规划方案的调整，如调整绿地与周边文化活动设施用地、零售商业用地及居住用地的布局位置与形态关系，进行绿地网络化布局并结合绿地廊道向周边社区延伸等，从而增强绿地开发控制与健康的关联性。

在修建性详细规划阶段，评估可以将密切影响居民日常休闲娱乐的社区公园绿地作为主要评估对象，评估绿地内的设施、景观等场所要素对物理环境安全舒适性及居民健康的影响。结合具体的健康影响结果，确定能够促进体力活动、心理健康、社区凝聚力，优化物理环境并提升安全性的场地设计、植物配置、设施设计等绿地空间布局与景观规划设计措施，从而加强绿地微观环境设计的健康干预。

6 结语

绿色空间是城市建成环境中促进健康的关键空间要素，通过 HIA 可以最大化地促进绿色空间规划建设对公众以及人居环境产生积极健康的影响，削弱负面影响，同时有助于提升绿色空间项目的资金与空间资源利用效率，为能够发挥健康效益的城市空间规划提供重要的决策支持。尽管中国绿色空间规划 HIA 在理论体系与实践应用等方面尚处在探索阶段，跨学科研究、跨部门合作也有待加强，但绿色空间的健康效益以及绿色空间规划 HIA 的应用价值需要引起充分的重视与认知。通过在绿色空间规划中应用 HIA，可以为“健康入万策”在城市规划领域的发展提供着力点，从而对“健康中国”战略的真正落地实现发挥重要作用。

致谢

感谢寒地城乡人居环境科学与技术工业和信息化部重点实验室以及国家重点研发计划课题（2018YFC0704705）对本研究的支持。

参考文献

[1] A Health Impact Assessment (HIA) of Park, Trail, and Green Space Planning in the West Side of Greenville, South Carolina. http://www.healthimpactproject.org/resources/body/HIA-of-Park-Trail-and-Green-Space-Planning-in-Greenville-SC. pdf.

[2] A Health Impact Assessment of the Gossler Park Neighborhood, Manchester, NH, 2016. http://snhpc.org/index.php?page=land_use.

[3] Ame-LiaTamburrini, KimGilhuly, BenHarris-Roxas. 2011. “Enhancing benefits in health impact assessment through stakeholder consultation,” Project Appraisal, 2011, 29(3): 195-204.

[4] Fischer, T. B., Fawcett, P., Nowacki, J. et al. 2017. “Consideration of urban green space in impact assessments for health,” Impact Assessment & Project Appraisal, 38(1): 32-44.

[5] Heller, J. C., Bhatia, R. 2007. “The East Bay Greenway health impact assessment,” Urban Ecology. http://www.pewtrusts.org/～/media/assets/2007/09/eastbaygreenway.pdf.

[6] https://www.cdc.gov/healthyplaces/parks_trails/default.htm.

[7] Marquette County Ice Age National Scenic Trail Expansion Health Impact Assessment. 2011. Marquette County,Wisconsin.http://www.pewtrusts.org/～/media/assets/2011/04/healthimpactassessmentoftheiceagetrailwi. pdf?la=en.

[8] Nieuwenhuijsen, M. J., Khreis, H., Verlinghieri, E., et al. 2017. “Participatory quantitative health impact assessment of urban and transport planning in cities: A review and research needs,” Environment International, 103: 61.

[9] Parks, Trails, and Health Workbook: A Tool for Planners, Parks and Recreational Professionals, and Health Practitioners. https://www.cdc.gov/healthyplaces/healthtopics/parks_trails_workbook. htm.

[10] Potential Costs and Health Benefits of Parks after Dark Rapid Health Impact Assessment. 2014.

http://publichealth.lacounty.gov/ivpp/pdf_reports/Final%20Parks%20After%20Dark%20Rapid%20HIA%20September%202014.pdf.

[11] Richardson, J., Goss, Z., Pratt, A., et al. 2013. "Building HIA approaches into strategies for green space use: An example from Plymouth's (UK) Stepping Stones to Nature project," Health Promotion International, 28(4): 502-511.

[12] Santana, P., Santos, R., Costa, C. 2009. "Walkable urban green spaces: Health impact assessment in Amadora, Portugal," in International Conference on Urban Planning and Regional Development.

[13] Vanclay, F., Bronstein, D. A. 1995. Environmental and social impact assessment. Theory and practice of transboundary environmental impact assessment. Martinus Nijhoff Publishers, 697-706.

[14] WHO. 1999. Health Impact Assessment: Main Concepts and Suggested Approach. Gothenburg Consensus Paper.

[15] 陈璐瑶，谭少华，戴妍. 社区绿地对人群健康的促进作用及规划策略[J]. 建筑与文化，2017(2)：184-185.

[16] 丁国胜，蔡娟. 公共健康与城乡规划——健康影响评估及城乡规划健康影响评估工具探讨[J]. 城市规划学刊，2013(5)：48-55.

[17] 丁国胜，魏春雨，焦胜. 为公共健康而规划——城市规划健康影响评估研究[J]. 城市规划，2017，41(7)：16-25.

[18] 姜斌，李良，张恬. 论城市空间要素与大众健康的关系：以城市意象理论为研究框架[J]. 上海城市规划，2017(3)：63-68.

[19] 李敏. 对健康公平性及其影响因素的研究[J]. 中国卫生事业管理，2005(9)：516-518+551.

[20] 李煜，王岳颐. 城市设计中健康影响评估(HIA)方法的应用——以亚特兰大公园链为例[J]. 城市设计，2016(6)：80-87.

[21] 李志明，樊荣甜. 国外开放空间研究演进与前沿热点的可视化分析[J]. 国际城市规划，2017，32(6)：34-41+53.

[22] 刘耀阳，谭少华，宋莎莎，等. 促进人群健康的住区绿地环境研究[J]. 建筑与文化，2016(8)：188-190.

[23] 马明，鲍勃·摩戈尔，蔡镇钰. 健康视角下绿色开放空间设计影响体力活动的要素研究[J]. 风景园林，2018，25(4)：92-97.

[24] 秦飞，刘景元，何树川. 基于作用对象的城市绿色空间三大效益计量导论[J]. 中国园林，2012，28(4)：44-46.

[25] 谭少华，洪颖. 居住绿地的使用与城市居民健康的关系研究[J]. 建筑与文化，2015(2)：108-109.

[26] 谭少华，李进. 城市公共绿地的压力释放与精力恢复功能[J]. 中国园林，2009，25(6)：79-82.

[27] 谭少华，彭慧蕴. 袖珍公园缓解人群精神压力的影响因子研究[J]. 中国园林，2016，32(8)：65-70.

[28] 王兰，蔡纯婷，曹康. 美国费城城市复兴项目中的健康影响评估[J]. 国际城市规划，2017，32(5)：33-38.

[29] 王兰，廖舒文，赵晓菁. 健康城市规划路径与要素辨析[J]. 国际城市规划，2016，31(4)：4-9.

[30] 吴怡沁，田莉. 健康影响评估导向下的城市总体规划：以美国洪堡县总体规划为例[J/OL]. 国际城市规划[2018-08-31]. http：//kns. cnki. net/kcms/detail/11. 5583. tu. 20170915. 0932. 001. html.

[31] 杨瑞，欧阳伟，田莉. 城市规划与公共卫生的渊源、发展与演进[J]. 上海城市规划，2018(3)：79-85.

[32] 姚亚男，李树华. 基于公共健康的城市绿色空间相关研究现状[J]. 中国园林，2018，34(1)：118-124.

[33] 叶林，邢忠，闫文涛. 趋近正义的城市绿色空间规划途径探讨[J]. 城市规划学刊，2018(3)：57-64.

[34] 张雅兰，蔡纯婷，王兰. 城市再开发中健康影响评估的应用——以美国亚特兰大市环线复兴项目为例[J]. 规划师，2017，33(11)：113-119.

[欢迎引用]

冷红，李姝媛. 城市绿色空间规划健康影响评估及其启示[J]. 城市与区域规划研究，2018，10(4)：35-47.

Leng, H., Li, S. Y. 2018. "Health impact assessment in urban green space planning and its implications," Journal of Urban and Regional Planning, 10(4):35-47.

建成环境对居民健康的影响
——来自拆迁安置房居民的证据

孙斌栋　尹　春

Impacts of Built Environment on Residents' Health: Evidence from Residents Living in Relocation Housing

SUN Bindong, YIN Chun
(The Center for Modern Chinese City Studies, East China Normal University, Shanghai 200241, China)

Abstract Healthy urban planning is an important strategy for improving public health. Studies generally hold the view that a compact built environment is beneficial to people's physical and mental health, but there are opposite findings. One of the main reasons for this difference is that existing studies usually neglect the self-selection effects of residents. In order to bridge the gap, this paper chooses the residents living in the relocation housing in Shanghai who cannot choose their residential locations freely as the research objects and examines the impacts of Shanghai's built environment on their physical and mental health. After controlling the self-selection effect, residents' socio-economic attributes, household attributes, and their lifestyles, the research results show that population density and parking lot density are negatively associated with the physical and mental health; intersection density and metro station density have a positive association with the physical and mental health; land use diversity and being close to the job center are positively associated with the mental health only. Therefore, it is feasible and reasonable to optimize the built environment to

摘　要　健康城市规划是提高居民健康的重要策略。通常认为紧凑的建成环境会有利于居民身心健康，但也不乏相反的研究发现。普遍忽视居民自选择效应造成的估计偏误，可能是造成结论差异的重要原因之一。为了弥补这一缺陷，本文基于不具有自选择效应的拆迁安置房居民，检验了上海市街道建成环境要素对居民身体和心理健康的影响。在剥离了居住自选择效应并控制了居民社会人口属性、家庭属性、生活方式后发现，提高人口密度和停车场密度会损害居民身心健康；提高交叉口密度和地铁站密度能提高居民身心健康；土地利用多样化和靠近就业中心有助于改善居民心理健康。因此，通过城市规划优化建成环境以改善居民健康是切实可行的，但与西方发达国家经验不同的是，需要防止过度紧凑带来的负面作用，还要通过需求管理降低居民机动化依赖，以促进居民身心健康。

关键词　紧凑发展；身体健康；心理健康；安置房；自我选择

1　研究背景

随着中国社会经济的高速发展，“健康中国”成为国家战略，居民健康日益受到关注，健康城市规划应运而生。世界卫生组织将健康定义为“不仅为疾病或羸弱之消除，而系体格、精神与社会之完全健康状态”，并指出良好的社区环境对居民健康至关重要。西方学者运用精明增长、新城市主义、紧凑发展的规划理念，认为通过改变建成环

作者简介
孙斌栋、尹春（通讯作者），华东师范大学中国现代城市研究中心。

improve public health. However, different from the Western countries, Chinese urban planners should pay more attention to controlling the negative effects of over-concentration and to reducing the auto dependence through demand management so as to improve the residents' health.

Keywords compact development; physical health; mental health; relocation housing; self-selection

境能有效促进居民采用非机动化的出行方式，积极参与身体活动，增加邻里交往与社会资本，促进身体和心理的健康（Ewing et al.，2014）。

为防止机动化导向的“摊大饼式”城市规划，尤因和切尔韦罗（Ewing and Cervero，2010）提出表示紧凑发展的建成环境“6Ds”因素，包括密度（density）、多样性（diversity）、设计（design）、到公交站距离（distance to transit）、需求供应（demand supply）和目的地可达性（destination accessibility）。已有研究发现，紧凑的建成环境，即高密度、高混合度、高连通性、邻近目的地和公交站，能有效减少超重和肥胖的风险（Bodea et al.，2009），提高自评健康（Ermagun and Levinson，2017；Liu et al.，2017）。这是因为居住在紧凑环境的居民有更多的机会接近公共设施和服务（如运动休闲设施、绿色空间等），并采用主动交通方式出行，增加身体活动（Durand et al.，2011；田莉等，2016）。但是，不少针对中国的研究发现，在中国城市过高密度的背景下，高密度反而增加了肥胖风险（孙斌栋等，2016；Sun et al.，2017），并会降低自评健康（张延吉等，2018）。理由被认为是高密度导致城市公共空间和绿色空间减少，降低了居民身体活动水平（Alfonzo et al.，2014）。另外，紧凑的建成环境也被发现能促进心理健康（周素红、何嘉明，2017），增加生活幸福感（Pfeiffer and Cloutier，2016）。因为步行等非机动化出行方式为居民创造了更多非正式会面的机会，增加了居民参与邻里互动和提高社会资本的可能，从而提高居民心理健康和幸福感（Barton，2009）。但针对中国的研究同样也发现，高密度环境降低幸福感，噪声和拥堵可能是增加居民心理压力主要原因（林杰、孙斌栋，2017）。

已有中外研究对于建成环境与居民健康关系的结论不一，可能源于国情不同。另一个可能的重要原因是多数以往研究没有考虑居住自选择偏误（residential self-selection bias）。居住自选择指的是居民根据自身偏好和需要选择居住在什么样的社区（Garfinkel-Castro et al.，2017），具体而言，偏好步行出行或体育锻炼的居民，更可能选择居住在可步行性高或利于参与体育锻炼的社区，从而采用步行的出行方式，增加其身体活动，提高健康水平；乐于与人交往的居民，更可能选择居住在社会融合度高的社区，增加社会交往和社会资本，缓解心理压力；同时，当居民在有选择余地的时候，居住环境满足其偏好也会增强其幸福感。因此，如果无法剥离居住自选择的影响，就无法判断居民健康结果到底是建成环境的作用，还是居民偏好带来的。

为解决居住自选择问题，探索建成环境对居民行为和健康结果的净影响，曹新宇（2015）指出拆迁安置房为探索这一关系提供了很好的自然实验。因为拆迁安置房是政府进行城市道路或其他公共设施建设项目时，对被拆迁住户进行安置所建的房屋，一般而言，安置房的住房面积和条件都优于居民原先住房。拆迁安置房的区位是由复杂的特殊规划程序确定的，尽管拆迁安置房有时也可能与商品房位于同一小区（Zhang et al.，2017），但与商品房不同的是，拆迁安置房居住者的居住选址并非是完全自由选择的结果，而是在政府或者就业单位干预下的被动选择（李琬等，2017），因此能够有效剥离居民居住自选择的问题。已有研究利用拆迁安置房样本剥离居住自选择后，发现建成环境对居民行为仍有显著影响（Zhang et al.，2017）。

综上，已有关于建成环境和居民健康的研究存在如下不足：首先，中西方城市建成环境基底不同，中国城市建成环境与居民健康的关系尚不明晰，需要更多证据；其次，建成环境与居民健康的关系受到居住自选择的影响，需要剥离居住自选择作用，探讨建成环境对居民健康的净影响；最后，少有研究同时考虑建成环境对居民身体和心理健康的影响（Gao et al.，2016），建成环境各要素对居民身体健康和心理健康作用是否一致这一问题有待回答。为了弥补上述研究的不足，本文利用不具有居住自选择效应的上海拆迁安置房居民为样本，探讨中国城市建成环境对居民身心健康的影响，以期得到关于建成环境和居民健康关系的可靠证据，为健康城市规划提供实证支持。

2 数据来源与变量说明

研究数据来自 2013 年“长三角地区社会变迁调查（FYRST-2013）”上海调查数据。该调查由复旦大学社会科学数据研究中心主持，以“80 后”为调查对象，采用分层、多级概率抽样设计。本文研究目的之一是通过拆迁安置房排除居民自选择的可能性，以解决建成环境与居民健康研究中的居住自选择问题，因此选择该调查中拆迁安置房居住者进行研究。

变量描述性统计结果如表 1 所示。居民健康是本文的因变量，通过身体健康和心理健康两个方面测度。身体健康包括是否超重和自我汇报的健康结果，其中有 34.31%的居民超重，88.9%的居民汇报有良好的身体健康状况；心理健康包括精神状况和幸福感，在过去 30 天内，样本居民平均约 1 天感到精神状况不好，有 85.78%的居民认为生活幸福。

核心解释变量是街道尺度的建成环境，主要通过“6Ds”测度，即人口密度、土地混合利用、交叉口密度、地铁站密度、停车场密度和到就业中心距离。其中，土地混合利用指数的计算式为：

$$MIX = 1 - \frac{\sum_{k=1}^{11}\left|\frac{N_k}{N} - \frac{1}{11}\right|}{2} \quad (1)$$

式中，N_k是街道内设施 k 的数量，N 是街道所有设施的数量，值越大说明土地混合度越大。11 类土地利用设施包括政府机构、医院、学校科研院所、宾馆酒店、公司企业、公园广场、餐饮娱乐、商业大厦、银行、零售行业和其他设施（翟炳哲等，2014；孙斌栋、尹春，2018）。

就业中心包括外滩街道、潍坊新村街道、沪东新村街道、安亭镇、新成路街道、颛桥镇、江川路街道、莘庄镇、松江工业区、石湖荡镇、廊下镇共 11 个就业中心（孙斌栋、魏旭红，2014）。

考虑到上海的人口密度远大于全国平均水平（毛其智等，2015），而研究样本街道的平均人口密度（1.7 万人/km^2）略高于上海市街道平均人口密度（1.5 万人/km^2），可以认为样本街道是高密度环境。

居民社会人口属性、家庭属性、生活方式都是本文的控制变量，样本中男性占 52.32%，平均年龄 28.46 岁，93.25%的居民拥有上海户口，平均受教育年限为 14 年，有 78.90%的居民有工作，居民个人年均收入为 5.78 万元，已婚居民占 47.26%，家庭平均成员数为 2～3 人，没有子女的家庭占 63.29%，家庭年均收入为 11.13 万元，有 29.54%的家庭拥有小汽车。在生活方式上，样本居民吸烟、喝酒、关注健康信息的比例分别是 16.67%、40.08%、43.88%。

表 1 变量描述性统计

变量	定义	样本量	均值	标准差	最小值	最大值
身体健康						
超重	身体质量指数大于 24=1；其他=0	204	0.559	0.498	0	1
自评健康	居民目前的健康状况（好、很好或非常好=1；一般或不好=0）	237	0.899	0.302	0	1
心理健康						
精神状况	过去 30 天内，精神状况不好（包括压力、抑郁和其他精神问题）的天数	225	0.942	3.755	0	30
幸福感	我觉得生活很愉快（有时或总是=1；很少或从未=0)	204	0.858	0.350	0	1
建成环境						
人口密度	街道常住人口除以街道面积（万人/km^2）	237	1.696	1.317	0.099	5.008
土地混合利用	根据街道内 11 类设施计算的土地混合利用指数，见公式（1）	237	0.533	0.070	0.378	0.703
交叉口密度	道路交叉口数量除以街道面积（个/km^2）	237	0.603	0.590	0.423	2.521
地铁站密度	地铁站数量除以街道面积（个/km^2）	237	0.311	0.381	0	1.116

续表

变量	定义	样本量	均值	标准差	最小值	最大值
停车场密度	停车场数量除以街道面积（个/km²）	237	2.371	4.144	0.026	20.679
到就业中心距离	街道中心点到最近就业中心的距离（km）	237	9.189	4.841	0	31.364
社会人口属性						
性别	男性=1；女性=0	237	0.523	0.501	0	1
年龄	被访者年龄	233	28.455	2.788	24	33
户口	拥有上海户口=1；其他=0	237	0.932	0.251	0	1
教育	被访者受教育年限	237	14.304	2.261	9	23
就业	有工作=1；其他=0	237	0.789	0.409	0	1
收入	个人年收入（千元）	204	57.797	49.309	0	400
婚姻状况	已婚=1；其他=0	237	0.473	0.500	0	1
家庭属性						
家庭成员数	有收入的家庭成员数	237	2.549	0.913	0	5
子女数	家庭子女数	237	0.371	0.493	0	2
家庭收入	家庭年收入（千元）	237	111.271	88.371	0	1 000
家庭小汽车	拥有家庭小汽车=1；其他=0	237	0.295	0.457	0	1
生活方式						
吸烟者	吸烟者=1；其他=0	228	0.167	0.373	0	1
喝酒者	喝酒者=1；其他=0	227	0.401	0.491	0	1
健康意识	关注健康保健信息=1；其他=0	237	0.439	0.497	0	1

3 结果与讨论

3.1 研究结果

表2展示了建成环境对居民超重与自评健康的影响，在控制了居民社会人口属性、家庭属性和生活方式后，建成环境对拆迁安置房居住者身体健康有显著的影响。就超重而言，人口密度与居民超重呈显著正相关，地铁站密度会显著降低居民超重，交叉口密度也与居民超重在边际上负向相关。就自评健康而言，较高的人口密度和停车场密度都会降低自评健康，而地铁站密度的提高能显著改善自评健康。

表 2 居民身体健康回归结果

变量	超重（logit 回归模型）			自评健康（logit 回归模型）		
	模型一	模型二	模型三	模型一	模型二	模型三
人口密度	0.516***	0.534***	0.562***	–0.612**	–0.578*	–0.569*
	(0.110)	(0.122)	(0.127)	(0.311)	(0.305)	(0.292)
土地混合利用	–0.348	0.678	0.549	8.431	9.050	8.446
	(4.350)	(4.703)	(4.970)	(5.904)	(5.886)	(6.273)
交叉口密度	–0.595	–0.630	–0.679*	0.625	0.604	0.759
	(0.374)	(0.389)	(0.396)	(0.659)	(0.671)	(0.680)
地铁站密度	–0.799***	–0.837**	–1.049***	3.246***	3.035***	3.362***
	(0.272)	(0.330)	(0.362)	(1.131)	(1.158)	(1.055)
停车场密度	0.008	0.006	0.027	–0.280***	–0.273***	–0.287***
	(0.033)	(0.039)	(0.042)	(0.062)	(0.059)	(0.059)
到就业中心距离	–0.019	–0.019	–0.018	0.025	0.027	0.029
	(0.034)	(0.036)	(0.038)	(0.072)	(0.070)	(0.063)
样本量	171	171	166	200	200	187
伪 R^2	0.120	0.130	0.143	0.157	0.169	0.183

注：括号内为聚类稳健标准误，聚类到街道/镇尺度；*p<0.10, ** p<0.05, *** p<0.01；模型一控制了居民社会人口属性；模型二控制了居民社会人口属性和家庭属性；模型三控制了居民社会人口属性、家庭属性和生活方式。

表 3 展示了建成环境对居民精神状态和幸福感的影响，在控制了其他因素后，建成环境对拆迁安置房居民心理健康也有显著的影响。就精神状况而言，人口密度在边际上与较差的精神状态呈正相关，而交叉口密度和地铁站密度都能显著提高居民精神状况。就幸福感而言，土地混合利用能显著增加幸福感，但较高的停车场密度会降低居民幸福感，居住地远离距离就业中心也会在边际上降低幸福感。

表 3 居民心理健康回归结果

变量	精神状况（负二项回归模型）			幸福感（logit 回归模型）		
	模型一	模型二	模型三	模型一	模型二	模型三
人口密度	0.479	0.431	0.880*	0.081	0.265	0.247
	(0.322)	(0.365)	(0.492)	(0.449)	(0.426)	(0.531)
土地混合利用	3.650	8.867	5.533	14.472**	19.677**	22.320**
	(8.917)	(8.881)	(9.341)	(7.104)	(7.870)	(9.611)
交叉口密度	–1.361**	–1.963***	–2.415***	–0.290	–0.523	–0.374
	(0.535)	(0.505)	(0.615)	(0.806)	(0.809)	(0.913)

续表

变量	精神状况（负二项回归模型）			幸福感（logit 回归模型）		
	模型一	模型二	模型三	模型一	模型二	模型三
地铁站密度	–1.536**	–1.797**	–3.217***	1.084	0.918	1.057
	(0.638)	(0.835)	(1.074)	(1.088)	(1.234)	(1.537)
停车场密度	–0.006	–0.007	0.003	–0.229***	–0.245***	–0.311**
	(0.170)	(0.132)	(0.130)	(0.075)	(0.080)	(0.122)
到就业中心距离	0.036	0.104	0.094	–0.052	–0.106*	–0.075
	(0.085)	(0.073)	(0.081)	(0.049)	(0.062)	(0.058)
样本量	192	192	181	172	172	164
伪 R^2	0.038	0.053	0.073	0.197	0.307	0.350

注：括号内为聚类稳健标准误，聚类到街道/镇尺度；* $p<0.10$, ** $p<0.05$, *** $p<0.01$；模型一控制了居民社会人口属性；模型二控制了居民社会人口属性和家庭属性；模型三控制了居民社会人口属性、家庭属性和生活方式。

3.2 关于结果的讨论

鉴于拆迁安置房居民无法自由选择居住地，能有效剥离居民自选择效应，本文利用拆迁安置房排除了居住自选择并控制了居民社会人口属性、家庭属性、生活方式变量后，研究结果表明，建成环境对居民身体和心理健康都有显著影响。这一结论与以往研究结果一致，即在控制了居民自选择效应后，建成环境仍对居民行为和结果存在影响（Cao and Fan，2012）。

就具体建成环境要素而言，提高人口密度会损害居民身心健康，这与西方研究结论不同（Ewing et al.，2014），但支持了多数关于中国的研究结论（孙斌栋等，2016；林杰、孙斌栋，2017；张延吉等，2018）。萨尔卡和韦伯斯特（Sarkar and Webster，2017）提出城市密度与居民健康呈倒 U 形关系，即随着人口密度的增加，居民健康状况会随之提高；而当人口过度集中，超过密度作用的拐点时，人口密度的提高反而会降低居民健康状况。这一假说被孙斌栋和尹春（Sun and Yin，2018）关于中国城市建成环境及居民肥胖的实证研究所证实，其研究发现随着城市人口密度的增加，居民肥胖概率先降低再上升，即呈 U 形，或者说居民健康呈先上升后下降的倒 U 形趋势。由此，可以认为，在西方城市低密度蔓延的背景下，人口密度与居民健康的关系符合倒 U 形左侧的增加趋势，即随着人口密度的提高，居住环境趋向于紧凑发展，居民更可能从机动化出行转变为非机动化方式出行，由此增加身体活动和社会交流，促进居民健康（Ewing and Cervero，2017）。但是，不同于西方城市低密度蔓延，中国城市普遍高密度发展，本文研究区上海更是中国人口最为集中的城市之一，人口密度与居民健康的关系更可能倾向于倒 U 形右侧的降低趋势，即密度的进一步提高导致了人口的过度集中。此时，高密度对出行方式改变的作用下降，居民活动空间减少，居民参与户外身体活动的可能性降低，因此造成不利于居民身体健康的结果（Sun et al.，2017）；同时，过高密度伴随着拥堵和噪声，使居民精神压力增加，对居民心理健康造成负面影响。

较高的停车场密度同样会损害居民身心健康。因为停车场密度的提高意味着街道开发模式是以小汽车为导向的，居民更可能拥有和使用小汽车（Guo，2013），直接增加了居民久坐行为，减少了居民身体活动，同时也降低了居民参与社会交往的可能，由此对居民身心健康都会产生不利影响。

提高交叉口密度和地铁站密度都能提高居民身心健康。这是因为提高道路连通性是提高可步行性的重要方面，能有效促进居民采用步行方式出行，增加身体活动，提高身体健康；同时，步行出行也能有效增加居民社会交往，缓解居民精神压力，改善心理健康。另外，地铁站密度的提高意味着居民更可能采用地铁出行，而地铁出行同样属于主动出行方式，因为采用地铁出行必然伴随着一定程度的步行或骑行，也能够提高身体活动水平，改善居民身体健康。同时，地铁出行还为居民提供了非正式会面的可能性，促进居民人际交往与社会资本的积累，有利于提高居民心理健康（Barton，2009）。

土地混合利用能显著提高居民幸福感，而远离就业中心会降低居民幸福感，但两者都与身体健康无关。土地混合利用意味着居住地周边设施的多样化程度高，能满足居民日常出行的基本需求，因此提高了幸福感。但是不同土地利用类型对居民身体健康可能产生不同的作用，如公园绿地会促进居民健康（Pearson et al.，2014），而快餐店会增加居民肥胖概率，降低健康水平（Rutt and Coleman，2005）。因此，土地混合利用对身体健康净影响不能拒绝零假设可能是因为正负效用相互抵消。此外，远离就业中心意味着居民需要花费更长的通勤时间，而通勤时间的增加会显著降低居民幸福感（吴江洁、孙斌栋，2016）。

4 结论

本文基于拆迁安置房居住者无法自由选择居住地，剥离了居住自选择的影响，并通过多元回归探讨了中国城市建成环境对居民身体和心理健康的影响。研究发现，建成环境对居民身心健康都有显著影响，且紧凑的建成环境对居民身体和心理健康的影响方向基本一致。建成环境对身体健康的影响主要表现为较高的人口密度和停车场密度会显著降低居民身体健康，而提高地铁站密度和交叉口密度能够提高居民身体健康。对于心理健康而言，较高的人口密度、停车场密度和远离就业中心都不利于居民心理健康，而土地混合利用、提高交叉口密度和地铁站密度能够显著改善居民心理健康。

鉴于建成环境与居民健康存在密切关系，通过健康城市规划，改善建成环境以提升居民健康水平的方案是切实可行的。首先，促进紧凑和可步行性能有效提高居民健康，包括提高道路连通性，积极推动轨道交通建设，促进土地混合利用和职住平衡；其次，规划学者和政策制定者都需要意识到人口过度集中会对健康产生负面影响，在促进紧凑发展的同时要注意保持适度的人口密度，防止人口过度集中；最后，减少机动化依赖能有效提升居民健康水平，规划学者可以通过需求管理的方案减少居民机动化交通工具的拥有和使用。

本文深化了对建成环境和居民身心健康关系的理解，为规划健康城市提供了重要启示，是探索健康城市规划的有益尝试。在未来的研究中，需要将研究结果从“80 后”群体推广到其他年龄群体，关注建成环境对不同年龄居民的异质性效应。同时，未来研究需要考虑收集追踪数据，通过居民搬迁到安置房前后健康状况的对比，进一步识别和验证建成环境与居民健康的因果关系；通过排除竞争性假设，验证每一个建成环境要素对居民健康的影响机制。此外，微观建成环境要素对居民健康的作用也不能忽视，如活动场地、活动设施、场地布局形式等，今后若数据可得也应作为解释变量加以考虑。

致谢

本文受国家自然科学基金项目（41471139）、国家社科基金重大项目（17ZDA068）、教育部人文社会科学重点研究基地基金（16JJD790012）以及华东师范大学未来城市实验室的支持。

参考文献

[1] Alfonzo, M., Guo, Z., Lin, L., et al. 2014."Walking, obesity and urban design in Chinese neighborhoods," Preventive Medicine, 69(Supplement): 79-85.

[2] Barton, H. 2009. "Land use planning and health and well-being," Land Use Policy, 26(S1): 115-123.

[3] Bodea, T. D., Garrow, L. A., Meyer, M. D., et al. 2009. "Socio-demographic and built environment influences on the odds of being overweight or obese: The Atlanta experience," Transportation Research Ppart A: Policy and Practice, 43(4): 430-444.

[4] Cao, X., Fan, Y. 2012. "Exploring the influences of density on travel behavior using propensity score matching," Environment and Planning B: Planning and Design, 39(3): 459-470.

[5] Durand, C. P., Andalib, M., Dunton, G. F., et al. 2011. "A systematic review of built environment factors related to physical activity and obesity risk: Implications for smart growth urban planning," Obesity Reviews, 12(5): e173-e182.

[6] Ermagun, A., Levinson, D. 2017. "'Transit makes you short': On health impact assessment of transportation and the built environment," Journal of Transport & Health, 4(March): 373-387.

[7] Ewing, R., Cervero, R. 2010. "Travel and the built environment," Journal of the American Planning Association, 76(3): 265-294.

[8] Ewing, R., Cervero, R. 2017. "'Does compact development make people drive less? ' The answer is yes," Journal of the American Planning Association, 83(1): 19-25.

[9] Ewing, R., Meakins, G., Hamidi, S., et al. 2014. "Relationship between urban sprawl and physical activity, obesity, and morbidity-update and refinement," Health & Place, 26(March): 118-126.

[10] Gao, M., Ahern, J., Koshland, C. P. 2016. "Perceived built environment and health-related quality of life in four types of neighborhoods in Xi'an, China," Health & Place, 39(May): 110-115.

[11] Garfinkel-Castro, A., Kim, K., Hamidi, S., et al. 2017. "Obesity and the built environment at different urban scales: Examining the literature," Nutrition Reviews, 75(S1): 51-61.

[12] Guo, Z. 2013. "Residential street parking and car ownership," Journal of the American Planning Association, 79(1): 32-48.

[13] Liu, Y., Dijst, M., Faber, J., et al. 2017. "Healthy urban living: Residential environment and health of older adults in Shanghai," Health & Place, 47(September): 80-89.

[14] Pearson, A. L., Bentham, G., Day, P., et al. 2014. "Associations between neighbourhood environmental characteristics and obesity and related behaviours among adult New Zealanders," BMC Public Health, 14(1): 553.

[15] Pfeiffer, D., Cloutier, S. 2016. "Planning for happy neighborhoods," Journal of the American Planning Association, 82(3): 267-279.

[16] Rutt, C. D., Coleman, K. J. 2005. "Examining the relationships among built environment, physical activity, and body mass index in El Paso, TX," Preventive Medicine, 40(6): 831-841.

[17] Sarkar, C., Webster, C. 2017. "Healthy cities of tomorrow: The case for large scale built environment-health studies," Journal of Urban Health, 94(1): 4-19.

[18] Sun, B., Yan, H., Zhang, T. 2017. "Built environmental impacts on individual mode choice and BMI: Evidence from China," Journal of Transport Geography, 63(July): 11-21.

[19] Sun, B., Yin, C. 2018. "Relationship between multi-scale urban built environments and body mass index: A study of China," Applied Geography, 94(May): 230-240.

[20] Zhang, Y., Zheng, S., Sun, C., et al. 2017. "Does subway proximity discourage automobility? Evidence from Beijing," Transportation Research Part D: Transport and Environment, 52(May): 506-517.

[21] 曹新宇. 社区建成环境和交通行为研究回顾与展望：以美国为鉴[J]. 国际城市规划，2015，30(4)：46-52.

[22] 李琬，但波，孙斌栋，等. 轨道交通对出行方式选择的影响研究——基于上海市 80 后微观调查样本的实证分析[J]. 地理研究，2017，36(5)：945-956.

[23] 林杰，孙斌栋. 建成环境对城市居民主观幸福感的影响——来自中国劳动力动态调查的证据[J]. 城市发展研究，2017，24(12)：69-75.

[24] 毛其智，龙瀛，吴康. 中国人口密度时空演变与城镇化空间格局初探——从 2000 年到 2010 年[J]. 城市规划，2015 (2)：38-43.

[25] 孙斌栋，魏旭红. 上海都市区就业—人口空间结构演化特征[J]. 地理学报，2014，69(6)：747-758.

[26] 孙斌栋，阎宏，张婷麟. 社区建成环境对健康的影响——基于居民个体超重的实证研究[J]. 地理学报，2016，71(10)：1721-1730.

[27] 孙斌栋，尹春. 人口密度对居民通勤时耗的影响及条件效应——来自上海证据[J]. 地理科学，2018，38(1)：41-48.

[28] 田莉，李经纬，欧阳伟，等. 城乡规划与公共健康的关系及跨学科研究框架构想[J]. 城市规划学刊，2016，2：111-116.

[29] 吴江洁，孙斌栋. 通勤时间的幸福绩效——基于中国家庭追踪调查的实证研究[J]. 人文地理，2016，31(3)：33-39.

[30] 翟炳哲，毛其智，张杰，等. 居民户外活动影响因素的实证研究[J]. 城市发展研究，2014，21(9)：54-60.
[31] 张延吉，秦波，唐杰. 基于倾向值匹配法的城市建成环境对居民生理健康的影响[J]. 地理学报，2018，73(2)：333-345.
[32] 周素红，何嘉明. 郊区化背景下居民健身活动时空约束对心理健康影响——以广州为例[J]. 地理科学进展，2017，36(10)：1229-1238.

[欢迎引用]
孙斌栋，尹春. 建成环境对居民健康的影响——来自拆迁安置房居民的证据[J]. 城市与区域规划研究，2018，10(4)：48-58.
Sun, B. D., Yin, C. 2018. "Impacts of built environment on residents' health: Evidence from residents living in relocation housing," Journal of Urban and Regional Planning, 10(4): 48-58.

社会联系对保障房居民心理健康的机制影响研究

苗丝雨　李志刚　肖　扬

Study on the Mechanism Between Social Tie and Mental Health of Affordable Housing Residents

MIAO Siyu[1], LI Zhigang[2], XIAO Yang[1]
(1. College of Architecture and Urban Planning, Tongji University, Shanghai 200092, China; 2. School of Urban Design, Wuhan University, Hubei 430072, China)

Abstract Social health is an important way to build "Healthy China 2030." Western theory suggests that a "warm" community with active neighborhood interactions and good neighborhood relationships contribute to the health of each inhabitant, that is, good social tie at neighborhood level has a significant positive effect on the mental health of residents. Studies have shown that the surrounding layout of affordable housing community and commercial housing community has a significant impact on the social ties of residents, and the mechanism is main effect model. The study on the mechanism of the relationship between the neighborhood level social tie and the mental health has already begun, but the study of the special social space such as the affordable housing community has not been systematically carried out. Therefore, this study selected four typical affordable housing communities in Guangzhou City to systematically explore the influencing mechanism of social tie and mental health by the approach of structural equation modeling. The results showed that social tie between affordable housing residents and commercial housing residents not only had a direct effect on the mental health, but also indirectly affected the mental health via

作者简介
苗丝雨、肖扬（通讯作者），同济大学建筑与城市规划学院；
李志刚，武汉大学城市设计学院。

摘　要　社会健康是建设“健康中国2030”的重要途径。西方理论表明，一个邻里交往频繁、邻里关系良好的“有温度”的社区有助于每一个居民的健康，即良好的邻里关系对居民的心理健康有显著的积极作用。已有研究显示，保障房社区和商品房社区邻近布局对居民的社会联系有显著作用，其影响机制为主效力机制。国内关于社会联系对个人心理健康在社区层面的影响机制研究早已展开，但对于保障房社区这类特殊的社会空间尚未有系统研究。因此，本文选取广东省广州市四个典型保障房社区，运用结构方程来系统性探究保障房居民和同社区居民的社会联系以及和周边商品房社区居民的社会联系与心理健康的影响机制路径。结果显示，保障房居民和周边商品房社区居民的社会联系对于居民的心理健康不仅有直接作用，还会通过提高住房满意度间接影响心理健康。研究结论建议通过发展混合的社区居住模式，营造促进跨阶层居民社会交往的空间，以提升居民的心理健康。

关键词　保障房；社会联系；住房条件；心理健康；结构方程

1　引言

中国城市化率从1978年的17.92%上升到2016年的57.35%，其速度、深度、广度和成就举世瞩目。然而西方已有研究表明，城市化在带给人们特殊的政治、文化、经济和教育机会的同时，会在人们的心理和生理层面产生负面影响（Black and Krishnakumar，1998），城市化程度越

improving housing satisfaction. Therefore, it is suggested that the development of mixed community is conducive to creating a space for promoting the interactions of cross-class residents and enhance their mental health.
Keywords affordable housing; social tie; housing condition; mental health; SEM

高的地区，人们的精神类疾病发病率越高（Peen et al.，2007）。事实上，我国的各种精神障碍疾病患病率近20年来呈明显上升趋势，精神障碍在我国疾病排名中位居首位，已经超过了心脑血管、呼吸系统及恶性肿瘤（胡强等，2013）。进入21世纪，中国城市心理健康问题更加严重并日益受到重视（陈立新、姚远，2005），人们紧张、抑郁、焦虑、恐惧、烦躁、郁闷、苦恼的情绪障碍变得更为强烈，直接影响生活质量和个人健康，特别是城市中的弱势群体（Xiao et al.，2018）。已有研究显示，在城市更新和绅士化等过程中，由于建成环境的变化和居住迁移，人们以往所熟悉的社会联系、支持和资本将会在新的物理空间中发生变化，由此影响他们的心理健康（McKenzie，2008）。世界卫生组织（WHO）1977年就提出“人人享有健康”的发展理念，在2009年愈发强调社区社会因素对于心理健康的重要性。研究表明，社区中的社会支持、社会参与、社会资本会影响居民的心理健康，从而提升生活品质（Berkman et al.，2000）。随着中国市场经济的不断加深，市场对于弱势群体的住房问题处于失灵状态，其中商品房、社会可负担住房等居住空间分异加剧，居住分异容易引起公共健康服务的空间不均等化（周春山、高军波，2011）和社会隔离。然而国内关于社区社会联系对个人心理健康的影响研究尚未有系统展开。因此本研究将以广州保障性住房为例，聚焦保障性住房居民的心理健康问题，探究其社会联系与心理健康的机制影响，以此为健康新型城镇化建设和社区营造提供决策支撑。

2 城市化、社会联系与心理健康

在过去的一百年里，快速城市化促进世界城市经济飞速发展，同时城市化对个人健康的影响也日益凸显（Black and Krishnakumar，1998；Peen et al.，2007；Vassos et al.，2012）。WHO将“健康”的内涵从有无疾病或羸弱拓展至身体、心理和社会健康三方面（Herrman et al.，2005）。

已有研究发现，社会环境的变化是城市化影响心理健康的重要路径之一（Vlahov and Galea，2002），社会关系作为体现社会环境变化的主要因素，对心理健康的直接和间接影响已经被很多实证研究证实，主要理论基础来自科恩和威尔斯在 1985 年提出的主效力机制（Main Effect Model）和压力缓冲机制（Stress-Buffering Model）（Cohen and Wills，1985）。其中，主效力机制认为社会关系对心理健康有直接作用，结构型社会关系，比如社会网络和社会联系往往通过这种机制影响心理健康。例如 Jin 等人通过研究证实流动人口的社会联系对其心理健康有着显著的直接作用，并且不同种类社会联系的影响作用不尽相同（Jin et al.，2012）。而压力缓冲机制认为社会关系通过减少压力事件对心理健康的作用，从而对心理健康起间接作用，功能型社会关系，比如社会支持，往往通过这种机制缓冲压力来间接影响心理健康。比如史密斯等人通过质性和量化方法研究压力、社会支持与心理健康，其研究发现，当压力较小时，社会支持可以显著缓冲压力对心理健康的消极影响；而当压力较大时，社会支持将无法对心理健康起到间接作用（Smith et al.，1993）。社会联系作为影响心理健康的主要社会因素之一，西方对此研究早有展开，但暂时没有一个统一的定义方法，本文主要沿循索茨（Thoits，2011）的定义方法，将社会联系作为结构型社会关系之一，指人们和初级群体（primary group）以及次级群体（secondary group）成员发生的联系与接触。

对于保障房居民而言，保障房社区往往会导致较低的集体效能、社会资本和更多的社会失序（Franzini et al.，2005），因此同社区社会联系有可能会导向消极的心理健康影响（Belle，1991）。为了缓解保障房社区的经济、物质和社会剥夺，很多国家选择将保障房社区和商品房社区邻近布置，从而为低收入家庭提供更多的和中高收入居民交往的机会并带来更多的经济与社会机会（Kleit,2001）。20 世纪 90 年代，中国的保障房建设伴随着房改应运而生（邓卫，2009），现已形成廉租房、公租房、经适房和限价房四类并存的保障房供应体系，并从最初关注住宅本身逐渐发展为提倡保障房和商品房混合居住从而促进不同阶层人们的社会交往（何微丹、刘玉亭，2014；贾宜如等，2018）。国内对保障房社区居民基于居住社区空间的社会联系及其对周边社区的影响研究已有展开，陈宏胜等人的研究以社区邻里效应为切入点，发现广州保障房社区和周边商品房社区存在一定的社会隔离，影响商品房居民的社会融合，但并未导致“贫困同质化”现象（陈宏胜等，2015）。已有研究发现，这种相邻的不同社会经济地位社区形成的社会联系，可能会引起低收入人群的消极社会比较，从而危害其心理健康。社会比较是社会联系影响心理健康的主要机制之一（Thoits，2011），人们在社会联系中通过选取不同人作为参照组进行社会比较，从而形成相应的心理认知导致积极或消极的心理健康影响。比如 Jin 等人对上海流动人口的研究发现，在流动人口和本地人发生社会联系时，流动人口往往选取本地人作为其社会比较的参照组，从而给其心理健康带来消极影响；而当他们选取家乡人作为参照时，由于流动人口往往有更高的社会经济地位，因此这种社会联系会提升其心理健康（Jin et al.，2012）。对保障房社区居民而言，在其从原有社区迁入保障房社区时，旧的社区层级社会联系将会被新的社区内和周边社区间的社会联系所取代，这种社区层面的社会联系变化是否会引起不同的社会比较结果从而导致不同的心理健康影响还有待进一步研究。因此，本研究试图基于主效力机制进一步系统探究广州保障房居民社区社会联系对个人心理健康的影响，试图为营造混合社区、促进邻里社会融合提供政策支持（图1）。

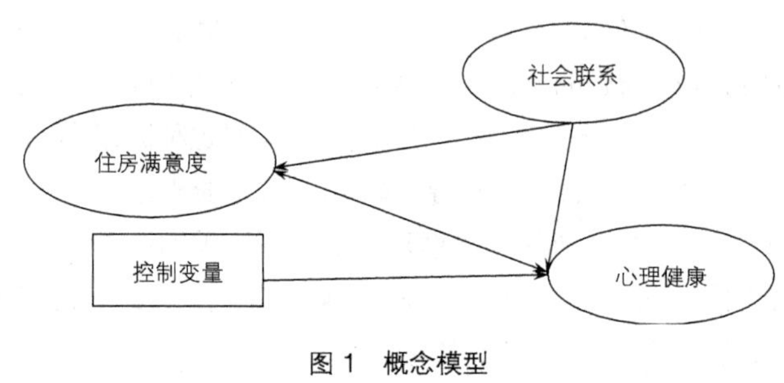

图1　概念模型

3　数据及测量方法

3.1　数据来源

在全国范围内，广州是开展保障房建设最早并且成效较为显著的城市之一（马晓亚等，2012），因此本文选取广州作为研究保障房居民社会联系的主要区域，广州从1994年开始进行保障房建设并于2017年建设超过16 000套保障房。本文的数据来源于广州保障房社区居民调查，该问卷包含受访者基本情况、工作信息、住房信息、社会交往信息、心理健康等多方面问题。本文选取其中的住房信息、社会交往信息和心理健康信息进行研究。本次调研时间为2013年，调研区域为广州四个大型保障房社区：棠德花园、泽德花园、金沙洲新社区以及芳和花园，采用分层抽样方式，每个保障房社区样本量为100份（表1、图2）。棠德花园和泽德花园分别建于1998年和1999年，是广州早期保障房社区的代表。金沙洲新社区建于2008年，是广州第二代保障房社区的主要代表之一。第二代保障房社区更加注重社区建成环境品质，但依旧缺少和市中心的交通联系。芳和花园建于2010年，是新一代保障房的典型之一，有着更好的可达性和配套设施。在地理位置上，棠德花园与芳和花园分别位于天河区与荔湾区,离市中心较近；泽德花园和金沙洲新社区均位于白云区，离市中心较远。因此，本研究400个样本囊括了不同年代和不同地理位置的保障房社区，具有比较好的代表性。

表1　分层问卷发放量

社区	建造时间	发放问卷数（份）	区位	可调查的家庭户数
棠德花园	1998年	100	天河区棠德南路以北、棠德东路以东地段	2 649
泽德花园	1999年	100	白云区西槎路横窖段东侧	5 758
金沙洲新社区	2008年	100	白云区金沙洲地段环洲三路以北	5 227
芳和花园	2010年	100	荔湾区东漖南路以南、花园东街以东	5 935

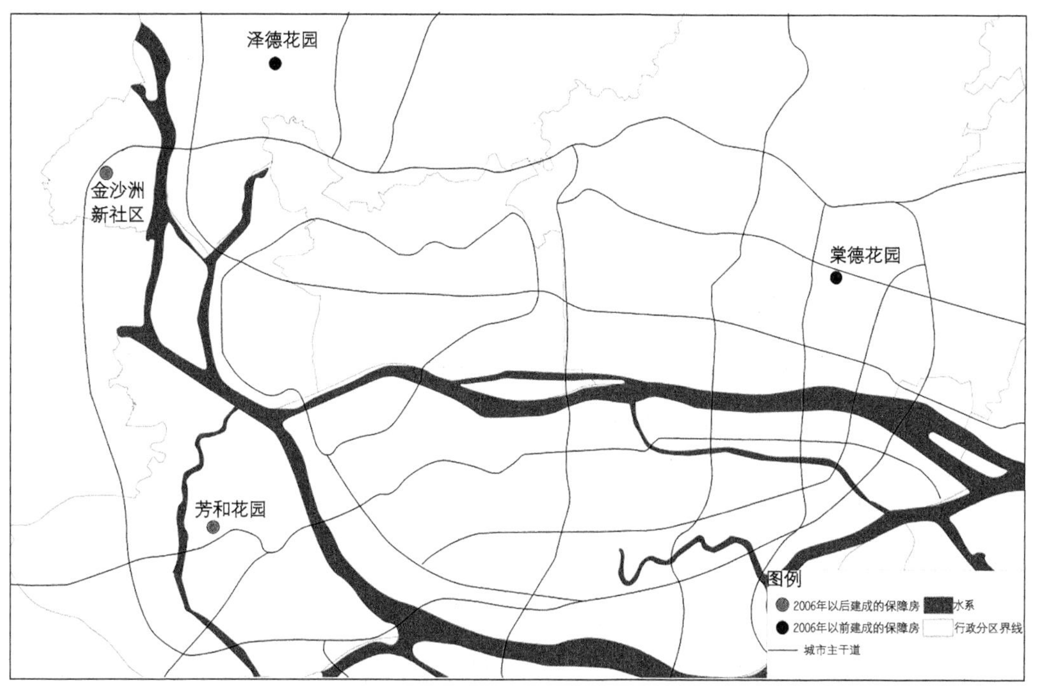

图 2　问卷发放地点分布

3.2　测量方法

3.2.1　心理健康

关于心理健康的衡量方法，我们采用 MHI-5（Mental Health Inventory）量表，此量表广泛应用于测量心理健康和幸福感（Mcdowell，2006）。本文衡量心理健康的五个主要指标分别为：您最近一个月会感到空虚无聊吗？感觉心情不好、情绪低落吗？感到坐立不定、心神不宁吗？感到精神紧张吗？感到轻松愉快吗？每个问题受访者根据情绪发生的频率将“一直”“经常”“有时”“很少”和“从不”分别赋予 1～5 分，关于受访者的积极情绪将“一直”“经常”“有时”“很少”和“从不”分别赋予 5～1 分，分值越高表示心理健康越好。量表信度为 0.848 3，信度较高。

3.2.2　社会联系

本文主要研究保障房居民社区层级社会联系，因此选择保障房居民和同社区居民的社会联系以及同周边商品房社区居民的社会联系作为研究对象。社会联系的测量方式有很多种，通常从社会联系数量、联系质量和联系频率三个方面衡量社会联系（Berkman et al.，2000）。

关于保障房居民与同社区居民的社会联系，受访者被问及四个问题，分别为本社区朋友数量、本社区新结识住户数量、和本社区新结识住户联系频率以及邻里关照情况。关于本社区朋友数量的问题，根据受访者的回答将“无”“1～4个”“5～9个”“10～20个”和“大于20个”分别赋值1～5分。受访者根据自己与新结识住户的联系频率，从“一月不到1次”“一月2～3次”“一周一次”“一周2～3次”和“每天”分别赋予1～5分。关于邻里关照情况，根据受访者的回答从“很差”“不好”“人情冷淡”“一般，能和睦相处，但接触不多”“比较团结，能集中处理一些共同问题”“非常团结，互相帮助”，分别赋予1～5分。

关于保障房居民与周边商品房居民的社会联系，受访者被问及五个问题，包含是否有亲人或者老朋友居住在周边商品房小区、入住保障房社区后在周边商品房小区新认识多少居民、去周边商品房小区频率、愿意和周边商品房居民成为知己以及愿意和周边商品房居民成为朋友。关于入住保障房社区后在周边商品房小区新认识多少居民的问题，根据受访者的回答将“无”“1～10个”“10～20个”“20～50个”和“大于50个”分别赋值1～5。去周边商品房频率由“从不去”“偶尔有事才去”“隔几个星期去一次”“隔几天去一次”到“非常频繁，几乎每天都去”分别赋值1～5分。受访者根据自己和商品房居民的交往意愿，从“完全不可能”“不愿意”“没感觉”“愿意”到“非常愿意”分别赋予1～5分。

3.2.3 住房满意度

本文选取住房满意度作为影响社会联系对心理健康作用的中介变量。住房条件是保障房社区和商品房社区的主要差距之一，相较于客观住房条件，主观满意度往往包含了居民基于其喜好、先前住房经历和文化背景等的比较与自主评估（Stokols and Shumaker，2010）。居民根据其需要、期望和比较对客观住房条件进行评估，从而得到住房条件的满意度（Mohit et al.，2010）。每一位受访者关于住房条件满意度都要回答七个方面问题，包含住房室内通风、采光、楼道空间、环境安静、房屋质量、房屋面积和房屋设计，受访者根据每个问题的满意程度从“很不满意”“不满意”“一般”“满意”到“非常满意”分别赋予1～5分，分值越高表示住房满意度越高。

3.2.4 控制变量

控制变量主要包含家庭平均月收入、年龄、迁入时间和性别。其中收入从“0～500元”“500～1 000元”“1 000～2 000元”“2 000～3 000元”一直到“6 000～7 000元”和“7 000元以上”，分别为1～9分。迁入时间为居民迁入本保障房社区的年数，性别采用虚拟变量，以女性为参照。

3.2.5 测量方法

我们采用stata14的结构方程模块来检验假设：对广州保障房居民而言，与同社区居民社会联系以及与周边商品房社区居民社会联系对其心理健康的机制影响是否存在差异。结构方程模型（SEM）由于可以用来处理多个原因、多个结果的关系，或者模型中含有不可直接观测的变量（即潜变量），因此在社会科学中得到广泛应用（Hancock，2003）。本文由于需要测量社会联系对心理健康的直接作用和通过影响住房条件满意度的间接作用，因此传统模型无法解决这一问题。所以需要采用SEM，SEM由测量模型和结构模型两部分组成：

$$y = \Lambda_y \eta + \varepsilon \tag{1}$$

$$x = \Lambda_x \xi + \delta \tag{2}$$

$$\eta = B\eta + \Gamma\xi + \zeta \tag{3}$$

测量模型（1）和（2）关于指标与潜变量的关系，结构模型（3）关于潜变量之间的关系。本研究对广州保障房居民采用 SEM，将住房条件满意度、保障房居民与同社区居民社会联系、保障房居民与商品房社区居民社会联系及心理健康作为潜变量。

4 分析

4.1 样本特征

表 2 是对潜变量测量指标的分布范围、平均值、标准差和样本量进行的描述性统计分析结果。在住房条件满意度方面，平均分最低的为房屋质量满意度，25%的保障房居民感到不满意，其中 9%的居民感到很不满意。在社会联系方面，保障房居民与同社区居民联系数量明显多于与周边商品房居民的联系数量。27%的保障房居民在本社区的朋友数量在 10 个以内，36%的保障房居民在本社区的新朋友数量在 10 个以内，而 59%的保障房居民在商品房社区的朋友数量在 10 个以内。除此之外，保障房居民与同社区居民的联系频率和质量也高于与周边商品房社区居民的联系，但保障房居民与商品房社区居民的交往意愿普遍较高，60.4%的保障房居民愿意与商品房居民成为知己。在人口统计属性方面，51%的保障房居民家庭月收入少于 3 000 元，52%的保障房居民大于 52 岁，大部分保障房居民为女性（65%）。

表 2　变量描述性统计

变量	范围	平均值	标准差	数量
住房满意度				
住房室内通风	1～5	4.01	0.87	399
采光	1～5	4.03	0.85	399
楼道空间	1～5	3.91	0.86	398
环境安静	1～5	3.56	1.05	397
房屋质量	1～5	3.11	1.07	399
房屋面积	1～5	3.36	0.94	398
房屋设计	1～5	3.47	0.92	399

续表

变量	范围	平均值	标准差	数量
与本社区（保障房）居民的社会联系				
本社区朋友数量	1～5	3.98	1.09	398
本社区新结识居民数量	1～5	3.71	1.23	398
与本社区新结识居民联系频率	1～5	3.89	1.30	383
邻里关照情况	1～5	3.38	0.73	397
与周边商品房社区居民社会联系				
在商品房社区有无亲戚或老朋友	0,1	0.42	0.49	397
在周边商品房社区有多少新认识居民	1～5	2.42	1.24	399
去周边商品房小区频率	1～5	1.83	1.06	399
愿意和周边商品房居民成为知己	1～5	3.55	0.86	399
愿意和周边商品房居民成为熟人	1～5	3.69	0.76	399
心理健康				
感到空虚无聊	1～5	3.84	0.93	399
感觉心情不好、情绪低落	1～5	3.68	0.88	398
感到坐立不定、心神不宁	1～5	3.94	0.88	399
感到精神紧张	1～5	3.88	0.94	399
感到轻松愉快	1～5	3.77	0.84	399
家庭月收入	1～9	4.74	2.22	399
年龄	18～82	50.02	12.24	394
迁入时间	4～24	8.27	4.24	395
性别（以女性为参照）	0,1	0.35	0.47	399

4.2 模型结果

图3为结构方程结果分析图，模型中保障房居民与同社区居民的社会联系以及保障房居民与周边商品居民的社会联系作为外生变量，住房满意度作为中介变量，心理健康作为因变量。模型拟合结果RMSEA为0.067，小于0.08，CFI值为0.855，拟合结果较好。模型结果显示，保障房居民与同社区居民的社会联系以及与周边商品房居民的社会联系对心理健康均有显著的影响，标准化路径系数分别为0.168（p=0.005）和0.173（p=0.003）。本文的结果与已有研究结果一致，证明了社会联系对心理健康的主效力机制（Berkman et al.，2000；Jin et al.，2012）。而对保障房居民而言，对比标准化路径系数的结果显示，相较于和同社区居民的社会联系，保障房居民与周边商品房居民的社会联系对其心理健

康的积极作用更大。Na 等人将社会联系分为组内联系（intra-group social tie）和组间联系（inter-group social tie）两部分（Na and Hample，2016）。保障房居民与同社区居民的社会联系属于组内联系，即指人们和与自己相似的人之间形成的社会联系（McPherson et al.，2001）。这种社会联系通常可以形成结型社会资本（bonding social capital）（Cattell，2001），并通过互惠作用提高心理健康（Ibarra，1993），组内关系形成的结型社会资本对心理健康既有好的影响，又会有坏的影响（Cattell，2001）。保障房居民与周边商品房居民的社会联系属于组间联系，指和跟自己不同的人之间形成的社会联系。这种社会联系会形成桥型社会资本（bridging socia capital），桥型社会资本由于可以为人们在广泛而多样的社会网络中带来提升健康的资源和机会，其往往对心理健康有着积极影响（Cattell，2001）。本文证实对保障房居民而言，相较于组内联系，组间联系带来的资源和机会对其心理健康的积极作用更强。

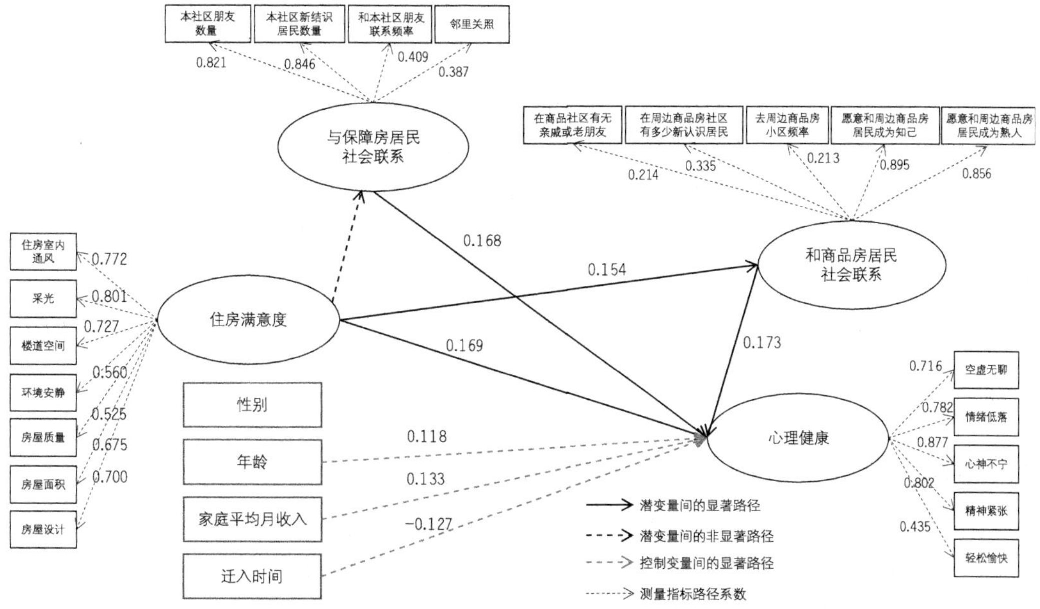

图 3 结构方程结果分析

住房满意度对心理健康也有着显著的直接影响作用，标准化路径系数为 0.169（p=0.005）。保障房居民与同社区居民的社会联系对住房满意度并无显著影响作用，相反，与商品房居民的社会联系会显著提高保障房居民的住房满意度。通过对结构方程的影响作用进行分析（表 3），可以看出，住房满意度显著提高了保障房居民与商品房居民的社会联系对其心理健康的积极影响作用，这表明与商品房居民的社会联系越多，保障房居民的住房满意度越高，心理健康越好。

年龄、家庭平均月收入和搬入时间对心理健康起到显著的影响作用，而性别对心理健康并无显著影响。年龄越大和收入越高的居民心理健康越好，迁入时间越长的居民心理健康越差。长时间居住于保障房社区，一方面代表居民长时间处于低收入状态，另一方面也显现长时间居住于经济剥夺社区对人们心理健康的累积消极影响。

表3 模型影响分析

自变量	住房满意度（中介变量）	心理健康（因变量）		
		直接影响	间接影响	总影响
与保障房居民的社会联系	0.015（P=0.835）	0.215**（P=0.009）	0.003（P=0.852）	0.217**（P=0.009）
与商品房居民的社会联系	0.447*（P=0.035）	0.503*（P=0.020）	0.076（P=0.092）	0.579*（P=0.012）

注：* $p < 0.05$；** $p < 0.01$。

同时，对比变量间显著的路径系数可以看出，一方面，保障房社区居民与本社区居民的社会联系以及和周边商品房社区居民的社会联系对心理健康的积极影响作用均较大，但在我们所调研的400个保障房居民样本中，236人（59.15%）在周边商品房社区的朋友数量少于10人，301人（75.44%）少于20人；而另一方面，保障房居民表现出较高的与商品房居民的交往意愿，241人（60.4%）愿意与商品房社区居民成为知己，267人（66.91%）愿意与商品房社区居民成为朋友，并有超过半数的人愿意与商品房社区居民成为邻居或同事，但绝大部分保障房居民从未（47.37%）或者偶尔（37.09%）去周边商品房社区，这些都会影响保障房居民与商品房居民的社会联系。

5 结论与讨论

本研究以广州保障房居民为例，主要研究保障房居民与同社区居民以及与商品房社区居民的社会联系对其心理健康的影响机制。研究结果发现，保障房居民与同社区居民以及周边商品房社区居民的社会联系对其心理健康的影响机制为主效力机制。研究结果也发现，保障房居民与同社区居民的社会联系以及与和周边商品房居民的社会联系对心理健康均有显著的直接影响，并且与周边商品房居民的社会联系越多，居民的住房满意度也会越高。然而即使大多数保障房居民有很强的与商品房居民的交往意愿，他们与商品房居民的社会联系数量还较少，联系频率较低，跨阶级的社会融合程度也较低。保障房居民大多为低收入家庭，而商品房居民大多为中等或高收入家庭，这种基于收入的居住分异在很大程度上减少了不同阶层居民间交往的机会，导致居民间的组间社会联系减少并进一步影响其心理健康。这种居住分异的加剧，就可能会形成西方国家城市化过程中出现的社会极化问题（顾朝林、刘佳燕，2013），并使得保障房居民逐渐成为社会地位和心理上双重边缘化人群（诸德律等，2014）。

本文进一步证实了在居住社区层面，保障房居民与周边商品房社区居民的组间社会联系相较于与同社区居民的组内联系对心理健康的直接影响作用更大。事实上，很多文献发现，邻里间的组间联系在提升居民心理健康的同时还可以给居民提供社会经济机会（Aneshensel and Sucoff，1996），并能提高社区凝聚力（Wang et al.，2016）。本文还发现，保障房居民与周边商品房社区居民的社会联系还会提高保障房居民的住房满意度，此结果显示不同于部分西方保障房社区存在社区衰败、设施破旧、建筑条件与商品房社区存在显著差异等问题，广州保障房社区居民的住房满意度较高，其住房条件与商品房社区并无明显差异，尤其是新建的保障房社区，所以保障房居民和商品房居民间的社会联系产生了积极的社会比较，并进一步提高其住房条件满意度和心理健康（图 4）。

图 4　广州保障性住房社区（左：金沙洲新社区）和商品房社区（右：城西花园）住房条件对比

因此，本文对城乡规划的启示主要体现在两个方面：首先，保障房社区在选址时应注意保障房社区和周边社区的住房条件差距；其次，可以通过建立混合社区来促进不同收入阶层和社会经济地位人群的社会联系。上海在建立 15 分钟生活圈规划中提出建立多样化的舒适住宅，并将“大分散、小集中”作为保障房布局的重要原则，鼓励保障房以独立地块的形式穿插在商品房中布局。安德森等提出了建立混合社区的两种方法，其一是在保障房社区中提供商品房和有一定补助的多户租赁房，这样各种收入水平的居民可以得到混合；其二是通过对居民进行租金援助，即为低收入家庭提供租金补贴，这种租金补贴并不针对固定的住房类型，而是允许居民在租房市场自主寻找房源，以期促使居民居住在商品房等中高收入社区（Anderson et al.，2003）。不同于保障房社区，混合社区在一定程度上打破了居住隔离并为不同收入居民提供了交往机会，有助于居民间形成组间联系并进一步提高心理健康程度。

参考文献

[1] Almedom, A. M. 2005. “Social capital and mental health: An interdisciplinary review of primary evidence,” Social Science & Medicine, 61(5): 943-964.

[2] Anderson, L. M., Charles, J. S., Fullilove, M. T., et al. 2003. “Providing affordable family housing and reducing residential segregation by income: A systematic review,” American Journal of Preventive Medicine, 24(3): 47-67.

[3] Aneshensel, C. S., Sucoff, C. A. 1996. “The neighborhood context of adolescent mental health,” Journal of

Health and Social Behavior, 37(4): 293-310.

[4] Belle, D. 1991. "Gender differences in the social moderators of stress," in A. Mona, R. S. Lazarus(eds.), Stress and Coping: An Anthology(pp. 258-274). New York, US: Columbia University Press.

[5] Berkman, L. F., Glass, T., Brissette, I., et al. 2000. "From social integration to health: Durkheim in the new millennium," Social Science & Medicine, 51(6): 843-857.

[6] Black, M. M., Krishnakumar, A. 1998. "Children in low-income, urban settings: Interventions to promote mental health and well-being," American Psychologist, 53(6): 635-646.

[7] Cattell, V. 2001. "Poor people, poor places, and poor health: The mediating role of social networks and social capital," Social Science & Medicine, 52(10): 1501-1516.

[8] Cheung, N. W. 2014. "Social stress, locality of social ties and mental well-being: The case of rural migrant adolescents in urban China," Health & Place, 27(3): 142-154.

[9] Cohen, S., Wills, T. A. 1985. "Stress, social support, and the buffering hypothesis," Psychological Bulletin, 98(2): 310-357.

[10] Franzini, L., Caughy, M., Spears, W., et al. 2005. "Neighborhood economic conditions, social processes, and self-rated health in low-income neighborhoods in Texas: A multilevel latent variables model," Social Science & Medicine, 61(6): 1135-1150.

[11] Fyrand, L., Wichstrøm, L., Moum, T., et al. 1997. "The impact of personality and social support on mental health for female patients with rheumatoid arthritis," Social Indicators Research, 40(3): 285-298.

[12] Hancock, G. R. 2003. "Fortune cookies, measurement error, and experimental design," Journal of Modern Applied Statistical Methods, 2(2): 293-305.

[13] Herrman, H., Saxena, S., Moodie, R., et al. 2005. "Promoting mental health: Concepts, emerging evidence, practice." Report of the World Health Organization, Department of Mental Health and Substance Abuse in collaboration with the Victorian Health Promotion Foundation and the University of Melbourne. Geneva World Health Organization.

[14] Ibarra, H. 1993. "Personal networks of women and minorities in management: A conceptual framework," Academy of Management Review, 18(1): 56-87.

[15] Jin, L., Wen, M., Fan, J. X., et al. 2012. "Trans-local ties, local ties and phychological well-being among rural-to-urban migrants in Shanghai," Social Science & Medicine, 75(2): 288-296.

[16] Kasl, S. V., Harburg, E. 1975. "Mental health and the urban environment: Some doubts and second thoughts," Journal of Health & Social Behavior, 16(3): 268-282.

[17] Kleit, R. G. 2001. "The role of neighborhood social networks in scattered-site public housing residents' search for jobs," Housing Policy Debate, 12(3): 541-573.

[18] Kruger, D. J., Reischl, T. M., Gee, G. C. 2007. "Neighborhood social conditions mediate the association between physical deterioration and mental health," American Journal of Community Psychology, 40(3-4): 261-271.

[19] Kuo, W. H., Tsai, Y. M. 1986. "Social networking, hardiness and immigrant's mental health," Journal of Health and Social Behavior, 27(2): 133-149.

[20] Martin, A. E. 1967. "Environment, housing and health," Urban Studies, 4(1): 1-21.

[21] Mcdowell, I. 2006. Measuring Health: A Guide to Rating Scales and Questionnaires. Oxford University Press.

[22] McKenzie, K. 2008. "Urbanization, social capital and mental health," Global Social Policy, 8(3): 359-377.

[23] McPherson, M., Smith-Lovin, L., Cook, J. M. 2001. "Birds of a feather: Homophily in social networks," Annual Review of Sociology, 27(1): 415-444.

[24] Mohit, M. A., Ibrahim, M., Rashid, Y. R. 2010. "Assessment of residential satisfaction in newly designed public low-cost housing in Kuala Lumpur, Malaysia," Habitat International, 34(1): 18-27.

[25] Na, L., Hample, D. 2016. "Psychological pathways from social integration to health: An examination of different demographic groups in Canada," Social Science & Medicine, 151: 196-205.

[26] Neil, C. C. 1990. "Social integration and shared living space: Psychiatric impairment among single men," Housing Studies, 5(1): 24-35.

[27] Peen, J., Dekker, J., Schoevers, R. A., et al. 2007. "Is the prevalence of psychiatric disorders associated with urbanization?" Social Psychiatry and Psychiatric Epidemiology, 42(12): 984-989.

[28] Smith, C. A., Smith, C. J., Kearns, R. A., et al. 1993. "Housing stressors, social support and psychological distress," Social Science & Medicine, 37(5): 603-612.

[29] Stiffman, A. R., Hadleyives, E., Elze, D., et al. 2010. "Impact of environment on adolescent mental health and behavior: Structural equation modeling," American Journal of Orthopsychiatry, 69(1): 73-86.

[30] Stokols, D., Shumaker, S. A. 2010. "The psychological context of residential mobility and weil-being," Journal of Social Issues, 38(3): 149-171.

[31] Thoits, P. 2011. "Mechanisms linking social ties and support to physical and mental health," Journal of Health and Social Behavior, 2(52): 145-161.

[32] Vassos, E., Pedersen, C. B., Murray, R. M., et al. 2012. "Meta-analysis of the association of urbanicity with schizophrenia," Schizophrenia Bulletin, 38(6): 1118-1123.

[33] Vlahov, D., Galea, S. 2002. "Urbanization, urbanicity, and health," Journal of Urban Health, 79(1): S1-S12.

[34] Voydanoff, P. 1990. "Economic distress and family relations: A review of the eighties," Journal of Marriage & Family, 52(4): 1099-1115.

[35] Wang, Z., Zhang, F., Wu, F. 2016. "Intergroup neighbouring in urban China: Implications for the social integration of migrants," Urban Studies, 53(4): 651-668.

[36] Xiao, Y., Miao, S., Sarkar, C., et al. 2018. "Exploring the impacts of housing condition on migrants' mental health in Nanxiang, Shanghai: A structural equation modelling approach," International Journal of Environmental Research and Public Health, 15(2): 225.

[37] 陈宏胜，刘晔，李志刚. 中国大城市保障房社区的邻里效应研究——以广州市保障房周边社区为例[J]. 人文地理，2015，4：39-44.

[38] 陈立新，姚远. 社会支持对老年人心理健康影响的研究[J]. 人口研究，2005，29(4)：73-78.

[39] 邓卫. 我国低收入者住房政策评析[J]. 城市与区域规划研究，2009，2(2)：12-28.

[40] 顾朝林，刘佳燕. 城市社会学[M]. 2 版. 清华大学出版社，2013.

[41] 何微丹，刘玉亭. 国内外城市保障性住房及其住区建设特征对比[J]. 规划师，2014，12：5-12.

[42] 胡强，万玉美，苏亮，等. 中国普通人群焦虑障碍患病率的荟萃分析[J]. 中华精神科杂志，2013，46(4)：204-211.
[43] 贾宜如，张泽，苗丝雨，等. 全球城市的可负担住房政策分析：对上海的启示［J］. 国际城市规划，2018.
[44] 刘玉亭. 城市保障房住区建设及其居住环境研究评述[J]. 现代城市研究，2014，11：2-6.
[45] 马晓亚，袁奇峰，赵静. 广州保障性住区的社会空间特征[J]. 地理研究，2012，31(11)：2080-2093.
[46] 赵延东. 社会网络与城乡居民的身心健康［J］. 社会，2008，28(5)：1-19.
[47] 赵延东，胡乔宪. 社会网络对健康行为的影响［J］. 社会，2013，33(5)：144-158.
[48] 周春山，高军波. 转型期中国城市公共服务设施供给模式及其形成机制研究［J］. 地理科学进展，2011，31(3)：272-279.
[49] 诸德律，张建坤，王效容. 基于GIS与MAS的保障房居住空间分异影响评价指标和方法［J］. 现代城市研究，2014，5：22-26.
[50] 朱伟珏. 社会资本与老龄健康——基于上海市社区综合调查数据的实证研究［J］. 社会科学，2015(5)：69-80.

[欢迎引用]
苗丝雨，李志刚，肖扬. 社会联系对保障房居民心理健康的机制影响研究[J]. 城市与区域规划研究，2018，10(4)：59-72.
Miao, S. Y., Li, Z. G., Xiao, Y. 2018. "Study on the mechanism between social tie and mental health of affordable housing residents," Journal of Urban and Regional Planning, 10(4):59-72.

基于圈层模型的15分钟社区健身圈均等化建设测度与分析

王 茜 何川秀玥 翁 敏

Measurement and Analysis of the Equalized Construction of the 15-Minute Community Sports Ring Using Spatial Layer Model

WANG Qian[1], HE Chuanxiuyue[2], WENG Min[3]
(1. School of Sports Economics and Management, Hubei University of Economics, Wuhan 430205, China; 2. University of California, Santa Barbara, USA; 3. School of Resource and Environmental Sciences, Wuhan University, Wuhan 430072, China)

Abstract Regarding that construction of 15-minute community sports ring (CSR) is an essential task of the National Fitness Program, it is necessary to clarify the issue of equalized construction of 15-minute CSR provision so that residents can get equal access to the public service on sports in their community and the livelihood projects of CSR can be well developed. Using Shanghai as the research target, a model for measuring the 15-minute CSR is set up after considering the spatial layer, difference in facility categories, and attractiveness degree associated with distance. The result shows that the unequal degree of 15-minute CSR construction is significant, implying an apparent "urban and rural binary" structure. In order to address the problem of unequal provision of 15-minute CSR in Shanghai, the emphasis should be laid on increasing the coverage rate of public sports facilities in the non-central city area and eliminating the blind spots of "basic sports ring."

Keywords community sports ring; equalization of sports public service; spatial pattern of sports facilities; spatial layers model

作者简介
王茜，湖北经济学院体育经济与管理学院；
何川秀玥，加利福尼亚大学圣塔芭芭拉分校；
翁敏，武汉大学资源与环境科学学院。

摘 要 建设15分钟社区健身圈是全民健身计划的重点任务之一。因此，须对15分钟社区健身圈建设的均等化问题进行清晰的思考，使居民可以平等地享有社区体育公共服务，才能促进"社区健身圈"这项民生工程更好地发展。本文以上海市为研究对象进行实证研究，考虑空间层级、设施类别差异和设施吸引力距离衰减等因素，构建15分钟社区健身圈测度模型，借助洛伦茨曲线及基尼系数分析其均等化建设程度。结果显示，上海市15分钟社区健身圈建设不均等程度较高，存在明显的"城乡二元"结构。重点提升非中心城区公共体育设施的覆盖率，消除"基础级健身圈"的建设盲区，是解决上海市15分钟社区健身圈供给不均等的关键突破口。

关键词 社区健身圈；公共体育服务均等化；体育设施空间布局；圈层模型

1 引言

随着我国新型城镇化建设的不断推进以及大众生活方式的变化，社区逐渐成为城市人居环境的最基本单元，并在促进社会和谐、提高经济活力和解决大众健康问题等方面发挥越来越重要的作用（陈广勇等，2014）。2016年，国务院在《体育发展"十三五"规划》中明确指出，应重视社区在人民生活中的"基本点"作用，公共体育空间布局应以社区为中心，公平合理地配置公共体育资源，通过建设15分钟社区健身圈实现全民健身计划的目标。所谓15分钟社区健身圈是指城市居民在15分钟步行时间范围内就可获取的公共健身设施，如健身步道、健身苑点、休闲广场、学校操场以及体育场馆等。作为一种非商业化和集体化的公众共享资源，15 分钟社区健身圈建设旨在实现体育活动由小众化向大众化、由精英化向平民化的转变（徐旭楠等，2016）。因此，我们必须首先对 15 分钟社区健身圈建设的均等化问题进行清晰地思考，使居民可以平等地享有社区体育公共服务，才能促进“社区健身圈”这项民生工程更好地发展。然而，学术界对 15 分钟社区健身圈均等化建设的研究还处于探索阶段，有必要对如何测度“健身圈”及其均等性进行反思和回答。基于此，本文提出 15 分钟社区健身圈测度模型，以上海市为典型案例区，定量分析 15 分钟社区健身圈建设的社会均等化程度，以期为科学调整城市体育设施布局，又快又好地推进“社区健身圈”建设提供参考。

2　数据与方法

2.1　15 分钟社区健身圈测度模型

从空间圈层的视角分析，15 分钟社区健身圈可以分为三个层级（图 1a）：基础健身圈、一级健身圈、二级健身圈。其中，基础健身圈是指社区（居住地）内部所有公共体育设施的集合；一级健身圈是指距离居住地 5 分钟步行距离内所有公共体育设施的集合；二级健身圈是指居住地周边 15 分钟步行距离内所有公共体育设施的集合。这些公共体育设施包括健身苑点、体育场馆、健身步道、绿道、学校操场等。此外，不同等级的体育设施对居民的吸引力存在差别，且居民往往优先使用和考虑距离居住地较近的大型公共体育设施（Luo，2004）。因此，在定量测度 15 分钟社区健身圈时，需要解决三个问题：①形成一个综合指标，能够反映 15 分钟步行范围内可获取公共体育设施的便利程度；②构建一个距离衰减函数，能够反映不同层级健身圈内设施吸引力（居民使用设施的意愿）随步行时间的衰减规律；③建立针对不同等级体育设施的距离衰减函数，能够反映不同等级的体育设施对居民的吸引力存在差别。

本研究的数据源包括上海市体育局提供的公共体育设施数据（类型包括健身苑点、体育场馆、公园、广场、健身步道、学校操场；属性包括空间位置、面积），统计局提供的小区（N=13 061）人口数据（小区位置和面积以及人口年龄、总数与户籍）。首先将所有数据导入 ArcGIS 软件进行空间定位，然后借助网络分析功能计算小区到各体育设施点的步行距离。高斯函数可以有效表征公共设施服务吸引力随距离的变化特征（Limstrand，2008；Higgs et al.，2015）。因此，本文利用高斯距离衰减函数表征公共体育设施吸引力随时间的衰减规律。根据《上海市城市总体规划（2016～2040）》中对不同类型公共体育设施服务范围的界定，将健身苑点、社区级公园、广场、学校操场的距离衰减设为 $3\alpha=1\ 000$ 的高斯函数（图 1b），将地区级公园、城市级公园、大型体育场馆的步行距离衰减设为 $3\alpha=2\ 500$ 的高斯函数（图 1c）。进而，将所有设施的高斯衰减系数之和作为对应层级健身圈得分，三层健身圈得分之和为 15 分钟社区健身圈总得分。得分越高，说明健身圈内公共体育设施种类越多、可获性越好，健身圈建设水平越高。最后以不同层级健身圈得分为基础，借助系统聚类对各小区进行类型，并利用 ArcGIS 对结果进行空间可视化。

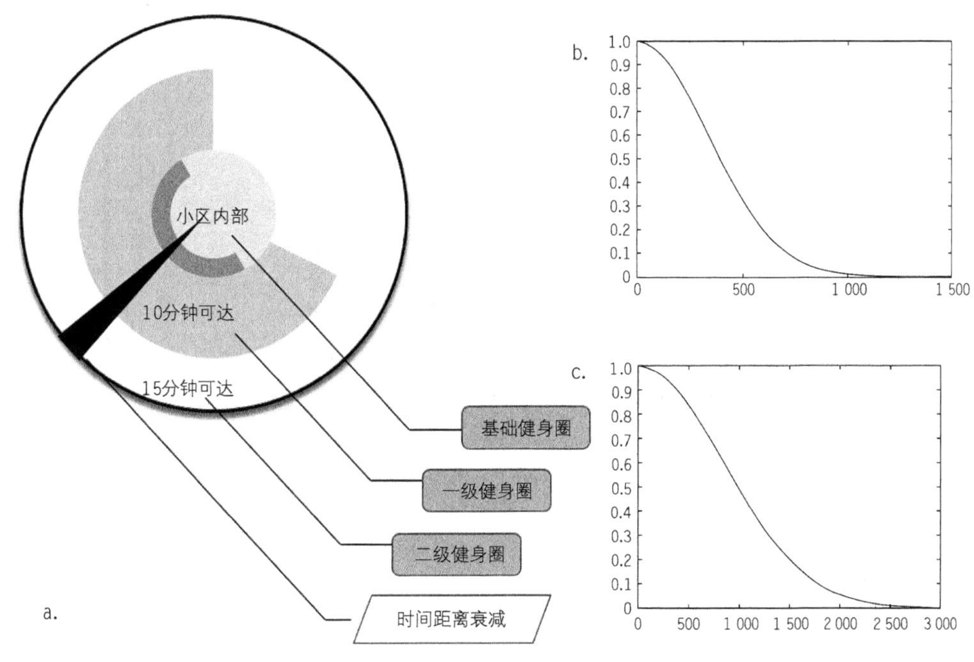

图 1　15 分钟健身圈概念模型

2.2　15 分钟社区健身圈均等化分析

均等化是指 15 分钟社区健身圈在不同小区间表现出与人口需求相匹配的建设水平。基尼系数是 20 世纪初意大利经济学家基尼根据洛伦茨曲线来计算反映社会收入分配公平程度的统计指标（钟武、王冬冬，2012）（图 2）。近年来，基尼系数已经被广泛应用于定量测度基本公共服务均等化水平。因此，本文利用基尼系数的原理和方法来定量分析 15 分钟社区健身圈均等化水平；构建健身圈—人口洛伦茨曲线，横轴为累计人口百分比，纵轴为累计小区 15 分钟社区健身圈建设水平的数值。健身圈—人口洛伦茨曲线反映了小区 15 分钟社区健身圈建设水平的不均衡程度。其中，曲线弯曲度越大，表示 15 分钟社区健身圈建设水平差异性越大。基尼系数是绝对平均线与洛伦茨曲线所围图形面积占绝对平均线和横纵轴所围图形面积的比值（李强谊、钟水映，2016），即 A/(A+B)。此处采用国际惯例：基尼系数在 0.2 以下，表示健身圈的建设水平“高度均等”；0.2～0.3 表示“相对均等”；0.3～0.4 为“比较均等”；0.4～0.5 为“差距偏大”；0.5 以上为“高度不均等”。各小区的常住人口参照上海市第六次人口普查数据（最大值为33 452，最小值为105，平均值为2 928，标准差为2 726），原始数据由上海市统计局提供。

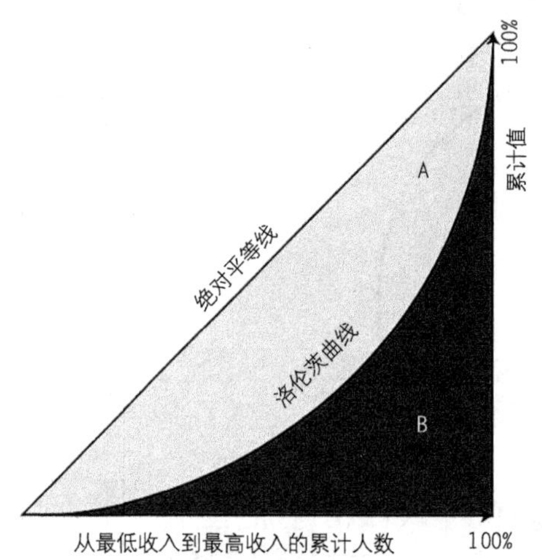

图2 基尼系数计算原理示意

3 结果与分析

3.1 上海市15分钟社区健身圈建设水平

各小区不同层级健身圈建设水平的空间格局如图3所示。可以看出，小区间不同层级健身圈建设水平存在较大差异。对于基础健身圈来说，得分为0（即5分钟步行距离范围内无体育健身设施）的小区达5 493个，占所有小区数的42.0%。这些小区较多集中在松江、金山等非中心城区。中心城区（黄浦区、徐汇区、长宁区、杨浦区、普陀区和静安区等）各小区的基础健身圈得分普遍较高。同时，一级健身圈、二级健身圈以及健身圈整体得分均表现出相似的空间格局，即中心城区的小区得分较高，而非中心城区的小区得分较低。这说明，上海市15分钟社区健身圈建设水平存在明显的"城乡二元"结构，依然存在较大的提升空间。公共体育设施的供给不足和空间覆盖不均衡是造成这种"城乡二元"结构的主要原因。当前上海市的公共体育设施布局与人口分布之间的空间匹配程度较低，突出表现为"局部密集、整体稀疏"。此外，弱势群体聚集区，尤其是外来务工人员居住的非中心城区，公共体育设施供给量远远低于中心城区的平均水平。因此，以基础健身圈建设为基本切入点，实现公共体育设施供给"从无到有"，重点提升非中心城区公共体育设施的覆盖率，消除基础健身圈的建设盲区，是解决上海市15分钟社区健身圈供给不均等的首要关键问题。

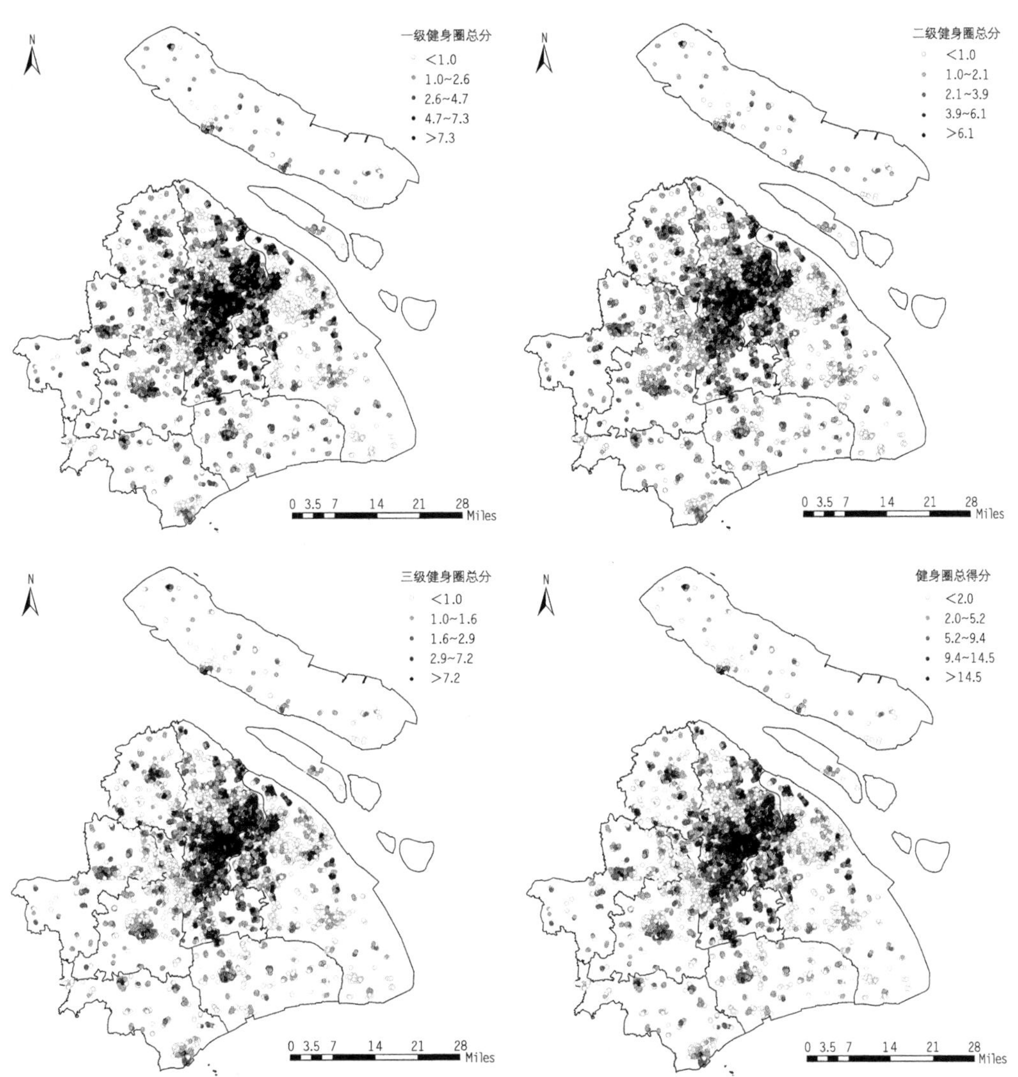

图 3 各小区不同层级健身圈建设水平的空间格局

为了深入分析 15 分钟社区健身圈建设的“城乡二元”结构，本研究对各行政区小区健身圈的平均得分进行统计（图 4）。总体来看，中心城区各地区的不同层级健身圈得分较高，非中心城区各地区的不同层级健身圈得分较低。然而，中心城区各地区不同等级健身圈得分也不完全相同。例如，静安区的基础健身圈得分处于高水平，但一级健身圈和二级健身圈得分处于中等水平。相反，徐汇区的基础健身圈得分处于中等水平，但一级健身圈和二级健身圈得分处于高水平。为了更加深入地分析不同地区不同等级健身圈的建设水平，本研究对聚类分析结果进行可视化，结果如图5所示。各行政区被分为四种类型：第一类为黄浦区，各等级健身圈和整体15分钟社区健身圈均处于较高水平；第二类包括杨浦、虹口、徐汇、长宁等地区，这些地区基础健身圈得分处于中等水平，但一级健身圈和二级健身圈得分处于高水平，整体15分钟社区健身圈表现出较高的水平；第三类包括静安、普陀、嘉定、闵行和浦东等地区，这些地区基础健身圈得分处于中等或高等水平，但一级健身圈和二级健身圈得分处于中等水平，整体15分钟社区健身圈表现出中等水平；第四类主要为非中心城区各地区，各等级健身圈以及整体15分钟社区健身圈均表现出较低水平。这一结果提示，今后的健身圈建设应考虑地区类别的差异性。对于第二类和第三类区域来说，需要考虑不同等级健身圈的空间匹配度，应重视改善建设水平较为滞后的健身圈层级，实现不同层级健身圈耦合均衡建设。对于第四类区域而言，需要在重点加强基础健身圈建设的同时，建设一级健身圈和二级健身圈。

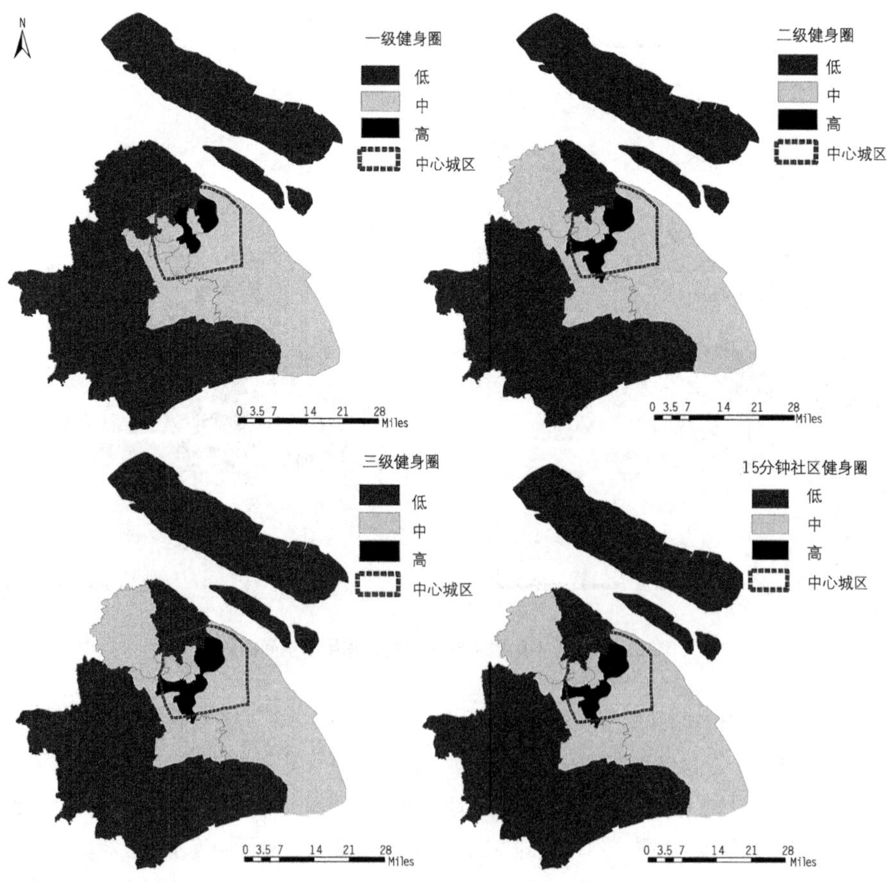

图4 各行政区不同层级健身圈建设水平的空间格局（分级方法：分位数）

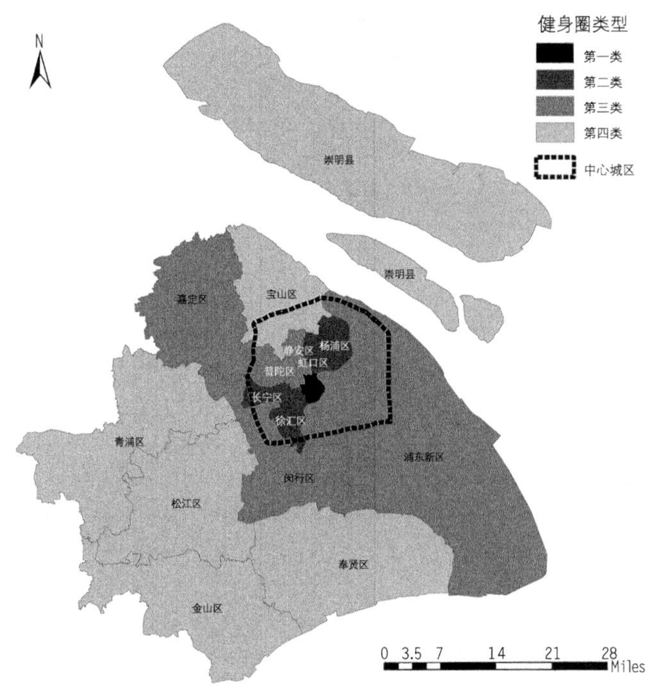

图 5　各行政区健身圈建设水平的空间类别

3.2　上海市 15 分钟社区健身圈建设均等化水平

上海整体健身圈—人口洛伦茨曲线及基尼系数如图 6 所示。基础健身圈的基尼系数为 0.52，说明上海市基础健身圈建设存在高度不均衡，设施供给量与人口分布失配程度较高，即少部分人在居住地 5 分钟步行距离范围内享有较多的公共体育设施。一级健身圈和二级健身圈的基尼系数分别为 0.48 和 0.45，提示不同小区间在 10 分钟和 15 分钟步行范围内可获取的公共体育设施数量的差距偏大。15 分钟社区健身圈的基尼系数达 0.52，表明上海市 15 分钟社区健身圈建设水平高度不均等。这一结果也印证了图 2 和图 3 的分析结果。进一步对比分析可知，15 分钟社区健身圈均等化建设在各个行政区间也不尽相同（图 7）。其中，黄浦、杨浦、虹口、长宁等中心城区地区基尼系数低于 0.3，说明这些地区 15 分钟社区健身圈建设的均等化水平较高，实现了公共体育设施供给与人口分布的协调统一。相反，崇明、宝山、嘉定等非中心城区各地区的基尼系数高于 0.4，说明这些地区在面临公共体育设施供给不足的困境下，还存在 15 分钟社区健身圈建设不均等的问题。值得一提的是，静安区 15 分钟社区健身圈基尼系数最高。静安区为上海市老城区，高度密集的人口和有限的用地造成公共体育设施数量与人口需求的不匹配，因此表现出较高的不均等性。这些结果表明，15 分钟社区健身圈建设不均等是上海市的一个普遍问题，需要对现有公共体育设施的空间布局进行优化。

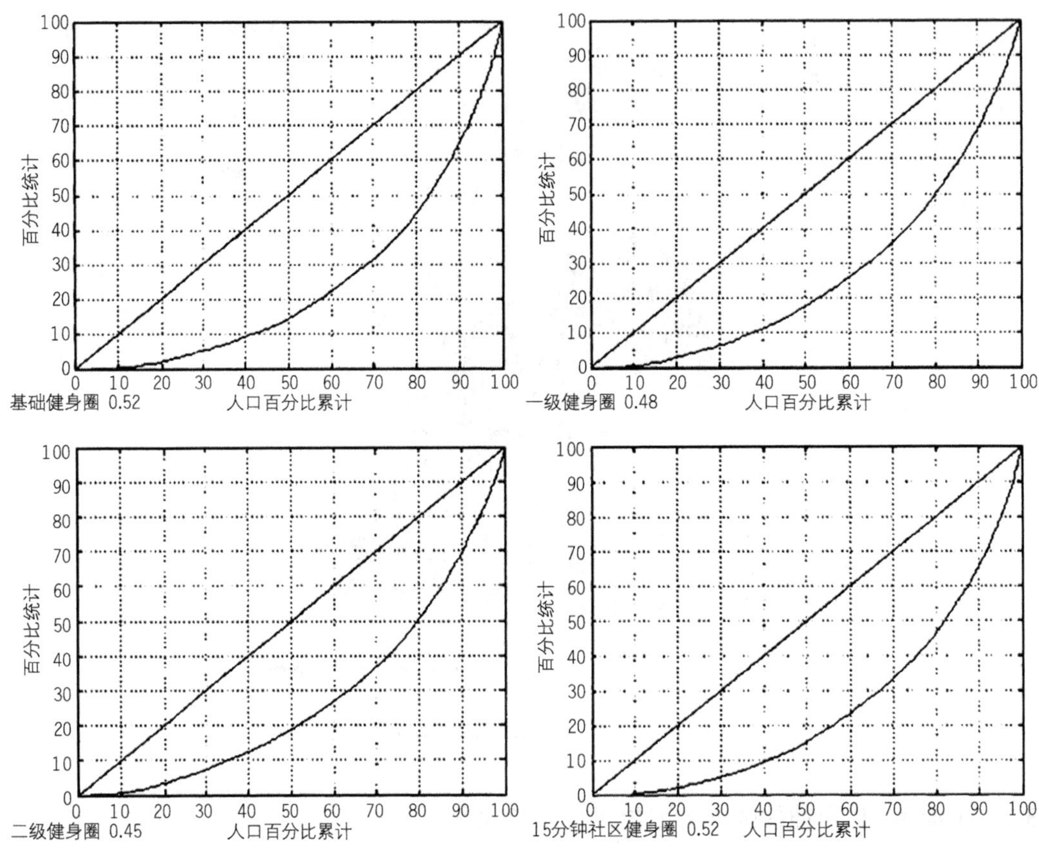

图6 上海整体健身圈—人口洛伦茨曲线

4 结论与建议

针对当前15分钟社区健身圈建设均等化理论和实践较为滞后的困境，本文以上海市为研究对象进行实证研究，考虑空间层级、设施类别差异和设施吸引力距离衰减等因素，提出了15分钟社区健身圈测度模型，进而借助洛伦茨曲线和基尼系数分析其均等化建设程度。主要的结论和建议如下。

（1）上海市15分钟社区健身圈建设水平存在明显的“城乡二元”结构。位于中心城区的小区健身圈建设水平较高，而非中心城区的小区则相对较低。中心城区各地区不同层级健身圈得分普遍较高，而非中心城区各地区不同层级健身圈则得分较低。公共体育设施的供给不足和空间覆盖不均匀是造成“城乡二元”结构的主要原因。

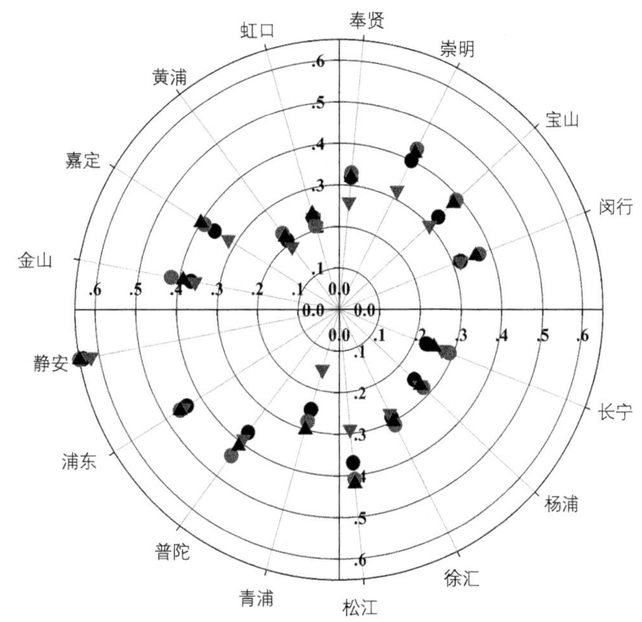

图 7　各行政区健身圈基尼系数

（2）根据不同层级健身圈建设水平的不同，上海市各行政区被分为四种类型。这一结果提示，今后的健身圈建设应考虑地区类别的差异性。应重视改善建设水平较为滞后的健身圈层级，实现不同层级健身圈耦合均衡建设。

（3）15 分钟社区健身圈建设不均等是上海市的一个普遍问题。其中，基础健身圈建设存在高度不均衡，设施供给量与人口分布失配程度较高。因此，以基础健身圈建设为基本切入点，重点提升非中心城区公共体育设施的覆盖率，消除基础健身圈的建设盲区，是解决上海市 15 分钟社区健身圈供给不均等的首要关键问题。

（4）本文为评估我国其他地区健身圈均等化供给提供了技术参考。

致谢

教育部人文社会科学研究基金（15YJC890036）。

参考文献

[1] Higgs, G., Langford, M., Norman, P. 2015."Accessibility to sport facilities in Wales: A GIS-based analysis of

socio-economic variations in provision," Geoforum, 62(7): 105-120.

[2] Limstrand, T. 2008. "Environmental characteristics relevant to young people's use of sports facilities: A review," Scandinavian Journal of Medicine & Science in Sports,18(3): 275-287.

[3] Luo, W. 2004. "Using a GIS-based floating catchment method to assess areas with shortage of physicians," Health Place,10(1): 1-11.

[4] 陈广勇，杜艳伟，喻雪莲. 政府购买公共服务对社区体育发展的促进研究——以成都市“社区＋体育志愿者”模式为例[J]. 成都体育学院学报，2014，40(6)：27-31.

[5] 李强谊，钟水映. 我国体育资源配置水平的空间非均衡及其分布动态演进[J]. 体育科学，2016，(36)3：33-43.

[6] 徐旭楠，贾志强，施丹萍，等. 城市社区健身圈设施选址的生态学解析[J]. 体育文化导刊，2016，6：13-16.

[7] 钟武，王冬冬. 基于基尼系数的群众体育资源配置公平性研究[J]. 体育科学，2012，32(12)：10-14.

[欢迎引用]

王茜，何川秀玥，翁敏. 基于圈层模型的15分钟社区健身圈均等化建设测度与分析[J]. 城市与区域规划研究，2018，10(4)：73-82.

Wang, Q., He, C. X. Y., Weng, M. 2018. "Measurement and analysis of the equalized construction of the 15-minute community sports ring using spatial layer model," Journal of Urban and Regional Planning, 10(4):73-82.

长江经济带城市健康发展评价及优化策略

缪雯纬　林樱子　彭　翀

Evaluation and Optimization Strategy of Urban Healthy Development of the Yangtze River Economic Belt

MIAO Wenwei, LIN Yingzi, PENG Chong
(School of Architecture and Urban Planning, Huazhong University of Science and Technology, Wuhan 430074, China)

Abstract The sustainable and healthy development of cities is closely related to people's healthy life, and the construction of healthy cities has been receiving worldwide attention. However, in the current studies, the evaluation of healthy cities is mainly based on individual cities, whereas few studies focus on evaluating the healthy development status of regional city clusters. Accordingly, this paper intends to conduct a comprehensive evaluation on the healthy development of the Yangtze River Economic Belt, and analyze the spatial distribution pattern of its healthy development level. We selected 84 cities in the Yangtze River Economic Belt in 2015, and established comprehensive evaluation indices from the six aspects of healthy economy, healthy society, healthy culture, healthy environment, healthy people, and healthy service. The healthy development of the Yangtze River Economic Belt cities was evaluated by entropy method, and we used the cluster analysis method to divide the urban healthy development results of the Yangtze River Economic Belt into Ⅰ, Ⅱ, Ⅲ, Ⅳ, and Ⅴ types. Furthermore, the spatial distribution pattern of the urban healthy development level of the Yangtze River Economic Belt was studied based on the exploratory spatial structure analysis method, and the correlation of health index was

作者简介
缪雯纬、林樱子、彭翀（通讯作者），华中科技大学建筑与城市规划学院。

摘　要　城市健康可持续发展与人民健康生活息息相关，因此，健康城市建设越来越受到政府和人民关注。在目前研究中，健康城市评估主要是针对单个城市展开，区域城市群层面的健康发展状况评价较少，因此本文目的是对长江经济带城市健康发展进行综合评价，并分析其健康发展水平差异的空间分布格局规律。本文选取 2015 年长江经济带 84 个地市，从健康经济、健康社会、健康文化、健康环境、健康人群和健康服务六个方面，构建健康城市发展综合评价指标体系。运用熵值法对长江经济带城市健康发展进行综合评价，利用聚类分析方法将长江经济带城市健康发展结果分为Ⅰ、Ⅱ、Ⅲ、Ⅳ、Ⅴ类；借助探索性空间结构分析对长江经济带城市健康发展水平差异进行空间分布格局研究。结果显示：①总体水平特征：区域间城市健康发展不平衡，大城市和发达地区引领健康发展；②领域差异特征：长江经济带三大城市群健康发展短板各异；③空间关联特征：长三角与长江上游分别形成健康高值连绵带动区和低值效应区。最后从领域优化、分区指引和发展协同三方面提出促进城市与区域健康发展的对策建议。

关键词　健康城市评价；长江经济带；熵值法；探索性空间结构分析方法；优化策略

世界卫生组织（WHO）于 1984 年多伦多会议上首次提出“健康城市”概念，此后于 1986 年正式发起“健康促进项目”（Health Promotion）（WHO，1986），目标是通过改善城市的自然、社会环境，提高城市居民的身心健康。WHO 将健康城市定义为健康社会、健康环境、健康人群和

analyzed based on SPSS software. The results show that: 1) the overall level features: imbalance in the healthy development of interregional cities, and metropolis and developed regions leading healthy development; 2) field difference features: three major city clusters in the Yangtze River economic belt have different weak points of healthy development; 3) spatial correlation features: a high healthy value zone is formed in the Yangtze River Delta, and a low healthy value zone, an effect zone, is formed in the upper reaches of the Yangtze River. Finally, we put forward the optimization strategy for promoting the healthy development of cities and regions from three aspects: field optimization, partition guidance, and development coordination.
Keywords healthy city evaluation; the Yangtze River Economic Belt; entropy method; exploratory spatial structure analysis method; optimization strategy

健康服务的有机统一体，是一个不断创造和改善自然、社会环境，使得城市居民能够相互支持并发挥潜能的城市（WHO，1994；Goldstein and Kickbusch，1996）。

20 世纪 80 年代末，由全国爱国卫生运动委员会组织开展的“国家卫生城市”创建活动标志着我国健康城市建设的起步。随着卫生城市工作的发展，“卫生城市”的理念逐渐延伸为“健康城市”，关于健康城市的研究也在不断深化与丰富。2015 年 10 月，中共十八届五中全会提出建设“健康中国”的重大决策；2016 年 10 月，由中共中央、国务院发布的《“健康中国 2030”规划纲要》明确提出“健康城市建设是健康中国建设的重要抓手”，体现出健康城市是实现健康城镇化和“健康中国”目标的重要手段与载体，标志着我国健康城市进入全面建设时期；2016 年 11 月，国家卫生计生委疾病预防控制局发布《全国爱卫办关于开展健康城市试点工作的通知》，确定了首批 38 个全国健康城市建设试点，其中长江经济带城市共有 14 个，占 36.8%。2018 年 4 月，国家卫生健康委员会发布《全国健康城市评价指标体系（2018 版）》，该体系包括健康环境、健康社会、健康文化、健康服务和健康人群五个一级指标，20 个二级指标，42 个三级指标，且 42 个三级指标均为针对人群医疗健康水平选取的指标（鄢光哲，2018）。

国外关于健康城市评估研究经历了由定性到定量的过程。由 STAR、SPIRIT、健康温度计等定性评估框架方法演变为健康影响评估（HIA）、WHO 欧洲健康城市网络各阶段评估方法、健康城市建设效益评估等定量方法（Guimarães，2001；黄敬亨等，2011；吴淑仪、孔宪法，2005；Ison，2013；Leeuw et al.，2015；Wang et al.，2017）。有学者应用多级有序 logistic 模型，分析中国城市化和经济发展对个人自我评价健康的影响（Chen et al.，2017）。国内关于城市健康发展评价的研究，主要是从可持续发展、人居环境以及生态城市等角度，构建评价城市可持续发展能力、宜居、生态等方面的指标体系。张婧等运用层次分析法，从经济、社会、资源环境等方面构建指标体系，评价陕西省城市可持续发展水平和能力（张婧等，2013）。张文忠基于宜居城市的内涵，从安全、健康、生活方便、出行便利和居住舒适性五个方面构建了宜居城市评价指标体系（张文忠，2007）。刘艺运用层次分析法从环境、社会、健康服务和公众健康四个方面选取 46 个指标，评价新疆 19 个主要城市的城市健康水平（刘艺，2012）。黄文杰从环境、社会、健康服务、健康人群、健康场所、特色、民意和组织保障八个方面选取 103 个指标，建立针对重庆市健康发展评价的指标体系（黄文杰，2016）。陈克龙等从系统活力、组织力、恢复力、生态服务功能和人群健康状况五个方面构建城市健康评价指标体系，运用模糊数学评价方法研究了西宁市生态系统健康状况（陈克龙等，2010）。武占云等提出城市健康发展的评价与城市可持续发展、生态宜居评价仍有区别，认为城市健康发展是追求经济、社会、环境的健康、协调的可持续发展，并从健康经济、健康文化、健康社会、健康环境和健康管理五个方面选取 30 个指标建立指标体系，对中国 287 个地级市及以上建制市进行了城市健康发展评价（武占云等，2015）。

总体而言，关于健康城市评价的研究主要针对单个城市展开，区域城市群层面的健康发展研究较少，区域经济带尺度健康领域及其内部城市之间健康发展关系的研究亟待补充。因此，本文从健康城市的基本概念出发，以长江经济带城市为对象，从健康经济、健康社会、健康文化、健康环境、健康人群和健康服务六个方面构建长江经济带城市健康发展评价指标体系，对长江经济带城市的健康发展进行总体评价，运用探索性空间结构分析方法探究长江经济带健康发展差异的空间格局特征，最后提出相应促进城市与区域健康发展的优化策略，以期对推进长江经济带城市健康发展提供参考。

1　研究区概况与数据来源

长江经济带共有九省二市，考虑区域与城市群的相对完整性及部分地级行政区数据缺失，本文研究对象为长江经济带 84 个地级及以上建制市，包含长江上游城市群（成渝城市群、滇中城市群、黔中城市群）、长江中游城市群（武汉城市圈、环长株潭城市群、环鄱阳湖城市群）和长三角城市群，研究范围见图 1（由于数据可获得性的限制，四川省凉山彝族自治州的会东县、会理县和宁南县未纳入研究分析范围）。

文章指标数据来源于 2016 年《中国城市统计年鉴》、各省市统计年鉴、《中国城市建设统计年鉴》、各城市《国民经济与社会发展统计公报》、各省及各城市环境质量公报、各城市官方网站数据等。

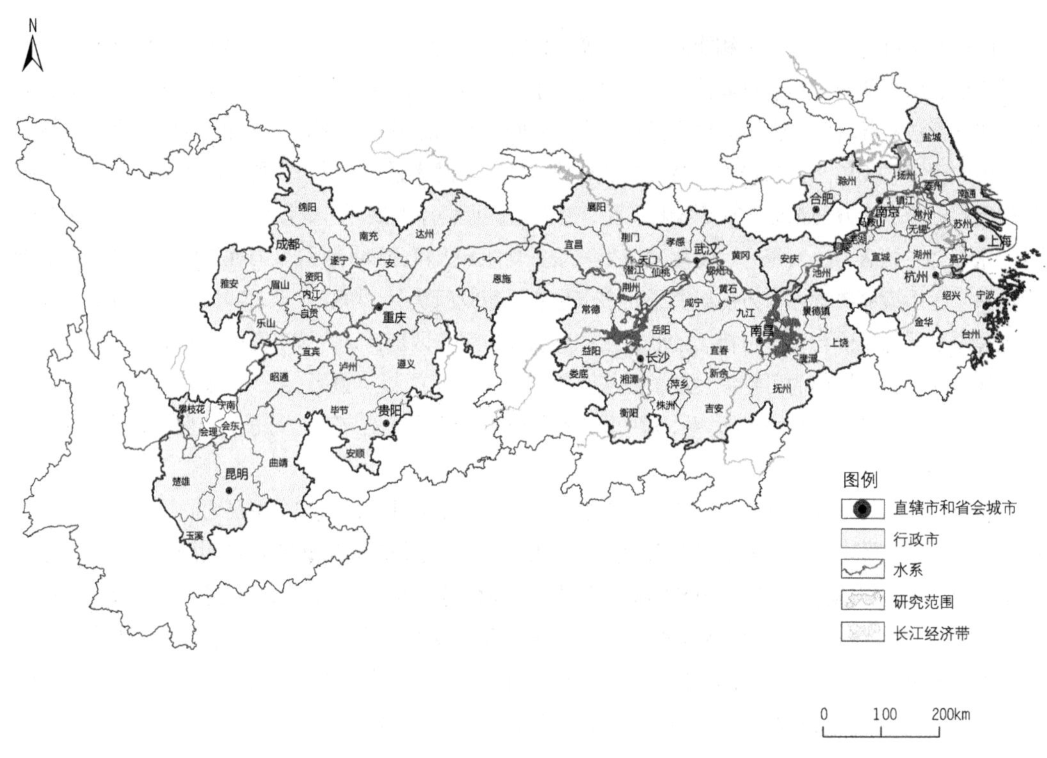

图1 研究范围示意图

2 评价分析方法

2.1 评价指标体系构建

基于健康城市的概念内涵，结合各地健康城市建设的具体实践，可将国内健康城市指标体系分为健康环境、健康人群、健康服务、健康文化、健康社会和公众民意六类（朱轶佳，2015）。本文遵循科学性、系统性、可获得性和有效性原则，在健康经济、健康社会、健康文化、健康环境、健康服务五个系统层基础上，加入健康人群系统层，构建健康城市发展的六维评价指标体系，由6类一级指标、16类二级指标、33类三级指标组成（表1）。其中，健康经济、健康社会、健康文化和健康环境中的三级指标已用于评估中国健康城市发展水平（武占云等，2015）。本文在健康社会的三级指标中增加“失业保险覆盖率”指标，完善社会保障体系；健康文化的三级指标中增加“万人拥有文化事业机构

表 1　健康城市发展评价指标体系

<table>
<tr><th>目标层</th><th>系统层</th><th>指标层</th><th>变量层</th><th>权重</th></tr>
<tr><td rowspan="25">健康城市发展</td><td rowspan="7">A 健康经济（0.241 339）</td><td rowspan="2">A1 发展水平（0.250 239）</td><td>A11 人均可支配收入</td><td>0.029 007</td></tr>
<tr><td>A12 人均地方财政一般公共预算收入</td><td>0.221 232</td></tr>
<tr><td>A2 消费水平（0.007 472）</td><td>A21 恩格尔系数</td><td>0.007 472</td></tr>
<tr><td rowspan="2">A3 生产效率（0.634 769）</td><td>A31 工业劳动生产率</td><td>0.061 652</td></tr>
<tr><td>A32 地均 GDP</td><td>0.573 117</td></tr>
<tr><td>A4 投资效率（0.107 521）</td><td>A41 固定资产投资效率</td><td>0.107 521</td></tr>
<tr><td colspan="3"></td></tr>
<tr><td rowspan="8">B 健康社会（0.122 886）</td><td rowspan="3">B1 居民生活（0.061 788）</td><td>B11 人均消费性支出</td><td>0.043 698</td></tr>
<tr><td>B12 房价收入比</td><td>—</td></tr>
<tr><td>B13 人均住房建筑面积</td><td>0.018 09</td></tr>
<tr><td>B2 就业水平（0.071 063）</td><td>B21 城镇登记失业率</td><td>0.071 063</td></tr>
<tr><td>B3 社会公平</td><td>B31 基尼系数</td><td>—</td></tr>
<tr><td rowspan="3">B4 社会保障（0.867 149）</td><td>B41 基本养老保险覆盖率</td><td>0.224 507</td></tr>
<tr><td>B42 基本医疗保险覆盖率</td><td>0.269 573</td></tr>
<tr><td>B43 失业保险覆盖率</td><td>0.373 069</td></tr>
<tr><td rowspan="4">C 健康文化（0.168 594）</td><td rowspan="3">C1 文化投入（0.960 606）</td><td>C11 百人公共图书馆藏书</td><td>0.521 028</td></tr>
<tr><td>C12 万人拥有文化事业机构数</td><td>0.249 527</td></tr>
<tr><td>C13 互联网宽带接入覆盖率</td><td>0.190 051</td></tr>
<tr><td>C2 文化支出（0.039 394）</td><td>C21 文教娱消费支出占总支出比重</td><td>0.039 394</td></tr>
<tr><td rowspan="6">D 健康环境（0.099 35）</td><td rowspan="2">D1 环境质量与治理（0.072 373）</td><td>D11 空气质量（API）达到优于二级天数</td><td>0.041 56</td></tr>
<tr><td>D12 城镇生活污水集中处理率</td><td>0.030 813</td></tr>
<tr><td rowspan="2">D2 资源利用（0.141 689）</td><td>D21 生活垃圾无害化处理率</td><td>0.024 336</td></tr>
<tr><td>D22 工业固体废弃物综合利用率</td><td>0.117 353</td></tr>
<tr><td rowspan="2">D3 生态建设（0.785 938）</td><td>D31 人均公园绿地面积</td><td>0.755 72</td></tr>
<tr><td>D32 建成区绿化覆盖率</td><td>0.030 218</td></tr>
</table>

续表

目标层	系统层	指标层	变量层	权重
健康城市发展	E 健康人群（0.106 937）	E1 居民健康（1）	E11 死亡率	0.114 518
			E12 低出生体重儿死亡率	—
			E13 婴儿死亡率	0.177 276
			E14 孕产妇死亡率	0.708 205
	F 健康服务（0.260 894）	F1 医疗服务（0.133 814）	F11 万人拥有病床数	0.033 792
			F12 万人拥有医生数	0.055 956
			F13 医疗支出占一般公共财政支出比重	0.044 066
		F2 教育服务（0.866 187）	F21 万人在校中学生数	0.072 642
			F22 万人在校大学生数	0.793 545

注：由于数据可获得性的限制，房价收入比、基尼系数、低出生体重儿死亡率三项指标暂未纳入健康城市测度。

数”“互联网宽带接入覆盖率”，以反映文化健康水平；依据 WHO 唯一贯彻试行的关于健康的指标以及国内健康城市建设中关于健康人群和健康服务的共性指标（普蕾米拉·韦伯斯特等，2016；于海宁等，2012），于健康人群的三级指标中增加“死亡率”“低出生体重儿死亡率”“婴儿死亡率”和“孕产妇死亡率”指标，于健康服务的三级指标中增加“万人拥有病床数”“万人拥有医生数”和“医疗支出占一般公共财政支出比重”指标。

2.2 确定权重

由于城市健康发展评价系统由六个子系统构成，每个子系统包含若干指标，这些指标有正向亦有逆向，为使各指标具有可比性，采用均值化的方法对原始数据进行无量纲化处理，公式如下：

$$x_{ij'} = \frac{x_{ij}}{\overline{x}_j}$$

在综合指标体系的评估方法中，有主观赋值法和客观赋值法（陈明星等，2009）。主观赋值法较易受人为因素影响，且由于各评价指标对城市健康发展的影响程度有差异，因此对每一个指标客观赋以权重。本文选用熵值法，根据熵值的大小，即各项指标的变异程度对所选指标的权重进行计算。计算结果见表 1。

2.3 评价模型构建

（1）城市健康发展指数评价

本文采用综合评价模型的方法，对健康经济、健康社会、健康文化、健康环境、健康人群和健康服务指数进行评价，进而综合计算得到城市健康发展指数（UHDI），计算步骤如下：

$$H_p = \sum_{j=\mathrm{m}}^{i=n} a_i Z_{ij}$$

$$UHDI = \sum_{p=1}^{6} a_p H_p$$

其中：$H_p(p=1,2,3,4,5,6)$ 分别是健康经济、健康社会、健康文化、健康环境、健康人群和健康服务指数，a_i 是第 i 项指标的权重，Z_{ij} 是第 i 项指标下第 j 个评价对象的标准值，即各变量中第 j 个评价对象的实际数值标准化后的值，a_p 为各分项指数权重。

（2）探索性空间结构分析

空间自相关分析是一类常用的探索性空间数据分析方法，它是通过对事物或现象空间分布格局的描述与可视化，发现空间集聚和空间异常，揭示研究对象之间的空间相互作用机制（吕晨等，2009；彭翀、王静，2014）。本文基于 GIS 和 GeoDa 平台，通过全局和局部空间自相关分析，探索 2015 年长江经济带城市健康发展的空间差异特征。

全局空间自相关指数能够反映区域内各空间单元整体相关程度，最常用的是 Moran's I 指数（Geary，1954），计算公式如下：

$$I = \frac{\sum_{i=1}^{n}\sum_{j=1}^{n} w_{ij}(x_i - \bar{x})(x_j - \bar{x})}{S^2 \sum_{i-1}^{n}\sum_{j=1}^{n} w_{ij}}$$

式中：n 为样本数，S^2 代表样本的方差，x_i 是区域的属性值，$\bar{x}$ 为 x_i 的均值，w_{ij} 为空间权重矩阵。当 Moran's I 指数为正且显著时，表明区域整体存在正的空间自相关性；当 Moran's I 指数为负且显著时，表明区域整体存在负的空间自相关性；当 Moran's I 指数值为 0 时，区域各空间单元呈独立的随机分布，不具有相关性。

局部空间自相关可以进一步考量区域局部地域空间单元与邻近空间单元在某个属性上的相关性及相似程度（彭翀、常黎丽，2013）。局部空间自相关通常采用 LISA 图来表示，计算公式如下：

$$I_i = \frac{x_i - \bar{x}}{S^2} \sum_{j=1}^{n} (x_j - \bar{x})$$

对不同区域的集聚现象进行分析可以得到区域经济发展的各类分区。高高聚集现象代表属性连片发达区；低低聚集现象代表属性连片低洼区；高低聚集现象反映了区域中属性落后地区的中心单元；低高聚集现象反映了区域中属性高值地区的塌陷单元。

3 结果分析

3.1 评价结果

运用 SPSS 平台系统分类模块中的离差平方和法（Ward 法），依据长江经济带城市综合健康发展指数评价结果设置五类进行聚类分析，结果如图 2。长江经济带可依健康水平由高到低划分为五类，即Ⅰ、Ⅱ、Ⅲ、Ⅳ、Ⅴ类。

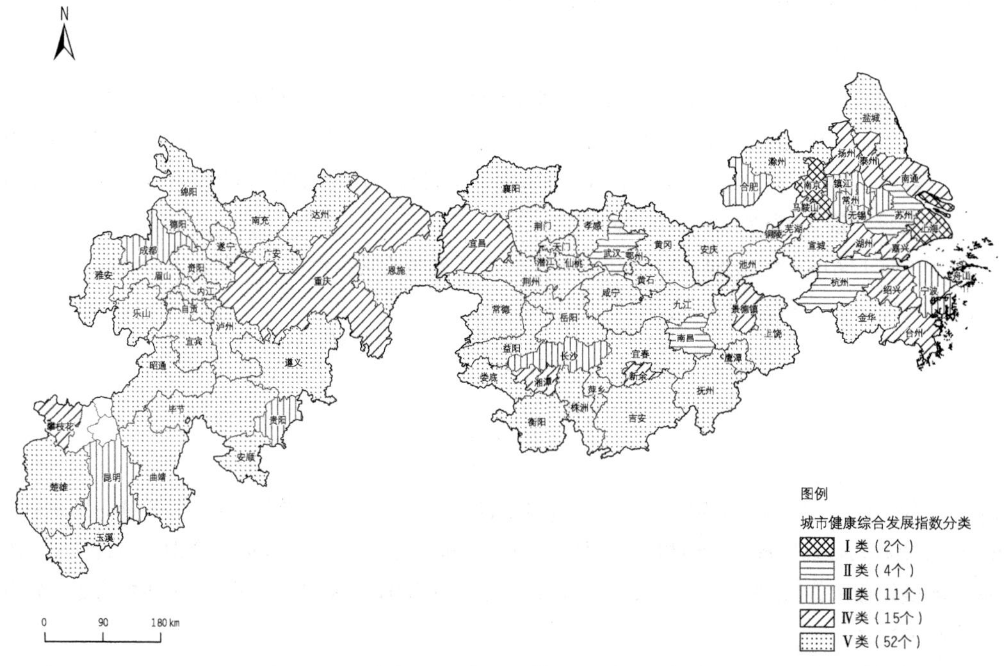

图 2 长江经济带城市综合健康发展聚类分布示意图

3.2 评价结果分析

3.2.1 总体水平特征：区域间城市健康发展不平衡，大城市和发达地区引领健康发展

从评价结果可看出，长江经济带中健康Ⅴ类城市占比较高，且区域城市健康发展不平衡，长三角城市群城市健康发展水平普遍高于中上游城市群（图 3～5）。从健康城市综合发展指数来看，长三角城市群城市处于领先地位，长江中游城市群城市健康发展水平相对平稳，而长江上游城市群城市健康发展水平相对较弱。从分项指数来看，长江经济带三大城市群的经济发展差距最大，极差值为 1.17，其余依次为健康文化、健康社会、健康人群、健康环境和健康服务。

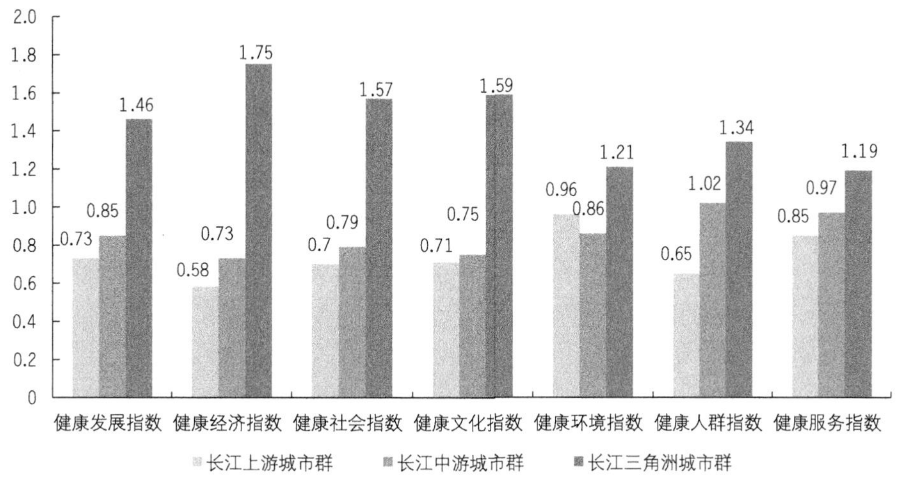

图 3 三大城市群区域城市健康发展水平

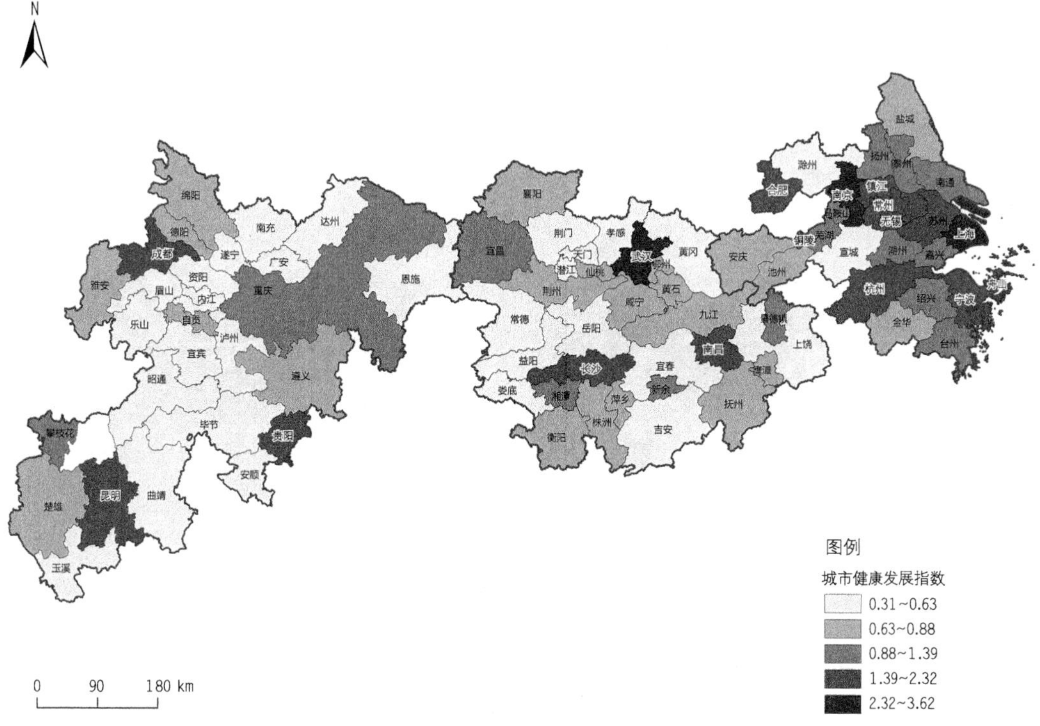

图 4 长江经济带城市综合健康发展指数空间分布示意图

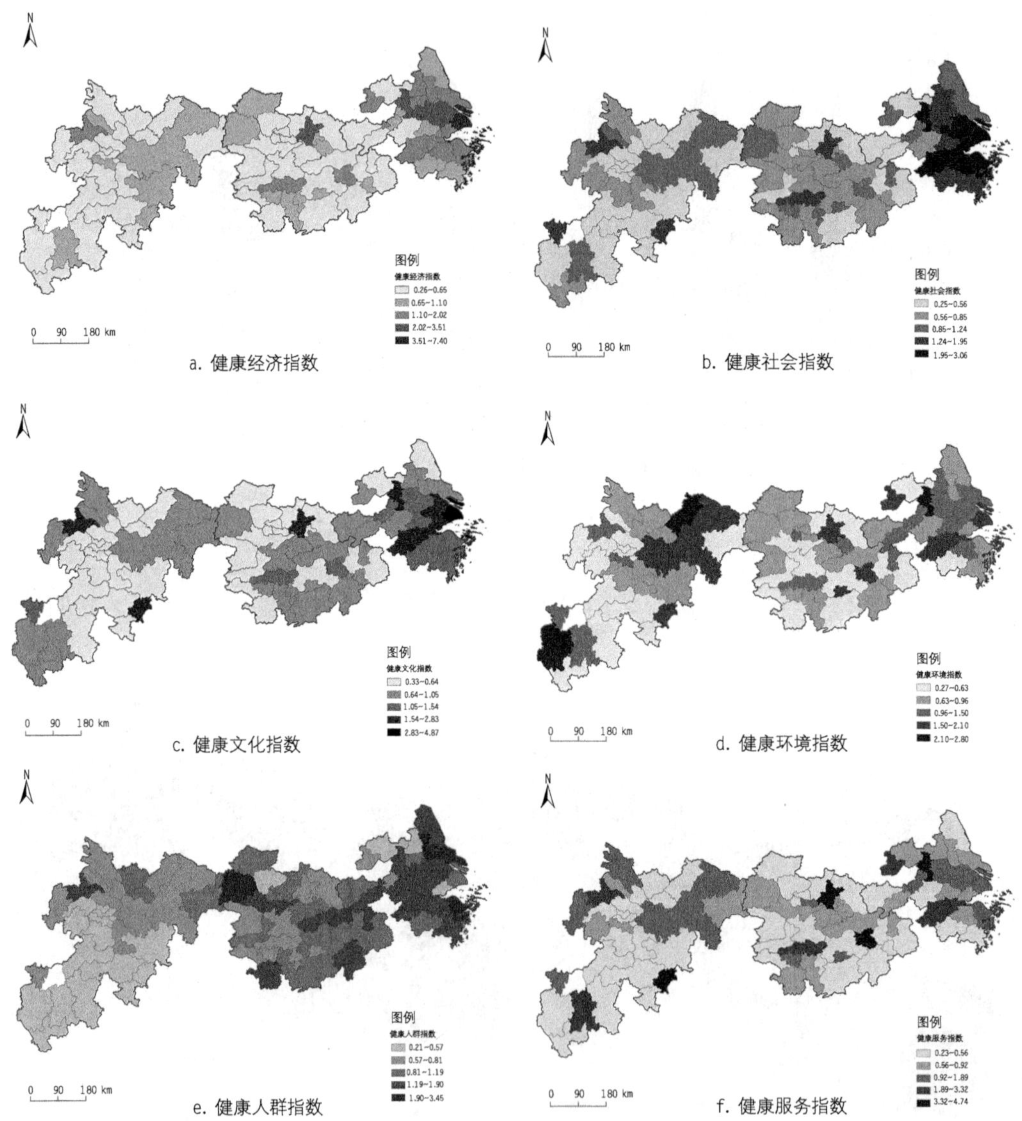

图5 长江经济带健康发展分项指数空间分布示意图

由结果可知，2015 年长江经济带城市健康发展高值区城市（综合排名前 10 位）分别是上海、南京、武汉、杭州、苏州、南昌、成都、无锡、舟山、长沙，其中省会城市占七成，特大城市占九成，大城市占一成。长江经济带上游城市、中游城市和下游长三角城市分别为 1 座、3 座和 6 座，说明下游长三角地区城市健康发展水平领先于中上游城市健康发展水平，省会城市健康发展水平高于地级市健康发展水平。从高值区城市各分项指数平均数可看出，健康社会、健康环境及健康人群均值较低，说明长江经济带综合健康发展城市的社会发展、环境保护和居民健康仍有较大提升空间（图 6）。健康发展高值城市中，健康经济的发展差异最大，健康服务次之，说明高值区城市经济发展和基本公共服务建设的差异显著，仍需进一步推进基本公共服务的均衡化发展。

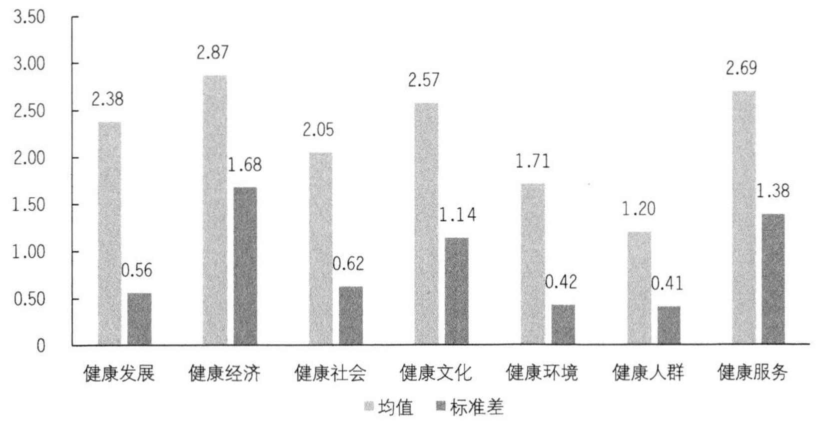

图 6　健康发展高值区城市各指数离散度比较

3.2.2　领域差异特征：长江经济带三大城市群健康发展短板各异

为进一步把握五类城市健康水平在六个维度的属类分化，将长江经济带各分项指数作为聚类变量进行分析，各分项指数可将长江经济带城市分为健康地区、亚健康地区和低健康地区（图 7）。健康经济型、健康社会型、健康文化型和健康服务型城市集中在长三角城市群，而健康环境型和健康人群型城市集中在长江上游城市群地区，这说明长江经济带三大城市群健康发展短板各不相同。

利用 GeoDa 软件，测算长江经济带城市健康发展的空间格局，采用全局空间自相关指数，分析得出长江经济带城市健康发展指数的 Moran's I 为 0.224 2，说明城市间的健康发展有着空间正相关性，一个城市的健康发展会带动周边城市及区域的健康发展（图 8、表 2）。六项分指数中，健康社会、健康文化和健康经济的 Moran's I 较大，说明城市社会民生建设、文化资源共享及经济发展有着较高的空间相关性，需要跨区域城市群间的协调治理；健康服务指数在空间上呈现负相关性，说明长江经济带区域内各城市的医疗及教育服务存在显著差异，需重点关注区域内的基本医疗及教育服务的均衡化发展。

从各城市群整体来看，长江上游城市群及中游城市群城市健康发展指数全局 Moran's I 计算值均为负值，在整体空间特征上存在着不同程度的负相关性，而长三角城市群全局 Moran's I 计算值为正，在空间上存在正相关性，关联性微弱但并不显著。结果表明，长三角城市群城市健康发展差异相较于中上游城市群城市健康发展差异较小。

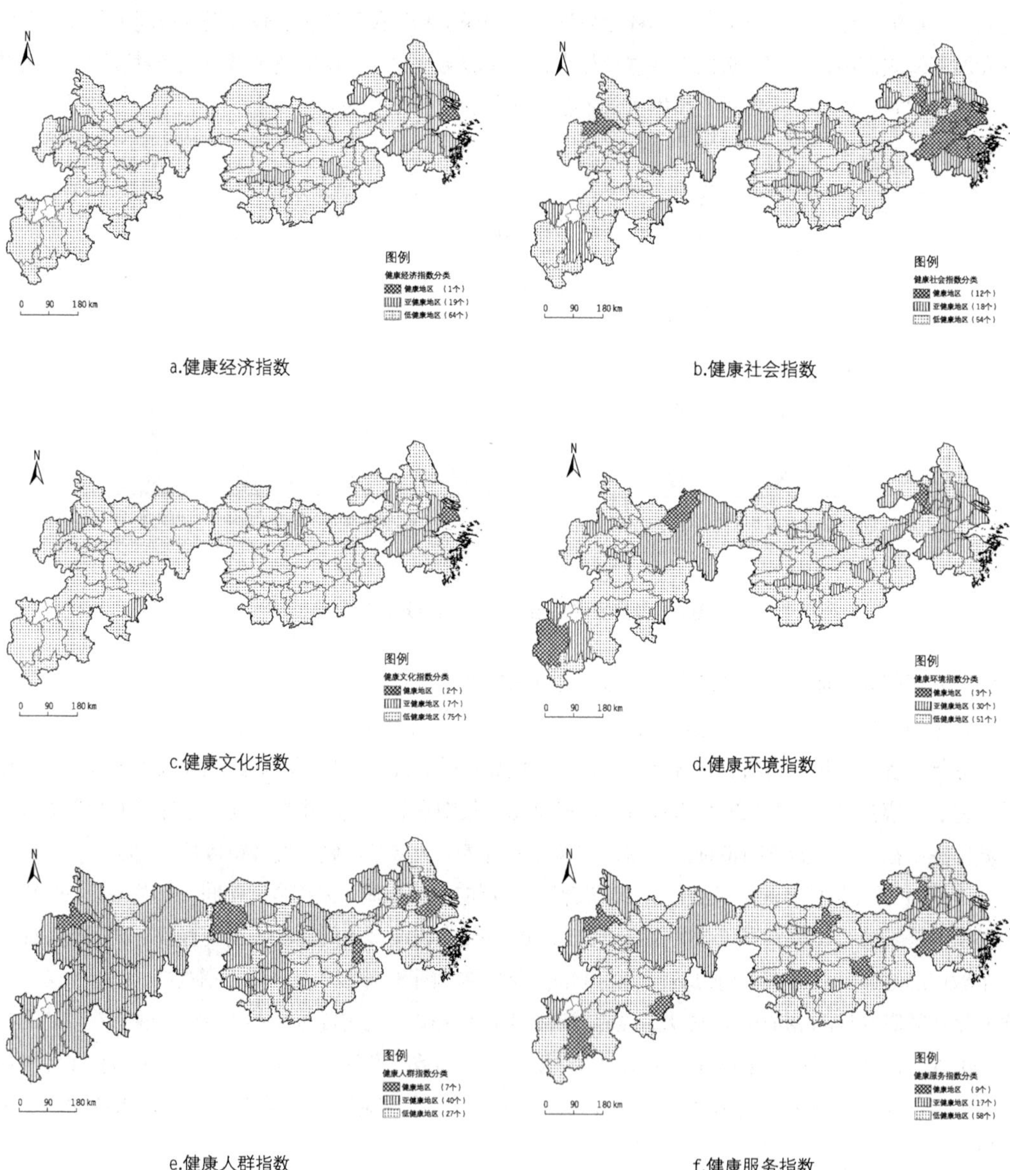

图7 长江经济带健康发展分项指数聚类分布示意图

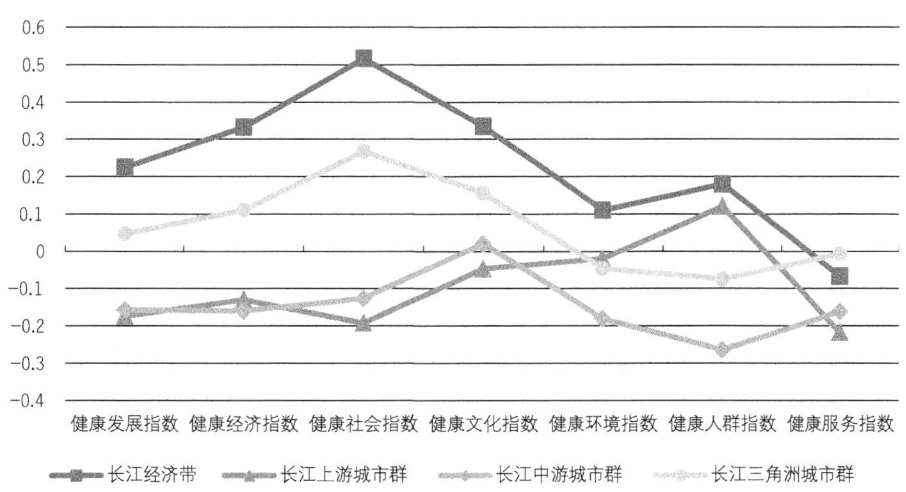

图 8 长江经济带城市健康发展指数及各项指数空间自相关分析

表 2 长江经济带城市健康发展指数及各项指数空间自相关分析

综合指数与分项指数	长江经济带		长江上游城市群		长江中游城市群		长三角城市群	
	Moran's I	p-value	Moran's I	p-value	Moran's I	p-value	Moran's I	p-value
健康发展综合指数	0.224 2	0.002	−0.175	0.077	−0.157 6	0.04	0.047	0.108
健康经济指数	0.331 5	0.002	−0.130 2	0.149	−0.160 9	0.034	0.109 6	0.025
健康社会指数	0.516 3	0.001	−0.193	0.083	−0.127 4	0.192	0.267 2	0.003
健康文化指数	0.333 8	0.001	−0.047 5	0.484	0.019 8	0.254	0.154 7	0.019
健康环境指数	0.109 7	0.028	−0.020 8	0.376	−0.181 5	0.065	−0.047 8	0.446
健康人群指数	0.179 1	0.003	0.119 7	0.059	−0.265 2	0.011	−0.075 9	0.305
健康服务指数	−0.067 9	0.129	−0.218 4	0.018	−0.162 3	0.048	−0.007 9	0.200

从长江经济带三大城市群各项指数发展来看（图 8、表 2），长三角城市群健康经济、健康社会、健康文化和健康服务指数发展差异均小于长江上游城市群及长江中游城市群。其中，长江中游健康经济发展差异较大，更需注重经济协调健康发展；长江上游城市群城市健康社会、健康文化和健康服务指数发展差异较大，需加强社会保障、文化资源及医疗教育服务公平和均衡发展。在健康环境和健康人群指数方面，长江中游城市群和长三角城市群城市环境与人群健康差异较大，说明在长江中游、长三角地区城市发展的同时，需加强城市生态环境保护协作和居民健康协同管理。

3.2.3 空间关联特征：长三角与长江上游分别形成健康高值连绵带动区和低值效应区

运用 GeoDa 软件中的 Univariate LISA 功能，对长江经济带区域进行地级单元城市健康发展的局部空间自相关分析，探讨健康城市发展是否具有局部空间集聚特征。具体结果如图 9 所示。

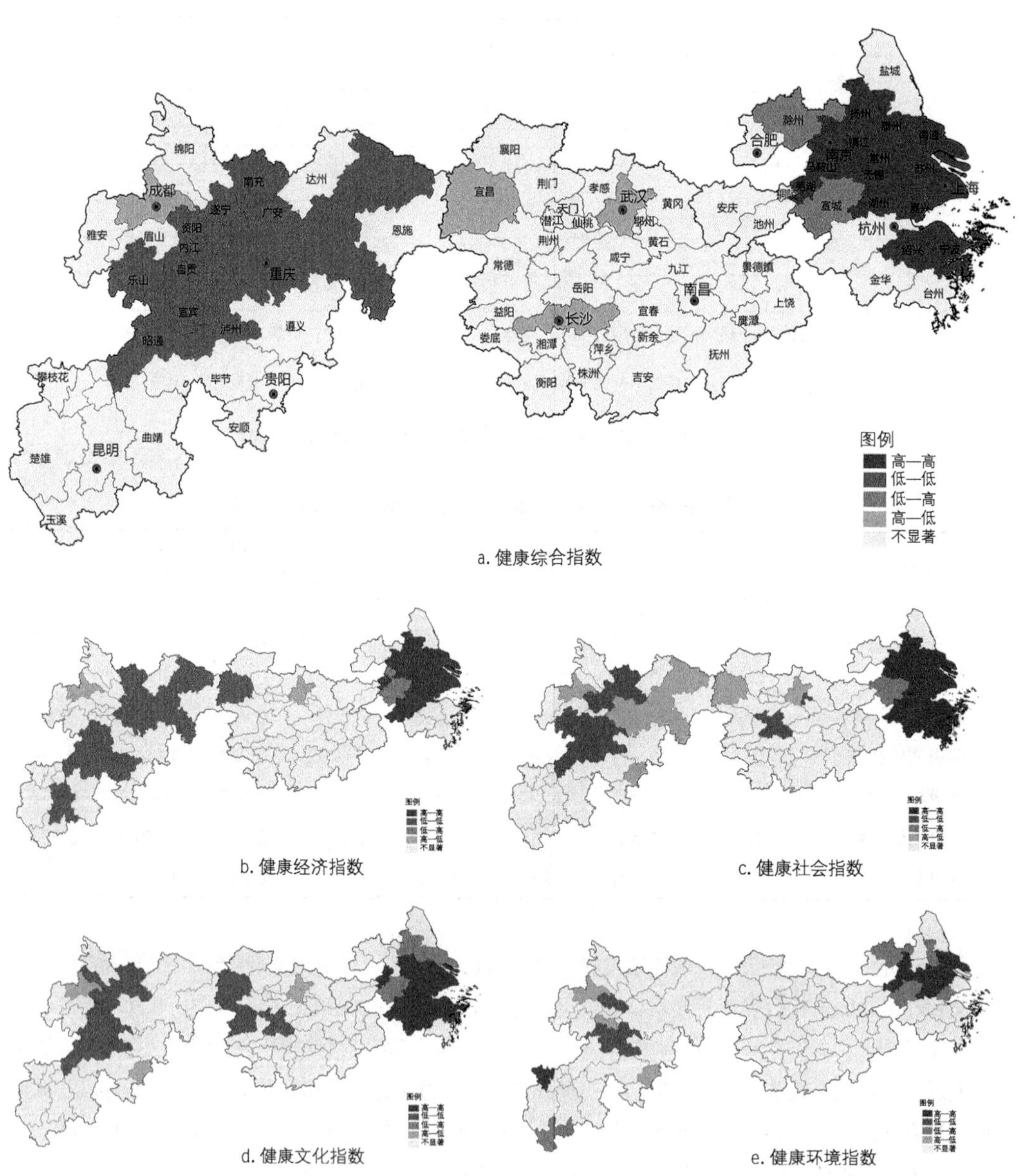

a. 健康综合指数

b. 健康经济指数

c. 健康社会指数

d. 健康文化指数

e. 健康环境指数

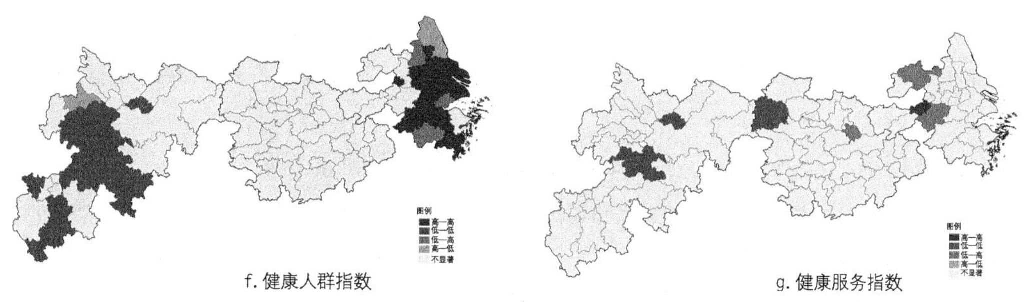

f. 健康人群指数　　g. 健康服务指数

图 9　长江经济带区域城市健康发展空间自相关集聚示意图

空间聚集可以分为以下四种类型。①高—高型：自身与周边邻近城市健康发展水平均较高的地级单元。健康综合指数及各分项指数（除健康服务指数）均于长三角区域形成健康城市发展高值连绵区，芜湖、铜陵属于健康服务指数高值区。②低—低型：自身与周边邻近城市健康发展水平均较低的地级单元。健康综合指数及各项分项指数均于长江上游区域形成不同程度的低值区，另外，长江中游城市群区域宜昌属于健康经济、健康服务低值单元，岳阳、鄂州处于健康社会指数低值区，宜昌、常德、岳阳处于健康文化低值区。③高—低型：自身高于周边邻近城市健康发展水平的中心地级单元。长江经济带健康城市未形成高—低型连绵区，且健康综合指数和各项分指数中高—低型地级单元呈散点分布，均为中上游省会城市。④低—高型：自身低于周边邻近城市健康发展水平的落后的地级单元。除健康环境、健康服务指数外，其余指数中低—高型均只分布于长江三角城市群。

4　优化策略

4.1　领域优化：提升经济带总体健康水平，优化健康领域结构

长江经济带健康Ⅴ类城市占比高，需提升其整体健康发展水平，协调优化健康领域结构，可从以下几个方面努力：①健康经济领域中低健康型城市应加强产业结构调整，通过质量、效率、动力三大变革推动经济高质高效发展，加快实现农业绿色健康化、工业精细化、服务业品牌化，为城市健康发展提供坚实基础；②健康社会与健康服务领域中低健康型城市，应加强基本公共服务建设，尤其是基本医疗卫生服务、教育资源、基本养老机构等公共服务的均等化发展，严格按照基本公共服务标准建设，通过转移支付，促进社会公平；③健康文化领域中低健康型城市，应根据城市现有经济基础和文化设施布局，建设服务于全市居民的中心型文化设施和以社区为单元的小型文化中心，形成文化服务设施健康网络；④健康环境领域中低健康型城市，应注重生态环境保护与治理，加强“三生”空间管控，合理划定生产空间、生活空间、生态空间“三线”，加快划定长江经济带生态红线，严守城市健康发展生态底线；⑤健康人群领域中低健康型城市，应增强健康人群在健康区域与城市的重要性，同

时关注城市居民的身心健康的提升及经济、社会、文化、环境等影响因素对人群健康的影响，尤其关注老年和妇女儿童居民人群的健康状况，为人群健康发展提供完善的健康服务设施和高效的健康管理。

4.2 分区指引：补齐上中下游城市群短板，缩小城市健康差距

长江经济带区域内城市群间健康发展短板各异，三大城市群需要针对各自的弱项来明确加强健康协调发展重点。长江中游因健康经济发展差异大需注重经济协调健康发展，应明确产业分工，避免同质竞争，由区域中心城市拉动中小城市经济健康可持续发展，缩小区域经济发展差异。长江上游城市群城市因健康社会、健康文化、健康服务指数发展差异大，需加强社会保障、文化资源及医疗教育服务公平和均衡发展，可通过引入“互联网+医疗”“互联网+教育”等新兴技术，充分挖掘现有基础公共服务设施的潜力，扩大中心城市公共服务资源在中小城市的服务影响范围。长江中游城市群和长三角城市群城市因环境和人群健康差异大，需加强城市生态环境保护协作和居民健康协同管理，其中大城市需注重生态环境修复与治理，包括大气、水、土壤等，小城镇与乡村在健康城市化的过程中，需关注生态环境保护，从而达到缩小区域环境差异，减少环境对人群健康的影响。

4.3 发展协同：发挥健康高值区带动作用，促进区域协调共进

长江经济带城市健康发展具有空间正相关性，表明一个城市的健康发展会带动周边邻近城市的健康发展。健康综合发展高值区绝大多数为人口集聚大城市和特大城市，且呈现出健康高值区集聚与长江三角洲城市群的特征。因此，应该充分发挥区域中健康Ⅰ类城市对周边城市的带动聚集作用，在长江中上游区域努力提升城市健康水平，促进区域协调共进。可从以下方面优化：①多主体参与编制以健康韧性为导向的区域或城市群规划，以健康Ⅰ类城市为龙头，发挥其应有的协调能力，带动周边区域城市健康协调发展；②创新区域城市间的健康发展合作平台，可与健康Ⅰ类城市合作设立长江经济带跨区域健康发展机构及投资基金，引入社会资本参与基金运营；③区域内加强健康发展相关制度对接，如医疗、教育、社保等，实现健康社会资源与健康服务资源的优化配置。

致谢

本文受湖北省教育厅人文社会科学研究项目（18G001）、国家自然科学基金（51778253、41590844）联合资助。

参考文献

[1] Chen, H., Liu, Y., Li, Z., et al. 2017. “Urbanization, economic development and health: Evidence from China's labor-force dynamic survey,” International Journal for Equity in Health, 16(1): 207.

[2] Geary, R. C. 1954. “The contiguity ratio and statistical mapping,” Incorporated Statistician, 5(3): 115-146.

[3] Goldstein, G., Kickbusch, I. 1996. "A healthy city is a better city," World Health, 49.

[4] Guimarães, R. 2001. "Star, a qualitative evaluation process of the healthy cities", Sao Paulo. State University Press, 19-26.

[5] Ison, E. 2013. "Health impact assessment in a network of European cities," Journal of Urban Health Bulletin of the New York Academy of Medicine, 90(1): S105-S115.

[6] Leeuw, E. D., Green, G., Dyakova, M., et al. 2015. "European healthy cities evaluation: Conceptual framework and methodology," Health Promotion International, 30 Suppl 1(suppl_1): i8.

[7] Wang, Y., Wang, X., Guan, F. 2017. "The beneficial evaluation of the healthy city construction in China," Iranian Journal of Public Health, 46(6): 843-847.

[8] World Health Organization. 1986. Ottawa Charter for Health Promotion.The First International Conference on Health Promotion, Ottawa, November.

[9] World Health Organization. 1994. WHO Healthy Cities: A Program Framework. A review of the operation and future development of the WHO healthy cities programme. Geneva, Switzerland.

[10] 陈克龙，苏茂新，李双成，等. 西宁市城市生态系统健康评价[J]. 地理研究，2010，29(2)：214-222.

[11] 陈明星，陆大道，张华. 中国城市化水平的综合测度及其动力因子分析[J]. 地理学报，2009，64(4)：387-398.

[12] 黄敬亨，邢育健，乔磊，等. 健康城市运行机制的评估——SPIRIT 框架[J]. 中国健康教育，2011，27(1)：66-68.

[13] 黄文杰. 重庆市健康城市建设评价指标体系研究[D]. 重庆：重庆医科大学，2016.

[14] 刘艺. 新疆健康城市评价指标体系的研究[D]. 新疆：新疆大学，2012.

[15] 吕晨，樊杰，孙威. 基于 ESDA 的中国人口空间格局及影响因素研究[J]. 经济地理，2009，29(11)：1797-1802.

[16] 彭翀，常黎丽. 湖南省县域城镇化时空格局及其经济发展相关性研究[J]. 经济地理，2013，33(8)：73-78.

[17] 彭翀，王静. 河南省经济空间带动性发展格局及其城镇化空间策略研究[J]. 经济地理，2014，34(9)：68-73.

[18] 普蕾米拉·韦伯斯特，丹尼丝·桑德森，徐望悦，等. 健康城市指标——衡量健康的适当工具？[J] 国际城市规划，2016，31(4)：27-31.

[19] 吴淑仪，孔宪法. 荷兰鹿特丹健康城市介绍［J］. 台湾健康城市学刊，2005，4(2)：75-83.

[20] 武占云，单菁菁，耿亚男. 中国城市健康发展评价[J]. 区域经济评论，2015 (1)：146-152.

[21] 鄢光哲. 全国健康城市评价最新指标体系发布[N]. 中国青年报，2018-4-12(005).

[22] 于海宁，成刚，徐进，等. 我国健康城市建设指标体系比较分析[J]. 中国卫生政策研究，2012，5(12)：30-33.

[23] 张婧，李强，周渊. 陕西省城市可持续发展评价[J]. 中国人口·资源与环境，2013，23(S2)：448-453.

[24] 张文忠. 宜居城市的内涵及评价指标体系探讨[J]. 城市规划学刊，2007(3)：30-34.

[25] 朱轶佳. 长三角地区"城市健康指数"比较研究[A]. 中国城市规划学会、贵阳市人民政府. 新常态：传承与变革——2015 中国城市规划年会论文集（12 区域规划与城市经济）[C]. 中国城市规划学会、贵阳市人民政府，2015：20.

[欢迎引用]

缪雯纬，林樱子，彭翀. 长江经济带城市健康发展评价及优化策略[J]. 城市与区域规划研究，2018，10(4)：83-99.

Miao, W. W., Lin, Y. Z., Peng, C. 2018. "Evaluation and optimization strategy of urban healthy development of the Yangtze River Economic Belt," Journal of Urban and Regional Planning, 10(4):83-99.

面向健康服务的城市绿色空间游憩资源管理：

美国公园处方签计划启示

陈 筝 张毓恒 刘 颂 焦峻峰

Management of Health-Enhancing Recreation Resource in Urban Green Spaces: A Lesson from American Park Rx Program

CHEN Zheng[1], ZHANG Yuheng[2], LIU Song[1], JIAO Junfeng[3]

(1. College of Architecture and Urban Planning, Tongji University, Shanghai 200092, China; 2. Bangyue Culture & Tourism Landscape Planning and Design Institute, Shanghai 200092, China; 3. School of Architecture, The University of Texas at Austin, USA)

Abstract With steady urbanization progress, the mental health problem of urban residents in China is becoming increasingly evident. A key to improving urban human settlements and mental/physical wellbeing is to enhance the health service benefits of urban green space resources via smart management. This paper introduces American "Park Rx" Program and its urban park geodatabase: doctors select appropriate park(s) for a specific patient via geo-location and recreation opportunity search. Based on the green system planning codes and practice in China, this paper analyzes how to enhance the health service of urban green spaces. In addition, it offers suggestions on how to make use of the limited urban green spaces for more health services, which include: 1) assign different health service goals for different parks to maintain both the diversity and the accessibility of recreation

作者简介

陈筝、刘颂，同济大学建筑与城市规划学院；

张毓恒，上海邦越文旅景观规划设计院；

焦峻峰（通讯作者），美国德克萨斯大学奥斯汀分校建筑学院。

摘 要 随着中国城市化的稳步推进，中国城市居民的心理健康问题也开始日趋明显，如何通过城市绿色空间资源的优化管理，提高城市绿色空间资源的健康服务价值，对于改善城市人居环境提升城市居民的幸福感和身心健康十分重要。本文介绍了利用城市公共公园地理数据库的美国“公园处方签”实践，医生通过绿地系统数据库，结合患者具体病例情况和居住地信息，给患者开具逛公园的处方，作为常规药物处方的有效补充。在此基础上，本文结合现行中国绿地系统规划现状和规划实践，就如何提升城市绿色空间的健康服务水平进行了分析，并讨论了如何挖掘现有有限的城市绿地健康服务价值的若干措施，包括：①多层级公园职能分工，同时保障游憩活动的丰富度和频度；②组织城郊特殊大型绿地，提供丰富的高质量游憩机会；③建设城市绿色空间数据库，提高城市绿色空间资源的信息利用度。

关键词 公园处方签计划；城市绿地系统；游憩规划；健康城市

1 背景

随着全球范围内城市化的推进，越来越多的实证证据指出城市对城市居民的健康造成威胁。城市环境因其有神经毒性的污染物和高异质性景观，易造成神经发育异常（Lederbogen et al.，2011），西方流行病学统计证据进一步明确了城市生活环境提高了精神疾病（Marcelis et al.， opportunities; 2) provide diverse high-quality recreation opportunities using large-scale green spaces in suburbs; and 3) improve information accessibility of urban green space resources via urban green space databases.

Keywords Park Rx program; urban green system; recreation planning; health city

1998）、慢性疾病（Maas et al.，2006）和综合健康（Seresinhe et al.，2015）风险，中国流行病学统计证据也发现了类似结论（潘国伟等，2006；张广森，2011；王强等，2013）。针对上述问题，如何在享受城市就业和生活便利的同时控制城市带来的健康隐患，对城市建设显得十分重要。

实证研究指出，持续接触城市绿色空间可有效降低城市居民的疾病风险。荷兰基于大样本的流行病学统计发现，居住地城市化程度及其邻近绿色空间比例对健康水平有显著影响（Maas et al.，2006）并会间接影响死亡率（Maas et al.，2009），中国中小样本的流行病学统计也支持日均公园使用时间对情绪健康有明显改善（陈筝等，2017）。一系列控制实验进一步明确了绿色空间短期暴露有助于压力减轻、情绪调节、认知改善等的直接证据（Maller et al.，2006；Velarde et al.，2007；Thompson et al.，2011；Capaldi et al.，2014；Ohly et al.，2016），以及其中部分益处的神经生物学机制（Bratman et al.，2015；Kardan et al.，2015；Chen et al.，2016）。

在上述一系列实证的推动下，绿色空间的健康服务价值开始逐渐得到医学流行病学和城市研究领域的认可（许从宝等，2005；闫小培、魏立华，2008；于海宁等，2012；马向明，2014；Nieuwenhuijsen and Khreis，2017；马琳等，2017；Sarkar et al.，2018）。如何通过对有限的绿色空间优化配置管理，改善城市居民健康是当前医学和城市科学交叉领域的热门议题（许从宝等，2005；于海宁等，2012；Giles-Corti et al.，2016）。国外对于绿色空间健康服务价值的讨论主要集中在对于慢性病防治（Lafortezza et al.，2009；Gidlow et al.，2016）、压力缓解和情绪调节（Velarde et al.，2007；Bratman et al.，2015；Oh et al.，2017）、认知促进（Maller et al.，2006；Ohly et al.，2016）等方面，以及因接触绿色环境引起的运动量增加（Thompson et al.，2003；Lee et al.，2009；Wheeler et al.，2010；Zenk et al.，2011；Park et al.，2013）。这些在城市空间建设管理上集中反映为绿色空间的观赏和休闲游憩使用（Ulrich，2002；

Frumkin，2003；Chiesura，2004；Groenewegen et al.，2006；Coutts and Hahn，2015；Ming，2015)。除了上述直接健康影响，绿色空间还可通过环境净化、气候调节、灾害防治等方面改善环境进而间接影响健康，这些直接或间接的健康服务价值都是绿色空间生态服务价值的一部分（Feng and Wang，2003）。相对而言，国内对于生态服务价值的研究主要集中于环境净化、气候调节、生物多样性维持等自然角度，较少涉及直接健康影响的观赏和休闲游憩使用（李锋、王如松，2004）。

出于上述考量，本文主要针对如何在存量规划中通过智慧管理提高城市绿色空间的健康服务水平进行讨论。文章选取了近年来在智慧管理实践领域广受社会赞誉的美国公园处方签（Park Rx）计划。在美国经验的基础上，本文进而结合中国绿地系统规划实践，讨论如何合理利用城市绿地为人居健康服务，在存量规划时期最大化地挖掘现有有限的城市绿地，特别是公园的健康服务价值。

2 美国公园处方签计划和绿色空间游憩规划

美国公园处方签计划是在美国森林局（National Forest Service，NFS）下属的国家公园署（National Park Service，NPS）支持下，由美国国家游憩与公园协会（National Recreation and Parks Association，NRPA）和美国金门大桥公园研究所（Institute at the Golden Gate）发起，联合若干美国医生共同开展的一项增进公园健康服务水平运动。该运动在医学界和社会上都取得了很好的反响，受到了《华盛顿邮报》报道（Sellers，2015），也进一步提高了人们对于绿色空间健康价值的意识。

2.1 美国公园处方签计划简介

早在20世纪90年代，美国替代医疗（alternative medicine）迅速发展，在门诊量持稳情况下，替代医疗访问量持续增加（Eisenberg et al.，1998）。替代医疗主要是指区别于西方医学为代表的“正规医学”，它包括了世界各地的传统医学、民间疗法，其中就包括园艺疗法（Jiang，2014）。美国在2007年前曾兴起一系列的替代医疗项目，如“和医生一起运动”（Walk With a Doc）、“锻炼就是药品”（Exercise is Medicine）等（图1），但由于缺少常态性载体、数据难以整合反馈，所以项目的影响有限（康宁，2013）。在替代医学的影响下，2009年凯瑟琳·卡顿（Catherine Carlton）医生将之前相对分散的以运动为手段进行健康干预的替代医疗项目进行组织、联合，并开始运营公园处方签项目和网站。

公园处方签的宗旨，与美国国家公园署及其上级美国森林局近年来在推进森林和自然的健康效益方面的科研投入以及美国国家游憩和公园协会关于游憩与健康的相关研究理念不谋而合。2013年10月，在美国国家公园署的支持下，国家游憩与公园协会在合金门大桥公园研究所开始进一步探索公园处方签项目的推广。2013年，在国家游憩基金会的支持下，美国国家游憩和公园协会向全美五个社区提供赠款来推进现有的公园处方签计划，从而增进公园与医疗保健部门之间的协同作用，并建立起公园数据库来帮助项目有效地开展、资料的整合与反馈。公园处方签成为一个连接医疗社区和公共空间、创造更健康人居环境的概念，得到了很多医生的积极响应与推广，至2016年全美已有7 889名登记参与的患者并在37个地区（图2）拥有公园处方签项目基地 （National Recreation and Park Association，2015）。

ExeRcise is Medicine™

EXERCISE PRESCRIPTION

Patient name: ____________ DOB: ________

Physician's Signature ____________

Date: ________

AEROBIC EXERCISE ______ Days/Week Progressing to ______ min/session

Impact Exercises
☐ Jogging ☐ Aerobics
☐ Walk/Jog ☐ ________
☐ Rope skipping

Non/Low-Impact Bearing Exercises
☐ Walking ☐ Swimming ☐ Stationary bicycling
☐ Bicycling ☐ Rowing ☐ Aerobics
☐ ________ ☐ ________

Intensity Exercise Heart Rate ____ to ____ beats/min. or ____ to ____ beats/10 sec.

Perceived exertion (see chart) ____ to ____ averaging ____

Begin ________ program with ____ minutes, add ____ minutes every week.

Begin ________ program with ____ minutes, add ____ minutes every week.

Additional instructions ________

STRETCHING/FLEXIBILITY EXERCISE ______ Days/Week

☐ Pre/post Exercise and Physical Activity ☐ Low Back Flexibility Program
☐ General Program ☐ ________

Additional Instructions ________

STRENGTH EXERCISES ______ Days/Week

☐ Dumbbell/Barbell Conditioning Program ☐ Calisthenics
☐ Weight machine strength program ☐ Low Back Strengthening Program

Additional Instructions ________

SPORTS AND RECREATIONAL EXERCISE

Mode ______ Frequency ______ time(s)/week Duration ______ minutes

ADDITIONAL RECOMMENDATIONS AND COMMENTS

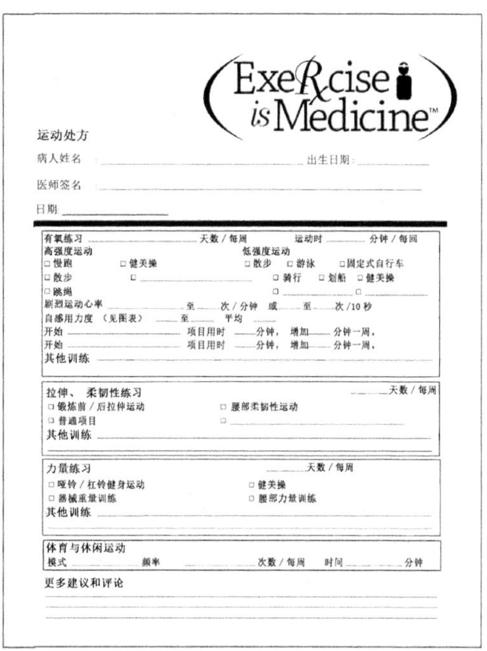

ExeRcise is Medicine™

运动处方

病人姓名 ____________ 出生日期：________

医师签名 ____________

日期 ________

有氧练习 ______ 天数／每周 运动时 ______ 分钟／每回

高强度运动
☐ 慢跑 ☐ 健美操
☐ 散步 ☐ ________
☐ 跳绳

低强度运动
☐ 散步 ☐ 游泳 ☐ 固定式自行车
☐ 骑行 ☐ 划船 ☐ 健美操
☐ ________ ☐ ________

剧烈运动心率 ______ 至 ____ 次／分钟 或 ____ 至 ____ 次／10 秒

自感用力度（见图表）____ 至 ____ 平均 ____

开始 ________ 项目用时 ____ 分钟，增加 ____ 分钟一周。

开始 ________ 项目用时 ____ 分钟，增加 ____ 分钟一周。

其他训练 ________

拉伸、柔韧性练习 ______ 天数／每周

☐ 锻炼前／后拉伸运动 ☐ 腰部柔韧性运动
☐ 普通项目 ☐ ________

其他训练 ________

力量练习 ______ 天数／每周

☐ 哑铃／杠铃健身运动 ☐ 健美操
☐ 器械重量训练 ☐ 腰部力量训练

其他训练 ________

体育与休闲运动

模式 ______ 频率 ______ 次数／每周 时间 ______ 分钟

更多建议和评论

图 1 “锻炼就是药品” 项目运动处方

资料来源：https://instituteatgoldengate.org/sites/default/files/documents/ParkRxResources_report.pdf，Park Prescription Profiles and Resources for Good Health from the Great Outdoors，2018 年 10 月。

图 2 美国 Park Rx 项目分布示意图

资料来源：http://www.parkrx.org/sites/default/files/toggles/General%20Park%20Prescription%20PowerPoint.pptx，General Park Prescription，2018 年 10 月。

关于游憩与活动丰富度的研究，美国公园体系的细致程度与研究深度值得我们学习。近年来，美国森林局及其下属国家公园局建立了一系列促进绿地健康服务的运动，公园处方签就是其中较成功的实践，对于公园的健康服务、医疗方、社会具有良好影响。在处方签计划开始之前，美国对于医疗与社区绿色空间已经尝试了一系列的协同、整合活动。在实际落实过程中，医护人员对绿色空间选择、活动开展的专业性不足，导致处方开出时常难以保障患者的可达性与活动丰富性。为了更好更专业地提供健康服务，充分发挥城市绿色空间健康服务价值，美国建立起公园数据库系统，对城市绿色空间资源进行更高效的管理。

处方签之所以能在美国得以实施，主要得益于两个重要方面：一个是在游憩机会序列（Recreation Opportunity Spectrum）理念指导下全方位的游憩地系统建设；一个是基于完备的游憩地基础数据的空间交互查询数据库。

2.2 作为健康基础设施的美国绿色空间游憩规划

美国游憩学一直重视绿色空间游憩的健康价值。国家游憩基金会联合美国卫生署（National Institute of Health）和美国森林局等机构资助大量实证研究，其流行病学和医学证据发现，自然不仅可以带来美学愉悦，更有利于人身心健康（Ulrich，2002；Stigsdotter，2005；Hillsdon et al.，2006；Maas et al.，2006；Maller et al.，2006；Rich，2007；Velarde et al.，2007；Hartig，2008；Mitchell and Popham，2008；Lederbogen et al.，2011；Thompson et al.，2011；Capaldi et al.，2014），相当证据同时指出接触自然不足是城市精神卫生健康水平偏低的重要原因（Marcelis et al.，1998；McGrath et al.，2004；Lederbogen et al.，2011）。在这样的背景下，美国游憩规划一直将游憩作为医疗设施必要补充的健康服务设施之一，有着深厚的绿色空间资源游憩规划管理实践积累（Clawson，1988）。这种绿色空间作为健康基础设施的理念，早在20世纪70年代开始就深入人心并引起美国民众的重视（Szwak，1988）。

20世纪60年代起，美国城市游憩需求规模因经济发展迅速扩大，游憩规划思想也逐步演化，逐步发展出公园规划、公园等级体系与市域和组合城市游憩系统规划完整体系（Siehl，1988）。从点到线、面，从市区到城市区域，从面向特殊阶层转向广大公众，游憩规划内容形成多元化、多层次、多功能、多目标的格局，与城市绿地系统、城市生态环境保护、城乡一体化、城市景观设计、城市持续发展战略规划融为一体，在重视理论探讨的同时也非常重视实践（陈渝，2013）。美国的各联邦政府也都直接或间接地介入许多娱乐和休闲产业的企业项目，防止游憩空间陷入程式化。但共同的原则是：对于土地的开发利用具有严格的法律程序；同时要求休闲服务产业合理规划、尊重自然规律，实施生态、系统的管理，保证绿色空间健康服务价值的实现（Siehl，1988）。

为了满足各地区居民平等享有接触自然的权利，美国绿色空间游憩规划采用了“游憩机会序列”的理念（Clark and Stankey，1979）。其核心是建立从分布广泛、可以频繁访问的近居住/工作地人工绿地，如口袋公园、邻里公园等，到可以体验到更原始自然、满足更丰富或更特殊活动的国家公园、自然保护区等，这些游憩机会从城市到乡村再到自然，形成一个连续的机会序列（图 3）。考虑到游憩需求分布和密度、城市土地价格、活动丰富组合和规模面积、交通成本及支付意愿等方面，在从城市到自然的游憩机会序列中，其服务半径和活动丰富度也从城市到自然逐渐递增。

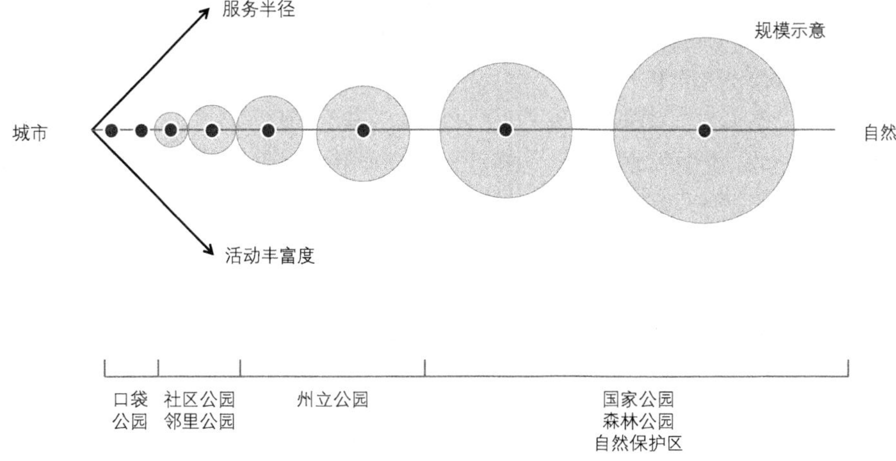

图 3 游憩机会序列指导下游憩地体系建设

在游憩机会序列思想下，各级公园和保护地单位建立起一套相当完善的从城市到乡村再到原始自然的游憩地系统，并形成政府主导、各方参与的有效机制，通过有效的绿色基础设施和全方位的游憩规划、自然教育等游憩服务水平建设、城市公园管理水平的全面提升等，为挖掘绿地系统的健康服务价值提供有力的保障。

2.3 空间交互查询数据库支持下的处方签开具流程

森林局和国家公园署，一直致力于游憩地基础信息收集和数据库的建设。比如美国国家公园数据库查询系统①，可以查到直属联邦的国家公园、公园绿道、自然保护地、历史文化遗产保护区等游憩地的主要信息。与此同时，各个州政府也建立有州立公园及各类自然人文保护地的数据库，比如加州的州立公园系统②。除了游憩地的基本信息之外，国家公园署同主管地理测绘、建设和自然保护的若干政府部门一起，将 1 700 余处游憩地里面可对外租用的游憩设施共计 45 000 多所都逐一统计记录，普通游客可以登录国家游憩地预约系统（National Recreation Reservation System）③查询游憩服务设施水平及周边气候、自然人文景观、游憩活动等信息，并实现直接在线预约。

在完善的国家游憩地及其设施空间数据库基础上，公园处方签运动可以很容易地建立起具有公园活动类型、空间位置、场地规模以及以往开展活动历史数据的公园数据库。面向医生和患者的公园处方签数据库主要是能够根据患者的病情特点和身体状况等，由医生选择适宜该患者的游憩活动，并根据患者的主要活动范围和出行习惯推荐合适进行活动的公园。整个过程的关键在于公园推荐的算法。理想的公园推荐需要考虑到：①与患者日常工作、生活地点的距离是否合宜，对患者而言是否便于到达；②容量、规模是否合适开展一定的利于患者相关疾病康复的特定活动；③园务管理方面是否有效配合主持、组织多个患者形成社交集体，开展具体的体育与教育活动；④公园是否能够较为规律性地开展活动并及时整理、反馈相关信息给医疗中心作进一步研究、制定新计划。而这些公园的数据，可以在公园数据库快速便捷地查找到。

在美国公园处方签实践中，数据库主要考虑了两个方面：基于患者活动范围的服务半径筛选以及基于公园规模和设施可承载的游憩活动筛选。该数据库[4]由 Dr. Robert Zarr 发起并担任医学负责人的 Park Rx America 非营利组织建设维护。首先，医生根据患者学习、工作、生活的地区及其主要的出行方式和习惯，确定初步的服务半径范围。然后，在此基础上，医生和患者一起讨论筛选适宜患者病情和身体状况，患者也愿意参与的游憩活动，并根据公园的位置和环境特征进一步选定最适宜的公园（图 4）。最后，医生就游憩活动的适宜频度、单次持续时间开出相应的公园处方（图 5），并嘱咐相关注意事项。

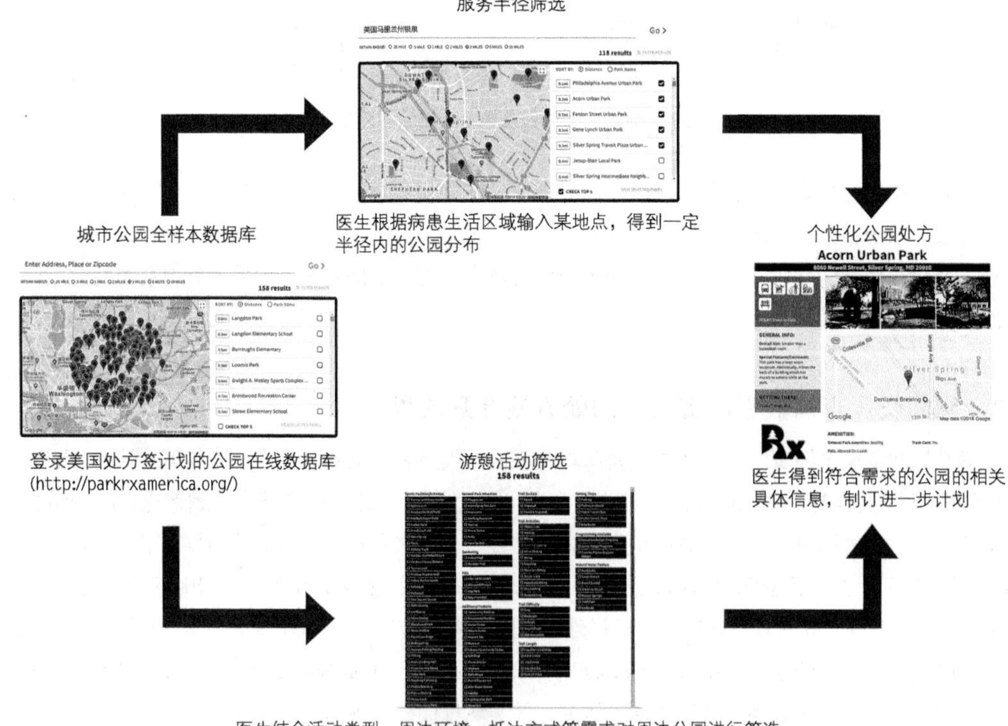

图 4　基于公园数据库的处方签开具流程

资料来源：根据 http://parkrxamerica.org/绘制。

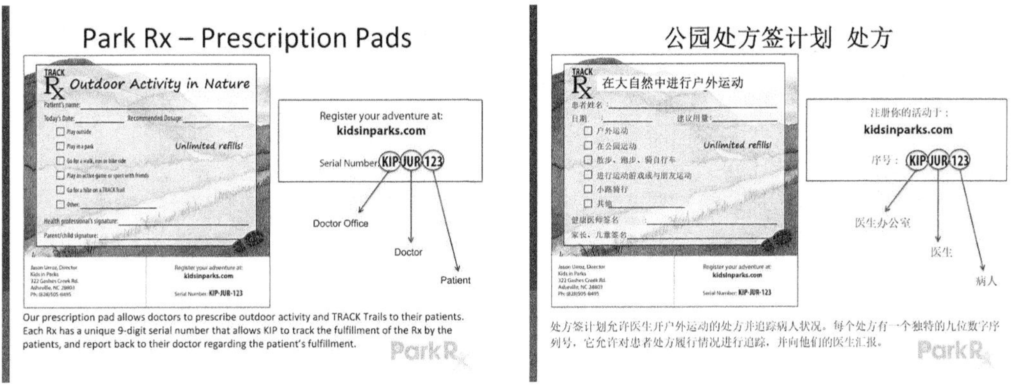

图 5　Park Rx 处方示例

资料来源：https://www.kidsinparks.com/blog/track-rx-expands-maryland，2018 年 6 月。

结合具体公园的规模、大小、性质以及患者的意愿、身体和心理状态、运动能力等两方信息，医生设计具体处方活动。活动的开展由公园方的工作人员共同主持、组织。在整个处方签开展的过程中（一般为三个月），需要定性与定量相结合地追踪患者的状态变化。定性的指标可能有：患者的满意度、项目的实施程度、患者对体育运动的态度、患者的幸福指数等；而定量的指标可能有：A1C、血压、PFQ-9 筛查、BMI 等具体数据。相关数据可以记录于医疗中心的电子病历，分析治疗的有效性和及时调整诊治方案（Institute at the Golden Gate and Golden Gate National Parks Conservancy，2011）。

美国处方签计划执行以来取得了良好的效果，成功地提升了公园的健康服务价值。仅以华盛顿特区一处为例，截至 2015 年 5 月，短短两年间共有 180 名医生使用该系统，共计开出 720 余张公园处方签，按照华盛顿十万常住人口计算，平均每千人就有七位受益于公园处方签（Sellers，2015）。不仅扩大了人们对于公园绿色基础设施价值的认识，也一定程度增进了公园的使用，提高了公园的健康服务价值。同时该数据库收集到患者疗效的一手数据，将进一步为推进城市绿色基础设施健康价值提供实证证据。

3　对中国绿色空间资源管理的启示

3.1　多层级公园职能分工，同时保障游憩活动的丰富度和频度

中国的公园体系主要从规模和服务半径两方面来控制（江俊浩，2008），这也是绿色空间服务水平评价考量的主要因素之一（杨伟康，2014）。在绿地系统规划中，通过规模控制来实现公园功能的丰富性（路遥，2007；臧亭，2017），通过服务半径和可达性来实现公园生态服务的均好性（梁颢严

等，2010；郭春华等，2013），形成从单一到综合活动、规模和服务半径都从小到大的层级公园结构（图6，表1）（骆天庆等，2015；骆天庆等，2017）。

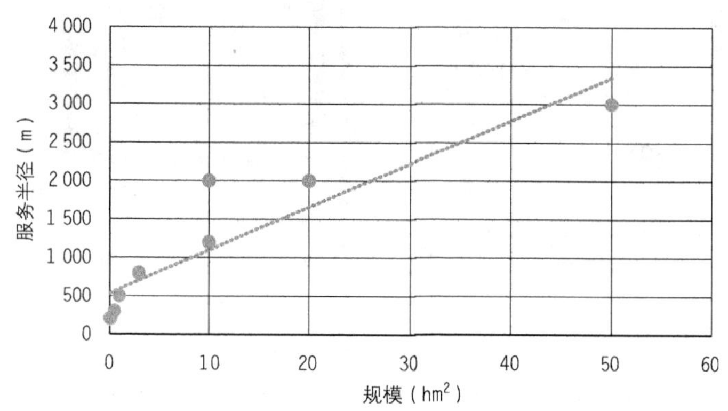

图6　公园绿地可达性（服务半径）与丰富度（规模）

资料来源：根据《城市绿地规划标准（征求意见稿）》绘制。

表1　公园分级

<table>
<tr><td rowspan="2">类别</td><td>适宜规模</td><td>服务半径</td><td rowspan="2">主要服务对象</td><td rowspan="2">设置要求</td><td colspan="2">（梁灏严等，2010）</td><td>（郭春华等，2013）</td></tr>
<tr><td>（hm²）</td><td>（m）</td><td>规模（hm²）</td><td>服务半径（m）</td><td>服务半径（m）</td></tr>
<tr><td rowspan="3">综合公园</td><td>≥50</td><td>>3 000</td><td rowspan="3">城市居民</td><td>每50万服务人口应设1个</td><td rowspan="3">≥10</td><td rowspan="3">2 000</td><td>7 000</td></tr>
<tr><td>20～50</td><td>2 000～3 000</td><td>每20万服务人口应设不少于1个</td><td rowspan="2">3 000</td></tr>
<tr><td>10～20</td><td>1 200～2 000</td><td>每10万服务人口应设不少于1个</td></tr>
<tr><td rowspan="2">社区公园</td><td>3～10</td><td>800～1 200</td><td rowspan="2">居住区居民</td><td rowspan="2">每3～5万服务人口应设不少于2个</td><td rowspan="2">≥1</td><td rowspan="2">500</td><td rowspan="2">500～1 000</td></tr>
<tr><td>1～3</td><td>500～800</td></tr>
<tr><td rowspan="2">游园</td><td>0.5～1</td><td>300～500</td><td>居住小区居民</td><td rowspan="2">每1～1.5万服务人口应设不少于3个</td><td rowspan="2">≥0.05</td><td rowspan="2">200</td><td rowspan="2">300～500</td></tr>
<tr><td>0.1～0.5</td><td>200～300</td><td>居住小区老人和儿童</td></tr>
</table>

资料来源：根据《城市绿地规划标准（征求意见稿）》整理。

公园处方签经验指出，提高游憩活动的丰富度和游憩活动频度是促进居民健身、提升健康服务水平的两个主要手段。所以采用多层级公园职能分工，一方面通过大型的高层级公园满足游憩活动丰富度需求，另一方面通过可达性高的低层级公园保障游憩活动的频度需求。现行的《公园设计规范（GB 51192—2016）》除了对部分设施有所规定外，并未对游憩功能有明确规定。《城市绿地分类标准（CJJ/T85—2017）》也并未对此进行相关限定。仍在讨论中的《城市绿地规划标准（征求意见稿）》对于公园绿地的具体活动要求进行了分级明确，除了基本的儿童游戏、休闲游憩活动外，不同层级、规模的公园绿地能够承载的活动差异较大（表 2、表 3）。对于低层级的游园、社区公园而言，能够承载的活动丰富度较低，但均可开展基本的休闲游憩活动，因此在分布上，应当密布、均布以满足居民基本游憩需求。对于高层级的社区公园、综合公园而言，能够承载的活动丰富度较高，可以提供特殊的服务功能，因此布局上宜结合区域特性，数量上相对较少，满足特异性分布。

表 2　综合公园游憩活动安排

游憩活动安排		公园规模（hm^2）		
		10～20	20～50	≥50
1	儿童游戏	●	●	●
2	休闲游憩	●	●	●
3	运动康体	●	●	●
4	文化科普	○	●	●
5	园务管理	○	●	●
6	演艺娱乐	△	△	●
7	商业服务	△	△	●

注：“●”表示应设置，“○”表示宜设置，“△”表示可设置。

资料来源：根据《城市绿地规划标准（征求意见稿）》整理。

表 3　游园、社区公园游憩活动安排

游憩活动安排		社区公园规模（hm^2）		
		1～3	3～5	5～10
1	儿童游戏	●	●	●
2	休闲游憩	●	●	●
3	康体娱乐	△	○	●
4	文化科普	△	○	●
5	园务管理	△	○	●
6	商业服务	—	△	○

注：“●”表示应设置，“○”表示宜设置，“△”表示可设置。

资料来源：根据《城市绿地规划标准（征求意见稿）》整理。

3.2 组织城郊特殊大型绿地，提供丰富的高质量游憩机会

在中国城市化进程早期，城市绿色空间规划更多出于环境保护和生态安全的角度，对于休闲游憩功能考虑比较简单，也并未充分意识到绿色空间的健康价值（刘滨谊、姜允芳，2002）。随着社会经济的发展，民众对生活品质要求的提高成为当前社会的主要矛盾。休闲游憩和健康的需求迅速增长，日趋紧张的城市用地要求现有公园绿地发挥出最大的健康服务价值，绿色空间游憩资源正日益成为保障居民健康、城市生活品质的关键。越来越多的研究者开始关注绿色空间的健康服务价值（应君，2007；房城，2008；房城等，2010；杨伟康，2014；陈璐瑶，2017），研究主要集中在绿色空间游憩对健康影响的实证（应君，2007；房城等，2010；陈筝等，2017），可达性和服务效率（杨伟康，2014；骆天庆等，2017），以及规划控制指标和设计措施（于海宁等，2012；陈璐瑶等，2017） 等。

中国绿色空间规划对游憩健康服务价值考虑不足集中体现在对于绿地的游憩活动和功能的相对单一上。当前绿地系统主要对公园的服务半径和规模进行引导控制，但并未专门制定游憩规划，公园追求综合性小而全，公园与公园之间游憩活动重复度较高（吕红，2013）。随着生活水平的提高，城市居民对于游憩活动需求的丰富度也明显提高，开始在城市近郊区出现大型绿地如郊野公园，以满足更多样化、高质量的游憩需求（汤雨琴，2013；杨玲等，2013）。回应这一形势，2018 年 6 月开始执行的新版《城市园林绿地分类标准》（GJJ/T85—2017）也做出了相应调整，新增区域绿地（EG）下的风景游憩绿地（EG1），将风景名胜公园、郊野公园等大型城郊绿地一并纳入，更好地服务城市居民的游憩需求。

3.3 建设城市绿色空间数据库，提高城市绿色空间资源的信息利用度

随着中国城市化进入存量规划的新时期，如何利用有限的城市绿地，提高绿色空间资源的服务水平显得特别重要。美国公园处方签计划之所以能够实施，其核心就是信息完备的公园数据库建设。

近年来城市绿色空间数据库建设也开始在各地城市推进展开。智慧城市（李德仁等，2014）、智慧景区（党安荣等，2011；吴志强等，2013）、智慧公园（龙慧萍，2014；孙冬梅、牟江，2017）等项目开始飞速发展。同济大学景观学系与上海市公园事务管理中心自 2013 年开始，以复兴公园为代表的黄浦区内 349 个公园绿地为例，结合同济大学景观学系暑期测绘实习，着手搭建上海数字公园交互查询平台（董楠楠等，2015）。在此基础上，同济大学数字景观实验室尝试结合公园绿地、街旁绿地、立体绿化的效能特点，建立上海市公园绿地基础数据库（图 7）（董楠楠等，2016）。数据库包括公园建筑与设施、园内动植物自然状况、周边交通、场地历史文脉等信息。

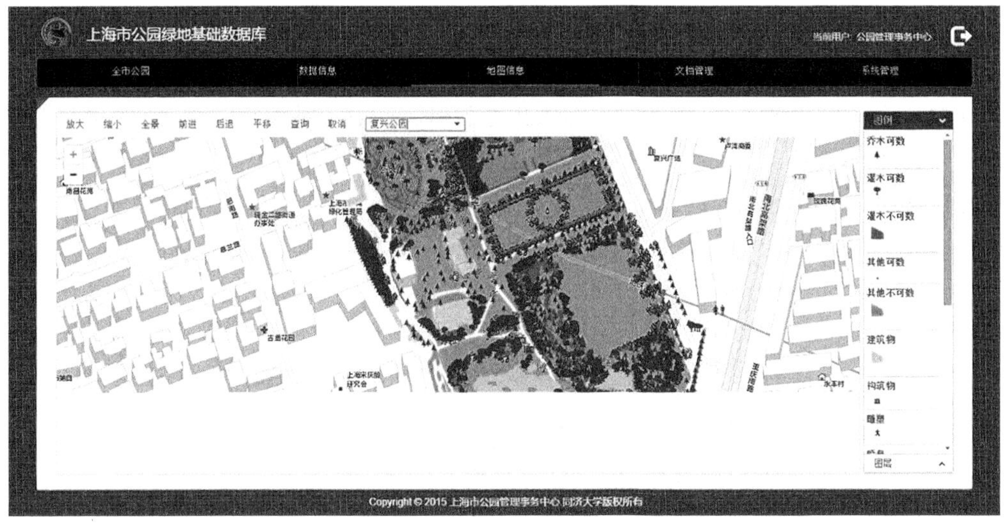

图 7 上海市公园绿地基础数据库网络界面

资源来源：董楠楠等，2016。

4 结论与讨论

随着中国城市化的稳步推进（顾朝林等，2017），中国城市居民的心理健康问题也开始日趋明显（张广森，2011；王强等，2013），如何通过城市绿色空间资源的优化管理，提升城市绿色空间资源的管理水平，提高市民亲近自然、放松身心、锻炼身体的游憩体验，对于改善城市人居环境，提升城市居民的幸福感和身心健康都十分重要。在城市绿色空间资源中，尤其以公园最为重要。习近平总书记 2018 年在四川视察时提出了“公园城市”的城市建设新理念，通过提升城市绿色空间质量和可达性，塑造“推窗见田、开门见绿”的城市形态，重现“窗含西岭千秋雪”的盛景（钟文、范锐平，2018）。

本文选取了近年来在绿色空间资源管理实践领域广受社会赞誉的美国公园处方签计划，就如何提升城市绿色空间的健康服务水平，结合中国绿地系统规划实践，讨论如何挖掘现有有限的城市绿地健康服务价值的若干措施。随着我国城市进入存量发展模式下的质量提升与改造阶段，绿色空间势必成为影响城市生态环境、社会文化甚至经济产业的重要基础设施之一。借助数字化技术手段开展城市绿色空间分类型的效能数据动态监控和分析评价，需要在实际工作中依托城市绿地管理网络化建设平台，增强绿地效能评价分析的科学性和数据调查的协同性，将城市绿地管理中的指标化数据转化为空间管理的效能化数据。美国公园数据库体系的实践经验与各地公园绿地数据库建设探索为我们提供了宝贵经验。

在中国要实行公园处方签目前仍面临诸多挑战。首先，美国处方签计划是由医生牵头发起的，在中国推行处方签计划需要得到医疗体制内的大力配合，而目前这种趋势尚不明显，相对而言可能在社区保健和医疗养护领域开展更为现实。其次，中国和美国居民出行方式存在较大差异，和美国以小汽车为主的出行不同，中国城市居民步行和公交车出行比例较高。在中国推行处方签可能需要进一步考虑公交系统和出行偏好，不能简单地计算空间距离。在这种出行偏好的影响下，近邻的低层级公园绿地布局可能对健康的影响会更加明显。最后，中国城市人口密度高，人均公园绿地指标低，公园各种游憩活动干扰较大，在开展处方签类似项目时，可能需将游憩容量等因素一并纳入考虑。

致谢

本项目受自然科学基金（51878461）、住房和城乡建设部科学技术计划与北京未来城市设计高精尖创新中心开放课题 （UDC2017010521）、中央高校基本科研业务费专项资金（22120170016、22120180084）和上海市城市更新及其空间优化技术重点实验室开放课题（201810201）资助。

注释

① https://www.nps.gov/index.htm.
② https://www.parks.ca.gov/.
③ https://www.reserveamerica.com/camping/National_Recreation_Reservation_ System/r/campground Directory MultiState.do?contractCode=NRSO.
④ http://parkrxamerica.org/.

参考文献

[1] Bratman, G. N., Hamilton, J. P., Hahn, K. S., et al. 2015. "Nature experience reduces rumination and subgenual prefrontal cortex activation," Proceedings of the National Academy of Sciences, 112(28): 8567-8572.
[2] Capaldi, C. A., Dopko, R. L., Zelenski, J. M., et al. 2014. "The relationship between nature connectedness and happiness: A meta-analysis," Frontiers in Psychology, 5(3): 976.
[3] Chen, Z., He, Y., Yu, Y., et al. 2016. "Enhanced functional connectivity properties of human brains during in-situ nature experience," PeerJ, 4(2-3): e2210.
[4] Chiesura, A. 2004. "The role of urban parks for the sustainable city," Landscape and Urban Planning, 68(1): 129-138.
[5] Clark, R. N., Stankey, G. H. 1979. "The recreation opportunity spectrum: A framework for planning, management, and research." General Technical Report PNW-98. U.S. Department of Agriculture, Forest Service.
[6] Clawson, M. 1988. Two Generations of History of Outdoor Recreation. National Outdoor Recreation Forum: Outdoor Recreation Benchmark. Tampa, Florida. 3-9.
[7] Coutts, C., Hahn, M. 2015. "Green infrastructure, ecosystem services, and human health," International Journal of Environmental Research and Public Health, 12(8): 9768-9798.

[8] Eisenberg, D. M., Davis, R. B., Ettner, S. L., et al. 1998. "Trends in alternative medicine use in the United States, 1990-1997: Results of a follow-up national survey," Jama the Journal of the American Medical Association, 280(18): 1569-1575.

[9] Feng, L., Wang, R. 2003. "Evaluation, planning and prediction of ecosystem services of urban green space: A case study of Yangzhou City," Acta Ecologica Sinica, 23(9): 1929-1936.

[10] Frumkin, H. 2003. "Healthy places: Exploring the evidence," American Journal of Public Health, 93(9): 1451-1456.

[11] Gidlow, C. J., Randall, J., Gillman, J., et al. 2016. "Natural environments and chronic stress measured by hair cortisol," Landscape and Urban Planning, 148: 61-67.

[12] Giles-Corti, B., Vernez-Moudon, A., Reis, R., et al. 2016. "City planning and population health: A global challenge," The Lancet, 388(10062): 2912-2924.

[13] Groenewegen, P. P., Berg, A. E., van den, Vries, S. de, et al. 2006. "Vitamin G: Effects of green space on health, well-being, and social safety," BMC Public Health, 6: 149.

[14] Hartig, T. 2008. "Green space, psychological restoration, and health inequality," The Lancet, 372(9650): 1614-1615.

[15] Hillsdon, M., Panter, J., Foster, C., et al. 2006. "The relationship between access and quality of urban green space with population physical activity," Public Health, 120(12): 1127-1132.

[16] Institute at the Golden Gate and Golden Gate National Parks Conservancy 2011. Parks Prescrption: Profiles and Resources for Good Health from the Great Outdoors, Institute at the Golden Gate.

[17] Jiang, S. 2014. "Therapeutic landscapes and healing gardens: A review of Chinese literature in relation to the studies in western countries," Frontiers of Architectural Research, 3(2):141-153.

[18] Kardan, O., Demiralp, E. , Hout, M. C., et al. 2015. "Is the preference of natural versus man-made scenes driven by bottom-up processing of the visual features of nature?" Frontiers in Psychology, 6.

[19] Lafortezza, R., Carrus, G., Sanesi, G., et al. 2009. "Benefits and well-being perceived by people visiting green spaces in periods of heat stress," Urban Forestry & Urban Greening, 8(2): 97-108.

[20] Lederbogen, F., Kirsch, P., Haddad, L., et al. 2011. "City living and urban upbringing affect neural social stress processing in humans," Nature, 474(7352): 498-501.

[21] Lee, I., Ewing, R., Sesso, H. D. 2009. "The built environment and physical activity levels: The Harvard alumni health study," American Journal of Preventive Medicine, 37(4): 293-298.

[22] Maas, J., Verheij, R. A., Groenewegen, P. P., et al. 2006. "Green space, urbanity, and health: How strong is the relation?" Journal of Epidemiology and Community Health, 60(7): 587-592.

[23] Maas, J., Verheij, R. A., Vries, S. D., et al. 2009. "Morbidity is related to a green living environment," Journal of Epidemiology and Community Health, 63(12): 967-973.

[24] Maller, C., Townsend, M., Pryor, A., et al. 2006. "Healthy nature healthy people:'Contact with Nature' as an upstream health promotion intervention for populations," Health promotion international, 21(1): 45-54.

[25] Marcelis, M., Navarro-Mateu, F., Murray, R., et al. 1998. "Urbanization and psychosis: A study of 1942-1978 birth cohorts in the Netherlands," Psychological Medicine, 28(4): 871-879.

[26] McGrath, J., Saha, S., Welham, J., et al. 2004. "A systematic review of the incidence of schizophrenia: The distribution of rates and the influence of sex, urbanicity, migrant status and methodology," BMC Medicine, 2(1): 13.

[27] Ming, K. 2015. "How might contact with nature promote human health? Promising mechanisms and a possible central pathway," Frontiers in Psychology, 6:1093.

[28] Mitchell, R., Popham, F. 2008. "Effect of exposure to natural environment on health inequalities: An observational population study," The Lancet, 372(9650): 1655-1660.

[29] National Recreation and Park Association 2015. Prescribing Parks for Better Health: Success Stories.

[30] Nieuwenhuijsen, M., Khreis, H. 2017. "Green space is important for health," The Lancet, 389(10070): 700.

[31] Oh, B., Lee, K. J., Zaslawski, C., et al. 2017. "Health and well-being benefits of spending time in forests: Systematic review," Environmental Health and Preventive Medicine, 22(1): 71.

[32] Ohly, H., White, M. P., Wheeler, B., et al. 2016. "Attention Restoration Theory: A systematic review of the attention restoration potential of exposure to natural environments," J Toxicol Environ Health B Crit Rev, 19(7): 305-343.

[33] Park, J. Y., Shin, H. K., Choi, J. S., et al. 2013. "Do people have healthier lifestyles in greener environments? An analysis of the association between green environments and physical activity in seven large Korean cities," Korean Journal of Family Medicine, 34(1): 58-63.

[34] Rich, D. L. 2007. Effects of Exposure to Nature and Plants on Cognition and Mood: A Cognitive Psychology Perspective. PhD, Cornell University.

[35] Sarkar, C., Webster, C., Gallacher, J., et al. 2018. "Residential greenness and prevalence of major depressive disorders: A cross-sectional, observational, associational study of 94 879 adult UK Biobank participants," The Lancet Planetary Health, 2(4): e162-e173.

[36] Sellers, F. S. 2015. D.C. Doctor's Rx: A Stroll in the Park Instead of a Trip to the Pharmacy. Washington post. Washington, D.C., Fred Ryan.

[37] Seresinhe, C. I., Preis, T., Moat, H. S, et al. 2015. "Quantifying the impact of scenic environments on health," Scientific Reports, (5): 16899.

[38] Siehl, G. H. 1988. Developments in Outdoor Recreation Policy Since 1970. National Outdoor Recreation Forum: Outdoor Recreation Benchmark. A. H. Watson. Tampa, Florida: 10-20.

[39] Stigsdotter, U. 2005. Landscape Architecture and Health. doctoral, Swedish University of Agricultural Sciences.

[40] Szwak, L. B. 1988. Social And Demographic Trends Affecting Outdoor Recreation. National Outdoor Recreation Forum: Outdoor Recreation Benchmark. A. H. Watson. Tampa, Florida: 22-26.

[41] Thompson, C. J., Boddy, K., Stein, K., et al. 2011. "Does participating in physical activity in outdoor natural environments have a greater effect on physical and mental wellbeing than physical activity indoors? A systematic review," Environmental science & technology, 45(5): 1761-1772.

[42] Thompson, P. D., Buchner, D., Piña, I. L., et al. 2003. "Exercise and physical activity in the prevention and treatment of atherosclerotic cardiovascular disease," Circulation, 107(24): 3109-3116.

[43] Ulrich, R. S. 2002. Health benefits of gardens in hospitals. Plants for People Conference, Floriade, Netherlands.

[44] Velarde, M. A. D., Fry, G., Tveit, M., et al. 2007. "Health effects of viewing landscapes–Landscape types in environmental psychology," Urban Forestry & Urban Greening, 6(4): 199-212.

[45] Wheeler, B. W., Cooper, A. R., Page, A. S., et al. 2010. "Greenspace and children's physical activity: A GPS/GIS analysis of the PEACH project," Preventive Medicine, 51(2): 148-152.

[46] Zenk, S. N., Schulz, A. J., Matthews, S. A., et al. 2011. "Activity space environment and dietary and physical activity behaviors: A pilot study," Health & Place, 17(5): 1150-1161.

[47] 陈璐瑶，谭少华，戴妍. 社区绿地对人群健康的促进作用及规划策略[J]. 建筑与文化，2017(2)：184-185.

[48] 陈渝. 城市游憩规划的理论建构与策略研究[D]. 广州：华南理工大学，2013.

[49] 陈筝，董楠楠，刘颂，等. 上海城市公园使用对健康影响研究[J]. 风景园林，2017(9)：99-105.

[50] 党安荣，张丹明，陈杨. 智慧景区的内涵与总体框架研究[J]. 中国园林，2011(9)：15-21.

[51] 董楠楠，贾虎，王敏，等. 从数量统计到效能评估——高密度城市绿色空间数据库的建设与应用[J]. 西部人居环境学刊，2016，31(4)：14-17.

[52] 董楠楠，肖杨，张圣红. 基于数字化技术的城市公园全生命期智慧管理模式初探[J]. 园林，2015(10)：16-19.

[53] 房城. 城市绿地的使用与城市居民健康的关系初探[D]. 北京：北京林业大学，2008.

[54] 房城，王成，郭二果，等. 城市绿地与城市居民健康的关系[J]. 东北林业大学学报，2010，38(4)：114-116.

[55] 顾朝林，管卫华，刘合林. 中国城镇化 2050：SD 模型与过程模拟[J]. 中国科学：地球科学，2017(7)：818-832.

[56] 郭春华，李宏彬，肖冰，等. 城市绿地系统多功能协同布局模式研究[J]. 中国园林，2013(6)：101-105.

[57] 江俊浩. 城市公园系统研究[D]. 成都：西南交通大学，2008.

[58] 康宁. 城市公园绿地的"替代医疗"作用[J]. 园林，2013(11)：38-41.

[59] 李德仁，姚远，邵振峰. 智慧城市中的大数据[J]. 武汉大学学报(信息科学版)，2014，58(6)：1-12.

[60] 李锋，王如松. 城市绿色空间生态服务功能研究进展[J]. 应用生态学报，2004(3)：527-531.

[61] 梁颢严，肖荣波，廖远涛. 基于服务能力的公园绿地空间分布合理性评价[J]. 中国园林，2010，26(9)：15-19.

[62] 刘滨谊，姜允芳. 论中国城市绿地系统规划的误区与对策[J]. 城市规划，2002，26(2)：76-80.

[63] 路遥. 大城市公园体系研究——以上海为例[D]. 上海：同济大学，2007.

[64] 龙慧萍. 南宁市智慧公园建设初探[J]. 城市勘测，2014(5)：40-43.

[65] 骆天庆，傅玮芸，夏良驹. 基于分层需求的社区公园游憩服务构建——上海实例研究[J]. 中国园林，2017，33(2)：113-117.

[66] 骆天庆，李维敏，凯伦・C. 汉娜. 美国社区公园的游憩设施和服务建设——以洛杉矶市为例[J]. 中国园林，2015，31(8)：34-39.

[67] 吕红. 城市公园游憩活动与其空间关系的研究[D]. 山东：山东农业大学，2013.

[68] 马琳，董亮，郑英. "健康城市"在中国的发展与思考[J]. 医学与哲学(A)，2017，38(5)：5-8.

[69] 马向明. 健康城市与城市规划[J]. 城市规划，2014，38(3)：53-55+59.

[70] 潘国伟，姜潮，杨晓丽，等. 辽宁省城乡居民精神疾病流行病学调查[J]. 中国公共卫生，2006，22(12)：1505-1507.

[71] 孙冬梅，牟江. 智慧公园建设背景下城市公园可防卫空间分析——以南宁市狮山公园为例[J]. 现代园艺，2017(11)：81-83.

[72] 汤雨琴. 郊野公园游憩评价研究[D]. 上海：上海交通大学，2013.

[73] 王强，王成瑜，任虹燕，等. 城市化环境与精神分裂症的患病风险[J]. 中国神经精神疾病杂志，2013，39(12)：

758-763.
[74] 吴志强，吕荟，胥星静. 崇明智慧生态岛规划与建构[J]. 上海城市规划，2013(2)：15-18.
[75] 许从宝，仲德，李娜. 当代国际健康城市运动基本理论研究纲要[J]. 城市规划，2005(10)：52-59.
[76] 闫小培，魏立华. 健康城市化、和谐城市与城市规划的转型[J]. 规划师，2008，24(5)：46-51.
[77] 杨玲，吴岩，周曦. 我国特大城市边缘区绿色开敞空间游憩项目发展演变的若干规律探究：以郊野公园、观光农业、高尔夫球场为例[J]. 风景园林，2013(3)：97-100.
[78] 杨伟康. 基于 RS 和 GIS 技术的杭州市公园绿地服务水平研究[D]. 杭州：浙江大学，2014.
[79] 应君. 城市绿地对人类身心健康影响之研究[D]. 南京：南京林业大学，2007.
[80] 于海宁，成刚，徐进，等. 我国健康城市建设指标体系比较分析[J]. 中国卫生政策研究，2012，5(12)：30-33.
[81] 臧亭. 上海市城市公园游憩设施分类研究[J]. 中国城市林业，2017，15(4)：51-55.
[82] 张广森. 社会学视角下的城市化进程中精神疾病现况探析[J]. 医学与社会，2011，24(12)：1-3.
[83] 钟文，范锐平. 高标准建设公园城市 重现"窗含西岭千秋雪"旷世盛景[N]. 成都日报，2018-2-26.

[欢迎引用]
陈筝，张毓恒，刘颂，等. 面向健康服务的城市绿色空间游憩资源管理：美国公园处方签计划启示[J]. 城市与区域规划研究，2018，10(4)：100-116.

Chen, Z., Zhang, Y. H., Liu, S., et al. 2018. "Management of health-enhancing recreation resource in urban green spaces: A lesson from American Park Rx Program," Journal of Urban and Regional Planning, 10(4):100-116.

健康城市与健康城乡规划图书评介

李 晴 张 博

Review of Books Published on Healthy City and Healthy Urban and Rural Planning

LI Qing[1], ZHANG Bo[2]
(1. College of Architecture and Urban Planning, Tongji University, Shanghai 200092, China; 2. Hunan Architecture Design Institute, Changsha 410011, China)

Abstract The modern urban planning stems from the public sanitation and public health. Though there was a period of separation between urban planning and public health, the former has to be involved in the latter field again due to the environmental pollution and the increasingly severe chronical diseases. In the international academic domain, the interdisciplinary research between urban planning and public health has caught much attention during recent years, and a number of relevant books had been published, which mainly center on three themes: healthy city, health impact assessment and healthy city planning. The article will choose one representative book with the international influence out of each theme. In the domestic field, the article will put the highlight on the new book, *Urban and Rural Planning and Public Health.* The book systematically examines the relation between public health and urban and rural planning in the Chinese context, creates the model of "urban and rural health" from the perspective of public health, and explores the theoretical framework of healthy urban and rural planning adapting to the China's situation. Finally, it provides visions for the future development direction of public health and urban and rural planning.

Keywords urban and rural planning; public health; health impact assessment; healthy urban and rural planning

作者简介
李晴，同济大学建筑与城市规划学院；
张博，湖南省建筑设计院。

摘 要 现代城市规划的产生源自公共卫生与公共健康。尽管城市规划与公共健康曾有一段时间相互分离，但是环境污染和越发严重的慢性疾病等问题促使城市规划再次介入公共健康领域。近年来，城乡规划与公共健康领域的跨学科研究在国际学术界颇受关注，已经出版的相关书籍主要围绕健康城市、健康影响评估和健康城市规划三类主题展开，本文从这三类书籍各选出一本具有较高国际影响力的代表作进行介绍。就国内研究而言，重点评介新书《城乡规划与公共健康》。该书结合我国特色系统性地论述了公共健康与城乡规划的关系，开创性地提出公共健康视角下的“城乡健康”模型，探索适应我国国情的健康城乡规划的理论建构。最后，本文对城乡规划与公共健康的未来发展方向进行了展望。

关键词 城乡规划；公共健康；健康影响评估；健康城乡规划

健康是人们从出生到年老均会关切的话题，健康不仅涉及个体的遗传、生活习惯、社会和经济条件，还与人们日常生活的建成环境密切相关。后者不只因空气、水和土壤的质量直接影响人们的身体健康，而且还由于土地混合使用、空间布局及建成环境的可步行性影响人们的运动概率，进而改变人们的健康状况。1946 年通过的《世界卫生组织组织法》将健康定义为“不仅是疾病或羸弱之消除，而系体格、精神与社会之完全健康状态”，人们的体格、精神与社会的健康状态均与建成环境及其城市规划密切相关。实际上，现代城市规划的产生源自公共卫生与公共健康，早期有关城市规划的事务是由公共卫生部门负责。尽管城市规划与公共健康曾有一段时间相互分离，但是，环境污染和越来越严峻的慢性疾病等问题促使城市规划再次介入公共健康领域。

1 国外城乡规划与公共健康研究进展

近年来，城乡规划与公共健康领域的跨学科研究在国际学术界颇受关注，并逐渐发展为学术界的核心研究议题之一。国际上关于城乡规划与公共健康的研究主要涉及健康城市、建成环境对公共健康的影响以及健康影响评估，出版的相关书籍也主要围绕健康城市、健康影响评估以及健康城市规划三类主题展开。健康城市类书籍出现最早，主要是探讨健康城市的概念，梳理与总结健康城市实践项目，涉及领域较为广泛，包括医学、社会学、管理学、公共卫生等。随着健康观念的演进，近十年来兴起了一种新的分析工具，即健康影响评估，该领域的书籍重点关注健康影响评估技术的介绍与实践运用。健康城市规划虽脱胎于健康城市运动，但是其重点落在城市规划对公共健康的影响。下面从这三类书籍各选出一本具有较高国际影响力的代表作重点介绍。

1.1 关于健康城市的书籍

健康城市（healthy cities）的概念始于 1984 年世界卫生组织（WHO）召开的“健康多伦多 2000”会议，迄今已历经了约 35 年的演进。关于健康城市的书籍很多，其中影响力较大的有高野武仁在 2003 年出版的《健康城市与城市政策研究》（*Healthy Cities and Urban Policy Research*）（Takano，2003）。该书在同类书籍中被引次数位列前茅，囊括了 11 篇学术界具有影响力的有关健康城市的论文，大体可分为四大部分。第一部分的四篇论文主要讲述健康城市的概念，并对西方国家的健康城市项目进行介绍。论文作者首先试图澄清世界卫生组织使用“健康城市”一词并不是指居民享有高健康水平的城市，而是指那些拥有“健康城市项目”的城市，这样定义的目的是方便探讨推进这些项目的方法；接着介绍西方发达国家的健康城市项目。目前，欧洲的健康城市已发展到第三阶段（1998～2002），此阶段的健康城市项目涉及 55 个城市，项目重点已转变为基于多目标合作制订政策与健康发展计划，并在此过程中注重公平性和与健康相关的社会因素。第二部分为两篇论文，主要介绍健康城市项目中的健康决定因素，提出健康评价指标体系。健康城市项目中的健康决定因素包括四大部分：健康促进、健康服务、社会关怀和环境进步，而环境进步又可拓展为物质、社会和经济环境三大领域。健康城市的评价指标体系由人口健康、城市基础设施、环境质量、住房与居住环境、社会活动、生活习惯等在内的 12 个大类近 300 项小类组成，从健康状况及服务、物质环境、社会环境和经济环境等方面就城市对公共健康的影响进行综合测度。第三部分有三篇论文，重点探讨了健康城市的作用与健康城市项目的推进程序。论文作者认为，健康城市项目有助于提高基于社区的健康促进能力，健康城市项目的程序应包括监测、问责、报告和影响评估四个步骤。最后一部分包括两篇论文，主要介绍未来开展健康城市研究的可能性方向，认为未来健康城市项目的重点发展区域应落在东盟（ASEAN）地区。总体而言，此书的特点在于各章节的内容由高国际影响力的论文构成，这些论文的作者分布在管理学、社会学和公共卫生等不同学科领域。因此，此书内容丰富，对健康城市项目的内涵、影响因素、推进程序进行了较为全面的解说，系统性较强，同时还为读者展示了不同领域对健康城市项目的理解，并以此为契机为公共卫生事业的从业者提供全新的视角。

1.2 关于健康影响评估的书籍

健康影响评估（health impact assessment）是一种关注于人类健康状态的分析方法与思维范式，近十年来作为一项新兴的分析工具，在一些发达国家的城乡规划领域备受关注，同时也取得了颇丰的成果。目前国际上关于健康影响评估的书籍较多，如牛津大学勒雷2004年出版的《健康影响评估》（*Health Impact Assessment*）（Lerer，2004）；罗斯等2014年出版的《美国健康影响评估》（*Health Impact Assessment in the United States*）（Ross et al.，2014）等。较健康城市而言，健康影响评估类的书籍更加侧重程序、方法和工具的研究，并且多以案例介绍为主。本文重点介绍近五年来被引次数最高的书籍之一——《美国健康影响评估》，该书主要包括四部分内容。第一部分讨论健康影响评估的目的及与公共卫生、规划和政策发展的关系。作者认为，健康影响评估的核心作用是审查政策和项目，使潜在的健康风险变得透明化，以便促进更有利于健康的决策。第二部分介绍健康影响评估的核心特征，并提供美国等发达国家的评估案例。虽然目前学术界对健康影响评估的概念界定尚未一致，但在三个关键特征上基本达成了共识：①健康影响评估的主要目的是为决策提供信息；②健康影响评估遵循结构化流程，但又是灵活可变的；③健康影响评估具备检验项目及其决策中各种可能情景对健康产生潜在影响的能力。案例介绍包括欧盟的欧洲就业战略（European Employment Strategy Across the European Union）的健康影响评估、美国亚特兰大线性公园（Atlanta Beltline Park）的健康影响评估以及美国纳卡拉大坝（Nacala Dam）的健康影响评估等，从宏观到微观层面进行详述。第三部分分析健康影响评估的六个步骤，即筛选、界定范围、评估、建议、报告和传播、评价和监控，阐释了每个步骤的目的、方法与结果。作者指出，健康影响评估还需要引导利益相关者的积极参与。第四部分展望健康影响评估在美国的未来发展趋向。该书对健康影响评估做了较为综合的分析，厘清了健康影响评估的概念、目的、特征和步骤，并配以宏观到微观的具体案例，表述上循序渐进、清晰易懂，让读者体会到健康影响评估对公共健康事业发展的重要性。

1.3 关于健康城市规划的书籍

还有一类书籍从城市规划的视角研究公共健康，尝试找出二者间的协同效用。2014年萨卡尔等人出版的《健康城市：通过城市规划实现公共健康》（*Healthy Cities: Public Health through Urban Planning*）（Sarkar et al.，2014）是这一方向的先导。该书以英国城市为对象，探讨如何将流行病学、社会学、经济学与城乡规划和交通运输相结合，为面临人口增长压力的城市提供健康生活环境，并以此为基础构建健康城市模型。该书第一部分阐述了健康城市的概念，认为个体健康与日常生活相关的系统密不可分，这些系统包括个体系统、家庭系统、邻里系统、城市系统以及治理决策系统，健康城市模型是建立在“城市健康生态位（niche）”之上。该模型整合了三个流行病学原则：①影响健康的空间尺度具有多样性，包括宏观、中观和微观三个尺度，对应城市、邻里和个体三个系统；②健康的形成是一个多层次聚合的过程；③生命从健康到疾病的过程具有动态性。第二部分通过大量实证分析，阐明城市的土地利用、交通运输、基础服务与社会经济服务必须协同合作，才能对人口日益增长的城市产生积极的健康影响，这一部分为作者所提出的健康城市模型假设进行了有力的论证。第三部分涉及住房、工作场所和社区因素对个体身心健康的影响，这部分篇幅较长，主要探讨以下内容：①邻里单位内存在对健康产生影响的环境变量，包括密度、开发强度、多样性、可达性和街道网络的组织形式等；②邻里单位内的环境变量与人体健康相关联；③调查与研究环境和个体身心健康关系的具体方法及工具。作者尝试通过建构多层次的数据库，对建成环境进行客观详细的评估，以构建建成环境—健康协同的流行病学模型。第四部分介绍卡菲利前瞻性研究（Caerphilly Prospective Study，CaPS），并依据卡菲利市内687个65～83岁的老年人样本，探讨建成环境对心理压力与身体质量指数（BMI）等因素的影响，结论如下：①研究样本中心理压力与土地利用及街道网络组织的关系显著；②研究样本中老年人的BMI指数会受到建成环境的影响；③抑郁、焦虑、长期疾病或残疾以及个体健康的感知也受建成环境变量的影响。通过上述结论，作者论证了本书的核心观点：建成环境会影响个体行为与健康。最后，作者强调城乡规划专业人员迫切需要与其他领域的工作者紧密合作，才能制订更有效的健康促进计划。此书的特点在于作者将城市规划领域的某些概念和方法与流行病学相关联，具有一定的学术开拓性，通过实证分析，在城市层面上证明了建成环境对公共健康的影响，并利用生命过程分析和综合技术（hybrid techniques）理解健康城市的复杂性，通过“病例对照”研究方法探索具有因果关系、更为有效的“健康城市生态位”模型，对参与公共政策、公共卫生的工作人员具有重要的指导作用。此外，该书还表达了一个观点，即健康城市建设需要由流行病学家、城市规划师、经济学家和社会学家共同完成。

总体而言，国际上有关健康城市的书籍涉及面较广，侧重于健康城市项目的落实与公共政策的制定；健康影响评估类的书籍更注重技术与方法的介绍；健康城市规划类书籍，试图整合建成环境与公共健康的协同关系。这些书籍更多地关注城市内部，目前尚难找到涵盖城乡规划与公共健康的综合性研究书籍。

2 国内城乡规划与公共健康研究进展及书评

2.1 近年国内城乡规划与公共健康研究进展

近年来，国内也有若干关于城乡规划与公共健康研究的书籍，但大多集中在健康城市领域。2005年高峰著述的《健康城市》一书从公共健康视角出发，介绍了如何培养健康市民、健康家庭、健康社区和健康组织，优化健康服务以及营造健康环境；2008年周向红撰写的《健康城市》一书，将重点置于国内外健康城市运动的分析与解剖，并探讨城市规划与管理等相关内容。此类书籍在一定程度上推动了国内城乡规划与公共健康的交叉研究，但未系统探讨城乡规划与公共健康的关系及如何构建基于公共健康的城乡规划框架。

2.2 系统论述城乡规划与公共健康的论著——《城乡规划与公共健康》评述

针对城乡规划与公共健康的议题，我国学术界已有少量论文对此展开研究，但基于公共健康视角探讨城市规划的研究大多停留在理念、原则和国外经验的介绍上，《城乡规划与公共健康》一书的出版改变了这种现状，这本2018年付印的新书是清华大学田莉教授研究团队近年来探索的成果，该书系统性地论述了公共健康的内涵、发展以及与城乡规划的关联，提出公共健康视角下的“城乡健康”模型和实际操作路径。与国际上现有的健康城市规划类书籍相比，该书不仅涉及城市社区，还将视野拓展至乡村地区和长江三角洲这样的区域层面。此书在内容上具有以下特色。

2.2.1 追溯本源：梳理城乡规划与公共健康的发展渊源

该书对城乡规划与公共健康的历史渊源及演变进行了清晰的论述。现代城市规划发源于英国，尽管工业革命让英国成为当时世界上最强大的国家，但是工厂的污染、无序建设及工人阶级过度拥挤的居住环境，导致英国反复发生霍乱。19世纪30年代英国伦敦爆发霍乱之后，1842年出台了《大不列颠劳动人口的卫生状况报告》，后者通过实证观察和统计，揭示出拥挤的建成环境与霍乱等传染病发病率相关联，这暗示了后来城乡规划与公共健康的密切关系。1848年霍乱再次爆发，同年英国国会迅速通过了一部具有重要历史里程碑意义的法案——《公共卫生法》。该法案标志着英国政府放弃某些自由主义原则，通过立法手段对恶化的环境和住房问题进行干预。为了达到控制环境卫生的目的，《公共卫生法》授予地方政府制定和执行地方建设法规，控制建筑物高度、宽度、日照间距、采光通风及卫生设施的建设要求，设立了英国历史上第一个公共卫生机构——中央卫生委员会。由于对传染病的认识不足，该法案对霍乱防治收效甚微。然而，它对早期现代城市规划理论产生了重要影响，“环境—健康”的关联成为现代城市规划诞生的重要基石之一，疏解过度拥挤的城市、规范住房建设标准、提供基础设施保障、对城市环境和公共卫生进行强制性的公共干预，这些思想完全融入后来现代城市规划的理论之中。例如，霍华德1898年出版的《明日：通向真正改革的和平之路》一书试图利用“田园城市”的理念疏解伦敦过密的人口，提供良好的住房条件和基础设施，实现城乡“磁铁”的最优化。1909

年，英国通过了第一部规划法律——《1909年住房与城市规划法》（*Housing, Town Planning, Etc. Act 1909*），这标志着现代城市规划思想第一次从法律上得到了认可，该法案赋予地方政府编制规划方案的权力，以规划手段控制与干预城市建设，保障城市环境卫生与住区的良性发展。

随着医学在公共健康领域的地位提升，尤其是“病原菌学说”的进展，公共卫生学被纳入高度专业化的医学领域，公共健康研究归入流行病学学科体系。然而，20世纪70年代，伴随着工业化的蔓延与世界性经济危机的爆发，环境污染、食品安全和社会不公等问题屡屡出现，公共健康的问题再次聚焦，依赖于医学的公共卫生手段在解决此类问题时成效十分有限。1984年在世界卫生组织支持下，多伦多市召开了“健康多伦多2000”会议，首次提出“健康城市”的概念。两年后，葡萄牙里斯本召开健康城市会议，发起“健康城市项目”并逐渐演化为影响全球的“健康城市运动”，由此，城乡规划与公共健康再度结缘。

2.2.2 凸显风险：厘清我国城乡发展与公共健康的关系

当前我国城乡规划为何迫切需要引入公共健康这个要素？一方面是我国城乡发展模式开始转型，另一方面是因为某些“触目惊心”的数据。《中国居民营养与慢性病状况报告（2015）》的资料显示，2012年全国居民慢性病死亡率为533/10万，占总死亡人数的86.6%。其中，心脏病、癌症和慢性呼吸系统疾病为主要死因，占总死亡人数的79.4%。过去十年，平均每年新增慢性病例接近两倍，心脏病和恶性肿瘤病例增加了近一倍。该书明确指出了建成环境与慢性疾病关系密切，住房问题和未经治理的棕地等会对公共健康造成不同程度的威胁，缺少开放空间的建成环境会增加心血管、肥胖等慢性病的发病概率。虽然城市规划本身不直接作用于公共健康，但规划实施的后果会对建成环境产生决定性的影响，进而影响公共健康。

该书剖析了当前我国城乡规划控制下建成环境对公共健康的影响。我国快速城镇化导致耕地减少、生态环境污染、PM2.5指标偏高、水环境和土壤污染、人口聚集和传染病的传播以及依赖机动车的出行方式等诸多问题，这些问题影响人们的身心健康和生活方式。该书还特别述及建成环境中的健康分异。相对一般性中高收入人群，少数族裔群体、低收入人群的健康风险更高。社会经济地位较低的群体通常难以获得高品质的住房，不得不选择质量较差、缺乏户外运动设施的居住环境。因此，该类群体患呼吸系统疾病、发育障碍、肥胖、慢性病和心理疾病的风险更高。针对这些问题，“健康中国”2020/2030战略从内涵、重点任务和实施路径等方面进行了全面的部署。此外，该书提倡基于“健康视角”的区域一体化发展，通过城乡统筹、区域协同，引导健康行为的生活单元以及规划设计中的“循证”理念和多方合作，加强规划建设与公共卫生系统的链接，从而提高人们的健康水准。

2.2.3 检视工具：详述健康影响评估体系及其运用

城乡规划到底会对公共健康产生何种影响，一种简便的测试方法是对城乡规划的具体项目进行健康影响评估。该书详细地介绍了健康影响评估工具的起源、改进及其特征、类型和流程。从演进的角度看，健康影响评估的发展大致经历了三个阶段：20世纪80年代，北美和一些欧洲国家开始探索健康影响评估，主要路径是模仿环境影响评估（EIA）或者将健康影响评估直接植入环境影响评估之中，旨在将健康从狭义的疾病医学领域扩展到广义的人居生活环境，唤醒决策者对经济和社会发展与健康相关联的认知；20 世纪 90 年代，健康影响评估快速发展，加拿大不列颠哥伦比亚政府开发出第一套健康影响评估工具；到 21 世纪，健康影响评估呈现出更加多元化的势态。基于健康影响评估的规划编制意味着倡导健康优先，不仅考量大气、水和土壤环境及医疗卫生设施配置，而且在城市功能布局、道路系统等方面着眼于改善居民的健康状况，引导居民健康的生活方式。基于公众参与的健康影响评估，能顾及不同年龄、不同体能城乡居民的健康需求，减少健康不公。

该书强调了健康影响评估的系统性思维、多样性评价标准的优势与特点，基于城市规划的各项要素，评估影响因子包括可持续和安全交通、健康住房、公共基础设施、公共安全和社区凝聚力、健康经济和环境管理等综合性内容。在具体的应用上，该书以美国加利福尼亚州北部乡村地区的洪堡县域及其某住区为例，从地区和社区两个尺度上介绍健康影响评估的规划实施过程与结果，具有较强的可借鉴性。与罗斯等人撰写的《美国健康影响评估》相比，该书在健康影响评估的论述上更偏重于历史脉络分析及城市规划与健康影响评估的关系，而前者偏重健康影响评估的工具操作性。

2.2.4 实证分析：探索城乡发展与公共健康相关性的案例

除了理论分析外，该书以大段篇幅，基于数据和图示语言进行实证分析，详述三个不同层级城乡规划的土地利用与公共健康的关系。在区域层面，以长三角为例，选择工业化和城镇化程度较高的长三角样本地区作为研究对象，分析 2000 年以来总体癌症发病率及发病率最高的十种癌症演变的时空特征，通过相应时段的社会经济环境指标和土地利用指标体系的构建，借助面板数据的多元回归模型，探讨土地利用变迁对研究区域癌症发病率的影响及影响的作用机制。在城市层面，选择深圳市作为研究对象，量化深圳市邻里土地利用与不同人体健康状态在行政区尺度上的关联，识别土地利用与公共健康之间因果关系路径的中介变量，分析结果可辅助公共健康政策的制定和对建成环境健康影响变量进行控制。在小区层面，分析可步行性的空间差异，探索可步行性、社会弱势性与公共健康的关联，识别可步行性、社会弱势性与公共健康关联的中介变量，从公共健康视角为城乡规划提供了一种可步行性的度量方法。这些案例为其他城市的相关健康城乡规划研究提供了可操作性的方法和参考路径。

2.2.5 理论架构：提出基于“多尺度—多维度”的“城乡健康”模型

该书强调跨学科的视野和研究方法，指出城乡健康模型涉及城乡规划、公共卫生、土地与环境科学、统计学等多学科的知识。基于理论分析和实证分析，该书作者提出“城乡健康”模型可以划分为三个空间层次：在宏观的国家或跨区域层面，研究癌症发病率/死亡率、慢性病、流行病等与社会经济、生态环境之间的关系；在中观的城市层面，开展各种与环境相关的疾病与土地利用变迁、公共设施布局、道路交通系统、绿化和开敞空间系统的相关性与因果关系研究；在微观的社区层面，分析具体的建成环境与人群健康的关系，如开放空间、健康休闲设施的布局对不同群体日常活动的影响，开展建成环境与心理健康、体重指数（BMI）等的关联性研究。此“城乡健康”模型的提出为今后的城乡健康规划研究提供了一个清晰的框架。该书还指出，在不同空间层次的城乡规划中，应听取公共卫生专家的意见，确定建成环境会影响哪些疾病，选取相关的社会经济环境指标。在各级规划尤其是总体规划的编制中，该书建议引入健康影响评估程序，编制健康影响评估专项规划，评估重大基础设施布局可能造成的健康影响等措施。通过寻求政府、机构和市民共同参与的合理城市管治路径，缓解城市的健康问题，提高居民的健康水平，实现“健康中国梦”。

3 结论与讨论

在全球化背景下，强调经济发展速度和效率使得城乡建成环境不断“恶化”，与此同时，人们关于生活质量和健康水准的意识不断觉醒，这使得城乡公共健康长期面临前所未有的挑战，因此，深入开展城乡规划与公共健康的跨学科研究势在必行。国际上目前出版了多种有关健康城市的书籍，但主要围绕健康城市、健康影响评估和健康城市规划三类主题展开，尽管三类图书在内容上存在部分重叠，但三类图书的侧重点不同。健康城市类书籍出现最早，主要是对世界卫生组织提出的“健康城市”概念与实践进行梳理和总结，通常围绕健康城市实践项目展开；健康影响评估是近十年来兴起的一种新的分析工具，该领域的书籍重点关注健康影响评估的技术和工具性应用；健康城市规划虽脱胎于健康城市运动，但是其重点落在城市规划领域对公共健康的影响上。之所以选择这三本书是因为《健康城市与城市政策研究》（2003）和《美国健康影响评估》（2014）两本书被引用次数在同类书籍中位于前列，《健康城市：通过城市规划实现公共健康》（2014）是从城市规划视角研究公共健康的先导者。国内近期出版的新书《城乡规划与公共健康》（2018）汲取了国际上已有文献的精粹，对城乡规划与公共健康的发展渊源、我国城乡发展与公共健康的关系、健康影响评估体系及其运用进行了体系化的梳理和总结，通过不同层级的实证案例分析，探索城乡发展与公共健康相结合的路径，开创性地提出了公共健康视角下的“城乡健康”模型，包括宏观、中观和微观三个层次。《健康城市：通过城市规划实现公共健康》一书中的模型也分为宏观、中观和微观三个尺度，但其是对应于个体、邻里和城市系统；而《城乡规划与公共健康》的三个层次是指宏观国家或跨区域层面、中观城市层面和微观社区层面。因此，与国际上现有的健康城市规划类书籍相比，《城乡规划与公共健康》不仅涉及城市社区，还将视野拓展至城市行政区和跨区域层面。同时，这里的健康城乡规划思想并不是区分健康“城市”和健康“乡村”，而是强调从健康视角对城乡区域进行统筹规划与整体分析。城乡规划与公共健康的交叉研究在我国仍处于起步阶段，诸如健康影响评估等制度尚未建立，如何在城乡规划的各个阶段引入健康评估，完善公共健康视角的城乡规划体系，还需要同仁们群策群力。此外，针对健康“乡村”的研究也可以成为今后探索的一个研究方向。

致谢

本研究为国家社会科学基金重点项目（17AZD011）和高密度区域智能城镇化协同创新中心部分研究成果。

参考文献

[1] Lerer, L. B. 2004. Health Impact Assessment. Oxford: Oxford University Press.

[2] Ross, C. L., Orenstein, M., Botchwey, N. 2014. Health Impact Assessment in the United States. New York: Springer New York.

[3] Sarkar, C, Webster, C., Gallacher, J. 2014. Healthy Cities: Public Health Through Urban Planning. Regency town of Cheltenham and Camberley: Edward Elgar Publishing.

[4] Takano, T. 2003. Healthy Cities and Urban Policy Research. New York: Spon Press.

[5] 高峰. 健康城市[M]. 北京: 中国计划出版社，2005.

[6] 田莉，欧阳伟，苏世亮，等. 城乡规划与公共健康[M]. 北京：中国建筑工业出版社，2018.

[7] 周向红. 健康城市[M]. 北京：中国建筑工业出版社，2008.

[欢迎引用]

李晴，张博. 健康城市与健康城乡规划图书评介[J]. 城市与区域规划研究，2018，10(4)：117-125.

Li, Q., Zhang, B. 2018. "Review of books published on healthy city and healthy urban and rural planning," Journal of Urban and Regional Planning, 10(4):117-125.

基于复杂适应性系统“涌现”的“城市人”理论拓展

周　麟　田　莉　梁鹤年　范晨璟

Development of “Homo Urbanicus” Theory Based on the “Emergence” of Complex Adaptive System

ZHOU Lin[1], TIAN Li[1], LEUNG Hok-Lin[2], FAN Chenjing[1]
(1. School of Architecture, Tsinghua University, Beijing 100084, China; 2. Department of Geography and Planning, Queen’s University, Ontario, K7L3N6, Canada)

Abstract As the current frontier theory of China’s urban and rural planning, “homo urbanicus” theory has received extensive attention from domestic and foreign scholars. On the basis of reviewing its theoretical context, this paper connect this original theory with “emergence”, which is the core concept of Complex Adaptive System Theory, and expands the theoretical framework in terms of the formation and evolution of the typical human settlement structure. First of all, more efficient opportunity matching, better information dissemination, and less contact loss will make “homo urbanicus” obtain optimal spatial contact opportunities, which enables them to choose to live in the human settlements in a certain scale. The static human settlement structure consists of a series of similar settlements. Secondly, the multi-thread downward causation of previous human settlements, the routine behavior of “homo urbanicus”, and the interaction between “homo urbanicus” and environment are the core driving forces for “homo urbanicus” to choose to inhabit and pursue the balance between self-existence and coexistence, which also promotes the operation of the human settlement system. On this basis, this

作者简介
周麟、田莉（通讯作者）、范晨璟，清华大学建筑学院；
梁鹤年，加拿大女王大学地理与规划学院。

摘　要　“城市人”理论作为当前中国城乡规划领域的前沿理论，受到国内外学者广泛关注。本文在回顾既有理论脉络的基础上，将其与复杂适应性系统中的核心概念——“涌现”建立联系，从人居系统结构的形成与演化等方面对理论框架进行拓展。首先，“城市人”为了获取最优空间接触机会，必然会追求更高效的机会匹配、更优质的信息传播和更少的接触耗损，进而会依据供需关系选择生存在具备一定规模的聚居之中，静态人居系统结构也就由一系列类似的、符合不同供需目标“城市人”共同理想的聚居构成；其次，既往人居系统结构的多线程下向因果力、“城市人”自身行为惯例和人与环境相互作用是“城市人”选择聚居，追求自存—共存平衡的核心驱动力，也推动人居系统的不断运转。在此基础上，本文认为：在城市规划与空间治理中，应强调塑造以自存—共存平衡为导向的交融型城市、以规模经济动态优化为导向的效率型城市以及以适应性为导向的关系型城市。

关键词　“城市人”理论；复杂适应性系统；涌现；人居系统结构

1　引言

“城市人”理论作为中国城乡规划领域的前沿理论，受到国内外学者广泛关注。城市由谁构成？城市规划为谁服务？城镇化应当怎样以人为本？加拿大华裔学者梁鹤年（2012）从上述本源性问题出发，对标新古典主义经济学的经济人（homo economiucus），提出这一理论并引发诸

paper holds that in urban planning and space governance, efforts should be made to build a mixing city oriented towards the balance between self-existence and coexistence, an efficient city oriented towards the dynamic optimization of economies of scale, and a relational city oriented towards adaptability.

Keywords "homo urbanicus" theory; Complex Adaptive System; emergence; human settlement system structure

多探索与争鸣。例如杨保军等（2014）从“城市人”视角出发，认为中国城镇化进程中的一些特殊群体应受到城乡规划的重点关注。魏伟、谢波（2014）论证了理性、平等的“城市人”规划价值观。刘佳燕和邓翔宇（2016）、周婕等（2017）则以此为基础，分别就社区规划、旧城更新等议题展开讨论。同时，一些规划机构、院校也成为理论践行者。例如中国城市规划设计研究院和中国城市规划学会共同主办的“规划理论年聚”，连续多年将其作为主要议题。武汉大学于2015年成立“城市人”理论研究中心，并与武汉市规划研究院共建“城市人”联合研究中心校企产学研合作平台，先后完成《武汉市15分钟社区生活圈规划实施导则》《长江中游城市群竞争力研究》等课题。可以说，在强调城镇化质量的今天，“城市人”理论正在得到越来越多业界同仁的认同。

然而，笔者发现既有文献多将“城市人”的世界视为一个封闭的黑箱（梁鹤年，2012、2014；杨保军等，2014；袁晓辉，2014；罗震东等，2016；周婕等，2017），这显然限制了理论的传播与深化，故尝试将其与复杂适应性系统理论的核心概念——“涌现”（emergence）建立联系，后续内容分为四个部分：①“城市人”理论概述；②辨析“城市人”与“涌现”的关系；③构建基于Deacon涌现的“城市人”理论体系；④提出“城市人”理论视角下的城市规划启示。

2 “城市人”理论概述

首先，研究通过问答方式对“城市人”理论进行回顾。

（1）“城市人”是谁？梁鹤年（2012、2014）认为，从人的理性出发，“城市人”是一个以最小气力去追求最高自存—共存平衡的人。从人的物性出发，“城市人”是一个理性选择聚居以获取最优空间接触机会的人。同时，“城市人”不仅包含具备生命体特征的人类，还包含企业、学校、政府等群体组织。

（2）理论基础为何？两条脉络：一为古希腊自然哲学时期的自然法，主要遵循自存（保存自身与维持自身的品质）与共存（与人互利共生）相得益彰的生物界秩序；二为人类聚居学，主要遵循人以居聚的思想。

（3）基本假设为何？异质性假设，不同“城市人”的供给需求存在显著差异，与其年龄、性别及成长历程息息相关。理性假设，与“经济人”的绝对理性不同，“城市人”有自知之明，不仅要利己，还要与他人和谐共生。聚居假设，即上文提到的人以居聚。

（4）“城市人”是绝对理性吗？在动机上绝对理性，以最小气力去获取最高自存—共存平衡是其生存目标，但在行为上有限理性，任何人都不可能在做出决策之前掌握需要考虑的所有信息，更不会去计算效用函数，故不会做出绝对理性的判断。

（5）理论主体包括哪些？四个主体。①“城市人”，理论的微观行为主体；②聚居，城市人集聚在一起的空间现象；③人居，不同类型的人居（如城市交通系统、公共服务系统等）为城市人提供不同规模、特性的聚居；④人居环境，即城市人所处的空间环境。

（6）空间接触机会具备哪些属性？一为关系属性，“城市人”的行为目的性极强，空间接触机会便是其搭建供需匹配关系的桥梁，即不同“城市人”通过接触来各取所需并努力达到双方效用的最大化；二为不确定性属性，不同“城市人”对相同事件的理解存在差异，在匹配过程中必然存在磨合、误解等，接触的质与量由此出现不确定性。

（7）理论核心机制为何？在城市中，“城市人”依据需求选择某一类型人居，而后入驻有机会达到最高自存—共存的聚居，并通过构建关系来获取空间接触机会，完成供需匹配。这一过程中，“城市人”的行为既受供需双方影响，也受城市规划调控。

（8）理论时间观为何？遵循达尔文的演化时空观，时间是真实的、不可逆的。

（9）“城市人”的世界存在均衡吗？不存在。空间接触机会的不确定性与“城市人”行为的有限理性决定了这个世界在不断运动，伴随着此消彼长。

（10）城市规划能为“城市人”做些什么？从现阶段理论框架来看：首先，为“城市人”画像，从动机与行为出发，自下而上地理解其供需关系；其次，以最高自存—共存平衡为目标，自上而下地进行规划引导、调控，做到有针对性地提升空间接触机会的质与量，最大限度满足供需关系。

由上述问答可知，“城市人”的理论框架日臻成熟，但仍有值得商榷之处。首先，聚居假设较松。在经济学、地理学等相邻学科理论中，基本假设通常作用于宏大世界观或微观行为主体，而聚居作为“城市人”理论中承上启下的空间现象，其形成机理需要论证。其次，“城市人”、聚居、人居等不同主体间的关系如何？其详细的层级结构仍需进一步搭建。最后，“城市人”世界的时间是真实的，有必要让理论动起来，建构从静态到动态的系统发生机制。基于此，本文尝试引入复杂适应性系统中的“涌现”概念，对理论框架进行完善、拓展。

3 “城市人”与 Deacon 涌现

3.1 “城市人”的世界是一个复杂适应性系统

“城市人”的世界复杂吗？首先，以最小气力追求最高自存—共存平衡是他们的生存动机。如果说自存代表利己主义，共存则代表利他主义，即适应性。其次，空间接触机会的不确定性表明“城市人”的相互作用是复杂的，过程、产出均无法预测。再者，梁鹤年（2012、2014）强调，人之所以聚居，是为了追求更多、更好的接触，并得到只有聚居才能提供的某些东西，这意味着非线性层级跃迁的存在。因此，本文认为“城市人”的世界实为一个复杂适应性系统。

3.2 Deacon 涌现

涌现作为复杂适应性系统的核心概念（Holland，1992），被诸多城市与区域研究学者视为一个从无到有、由简入繁的过程（Batty，2012；Martin and Sunley，2012；杨东援，2017；仇保兴，2017）。其中，加州大学伯克利分校人类学教授迪肯（Deacon，2006）认为，涌现并非仅存在于复杂适应性系统中，他从适应性主体的学习、认知能力入手，将记忆与环境协同植入涌现概念，并认为复杂适应性系统中的涌现存在于兼具记忆与环境协同的非线性层级跃迁中，简称为 Deacon 涌现。

如图 1 所示，迪肯（Deacon，2006）将系统主体简化为高、低两个层级，高层级主体由一定规模的、存在记忆的低层级主体通过相互作用构成。以 t 期为例，低层级主体的性质及彼此间相互作用不仅受到 t–1 期高层级主体形成时涌现的新奇（novelty）的下向因果力（downward causation），还可能受到先前任一时期高层级主体的跨期影响。换言之，t 期每一组低层级主体间的相互作用都会成为日后任一时期高层级主体的潜在初始条件，系统随之出现矩阵相乘式的累积因果关系，下向因果力由此具备多线程的特征，而 t 期低层级主体自身的发育路径也将存于记忆之中并会对后续行为构成临期或跨期影响。随后，对环境协同进行解释。迪肯非常强调所处环境对于系统演化的驱动作用，低层级主体具备评估环境的能力并会为了更好地适应环境而做出某些协同决策，如依据环境调整自身行为、引导环境向有利于自身演化路径的方向调整等，这无疑会引导彼此间相互作用，进而影响高层级主体的形成。

显然，“城市人”的世界具备 Deacon 涌现现象，而涌现的新奇也会成为“城市人”做出聚居选择与空间接触决策的重要驱动力，进而推动系统的运转。这为弥补聚居假设较松、层级关系明晰度较弱以及动态机理有待演绎等不足提供了契机。

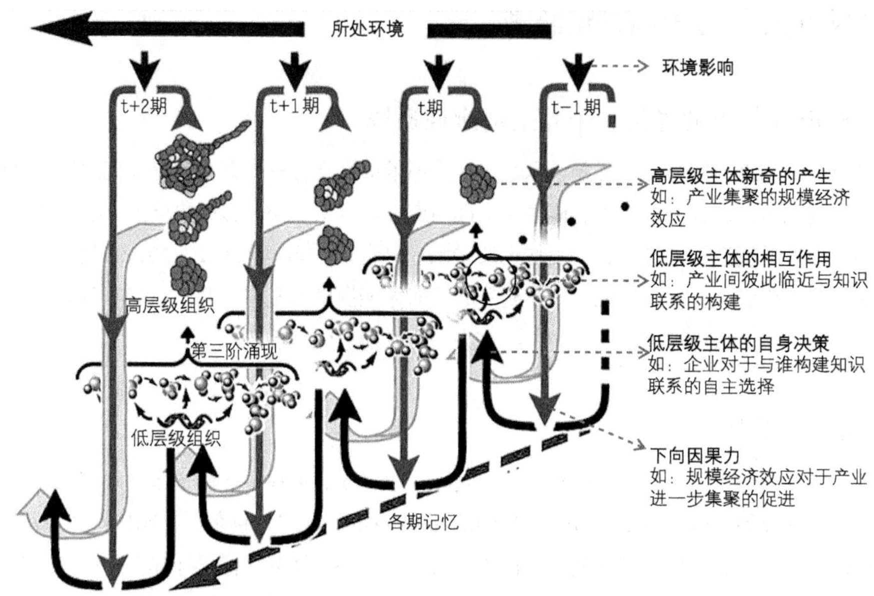

图1　Deacon 涌现示意

资料来源：根据迪肯（Deacon，2006）论文改绘。

3.3　基于 Deacon 涌现的“城市人”理论框架构建

在此基础上，研究尝试基于 Deacon 涌现对现有理论框架进行完善、拓展。首先，对构成要素与基础假设进行重新界定。构成要素保持不变，即“城市人”、聚居、人居与人居环境。基本假设则在异质性假设与理性假设的基础上，增加自由进出假设，即“城市人”可自由进出聚居、人居与城市。随后，对城市中的人居系统进行重新界定。由图2可知，“城市人”系统在运转过程中存在两个关键环节，即人居系统结构的形成与演化。

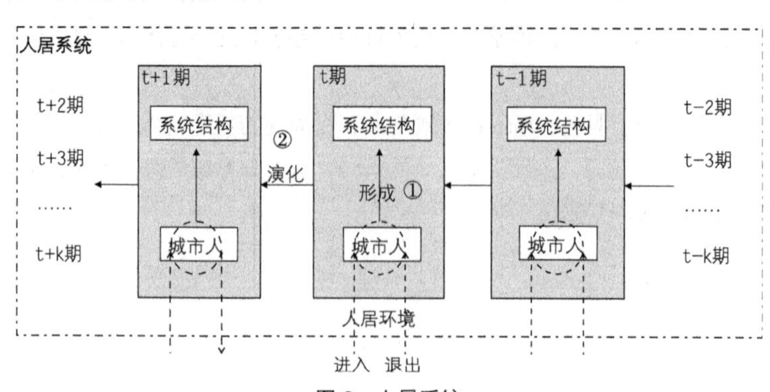

图2　人居系统

3.3.1 人居系统结构的形成

人居由不可计数的聚居组成，而“城市人”的生存之道便是以获取最优空间接触机会为动机，选择最为契合的聚居进行生产、生活（梁鹤年，2012、2014）。空间接触机会由此称得上是人居系统结构形成的中介变量。借鉴迪朗东和普加（Duranton and Puga，2004）对集聚经济微观基础的分析框架，研究将空间接触机会进行拆解，从机会匹配、信息传播与接触耗损等方面（图 3）对人居系统结构的形成进行演绎。

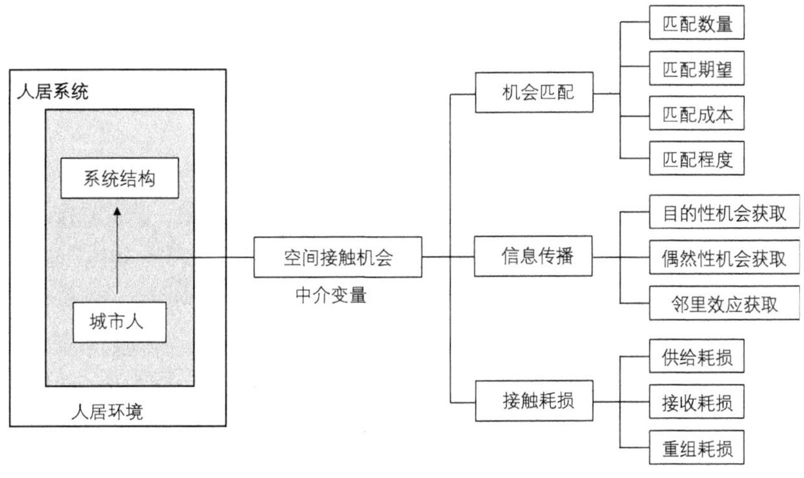

图 3 静态人居系统结构机理

（1）机会匹配。源于社会分工带来的“城市人”互补性。“城市人”为了获取更为优质的接触机会，必然要面对与谁匹配的问题，研究认为匹配数量、匹配期望、匹配成本与匹配程度是其重点考虑的。①匹配数量，即“城市人”在生产、生活范围内包含的匹配对象数量。一定规模的聚居能够提供更大、更多样的“供需匹配池”，这会为成功匹配带来更多选择与更高概率。②匹配期望，即“城市人”成功搜寻到理想匹配对象的期望。聚居带来的匹配数量、概率增加往往会带来良好的匹配外部性，使得“城市人”匹配期望上升。③匹配成本，即“城市人”获得满意空间接触机会的搜索成本，包括时间成本与通勤成本。聚居带来的临近（包括地理临近、社会临近与制度临近等）则能够有效减低匹配成本，减少搜索浪费。④匹配程度，即实际获取的空间接触机会与最优接触的差距，差距越小，匹配程度越高。聚居可为“城市人”在低搜寻成本的前提下提供更多选择机会，为机会匹配的优中选优提供支撑。综上所述，聚居可使不同“城市人”周围形成一个分工细化、关系密切的接触场，若聚居规模合适，“城市人”的匹配数量、匹配期望与匹配程度均可达到一个很高的水平，匹配成本也会大幅降低。因此，“城市人”偏好入驻具备一定规模的聚居。

（2）信息传播。源于接触过程中的有效信息交换。“城市人”的接触在很大程度上依靠信息流，并会经历学习、转译、重构等繁多过程。其中，与显性可得信息相比，隐性溢出信息对“城市人”更为重要，其需要更为频繁的人际交流与面对面商议，基于此形成的非正式关系网络被视为信息传播的基础（Polanyi，1958；梁琦，2004；Palmberg，2012；Schmidt，2015）。相应地，“城市人”的聚居选择也深受其影响。①目的性接触机会获取。聚居带来的临近使得“城市人”能够获得更多的隐性信息，目的性接触机会的质与量由此提升。②偶然性接触机会获取。聚居带来的关系网络可使“城市人”有机会吸收、接纳更为多元化的隐性溢出信息，这对于提升自存—共存平衡极为重要。③邻里效应的获取。同一聚居内社会经济环境相似，“城市人”拥有的关系网络也多少存在交集，无论偶然性还是目的性接触，生产、生活的诸多共同点会使彼此间的信任程度更高，交流更为顺畅，进而促进隐性信息溢出，提升接触质与量。因此，“城市人”为了享有更多、更优质的隐性溢出信息，偏好进驻具备一定规模的聚居。

（3）接触耗损。在接触过程中，接触耗损往往是不可抗的，且与地理空间相关。如何最大限度降低耗损影响着“城市人”的聚居选择，进而作用于人居系统。本文认为在一次完整接触中存在三次耗损。①供给耗损。为了更好地表达或便于匹配者理解，“城市人”往往会将原始信息进行加工、编码，耗损出现。②接收耗损。匹配者在接收信息时，会按照自身需求、理解对供给信息进行提取，耗损出现。③重组耗损。匹配者将有效信息转译、整合进自身信息库的过程中，必然会结合已有信息存量对其进行重组，耗损出现。如何降低三重耗损？显然，更为相近的世界观、更为紧密的信任机制、更为熟络的关系网络是其中的关键要素，而这在具备一定规模的聚居中更易获取。

综上所述，在人居系统中，更高效的机会匹配、更优质的信息传播和更少的接触耗损是“城市人”追求的，规模过小的聚居提供的接触机会有限，无法达到上述追求，而规模过大的聚居则会带来拥挤效应。以企业选址为例，上海市的上市企业总部具备显著的内环中心区集聚特征，并在陆家嘴—徐家汇中心区—漕河泾开发区沿线出现连续规模峰值。同时，企业密度随距离中心区距离的增加而迅速降低（王俊松等，2015）；米兰、巴黎、多伦多等城市的高新技术企业集聚则直接带动了郊区高精尖、专门化次中心的形成（Airoldi et al.，1997；Shearmur et al.，2007；Halbert，2012）。可以说，“城市人”会依据供给需求而选择生存在具备一定规模的、与之目标匹配的聚居中，人居系统也就由一系列类似的、符合城市人共同幻想的聚居构成。

3.3.2 人居系统结构的演化

由上文可知，人居系统结构的演化实为若干聚居的此消彼长，考虑到聚居由“城市人”组成，靠彼此间关系维系，不同时期“城市人”的聚居选择与接触决策由此成为其中的关键。结合 Deacon 涌现，本文认为在人居系统中，既往人居系统结构的多线程下向因果力、“城市人”自身的行为惯例、人与环境的相互作用共同引导“城市人”的一系列决策，进而推动系统的演化，具体如下。

（1）既有人居系统结构的多线程下向因果力。以 t 期为例，无论初入人居、存于聚居或是准备再次择居，城市人的行为不仅受制于 t–1 期的人居系统结构，还可能受到先前任一时期结构的跨期影响。研究将这种下向因果力分为两类。①空间接触驱动力。既往人居系统结构可视为获取、搜寻空间接触机会的参考平台，不同人在选择聚居时均会评估目标或所在聚居的发展路径。一个运转良好的聚居会在先前发展中提供更为优质的空间接触机会、更为熟络的社会关系等，由此产生的自存—共存平衡愿景必然引发“城市人”的集聚。相比而言，一个发展趋于停滞甚至衰落的聚居则无法为“城市人”提供优质接触机会，由此引发“城市人”的逃离与疏远。②聚居声誉驱动力。“城市人”在搜索匹配对象时，通常会将聚居的整体声誉视为重要标签，一个运转良好的聚居（如重点小学学区、高收入社区等）累积的声誉对内部“城市人”的形象有着显著正向影响，进而提升聚居的吸引力。相应地，如果聚居声誉出现下跌（如犯罪率上升、交通拥堵严重），内部“城市人”形象也会随之受损。因此，t期“城市人”在选择聚居时必会考虑目标区位的综合声誉，这不仅有利于获取更为优质的空间接触机会，也会提升自身形象。

（2）“城市人”的行为惯例。行为惯例的影响同样是多线程的，在 t 期，任何“城市人”的决策都可能受到 t–1 期及先前任一时期行为惯例的影响。研究将这种惯例分为两类。①空间接触惯例。每个“城市人”的生命阶段各异，发育轨迹也独一无二，动机的绝对理性与行为的有限理性使其偏好以亲身经历为样板，以期降低风险发生的概率并在可控的范围内获取更为优质的空间接触机会。②聚居选择惯例。聚居选择决定了“城市人”的关系网络、声誉及地方关照等，而改换门庭也需要花费一定的人力和物力代价。因此，“城市人”会谨慎选择聚居，惯例则可帮助他们判断怎样做与目标愿景更匹配。

（3）人与环境的相互作用与演化。在人居系统中，“城市人”与人居环境相互依赖、彼此适应，研究运用复杂适应性系统中的稳健性（robustness）、可塑性（plasticity）与生态位构建（niche construction）等概念进行解读。①稳健性，即“城市人”为了适应环境而保留核心竞争力的能力。稳健性强的人会实时评估环境，做到以不变应万变。反之，有些人则可能迷失在环境变化的灌木丛中，进而轻易调整核心竞争力，对演化路径造成负面影响。②可塑性，即“城市人”为了适应环境而进行创新的能力。可塑性强的人会在保持核心竞争力的基础上，会结合环境进行“稳中求胜”式创新。反之，有些人则无法根据环境变化来做出恰当的改变，这可能会使其错失一些关键发展机会。③生态位构建，即“城市人”对于人居环境的塑造能力。如果将“城市人”比喻为寄生物，环境则可视为寄主，前者的任何决策均会对后者造成影响，一些人甚至尝试通过某些手段去控制环境的变迁。例如：高技术人才的集聚可能会使所在区域的中高端零售商铺、咖啡馆及餐厅数量增加，而诸多国家级科技园区的挂牌便得益于所在区域企业家联盟的推动与创新网络的密集。

如图 4 所示，在人居系统中，t 期的城市人是在 t–1 期及先前人居系统结构的多线程下向因果力、自身的行为惯例以及当期人与环境相互作用的基础上做出聚居选择与接触决策的，无数空间接触机会的交织推动系统由“城市人”层级向人居层级跃迁，并涌现出规模经济、匹配优势等新奇。随后，t 期人居结构与“城市人”的生产、生活经验又会整合至 t+1 期的下向因果力与行为惯例中，并结合该期人与环境的相互作用，推动“城市人”做出相应决策，决定人居系统结构的发展路径。以此类推，人居系统也就跟着动了起来。

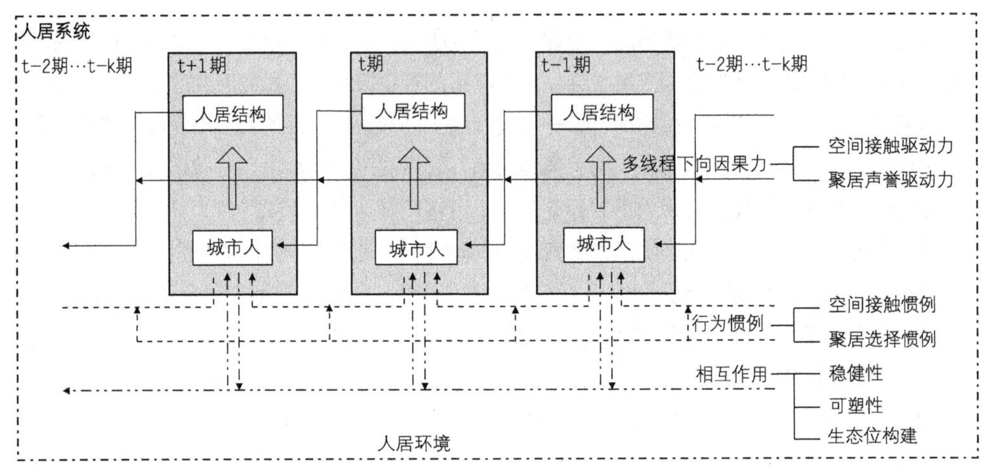

图 4 动态人居系统结构机理

4 "城市人"理论的城市规划启示

梁鹤年（2014）认为，"城市人"语境下的城市规划应以满足城市人的最高自存—共存平衡为原则去构建规划指标体系，将提升空间接触机会的质与量视为基本目标，并以中小学选址与居民购房、商场选址与顾客购物等为例进行论证。结合基于 Deacon 涌现的理论框架，研究认为还应从复杂性与演化视角出发，在城市规划与空间治理过程中注重自存—共存的演化平衡，规模经济的动态优化以及城市的"空间—社会"弹性。

4.1 塑造人人共享的空间，规划建设自存—共存演化均衡为导向的交融型城市

人人共享（City for All）是人居三《新城市议程》的核心理念，旨在倡导城市中的社会公平、权利平等、人人有义与人人有责（石楠，2017），这与"城市人"理论不谋而合。因此，应充分考虑"城市人"的供给需求，规划建设自存—共存演化均衡为导向的交融型城市。建议：首先，在应对不同城市发展诉求时，需从人的尺度出发，对利益相关者归类，提取典型"城市人"，并通过海量数据分析、问卷调查与深度访谈等量性结合方法进行全息画像，理清不同类型"城市人"在追求最高自存—共存平衡时的生产、生活需求，以此为基础做出规划决策；其次，应重视后续过程调控，设置典型"城市人"动态反馈系统，将满意度（如公共服务满意度、居民生活满意度等）作为重要的规划评估指标，定期监测、评估满意度变化与供需匹配情况，在持续的互动、博弈中推动不同目标人群的交融，优化城市功能结构。

4.2 塑造具备良性涌现机制的空间，规划建设规模经济动态优化为导向的效率型城市

在人居系统中，“城市人”往往会选择进驻具备一定规模、与之目标匹配的聚居，其在演化过程中涌现的新奇有助于提升“城市人”获取最优空间接触机会的概率，而从运转效率视角来看，新奇即为“城市人”集聚释放的规模经济效应。因此，应充分理解城市的涌现机制规划建设规模经济动态优化为导向的效率型城市。建议：首先，应重视对良性涌现机制的引导，在数字化方案模拟时着重刻画社会经济效益，特别是揭示某些区域的规模报酬递增或递减机制，理解恰合时宜的土地开发规模与产业构成涌现的规模经济效应对最高自存—共存平衡的推动作用。其次，应对目标区域的规模经济效应进行动态识别，并构建相关评估指标体系。例如：在商务中心区运营过程中，可设定中心区经济效率衰减曲面、社会关系网络疏密曲面与满意度空间变化曲面等多维规模经济指标，理解“城市人”生产、生活与空间接触的时空分布规律，并通过实时监测与定期调控来维系中心区的高效运转。在学区划定与管理过程中，应摸清现有中小学服务对象的实际居住范围，避免产权与户口配置导向，绘制可达性与可负担性曲面，推行因地制宜的生源混合与开放录取，提升学区划定效率（毕波等，2017）。

4.3 塑造具备“空间—社会”演化弹性的空间，规划建设以适应性为导向的关系型城市

演化弹性（revolutionary resilience）意为复杂适应性系统在面对外生扰动冲击和内生涌现新奇时的适应与掌舵发育路径的能力（Carpenter et al.，2005）。对于城市而言，社会经济的不确定性与突发性事件往往会引导城市发展，甚至决定兴衰起伏。如何培育城市的“空间—社会”演化弹性，规划建设以适应性为导向的关系型城市对于城市规划与空间治理至关重要。建议：首先，社会关系网络的质量是“城市人”能否获取优质空间接触机会的基础，也是涌现正向新奇的助推器。因此，应通过一些手段（如：规划混合多样的社区，提升居民对城市事务的参与度，激活多方利益主体的公共协商平台等）推进强弹性社会关系网络的形成，使其成为增强城市“空间—社会”演化弹性的基石。其次，可从空间接触机会的发生入手，关注交往空间。接触质与量的提升非常依赖面对面交流与非正式会面，而这些多发生在咖啡馆、茶室乃至某个露天广场的长凳上等公共空间。这些看似普通的场所不仅是茶余饭后的休憩地，还可能在一些关键时刻扮演影响城市与区域发展的议事厅。因此，从人的视角出发，营造富有人情味的、尺度宜人的交往空间，将会对演化弹性的增强与关系型城市的规划建设起到推动作用。

5 结论

随着新型城镇化的有序推进与空间规划体系的推陈出新，城乡规划学科如何发展，如何更好地处理“人—人”关系与“人—地”关系，提升城镇化与城乡发展水平是亟待深入探讨的议题。“城市人”

作为当前中国城乡规划学科的前沿理论，起点在人（人的理性与物性），终点也在人（自存—共存平衡与美好生活塑造），这无疑为上述议题的破题提供了较强的理论支撑。

本文系统回顾了该理论的发展脉络，并将其与复杂适应性系统中的“涌现”概念建立联系，以期对理论框架进行拓展。首先，更高效的机会匹配、更优质的信息传播和更少的接触耗损，会使得“城市人”按照供需关系选择生存在具备一定规模的聚居之中，由此形成“城市人”世界里的静态人居系统结构；其次，既往人居系统结构的多线程下向因果力、“城市人”自身的行为惯例和人与环境的相互作用是“城市人”选择聚居、追求最高自存—共存平衡的核心驱动力，也推动人居系统结构的动态化与整个“城市人”世界的运转。基于此，本文认为应将塑造人人共享的空间，规划建设自存—共存演化均衡为导向的交融型城市；塑造具备良性涌现机制的空间，规划建设规模经济动态优化为导向的效率型城市；塑造具备良性涌现机制的空间，规划建设规模经济动态优化为导向的效率型城市视为日后有城市规划与空间治理的重要目标。

参考文献

[1] Airoldi, A., Janetti, G. B., Gambardella, A., et al. 1997. “The impact of urban structure on the location of producer services,” Service Industries Journal, 17(1): 91-114.

[2] Batty, M. 2012. “Building a science of cities,” Cities, 29: S9-S16.

[3] Carpenter, S. R., Westley, F., Turner, M. G. 2005.“Surrogates for resilience of social-ecological systems,” Ecosystems, 8(8): 941-944.

[4] Deacon, T. W. 2006. “Emergence: The hole at the wheel's hub,” in The Re-emergence of Emergence: The Emergentist Hypothesis from Science to Religion, (159): 111.

[5] Duranton, G., Puga, D. 2004. “Micro-foundations of urban agglomeration economies,” in Handbook of Regional and Urban Economics. Elsevier, 2063-2117.

[6] Halbert, L. 2012. “Collaborative and collective: Reflexive co-ordination and the dynamics of open innovation in the digital industry clusters of the Paris region,” Urban Studies, 49(11): 2357-2376.

[7] Holland, J. H. 1992. “Adaptation in natural and artificial systems: An introductory analysis with applications to biology, control, and artificial intelligence,” Ann Arbor, 1992, 6(2):126-137.

[8] Martin, R., Sunley, P. 2012. “Forms of emergence and the evolution of economic landscapes,” Journal of Economic Behavior & Organization, 2012, 82(2): 338-351.

[9] Mitchell, M. 2009. Complexity: A Guided Tour. London, UK: Oxford University Press.

[10] Palmberg, J. 2012. “Spatial concentration in the financial industry,” in The Spatial Market Process. Emerald Group Publishing Limited, 2012, 313-333.

[11] Polanyi, M. 1958. Personal Knowledge: Towards a Post-Critical Philosophy. Chicago, IL: University of Chicago Press.

[12] Schmidt, S. 2015. “Balancing the spatial localisation ‘tilt’: Knowledge spillovers in processes of knowledge-intensive services,” Geoforum, 65(8): 374-386.

[13] Shearmur, R., Coffey, W., Dube, C., et al. 2007. "Intrametropolitan employment structure: Polycentricity, scatteration, dispersal and chaos in Toronto, Montreal and Vancouver, 1996-2001," Urban Studies, 44(9): 1713-1717.
[14] 毕波，林文棋，陈清凝. 基于社会空间分异的北京市中小学服务分布研究[J]. 城市发展研究，2017，24(10)：70-78.
[15] 梁鹤年. 城市人[J]. 城市规划，2012，36(7)：87-96.
[16] 梁鹤年. 再谈“城市人”——以人为本的城镇化[J]. 城市规划，2014，38(9)：64-75.
[17] 梁琦. 知识溢出的空间局限性与集聚[J]. 科学学研究，2004，22(1)：76-81.
[18] 刘佳燕，邓翔宇. 基于社会—空间生产的社区规划——新清河实验探索[J]. 城市规划，2016，40(11)：9-14.
[19] 罗震东，夏璐，耿磊. 家庭视角乡村人口城镇化迁居决策特征与机制——基于武汉的调研[J].城市规划，2016，40(7)：38-47+56.
[20] 仇保兴. 城市规划学新理性主义思想初探——复杂自适应系统(CAS)视角[J]. 城市发展研究，2017，24(1)：1-8.
[21] 石楠.“人居三”、《新城市议程》及其对我国的启示[J]. 城市规划，2017，41(1)：9-21.
[22] 王俊松，潘峰华，郭洁. 上海市上市企业总部的区位分布与影响机制[J]. 地理研究，2015，34(10)：1920-1932.
[23] 魏伟，谢波. 文化基因背景下的西方规划师价值观——兼论“城市人”理论[J]. 规划师，2014，30(9)：21-25.
[24] 杨保军，陈鹏，吕晓蓓. 转型中的城乡规划——从《国家新型城镇化规划》谈起[J]. 城市规划，2014，38(S2)：67-76.
[25] 杨东援. 城市居民空间活动研究中大数据与复杂性理论的融合[J]. 城市规划学刊，2017(2)：31-36.
[26] 袁晓辉. 关于城市人与规划人互动的理论初探——在我国城乡规划理论中的地位和作用[J]. 城市规划，2014，38(2)：85-90.
[27] 周婕，姚文萃，谢波，等. 从博弈到平衡：中西方旧城更新公众参与价值观探析[J]. 城市发展研究，2017，24(2)：84-90.

[欢迎引用]
周麟，田莉，梁鹤年，等. 基于复杂适应性系统“涌现”的“城市人”理论拓展[J]. 城市与区域规划研究，2018，10(4)：126-137.
Zhou, L., Tian, L., Leung, H. L., et al. 2018. "Development of 'homo urbanicus' theory based on the 'emergence' of complex adaptive system," Journal of Urban and Regional Planning, 10(4):126-137.

中国城镇化进程的边际效益评价研究

管卫华　乔文怡　杨　星　顾朝林

Study on the Evaluation of the Marginal Benefits of China's Urbanization

GUAN Weihua[1], QIAO Wenyi[1], YANG Xing[1], GU Chaolin[2]
(1.College of Geography Science, Nanjing Normal University, Nanjing 210023, China; 2. School of Architecture, Tsinghua University, Beijing 100084, China)

Abstract Based on the theory of marginal benefit, this paper evaluates the economic, social, and ecological and environmental benefit of land urbanization and population urbanization in China during 2003-2016 by using quadratic curve fitting. The results show that: 1)The changing trend of the comprehensive benefit of land urbanization and population urbanization was consistent, showing the same inverted "U" shape and reaching the maximum critical point around 2012; 2)The economic benefits of land urbanization and population urbanization showed a progressively increasing trend during 2003-2012, while the social benefits rose during 2003-2013, and then dropped; 3)The ecological and environmental benefits of land urbanization and population urbanization showed an upward trend during 2003-2005 and 2003-2007, followed by a generally downward trend and dropped to a negative value after 2012, which demonstrates that urbanization is conducive to the improvement of ecological and environmental quality; 4)Since the 2010s, China is facing a transformation of its urbanization mode because the traditional mode that relies on resources for expansion encountered its the bottleneck, and the mode of intensive use

作者简介
管卫华、乔文怡、杨星，南京师范大学地理科学学院；
顾朝林，清华大学建筑学院。

摘　要　本文基于边际效益原理，利用二次曲线拟合，对2003～2016 年中国土地城镇化和人口城镇化所产生的经济、社会与生态环境效益进行评价。结果表明：①土地城镇化和人口城镇化的综合效益变化总体上表现出相同的倒“U”形，2012 年左右达到最大临界点；②土地城镇化和人口城镇化的经济效益在 2003～2012 年呈递增趋势，社会效益在 2003～2013 年呈上升趋势，此后呈下降趋势；③土地城镇化和人口城镇化的生态环境效益在 2003～2005 年和 2003～2007 年呈上升趋势，此后总体上呈下降趋势，并在 2012 年之后降为负值，表明城镇化有利于提升生态环境质量；④21 世纪 10 年代以后中国城镇化面临转型发展，传统依赖资源扩张发展模式面临“瓶颈”，需要通过资源的集约利用来提升城镇化效益，这既是城镇化进程发展的趋势，也是国家相关政策实施的结果。

关键词　城镇化；边际效益；经济效益；社会效益；生态环境效益

改革开放以来，中国城镇化得到较快发展（图 1），尤其是进入 21 世纪以来，中国城镇化进入快速发展阶段（图 2），2011 年中国城镇化率首次超过 50%，中国社会经济和城乡关系也进入新阶段，中国城镇化与区域经济增长也呈现相互作用的特点（管卫华等，2016）。预测到 2050 年，中国城镇化水平将达到 75%左右，中国城镇化进入稳定和饱和状态（顾朝林等，2017）。随着城镇人口的增加，城镇建设用地的空间扩展成为中国土地利用变化的主要特征（谈明洪等，2004；周一星，1995），中国城镇建成区

of resources needs to be applied to promote the urbanization benefits, which is not only the development trend of urbanization process, but also a result of the implementation of the relevant national policies.

Keywords urbanization; marginal benefit; economic benefit; social benefit; ecological and environmental benefit

面积在 2003～2016 年年均扩张率为 5.286%。以“土地引资”和“土地财政”为核心动力的快速城镇化发展模式给经济增长带来“红利”的同时，也出现了城市的无序扩张和建设面积的不断扩大以及耕地逐渐减少的现象。图 3 和图 4 分别是以 2003 年为基准年的 2003～2016 年中国城镇人口的增量和城镇建成区面积的增量变化，可以发现，无论是城镇人口还是城镇建成区面积，均呈现上升趋势，为此政府和学术界从可持续发展思想、城市规划理念和低碳经济等角度，分别提出“紧凑式发展”（方创琳、马海涛，2013）、“精明增长”（Christoph et al.，2007）、“内填式开发”（Gill et al.，2008）、“集约式发展”（苏红键、魏后凯，2013），探讨如何有效利用城镇土地，其核心思想是通过现有土地的集约利用及有效利用，实现城市边界的理性扩张。对中国城市建设用地扩张下边际效益问题的研究将有助于揭示城镇化过程中土地利用导致的一系列问题。

《土地科学词典》将“土地利用效益”定义为：土地利用活动所取得的各种有用成果的总和，包括经济效益、社会效益和生态效益三种（陈洪博，1992）。关于城市建设用地效益的相关研究，国外主要集中在建设用地对区域经济、社会或生态环境的影响，其中以对生态环境的影响如热岛效应、土壤污染问题等间接的土地利用生态环境效益方面的研究为多。国内的相关研究从土地利用系统的整体出发，基于“经济—社会—生态”视角，通过构建指标体系，定量评价城市建设用地的综合效益或经济、社会、生态单方面的利用效益（周滔等，2004；彭建等，2005；周飞等，2007）。其中以单方面的经济效益研究居多，学者们运用不同的数据来源、计量方法等，定量研究了不同地区建设用地扩张对我国经济增长的贡献（黄季焜等，2007；毛振强、左玉强，2007；张占录、李永梁，2007；丰雷等，2008；谭术魁等，2012；李鹏、濮励杰，2012）。研究涵盖了全国、省域、市域和县域等不同尺度。通过对文献的梳理可以发现，在研究方法上，大多数学者采取计

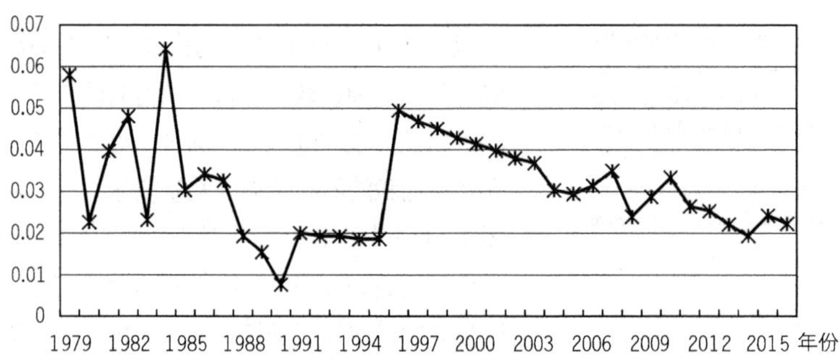

图1 改革开放以来中国城镇化率增长率（%）

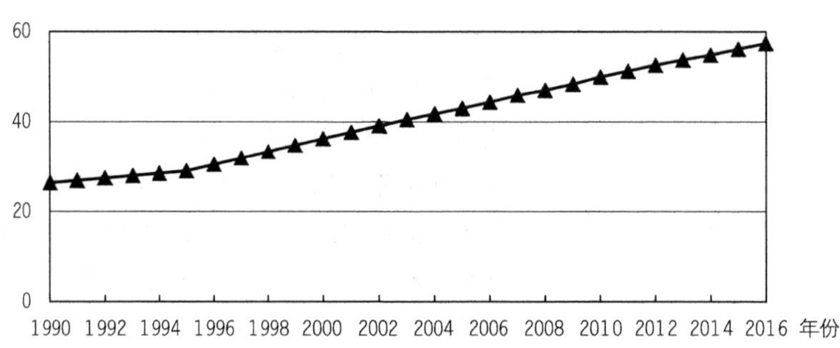

图2 1990年以来中国城镇化率（%）

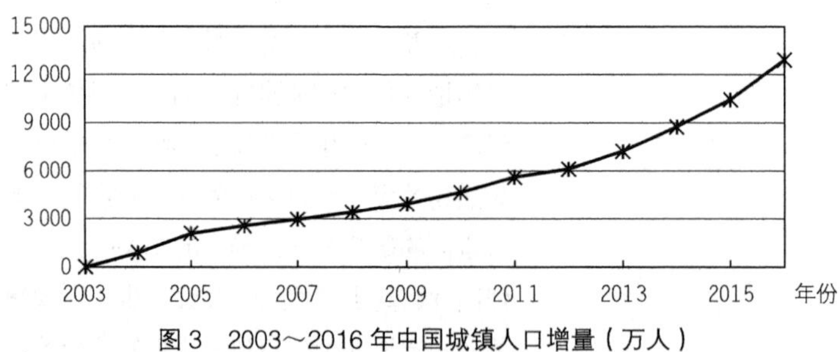

图3 2003～2016年中国城镇人口增量（万人）

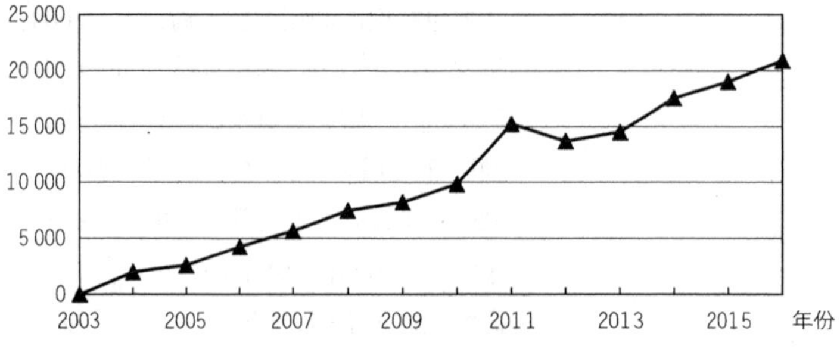

图4 2003～2016年中国城镇建成区面积增量（km^2）

算各因子总分的方法来衡量土地利用经济效益，未对投入和产出之间的关系进行比较。评价方法上，除了用于评价的主体方法不同之外，确定各级指标权重的具体方法也存在差异。国内外研究主要集中于应用简单的数理统计方法从经济层面对城市土地利用效益进行定量分析，鲜有分别从土地城镇化和人口城镇化的角度去综合探讨城镇化进程中的边际效益问题。本文从经济学的视角出发，试图将边际理论引入城市人口增长和城市建设用地扩张所带来的效益研究中，分析土地城镇化和人口城镇化下经济、社会、生态环境效益变化，以期为国家相关部门对当前中国城镇化阶段判断和政策制定提供科学依据。

1 数据来源与处理

1.1 数据来源

本文选取全国（不包含西藏、台湾、香港、澳门）地级市建成区面积、市辖区 GDP、城市人口、废水排放量、废气排放量和烟（粉）尘排放量等指标，其数据来源于《中国城市统计年鉴》（2004～2017）。各地级市的 GDP 增长指数来源于各省统计年鉴（2004～2017）及个别市的统计年鉴（2004～2016）。

1.2 变量选取和数据处理

本文从经济效益、社会效益和生态效益三个方面进行土地城镇化与人口城镇化的综合效益评价研究。考虑到全国地级市有关生态环境数据从 2003 年开始有统计，因此本文有关评价分析以 2003 年为起始年份进行研究。

1.2.1 土地城镇化的边际效益

所谓边际效益，在经济学中指在其他情况不变的条件下，增加一个单位要素投入给生产带来的产值增量。其计算公式如下：

$$MR=\frac{\Delta Y}{\Delta X}=\frac{Y_t-Y_0}{X_t-X_0} \tag{1}$$

式中：MR 表示边际效益，ΔY 表示产值的变化量，Y_t 表示 t 时刻的产值，Y_0 表示初始阶段的产值；ΔX 表示投入要素的变化量，X_t 表示 t 时刻的投入要素，X_0 表示初始阶段的投入要素。

（1）经济效益

具体到建设用地扩张下的经济效益是指在其他情况不变的条件下，增加一单位建设用地给生产带来产值的增加量，其计算公式如下：

$$MR_{ec} = \frac{\Delta Y_{ec}}{\Delta X} = \frac{Y_{ect} - Y_{ec0}}{X_t - X_0} \tag{2}$$

式中：MR_{ec} 表示经济边际收益（边际效益），ΔY_{ec} 表示城市 GDP 的变化量，ΔX 表示建成区面积增量。同理可计算出社会效益 MR_{sc}、生态效益 MR_{en}。

（2）社会效益

土地利用的社会效益是指土地利用能够给社会带来的收益。计算公式如下：

$$MR_{sc} = \frac{\Delta Y_{sc}}{\Delta X} = \frac{Y_{sct} - Y_{sc0}}{X_t - X_0} \tag{3}$$

式中：MR_{sc} 表示社会边际收益效益，ΔY_{sc} 表示就业人员的变化量，ΔX 表示建成区面积增量。

（3）生态环境效益

本文将熵值法引入生态环境效益的计算中，从环境承载力视角选取单位面积污染物排放量进行生态环境效益评价（管卫华等，2011），对单位面积废水、单位面积废气、单位面积废渣量综合计算权重，进而得到总的污染物排放量。熵值法是一种在综合考虑各因素提供信息量的基础上计算一个综合指标的数学方法。可根据各项指标的变异程度，利用信息熵这个工具，计算出各个指标的权重，为多指标综合评价提供依据（贾艳红等，2006；李帅等，2014）。

其具体计算为：设有 m 个评价指标、n 个评价对象，则形成原始数据矩阵 $\mathrm{R} = (r_{ij})_{m \times n}$ 对第 i 个指标的熵定义为：

$$H_i = -k\sum_{j=1}^{n} f_{ij} lnf_{ij} \quad (i = 1, 2, 3, \cdots, m;\ j = 1, 2, 3, \cdots, n) \tag{4}$$

式中：$f_{ij} = f_{ij} / \sum_{j=1}^{n} r_{ij}$，$\mathrm{k} = 1 / lnn$，当 $f_{ij} = 0$ 时，令 $f_{ij} lnf_{ij} = 0$；f_{ij} 为第 i 个指标下第 j 个评价对象占该指标的比重；n 为评价对象的个数；H_i 为第 i 个指标的熵。

定义第 i 个指标的熵之后，第 i 个指标的熵权定义为：

$$w_{2i} = \frac{1 - H}{n - \sum_{i=1}^{m} H_i} \tag{5}$$

式中：$0 \leqslant w_{2i} \leqslant 1$，$\sum_{i=1}^{m} = 1$；$H_i$ 为第 i 个指标的熵；m 为评价指标的个数；w_{2i} 为第 i 个指标的熵权。由此可分别求出单位面积废水、单位面积废气和单位面积废渣量的权重，得到总的污染物排放量。因此，生态效益的计算方法为：

$$MR_{en} = \frac{\Delta Y_{en}}{\Delta X} = \frac{Y_{ent} - Y_{en0}}{X_t - X_0} \tag{6}$$

式中：MR_{en} 表示生态环境边际收益（边际效益），ΔY_{en} 表示污染物排放量的变化量，ΔX 表示建成区面积增量。

1.2.2 人口城镇化的边际效益

同理，将以上公式（2）、（3）、（6）的分母分别换成城镇人口增量，将社会效益的分子替换为就业人口增量，可分别求得人口城镇化的经济效益、社会效益和生态效益。

2 中国土地城镇化和人口城镇化现状

从人口城镇化与土地城镇化的关系来看，人口城镇化主要表现为人口向城镇集中，使城市人口增多、城市规模增大，这势必导致住宅、工业、商业等用地需求的增加。在需求的推动下土地资源向城镇配置，造成城市范围扩大或设置新的城市，这样就需要将农业用地转变为城市用地从而实现“土地城镇化”，土地城镇化再把原农村地区的农村人口就地城镇化。

研究数据表明，2003～2016 年，中国城市建成区面积由 2003 年的 21 926 平方千米扩大到 2016 年的 42 832 平方千米，增长了 0.953 倍，但是同期城镇人口大约仅增加了 41.5 %。从城市建成区面积增长速度来看，中国的城市建成区面积增长速度普遍快于城镇人口增长速度，表明与人口城镇化相比，我国土地城镇化在此期间获得了更为显著的增长，土地城镇化快于人口城镇化进程。

3 中国土地城镇化的边际效益

3.1 土地城镇化的经济效益

土地利用的经济效益是指土地开发利用过程中所获得的纯利润。本文利用边际效益原理，以 2003 年为基期，采用单位城市建设用地所产生的 GDP 变化来反映土地城镇化的经济效益水平。图 5 为 2003～2016 年中国土地城镇化的经济效益变化图。通过对其进行二次曲线拟合，得到如下公式：

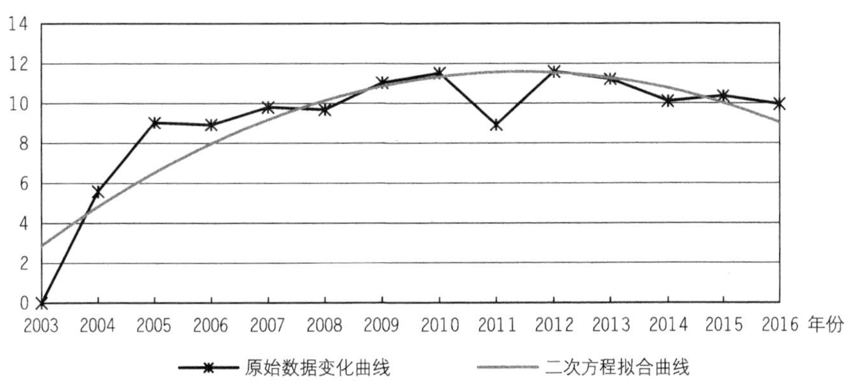

图 5 2003～2016 年中国土地城镇化的经济效益（亿元/km^2）

$$Y = -1\,227.2X^2 + 23\,131X + 6\,788 \tag{7}$$

$$R^2 = 0.789\,9,\ DW = 0.795\,4,\ F = 8.825\,3,\ S.E. = 23\,981.13$$

从拟合回归的 R^2 值说明拟合度较好。由图 5 拟合曲线变化来看，2003～2011 年土地城镇化的经济效益呈上升趋势，在 2012 年达到最大值，之后呈下降趋势，说明土地城镇化在城镇化快速发展阶段对推动经济效益发挥一定作用，但当前已经开始呈现下降趋势，因而通过推进土地城镇化来实现经济继续快速发展将不可持续。这从一个侧面反映了中国城市土地利用“重外延扩张，轻内部挖潜”的弊病，使得城市土地利用效应未能得到充分的发挥，当然这也从另一个侧面说明中国原有的土地尚具有较大的效益增长空间，在挖掘城市土地的利用潜力上仍具有现实性。

3.2 土地城镇化的社会效益

土地城镇化的社会效益是在土地利用过程中给社会带来的效果和效益。在此以 2003 年为基期，采用单位城市建设用地所产生的从业人员变化来反映土地城镇化的社会效益。该指标不仅能够反映城市规模对于新增城镇就业人员的承载力度，还能够反映城市的产业集聚程度，即该值越大，产业集聚程度相对越高，其对新增就业人员的吸引力度也就越大。从图 6 中 2003～2016 年中国土地城镇化的社会效益变化可以看出，土地城镇化的社会效益在 2003～2005 年呈上升趋势并在 2005 年达到第一个极值点；2005～2013 年总体呈上升趋势并在 2013 年达到最高。通过对其进行二次曲线拟合，得到如下公式：

$$Y = -0.001\,1X^2 + 0.031\,5X + 0.000\,4 \tag{8}$$

$$R^2 = 0.631\,6,\ DW = 1.460\,2,\ F = 17.480\,9,\ S.E. = 0.054\,9$$

从拟合回归的 R^2 值说明拟合度较好。由图 6 拟合曲线变化来看，2003～2016 年土地城镇化的社会效益依然呈上升趋势，主要由于城镇的预期收益高于农村的预期收益，城镇土地扩张增加了城镇的劳动力供给，这为城镇产业扩张带来的劳动力需求提供了来源。

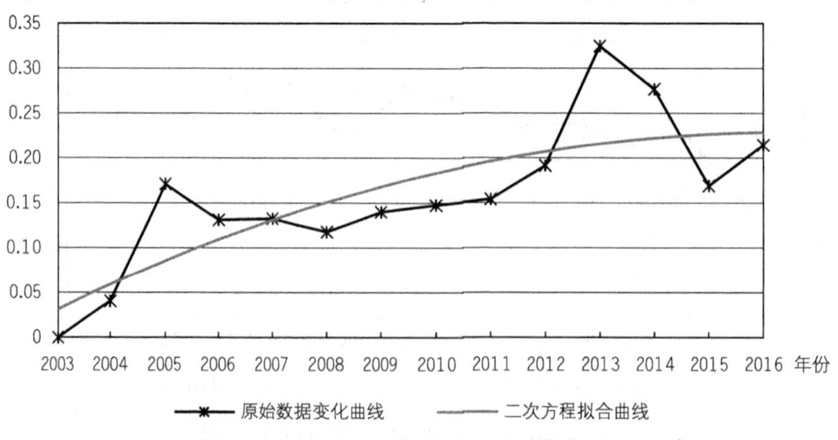

图 6　2003～2016 年中国土地城镇化的社会效益（万人/km^2）

3.3 土地城镇化的生态环境效益

土地的生态效益是指在城镇化过程中城镇建成区的扩张引起的环境质量变化。土地利用对城市生态环境有极大的影响，合理的土地利用结构和扩张速度可以实现城市生态环境质量提升，产生生态环境效益。在此以 2003 年为基期，采用单位城市建设用地所产生的综合污染物排放量变化，来反映土地城镇化的生态环境效益。由图 7 可见土地城镇化的生态效益在 2003～2005 年呈上升趋势并在 2005 年达到最高值；2005 年之后开始下降，在 2012 年左右降为负数。表明传统的依赖资源的大量消耗和以破坏环境为代价的发展模式已产生“瓶颈”。随着国家新型城镇化战略的制定和实施，人们越来越注重将生态文明理念融入城镇化全过程，着力提高城镇化质量，走绿色低碳的新型城镇化道路。因此，工业废水、废气和工业固体废弃物等的排放量呈逐年下降趋势。通过对其进行二次曲线拟合，得到如下公式：

$$Y = (-5\times10^{-5})X^2 + 0.000\,2X + 0.003\,2 \tag{9}$$

$$R^2 = 0.560\,5,\ DW = 1.137\,0,\ F = 11.667\,7,\ S.E. = 0.001\,9$$

从拟合回归的 R^2 值说明拟合度较好。由图 7 拟合曲线变化来看，2003～2016 年土地城镇化的生态环境效益依然呈上升趋势并且在近年来为负值，说明单位面积带来的污染物排放下降，环境质量呈现好转趋势。

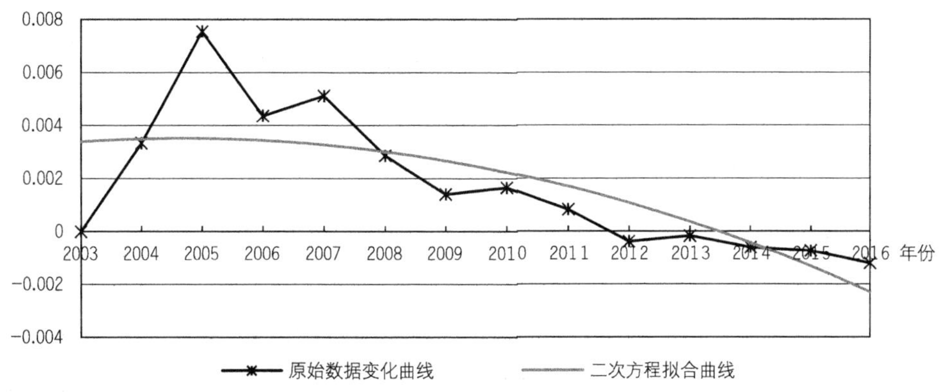

图 7　2003～2016 年中国土地城镇化的生态环境效益（吨/km²）

4 中国人口城镇化的边际效益

4.1 人口城镇化的经济效益

人口城镇化的经济效益是指城市人口增加所带来的经济增长。本文利用边际效益原理，以 2003

年为基期，采用市辖区人口单位增量所产生的 GDP 变化来反映人口城镇化的经济效益水平。从图 8 中 2003～2016 年中国人口城镇化的经济效益变化来看，经济效益呈现递增趋势并在 2012 年达到最高值，表明 2012 年人口城镇规模对于经济效益而言处于最佳规模；之后开始下降，说明人口城镇规模扩大，净收益趋于下降。通过对其进行二次曲线拟合，得到如下公式：

$$Y = -3\,432.2X^2 + 61\,566X - 31\,439 \quad (10)$$

$$R^2 = 0.935\,7,\ DW = 0.560\,8,\ F = 7.255\,5,\ S.E. = 56\,457.95$$

从拟合回归的 R^2 值说明拟合度较好。由图 8 拟合曲线变化来看，2003～2011 年人口城镇化的经济效益呈上升趋势，在 2011 年达到最大值，之后呈下降趋势，说明人口城镇化在 2011 年之后对推进经济增长的作用在下降。

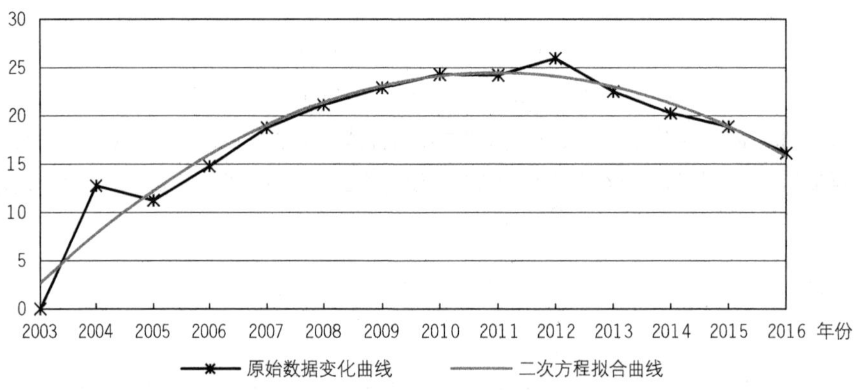

图 8　2003～2016 年中国人口城镇化的经济效益（万元/人）

4.2　人口城镇化的社会效益

人口城镇化的社会效益是指人口城镇化给社会带来的效果和效益。在此以 2003 年为基期，采用市辖区人口单位增量所产生的从业人员变化，来反映人口城镇化的社会效益。从图 9 中 2003～2016 年中国人口城镇化的社会效益变化可以看出，2003～2013 年人口城镇化的社会效益总体呈递增趋势并在 2013 年达到最大规模效益；2013 年之后社会效益开始递减，2015 年有所下降，之后又再次呈上升趋势。通过对其进行二次曲线拟合，得到如下公式：

$$Y = -0.004X^2 + 0.091\,7X - 0.087\,1 \quad (11)$$

$$R^2 = 0.736\,2,\ DW = 1.042\,9,\ F = 18.822\,2,\ S.E. = 0.109\,9$$

从拟合回归的 R^2 值说明拟合度较好。由图 9 拟合曲线变化来看，2003～2016 年人口城镇化的社会效益总体呈上升趋势，但 2015 年开始呈现下降趋势，说明当前人口城镇化的社会效益已经开始下降，解决新进城区人口的就业问题成为当前和今后人口城镇化面临的主要问题。

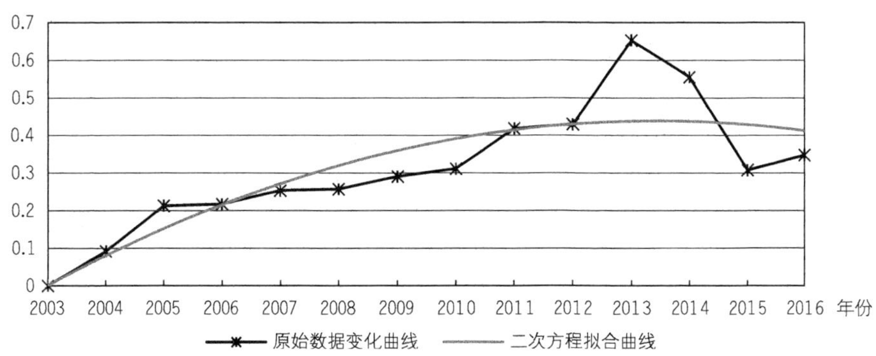

图 9 2003～2016 年中国人口城镇化的社会效益（万人/万人）

4.3 人口城镇化的生态环境效益

人口城镇化的生态效益是指在城镇化过程中城镇人口的增加引起的环境质量变化。在此以 2003 年为基期，采用市辖区人口单位增量所产生的综合污染物排放量变化，来反映人口城镇化的生态环境效益。由图 10 可见 2003～2007 年中国人口城镇化的生态环境效益逐渐递增，2007 年之后总体呈下降趋势，2012 年左右生态效益降为负数。表明城镇化的发展已经摒弃了以资源的大量消耗和以破坏环境为代价，资源利用的整体性、综合性和永续性较差的模式。近年来，随着城镇化水平的提高，经济实力不断增强，资源的集约利用，污染物排放的集中处理，单位人口增量的污染物排放量呈逐年下降的趋势，城镇的生态环境效益得到了较大的改善。通过对其进行二次曲线拟合，得到如下公式：

$$Y = (-9\times10^{-5})X^2 + 0.000\,6X + 0.005 \quad (12)$$

$$R^2 = 0.640\,1,\ DW = 1.039\,6,\ F = 13.789\,3,\ S.E. = 0.003\,0$$

从拟合回归的 R^2 值说明拟合度较好。由图 10 的拟合曲线变化来看，2003～2016 年人口城镇化的生态环境效益呈先上升后下降的趋势，但总体呈下降趋势，并且在近年来为负值，说明单位人口增加引起污染物排放下降，生态环境质量呈现好转趋势。

5 结论与讨论

当前我国的城镇化进入了加速推进阶段，人口大量向城镇集中，致使城镇人口增多。而城镇人口的增加会给有限的土地造成愈加沉重的压力。因此，合理评价中国城镇人口增加和城镇建设用地扩张下的边际效益问题，有助于揭示城镇化过程中社会、经济和生态环境问题。本文将边际理论引入城镇化研究中，从土地城镇化和人口城镇化出发，通过二次曲线拟合分析土地城镇化和人口城镇化所带来的经济、社会及生态环境效益，得到以下结论。

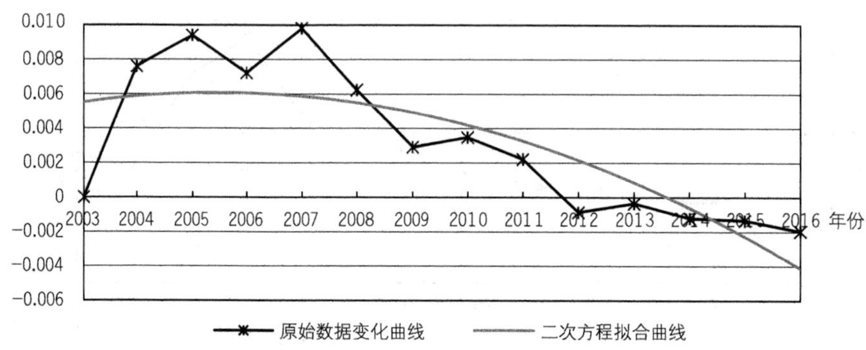

图10　2003～2016年中国人口城镇化的生态环境效益（吨/万人）

（1）土地城镇化和人口城镇化的经济效益与社会效益总体上表现出相同的倒U形变化趋势，而生态环境效益则总体呈现好转趋势，具体在每个阶段表现不同。

（2）土地城镇化的经济效益在2003～2012年呈递增趋势并在2012年达到最高，表明土地利用对经济增长起到了一定的贡献作用，经济效益稳步上升。同时，经济效益的变化趋势越来越缓慢，表明建成区扩张对经济增长的影响和贡献率随着经济发展阶段的演进逐渐减小。社会效益在2003～2013年呈上升趋势并在2013年达到最高，2013年之后有所下降。生态效益在2003～2005年呈上升趋势并在2005年达到最高值；2005年之后开始下降，在2012年左右降为负数。表明城镇化的发展已经摒弃了传统的依赖资源的大量消耗和以破坏环境为代价的发展模式，人们越来越注重将生态文明理念融入城镇化全过程，着力提高城镇化质量，走绿色低碳的新型城镇化道路。

（3）2003～2012年，人口城镇化的经济效益呈递增趋势并在2012年达到最高，之后其净收益趋于下降。2003～2013年人口城镇化的社会效益总体呈递增趋势并在2013年达到最大；2013年之后开始递减，2015年有所下降，之后又再次呈上升趋势。生态效益在2003～2007年逐渐递增，2007年之后总体呈下降趋势，2012年左右生态效益降为负数。

（4）土地城镇化和人口城镇化的生态效益数值下降，表明城镇化有利于资源的集约利用，提升其生态环境质量。

（5）从二次曲线拟合来看，中国土地城镇化和人口城镇化的各效益曲线变化基本都在2012年前后出现了转折，2012年之后土地城镇化和人口城镇化的经济效益与社会效益都呈下降趋势，生态环境效益则呈好转趋势，表明中国城镇化出现新的转型。同时，2012年中共十八大报告中为落实科学发展观和转变经济增长方式提出“走中国特色新型城镇化的道路”，此后国家也相继制定了《国家新型城镇化规划（2014～2020）》，提出坚持科学规划、集约利用土地、着力提高城镇化质量。表明2012年作为中国城镇化转型的拐点，既是中国城镇化进程中的必然趋势，又是国家相关政策落实的结果。

致谢

本文受国家自然科学基金重大项目（41590844）、国家自然科学重点基金项目（41430635）、国家自然科学基金项目（41271128）、江苏高校优势学科建设工程项目（地理学）资助，感谢江苏省地理信息资源开发与利用协同创新中心。

参考文献

[1] Christoph, K., Claudia, B., Ulrich, C. 2007. "Effects of urban land use on surface temperature in Berlin: Case study, " Journal of Urban Planning & Development, 133(2): 128-137.

[2] Gill, S. E., Handley, J. F., Ennos, A. R., et al. 2008. "Characterizing the urban environment of UK cities and towns: A template for landscape and urban planning," Landscape and Urban Planning, 87(3): 210-222.

[3] 陈洪博. 土地科学词典[M]. 南京：江苏科学技术出版社，1992，331.

[4] 方创琳，马海涛. 新型城镇化背景下中国的新区建设与土地集约利用[J]. 中国土地科学，2013，27(7)：4-9+2.

[5] 丰雷，魏丽，蒋妍. 论土地要素对中国经济增长的贡献[J]. 中国土地科学，2008，22(12)：4-10.

[6] 顾朝林，管卫华，刘合林. 中国城镇化2050：SD模型与过程模拟[J]. 中国科学：地球科学，2017，47(7)：818-832.

[7] 管卫华，孙明坤，陆玉麒. 1986～2008年中国区域环境质量变化差异研究[J]. 环境科学，2011，32(3)：609-618.

[8] 管卫华，姚云霞，彭鑫，等. 1978～2014年中国城市化与经济增长关系研究——基于省域面板数据[J]. 地理科学，2016，36(6)：813-819.

[9] 黄季焜，朱莉芬，邓祥征. 中国建设用地扩张的区域差异及其影响因素[J]. 中国科学(D辑：地球科学)，2007，37(9)：1235-1241.

[10] 贾艳红，赵军，南忠仁，等. 基于熵权法的草原生态安全评价——以甘肃牧区为例[J]. 生态学杂志，2006(8)：1003-1008.

[11] 李鹏，濮励杰. 发达地区建设用地扩张与经济发展相关关系的探究——基于与全国平均水平的比较[J]. 自然资源学报，2012，27(11)：1823-1832.

[12] 李帅，魏虹，倪细炉，等. 基于层次分析法和熵权法的宁夏城市人居环境质量评价[J]. 应用生态学报，2014，25(9)：2700-2708.

[13] 毛振强，左玉强. 土地投入对中国二、三产业发展贡献的定量研究[J]. 中国土地科学，2007，21(3)：59-63.

[14] 彭建，蒋依依，李正国，等. 快速城市化地区土地利用效益评价——以南京市江宁区为例[J]. 长江流域资源与环境，2005(3)：304-309.

[15] 苏红键，魏后凯. 密度效应、最优城市人口密度与集约型城镇化[J]. 中国工业经济，2013(10)：5-17.

[16] 谈明洪，李秀彬，吕昌河. 20世纪90年代中国大中城市建设用地扩张及其对耕地的占用[J]. 中国科学(D辑：地球科学)，2004，34(12)：1157-1165.

[17] 谭术魁，饶映雪，朱祥波. 土地投入对中国经济增长的影响[J]. 中国人口·资源与环境，2012，22(9)：61-67.

[18] 张占录，李永梁. 开发区土地扩张与经济增长关系研究——以国家级经济技术开发区为例[J]. 中国土地科学，2007，21(6)：4-9.

[19] 周飞，陈士银，吴明发，等. 湛江市土地利用综合效益及其演化评价[J]. 地域研究与开发，2007(4)：89-92.

[20] 周滔，杨庆媛，谭净，等. 特大城市副中心区域城市土地利用综合效益演化研究——以重庆市江北区为例[J]. 西南师范大学学报(自然科学版)，2004，29(4)：686-690.
[21] 周一星. 城市地理学[M]. 北京：商务印书馆，1995. 60.

[欢迎引用]
管卫华，乔文怡，杨星，等. 中国城镇化进程的边际效益评价研究[J]. 城市与区域规划研究，2018，10(4)：138-150.
Guan, W. H., Qiao, W. Y., Yang, X., et al. 2018. "Study on the evaluation of the marginal benefits of China's urbanization," Journal of Urban and Regional Planning, 10(4):138-150.

周口市非正规就业调查及其特征分析

赵 明

摘 要 本文以河南省周口市为案例，深入调查了小商贩、出租车司机、建筑装修工人三类主要的非正规就业群体。结果发现，非正规就业数量已占周口城镇非农就业70%以上；非正规就业提供了较高的收入和一定的职业提升空间，因此能够吸引中年男性就业。同时，由于非正规就业需要城市空间的支撑，故非正规就业者普遍具有较强的城镇化意愿，形成了非正规就业支撑的本地城镇化模式。本文进一步分析由于产业升级中资本对劳动力的普遍替代、城镇化进程中生活性服务业发展等原因，非正规就业为主的就业结构在周口这样的中小城市将长期存在。与大城市外来人口的非正规就业不同，中小城市的非正规就业者多是本地农民，没有不稳定、低收入、家庭分离等问题，反而是推动本地城镇化的重要力量。因此，中小城市应给非正规就业充分的政策和空间支持，探索包容性更强的城镇化路径。

关键词 非正规就业；城镇化；周口

Informal Employment Survey and Its Characteristic Analysis in Zhoukou City

ZHAO Ming
(School of Architecture, Tsinghua University, Beijing 100084, China)

Abstract Taking Zhoukou City in Henan Province as a case, this paper makes an in-depth survey on three main groups of informal employment: small traders, taxi drivers, and construction and decoration workers. It is found that the number of informal employment has accounted for more than 70% of urban non-agricultural employment, which attracted middle-aged men by providing higher income and certain career promotion space. At the same time, since informal employment needs the support of urban space, the employees generally have stronger urbanization willingness, which forms the local urbanization mode supported by informal employment. Similar to the situation of Zhoukou, because of the universal substitution of capital for labor force in industrial upgrading and the development of the living service industry in the process of urbanization, the employment structure dominated by informal employment will exist for a long time in small and medium-sized cities. Different from the informal employees of migrants in big cities with the problems of instability, low income, and family separation, informal employees in small and medium-sized cities are mostly local farmers, so that it is an important force to promote local urbanization. Therefore, small-medium cities should pay more attention to the role of informal employment by providing space and policy support and explore the path towards inclusive urbanization.

Keywords informal employment; urbanization; Zhoukou

作者简介
赵明，清华大学建筑学院。

1 引言

国际上对非正规就业的关注起始于20世纪70～80年代对非洲和拉丁美洲经济发展的研究。国际劳工组织（ILO）将发展中国家普遍存在的无组织、低收入的小规模生产和服务类行业定义为非正规经济部门（Castells and Portes，1989），并总结其具有“容易进入或没有进入障碍，依赖当地资源，家庭所有制或自我雇佣，经营规模较小，采用劳力密集型的适用性技术，劳动技能是在正式部门的学校系统外获得的，较少管制或竞争比较充分的市场”等特征。随着研究的深入，学术界对非正规就业的态度正在发生明显转变，从最初认为非正规就业是“处于法律约束之外的经济活动”（Gutmann，1979）会逐渐转变为正规就业（Todaro，1969），转向更倾向于认为非正规就业是“真实经济”（real economy）活动的重要组成部分（MacGaffee，1982），在解决贫困人口生计方面起到重要作用；非正规就业的蓬勃发展是经济产业结构升级重构的产物，是市场经济自由发展的必然结果（Mukim，2015；黄耿志等，2016）。20 世纪 90 年代以来，国内随着市场经济转型、国企改革和农民工进城，非正规就业的规模明显增加。相关研究主要集中在“非正规就业的规模与特征”（胡鞍钢、马伟，2012；薛进军、高文书，2012）、“非正规就业的形成原因机理”（张延吉、张磊，2017；闫海波等，2013）、“非正规就业的作用与管制政策”（张丽宾，2004）等方面，而关于非正规就业与城镇化的研究较少。现有相关研究大致可分为两类。其一是利用统计数据，通过模型回归分析两者的关系。如陈绮（2010）通过对 1978～2007 年我国城市化率和非正规就业的相关性分析，认为非正规就业对城市化起着正向的推动作用。黄耿志等（2016）研究发现，非正规就业已成为中国城市就业增长的主要来源，非正规就业每增长 1%，推动城市化水平提高 0.1%左右。其二是针对大城市“城中村”中非正规就业的实证研究。相关研究（尹晓颖等，2009；安頔，2014）发现，“城中村”逐渐成为我国大城市吸收城市新移民、提供基本公共服务、实现快速城市化的空间形式，也同时成为城市非正规经济、非正规商业等的空间载体。社会经济转型、快速城市化过程中的空间供给、市场供给和制度供给，分别为非正规经济的发展提供了空间条件、发展环境和政策支持（林雄斌等，2014；肖作鹏，2011）。

综合来看，理论层面关于非正规就业促进城镇化的机理、过程的研究尚未形成系统的框架，实证研究也多针对大城市的城中村问题。然而非正规就业并非只存在于大城市，而是城镇规模越小，非正规就业比重就越高（吴要武、蔡昉，2006）。如何认识一般中小城市大量存在的非正规就业，它们有什么特征？中小城市的非正规就业如何影响其城镇化进程还需要深入研究。

2 周口市非正规就业调查

2.1 群体选择与调查

为了解中小城市非正规就业规模、特征及其对城镇化的作用，本文选择河南省周口市作为案例地区进行调研①。根据一般经验，商贸、物流、餐饮等市场主导的劳动密集型服务业是提供非正规就业的主要部门（李桂铭，2006）。黄苏萍（2010）定量研究了我国非正规就业的行业分布，发现非正规就业比例最高的是批发零售贸易和餐饮业，占 84.27%；其次是建筑业和交通运输仓储业，占比分别为 60.79%和 58.52%。从周口市的实际情况看，商贸物流、交通运输和建筑业也确实是非正规就业群体最为集中的行业。周口市作为豫东南地区商贸物流中心的城市定位和数量巨大的乡村人口产生的服务业需求，都使得中心城市和各县城的批发零售、物流等活动发达；同时，近年来房地产市场的发展也产生了大量建筑、装修工人。因此，本文选择小商贩群体作为批发零售贸易和餐饮业的代表，选择出租车司机群体作为交通运输业的代表，选择建筑装修工人作为建筑业的代表，来研究非正规就业对本地城镇化的影响。

由于非正规就业群体分散，流动性大，难以进行准确地抽样，因此笔者以质性研究方法为主，通过半结构式访谈，了解非正规就业者的个体、家庭特征和城镇化意愿等。共访谈非正规就业案例94个。

表1 受访非正规就业群体基本情况

项目	选择	商贩群体		建筑装修工群体		出租车司机群体	
		数量（个）	比例（%）	数量（个）	比例（%）	数量（个）	比例（%）
性别	男	11	36.67	33	100.00	28	90.32
	女	19	63.33	0	0	3	9.68
年龄	18～30岁	2	6.67	4	12.12	4	12.90
	31～40岁	11	36.67	13	39.39	14	45.16
	41～50岁	12	40.00	15	45.45	10	32.26
	50岁以上	5	16.67	1	3.03	3	9.68
外出务工经历	曾外出务工	12	40.00	24	72.73	27	87.10
	未外出务工	18	60.00	9	27.27	4	12.90
城镇化意愿	已住在城里	19	63.33	3	9.09	10	32.26
	未来搬进城	7	23.33	11	33.33	15	48.39
	留在农村	2	6.67	18	54.55	6	19.35
	异地城镇化	2	6.67	1	3.03	0	0

2.2 小商贩群体

卖服装、夜宵、蔬菜等的小商贩是周口最主要的非正规就业群体。市场上的女性商贩居多，但由于商贩经营时间长，需要进货、配货等程序，一个摊位或门面通常需要全家两个劳动力互相配合，因此小商贩具有家庭式非正规就业特征。小商贩的主体是城中村和近郊的居民，其中大部分（63.33%）已经实现了本地城镇化，少数尚未城镇化的群体也有着非常强的城镇化意愿。

访谈记录1：杨女士，46岁，周口市川汇区城中村村民。家庭主要收入来源就是每天下午到晚上在关帝庙前摆摊经营烧烤。她说："做个买卖也不容易，上午需要去批发市场购买食材，还有碳，回来要清洗、处理、腌制等，考馒头片也是自己蒸……一个人忙活不过来，都是我们两口子一起弄。夏天生意好，月收入 4 000 元左右，秋冬天差不少，大约有 2 000 元。虽然收入不多，但是也够过日子了，住自己的房子，平时吃饭也花不了多少钱。”笔者问她有没有考虑去企业打工，她说：“去工厂打工的主要是农村的，我们城里的都不愿意去工厂做工，那里面挣得也不比我们摆摊多，时间还不自由，干嘛去受人管呢？！”

案例访谈反映出，很多小商贩并不是找不到其他正规就业岗位，而是自愿从事非正规就业，其原因主要是非正规就业的灵活度更大，不用受企业就业的约束。

2.3 建筑装修工人群体

建筑装修工人以城市近郊的农村居民为主，多是靠地缘、亲缘关系组织起来，形成队伍承包一些本地的工程。由于建筑、装修的工作强度大，因此没有女性参与。建筑装修工的城镇化意愿在三个群体中偏低，目前仅 9.09%的工人实现了本地城镇化，约 33.33%的人希望能够搬进城里。由于建筑、装修行业对从业者的体力、年龄有一定的限制，导致从业者随着年龄增大，而又没有其他技能适应城市就业，只能返回农村，因此城镇化意愿偏低。

访谈记录 2：装修工单先生，淮阳县新店乡人，33 岁，曾有六年外出务工经历。26 岁有孩子后就在周口本地跟着同村的包公头干装修，月收入 3 000 元左右。基本每天都能骑摩托回家，帮助照顾家人。他解释为何会选择做装修：“我之前在苏州 LED 企业干了三年，就是操作机器，后来他们买了新机器，减少了员工，就被辞退了。出了企业就发现，干了三年就会摆弄那几个机器，别的还是啥也不会，找工作还是得从小工干起。还不如我同村的哥们儿，人家跟着叔叔干了几年装修，现在都当二头了，各种活都能接。”关于未来的计划，他说：“今年就打算买房搬进城里，主要是孩子要上小学了，有条件还是得让他进城里读书，自己工作也方便些。”

案例访谈反映出，由于企业打工缺乏职业提升空间，因此劳动者更倾向于非正规就业。这符合新马克思主义的观点认为的非正规就业发展是在新自由主义改革和经济重构背景下企业的工作质量恶化（Biles，2008），因此有一定资本和条件的人会优先选择非正规就业。

2.4 出租车司机群体

出租车司机以中年男性为主，是典型的自雇佣群体。出租车司机的城镇化意愿较高，约 32.26%已经实现了本地城镇化，还有 48.39%表示会在未来几年进行城镇化，选择继续生活在农村的仅 19.35%。

访谈记录 3：出租车司机许师傅，38 岁，淮阳县许湾村居民。2005 年开始在厦门开出租车，2012 年返回周口，利用打工积蓄购买了出租车，现月收入约 4 500 元。由于老家离周口市区比较近，他每天都回农村家里住，家有一子，11 岁。已在周口市东新区买房，年底（2016）就能交房，准备过两年搬到城里住。他说："搬进城最大的好处是孩子就能在城里上中学，自己也不用每天开车跑回家，可以节省时间和油费……，家里的地就交给父母种或是流转出去。"

由于购买出租车、办理营业执照需要一次性支出约 20 万元，因此大多数出租车司机（87.10%）有较长的外出务工经历，以积累返乡从事非正规就业的资本。本案例与上文装修工人的案例都反映出非正规就业群体城镇化的动力主要来自为子女提供良好的教育和方便个人就业两个方面。其中，为子女提供良好的教育条件是农户在解决基本生存问题后，考虑家庭长远发展而普遍关心的问题，也受到家庭伦理道德观念的影响；而方便就业则是由于商贩、出租车等非正规就业本身需要城市空间的支撑，因此其就业者更倾向于进行城镇化。

3 周口市非正规就业现状及其特征

3.1 非正规就业已成为非农就业主体

综合利用统计年鉴和 2004 年、2008 年、2013 年三次经济普查的数据，初步估算出周口市非正规就业人员的数量。统计年鉴中"全社会分三次产业的从业人员"的数据显示，2004～2013 年，周口市二、三产业就业人员总量从 282.63 万增加到 347.11 万，这一数据可以约略地认为是城镇就业总量。三次经济普查分别有第二、第三产业法人单位就业人员数量，这一数据反映了城镇正规就业人员数量。本文借鉴黄宗智（2009）关于非正规就业的统计方法，即城镇非正规就业数量约等于城镇从业人员数量减去正规就业人员数量。由此可以得出 2004 年、2008 年、2013 年三个年份城镇正规与非正规就业的数据（表 2）。

表 2 2004 年、2008 年、2013 年周口市各类就业情况

	城镇就业		城镇正规就业		城镇非正规就业	
	数量（万人）	占比（%）	数量（万人）	占比（%）	数量（万人）	占比（%）
2004 年	282.63	100	71.1	25.16	211.53	74.84
2008 年	304.88	100	80.57	26.43	224.31	73.57
2013 年	347.11	100	103.37	29.78	243.74	70.22

资料来源：周口市第一次、第二次、第三次全国经济普查主要数据公报和周口市统计年鉴（2005、2009、2014）。

从总量上看，周口城镇非正规就业的数量和比例均明显高于正规就业，一直维持在 70%以上，是非农就业的绝对主体。从数据变化趋势来看，近年来非正规就业的占比略有降低，从 2004 年的 74.84%下降到 2013 年的 70.22%，主要是近年来大规模的产业转移给本地创造了大量企业就业岗位，也基本符合埃尔金和奥依瓦特（Elign and Oyvat，2013）等提出的非正规经济与城市化率的倒“U”形的关系。

3.2　非正规就业收入水平较高

虽然不同就业类型的收入有一定差距，但总体来看，本地非正规就业群体的收入水平并不低，如出租车司机月收入可达 4 000 元，一般建筑、装修工人月收入 3 000 元，均高于当年周口市城镇居民的人均可支配收入（1 752 元/月）[②]，也高于富士康等产业转移企业在当地招工的平均工资（1 500～2 000 元）。

表 3　不同非正规就业方式月收入比较（元/月）

	出租车	建筑装修工	商贩
收入	4 000～5 000	2 000～4 000	1 500～2 500

可见非正规就业并不等于低收入和无保障，相反，如张磊和张秀智（2016）指出的非正规就业并不是被迫的，而是劳动者根据自身的技能和掌握的资源，综合权衡正规部门和非正规部门的成本与收益做出的“理性”选择。因此，从结果上看，很多非正规就业的收入往往高于其可能从事的正规就业收入。较高的收入使非正规就业群体更有经济实力在城镇购房定居，对本地城镇化有较强的支撑和促进作用。

3.3　非正规就业具有职业提升空间

调研中发现很多年轻人之所以不愿意进企业打工，而更倾向于做买卖、搞装修，除了企业收入偏低外，更多是因为非正规就业有较强的技术和资金的积累性，使从业者有一定提升空间，更有利于个人和家庭的长远发展。上文中装修工人的案例也反映出，劳动密集型企业中的一般工人缺乏职业晋升空间，且他们的技术是与机械设备配套的，随着设备的升级和资本对劳动的替代，很容易失业。而非正规就业则具有一定的职业提升空间，以装修为例，一般分为砌砖、刷墙、铺地板、吊顶、找平等工种，比较有技术含量的有卫生间防水、房间布线等。看似不正规的行业，实际上却被细分为很多小项，会根据劳动时间的积累、技术的增强，逐步学习，工资也会随着工种的不同而增加，给从业者明显的提升感。同理，做小买卖也可以通过人脉、资本的积累实现规模的扩张。总之，非正规就业凭借其特有的技术、资金积累性，更能吸引男性就业，而男性作为家中的核心劳动力，往往具有更强的城镇化意愿。

3.4 非正规就业群体以中年男性为主

上述调查反映出中小城市的非正规就业群体以中年男性为主，小商贩、建筑装修工人和出租车司机三个群体中31～50岁的从业人员占比分别为76.67%、84.84%和77.42%。小商贩群体的就业呈现家庭化特征，男女比例大体相当；出租车司机群体90%以上为男性，建筑、装修工则全是男性。中年男性是家庭的主要劳动力，因此这些人出于支撑家庭的考虑，愿意从事更为辛苦、收入也更高的非正规就业。

3.5 非正规就业群体有较强的城镇化意愿

非正规就业群体普遍具有较高的城镇化意愿，其中小商贩群体本身以城中村居民为主，大部分已经城镇化，出租车司机有80%希望或已经实现城镇化。这与其收入水平、所从事行业对城市空间的依存性有一定关系。非正规就业正是因为城市中人口、经济活动的高度集聚而产生的。小商贩群体中大多数是住在城市中的，出租车司机主要在城市中运营，呈现出高度的流动性和灵活性，建筑装修工日常活动空间也主要集中在城市里。因为大多数非正规就业群体日常的工作与生活都需要城市空间和功能的支撑，从而更深程度地嵌入了城市中，产生了更强的城市适应性与城镇化意愿。美国学者沃斯（Wirth，1938）最早提出"城市性"的概念，认为城市性本质上是一种生活方式。伊比拉赫姆（Ibrahim，1975）进一步将"城市性"表述为是城市人的观点、行为模式及其创建并参与的组织网络的质的变迁。从这个视角分析，非正规就业者通过广泛深入地接触城市，显然更有助于他们习惯城市生活，获得必要的城市性，因而有较强的城镇化意愿。

4 结论

4.1 中小城市非正规就业大量存在及其原因

非正规就业成为中小城市非农就业主体的原因是多方面的。首先，我国的中小城市大部分还处在工业化中期的发展阶段，但由于产业升级、资本对劳动力的替代作用，同样的工业产值能吸纳的正规就业数量有限，因此形成正规就业岗位不足的情况；其次，随着城镇化的快速推进，城市服务业发展迅速，但不同于经济发达的大城市以生产性服务业为主的结构，中小城市的服务业以商业、餐饮等日常生活性服务业为主，而这些行业正是非正规就业大量聚集的行业；最后，如黄宗智（2010）分析的，劳动力的供应量乃是决定非正规经济规模和比例及其长期性的关键因素之一，我国人口基数大，劳动力资源丰富，因此非正规就业比重较高也是正常的。而中小城市以非正规就业为主的城镇就业结构，从根本上决定了非正规就业成为支撑其城镇化的重要力量。

4.2 中小城市非正规就业与大城市的差别

研究发现中小城市非正规就业群体的工作、生活状态，与一般认知的大城市中农民工的非正规就业有着明显的差异。大城市经济发达，正规就业的技术门槛高、收入也高，相比之下，外来农民工从事的装修、出租车等行业的收入确实显著低于本地正规就业部门；大城市外来非正规就业群体主要租住在城乡结合部的城中村，生活条件较差，尤其在户籍制度的限制下还存在缺少社会保障、被歧视等问题。但是一般中小城市的经济发展水平较低，高收入的就业岗位较少，相比之下，装修、出租车等非正规就业的收入并不低。中小城市中非正规就业者就是本地人，可以公平地享受各种公共服务，并不存在居住边缘化、生活"孤岛化"（王春光，2006）和社会保障等问题。因此，中小城市的非正规就业并没有不稳定、低收入、被歧视等问题，而是本地城镇就业的主体，是推动、支撑中小城市城镇化发展的重要力量。

表4　大城市与中小城市非正规就业特征比较

	大城市非正规就业	农区城镇非正规就业
就业人员来源	外来人口	本地人
收入水平	低于本地正规就业	持平或高于本地正规就业
从事行业	小商贩、出租车、建筑装修	小商贩、建筑装修、出租车等
居住地点	租赁便宜住房	自己家中
利用城市空间	边缘地区	城市核心

4.3　非正规就业支撑的中小城市本地城镇化模式

中小城市非正规就业比例高，非正规就业者以中年男性为主，普遍具有较高的城镇化意愿和能力，事实上已经形成非正规就业支撑的城镇化模式。非正规就业者实现本地城镇化的一般过程为"外出务工实现资本积累→返乡从事非正规就业→本地城镇化"（图1）。无法在打工地落户实现异地城镇化的劳动力，会选择返回老家的中小城市落户，利用打工过程中学习的技术或积累的资金，从事出租车、

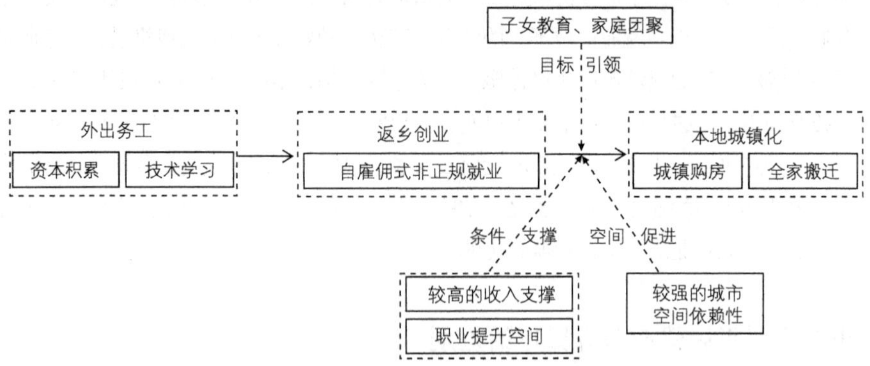

图1　中小城市非正规就业支撑本地城镇化的路径模式

小买卖等非正规就业。打工积蓄是他们从事非正规就业的资本，由于非正规就业需要城市空间的支撑，又能提供较高的收入支撑，因此非正规就业者会因为方便就业、子女就学等多种原因选择在城镇购房，并逐步将全家转入城镇，实现从就业到生活的完全城镇化。在整个过程中，外出务工为他们返乡从事非正规就业提供了必要的资金和能力支持；家庭团聚、使子女接受更好的教育等社会性目标是引导其城镇化的主要动力；非正规就业较高的收入，较强的技术与资金积累性，成为他们实现本地城镇化的重要支撑条件；而非正规就业本身对城市空间的依赖性，则对他们的城镇化起到了明显的促进作用。

综上所述，非正规就业已经成为中小城市非农就业的主体，非正规就业收入较高、具有一定的职业提升空间，因此能够吸引中年男性就业。同时，由于非正规就业对城市空间有较强的依赖性，使就业者有较强的城镇化意愿，在事实上形成了非正规就业支撑的本地城镇化模式。认识到中小城市非正规就业存在的必然性及其对本地城镇化的重要作用，就需要政府及时完善相关政策，给非正规就业充分的政策支持和空间支撑，探索适合中小城市发展实际的多样化、包容性更强的城镇化道路。

致谢

本文为中国城市规划设计研究院“我国典型地区农村人居环境改善动态研究课题”资助成果。

注释

① 周口市位于豫东平原，远离郑州、合肥、武汉等区域中心城市。2015 年全市 GDP 总量 2 082.38 亿元，人均地区生产总值 23 644 元，在河南省地级市中排名最后。由于本地经济落后，城镇非农就业岗位不足，大量劳动力常年外出务工，2015 年周口市户籍人口 1 141.94 万，常住人口约 890 万。周口市区人口约 70 万，下辖各县城区人口约 20 万，是典型的中小城市。

② 2015 年周口市城镇居民人均可支配收入 21 019 元，按 12 个月计算，折合月收入 1 752 元。

参考文献

[1] Biles, J. J. 2008. “Informal work and livelihoods in Mexico: Getting by or getting ahead?” The Professional Geographer, 60(4): 541-555.

[2] Castells, M. , Portes, A. 1989. “World underneath: The origins, dynamics, and effects of the informal economy,” in Castells, Portes, Bentons(eds.), The Informal Sector: Studies in Advanced and Less Developed Countries. Baltimore: John Hopkings University Press.

[3] Elgin, C., Oyvat, C. 2013. “Lurking in the cities: Urbanization and the informal economy,” Structural Change and Economic Dynamics, 27(14): 36-47.

[4] Gutmann, P. M. 1979. “Statisticall illusions, mistaken policies,” Challenge, 22(5):14-17.

[5] Ibrahim, S. E. M. 1975. “Over-urbanization and under-urbanism: The case of the Arab world,” International Journal of Middle East Studies, 6(1): 29-45.

[6] MacGaffee. 1982. “A glimpse of the hidden economy in the national accounts of the United Kingdom,” in V. Tanzi, (ed.), The Underground Economy in the United States and Abroad. Lexington, Massachusetts: D.C.

Health and Company.

[7] Mukim, M. 2015. "Coagglomeration of formal and informal industry: Evidence from India," Journal of Economic Geography, 15(2): 329-351.

[8] Todaro, M. P. 1969. "A model of labour migration and urban development in less developed countries," The American Economic Review, 59(1):138-148.

[9] Wirth, L. 1938. "Urbanism as a way of life," American Journal of Sociology, 44(1): 1-24.

[10] 安頔. 城市非正规部门发展与管制研究——以广州市中大纺织商圈为例[D]. 北京：中国城市规划设计研究院，2014.

[11] 陈绮. 中国非正规就业与城市化的关系研究[D]. 上海：复旦大学，2010.

[12] 胡鞍钢，马伟. 现代中国经济社会转型：从二元结构到四元结构(1949～2009)[J]. 清华大学学报(哲学社会科学版)，2012，27(1)：16-29+159.

[13] 黄耿志，薛德升，张虹鸥. 中国城市非正规就业的发展特征与城市化效应[J]. 地理研究，2016，35(3)：442-454.

[14] 黄苏萍. 东北区域经济增长中的非正规就业研究[D]. 哈尔滨：哈尔滨工业大学，2010.

[15] 黄宗智. 中国被忽视的非正规经济：现实与理论[J]. 开放时代，2009 (2)：51-73.

[16] 黄宗智. 中国的隐性农业革命[M]. 北京：法律出版社出版，2010.

[17] 李桂铭. 我国非正规就业状况分析[J]. 合作经济与科技，2006(1)：27-28.

[18] 林雄斌，马学广，李贵才. 快速城市化下城中村非正规性的形成机制与治理[J]. 经济地理，2014，34 (6)：162-168.

[19] 王春光. 农村流动人口的"半城市化"问题研究[J]. 社会学研究，2006 (5)：107-122.

[20] 吴要武，蔡昉. 中国城镇非正规就业：规模与特征[J]. 中国劳动经济学，2006，3(2)：67-84.

[21] 肖作鹏. 非正规城市化与非正规商业空间形态及形成机制——以深圳市平山村为例[A]. 中国城市规划学会、南京市政府. 转型与重构——2011 中国城市规划年会论文集[C]. 中国城市规划学会、南京市政府：中国城市规划学会，2011，12.

[22] 薛进军，高文书. 中国城镇非正规就业：规模、特征和收入差异 [J]．经济社会体制比较，2012(6)：59-69.

[23] 闫海波，陈敬良，孟媛. 非正规就业部门的形成机理研究：理论、实证与政策框架[J]. 中国人口·资源与环境，2013，23 (8)：81-89.

[24] 尹晓颖，闫小培，薛德升. 快速城市化地区"城中村"非正规部门与"城中村"改造——深圳市蔡屋围、渔民村的案例研究[J]. 现代城市研究，2009，24(3)：44-53.

[25] 张磊，张秀智. 新型城镇化视角下的城市非正规经济治理[N]. 光明日报，2013-6-12(006).

[26] 张丽宾. "非正规就业"概念辨析与政策探讨[J]. 经济研究参考，2004(81)：38-43.

[27] 张延吉，张磊. 中国非正规就业的形成机制及异质性特征——兼论三大理论的适用性[J]. 人口学刊，2017，39 (2)：88-99.

[欢迎引用]

赵明. 周口市非正规就业调查及其特征分析[J]. 城市与区域规划研究，2018，10(4)：151-160.

Zhao, M. 2018. "Informal employment survey and its characteristic analysis in Zhoukou City," Journal of Urban and Regional Planning, 10(4):151-160.

新时代都江堰灌区乡村保护思路的转变与展望

袁 琳 高舒琦

Transition of Ideas of the Rural Area Preservation in Dujiangyan Irrigation Region at the New Era and Its Prospect

YUAN Lin[1], GAO Shuqi[2]
(1. School of Architecture, Tsinghua University, Beijing 100084, China; 2. School of Architecture, Southeast University, Nanjing 210096, China)

Abstract The advancement of ecological civilization is changing people's understanding of the value of natural system. The widely recognized new concept of ecological civilization and the gradual implementation of the ecological civilization institution have become a symbol of the arrival of a new era of ecological civilization, laying down a solid foundation for the protection and restoration activities of the natural system. Under this background, traditional rural areas' ecological value was re-discovered, which in turn affected the transformation of the corresponding rural area protection concepts. This paper takes the rural area of Dujiangyan irrigation region, where both the ecological and the heritage values are high, as an example to analyze the large-scale shrinking of rural area in irrigation region due to the rapid urbanization over the past 30 years, which reflects the urgency of rural area protection in Dujiangyan irrigation region, and criticizes the serious damage on the cultural landscape in rural area caused by land sorting, villages combination, and negative protection measures under the concept of "three concentrations". Moreover, the paper explores the new strategies and approaches of the development and preservation of the rural areas in Dujiangyan irrigation region at the new

作者简介
袁琳，清华大学建筑学院；
高舒琦，东南大学建筑学院。

摘 要 生态文明的推进正在转变人们对于自然系统价值的认识，深入人心的生态文明新理念与逐步落实的生态文明制度成为生态文明新时代确立的标志，为自然系统保护与修复运动奠定了坚实基础。这种时代背景下，广大传统乡村地区的生态价值被重新认识，进而影响着相应的乡村保护思路的转变。本文以生态与遗产价值颇高的都江堰灌区乡村地带为例，分析30年来快速城镇化对于灌区乡村地带的吞噬状况，反映了推进都江堰灌区乡村保护工作的紧迫性；批判了“三集中”理念主导下的土地整理、迁村并点以及消极的保护策略对乡村文化景观造成的严重破坏；发掘了近几年生态文明新时期都江堰灌区乡村地区保护与发展的新举措和新思路。研究认为，生态文明建设正在为有效保护都江堰灌区乡村地带提供可能，但仍需要进一步明确科学、适宜、具有前瞻性的保护思路。当前阶段，通过顶层设计推进探索都江堰老灌区文化景观保护区并积极探索推广小规模、生态化乡村人居更新试点工作，将对这一地区的乡村保护与可持续发展起到重要作用。

关键词 生态文明；新时代；都江堰灌区；乡村保护；林盘

1 引言

近年来，中国生态文明建设持续快速推进，习近平总书记提出的“两山论”“山水林田湖是一个生命共同体”等理论使得尊重自然、顺应自然、保护自然的理念深入人心，推进了发展和保护相统一的生态文明新范式。与此同时，相关的顶层设计的推进以及相关的生态文明制度的逐

era of ecological civilization. This paper holds that construction of ecological civilization is providing possibilities for the effective protection of rural area in Dujiangyan irrigation region, but it is still necessary to further clarify the scientific, appropriate, and forward-looking protection ideas. At the current stage, through the top-level design to boost the exploration of the cultural landscape protection area in the old irrigation area of Dujiangyan, and actively explore method of ecological rural human settlement regeneration in small scale, will make positive contributions to the rural conservation and sustainable development in the area.

Keywords ecological civilization; new era; Dujiangyan irrigation region; rural area preservation; Linpan

步建立，标志着中国正逐步走进生态文明新时代（徐崇温，2016）。生态文明的推动正期待为全社会带来“最普惠的民生福祉”（段蕾、康沛竹，2016）。

在人与天调自然观的引导下，农耕文明中的古代中国经历了数千年人与自然的共同演化，形成了众多人与自然和谐共处的典范人居地带。这些地带不仅具有很高的历史文化价值，其构建的区域乡村文化景观本身也具有很高的生态价值。在生态文明新时代，这些具有极高生态价值的乡村地带正在被重新认识，探讨乡村的保护与振兴正在成为生态文明时代的一个起点（张孝德，2015）。

作为中国历史上重要的经济区、最为精华的农业生产地区之一的都江堰灌区，是经历长期适应洪水的大地改造、农业开发与人居建设后逐渐形成的（袁琳，2014）。在都江堰水利工程的引导下，川西平原形成了发达的灌溉渠系，干、支、斗、农、毛五级扇形水网均匀密布平原，孕育了众多城镇以及数以万计的川西林盘。密布的水系、星罗棋布的水田水塘以及散居形式的林盘聚落共同构建形成了庞大而完整的平原乡村生态系统，具有很高的生态与遗产价值（颜文涛等，2017）。从遗产的完整性角度来看，都江堰灌区遗产包括了渠首工程、平原水系及其支撑的广大乡村文化景观（图 1），而长期以来，这一地区对于都江堰遗产的保护集中在灌口地带，对于广大的平原乡村地区却很少涉及。当前，生态文明新时代的转向正在为重新认识这一地区，探索科学的整体保护方式带来新契机。本文就是以都江堰灌区为例，反映重新认识这一地区的乡村价值与推进乡村保护的迫切性，分析近年来乡村保护与发展思路的变化，并对未来应当推进的保护措施提出建议。

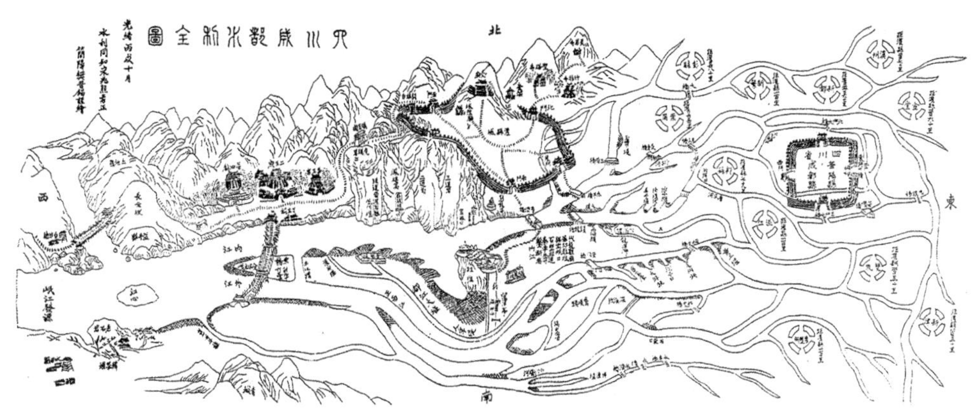

图 1　四川成都水利全图（绘于 1886 年）

资料来源：成都通史. 清时期. 成都：四川出版集团，2011，32。

2　从过去 30 年来成都平原城乡格局变迁看都江堰灌区乡村保护的紧迫性

探讨都江堰灌区乡村地带的保护问题，其背景是对过去 30 年来这一地区被土地城镇化快速蚕食过程的认识与反思。

2.1　基于各类土地统计数据的比较分析

改革开放以来，成都平原城市群的城乡建设用地面积快速增长，广大乡村地带被快速吞噬。从官方的统计数据来看，截至 2015 年，成都市建成区面积为 615.71 平方千米，较 30 年前（1986 年，95 平方千米）增加了 520.71 平方千米。成都平原六市（成都、德阳、绵阳、眉山、乐山、雅安）的建成区面积总量截至 2015 年达到 985.12 平方千米，较 30 年前（1986 年，147 平方千米）增加了 838.12 平方千米。成都市市区建成区的面积增长占成都平原各地市建成区总增长面积的 62.13%，单中心增长模式明显[①]。从官方统计的耕地面积数据来看，1991～2011 年，四川全省耕地面积减少 6 489 平方千米，成都平原六市总计减少 3 603 平方千米，占全省的 55.6%，仅成都市耕地面积就减少了 1 378 平方千米，占全省的 21.2%[②]。从四川省耕地面积统计数据变化曲线来看，在 2004 年四川推行严格的耕地保护政策之后，四川省范围内耕地数量总体上维持逐年不变并稍有增加，但包含了成都平原范围的六市耕地数量仍呈现明显的减少趋势。2004～2011 年六市耕地面积总量减少了 483.3 平方千米，其中仅成都市就减少了 320.2 平方千米[③]，占 66.3%[④]。可以明显看出成都市的扩张为成都平原腹心地带的农业地区带来了巨大破坏，而这一地区正是都江堰老灌区的主要覆盖范围，同时也是历史最悠久、耕地最优质的农业地区，其农业用地大面积丧失的状况非常严重（图 2、图 3）。

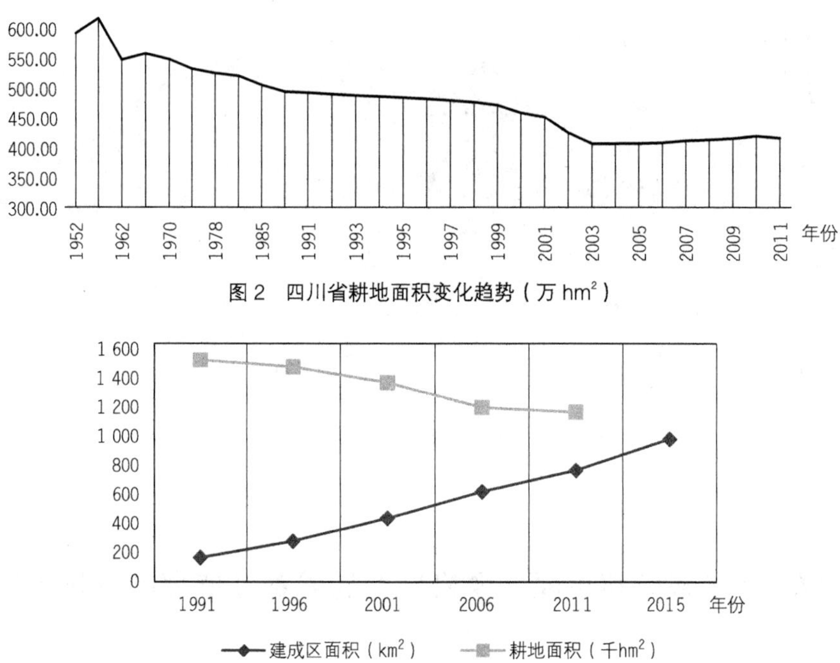

图2 四川省耕地面积变化趋势（万 hm^2）

图3 成都市建成区面积与耕地面积变化趋势

2.2 基于 LUCC 遥感监测数据的比较分析

通过利用成都平原与都江堰老灌区两个边界范围的 LUCC 遥感监测数据进行比较分析，可以进一步反映这种变化趋势。本文中成都平原的范围包括成都市全境，德阳市下辖的绵竹市、什邡市、广汉市、罗江区、旌阳区，绵阳市下辖的江油市、安州区、涪城区、游仙区，眉山市的洪雅县、丹棱县、青神县、东坡区、彭山区，乐山市的夹江县、五通桥区、金口河区等，面积约 29 900 平方千米，而都江堰老灌区的范围通过清末民国初年的都江堰灌区古地图所示范围确定，包括了清代民国时期成都平原的核心 14 县，是由岷江、府河、沱江等平原水系限定的扇形地带（图 4），面积约 2 900 平方千米。这个范围是数千年发展形成的都江堰核心灌溉地带，也是历史上成都平原最精华的农业地区[⑤]。对这两个范围 35 年来的土地利用变化开展对比研究后发现，1980～2015 年，成都平原范围内的建成区面积由 1 261 平方千米扩展到 2 536 平方千米，而老灌区建成区面积由 409 平方千米增长到 907 平方千米，老灌区建成区面积增长约达到整个平原地区建成区扩张面积的 40%；老灌区范围内的建成区占比由 14.1%增加到 32.1%，灌区面积的 1/3 已经被城市建设用地占据；从 35 年来的耕地面积变化来看，全平原范围耕地面积由 17 839 平方千米减少到 16 535 平方千米，减少 4.4%，而在老灌区范围内，耕地面积由 2 363 平方千米减少到 1 836 平方千米，减少了 18.2%。从数据的对比可以明显看出，城市的扩张区域与老灌区的范围高度重合，丧失最严重的是最精华的都江堰农业地带。如果不转变空间发展方式，探讨有效的保护措施，在未来的20～30年，城市的继续扩张可能还会对老灌区施加更大压力，作为遗产与生态价值最高的、独一无二的灌区，将面临消失的风险，积极探索都江堰乡村地区保护已经刻不容缓（图5～8）。

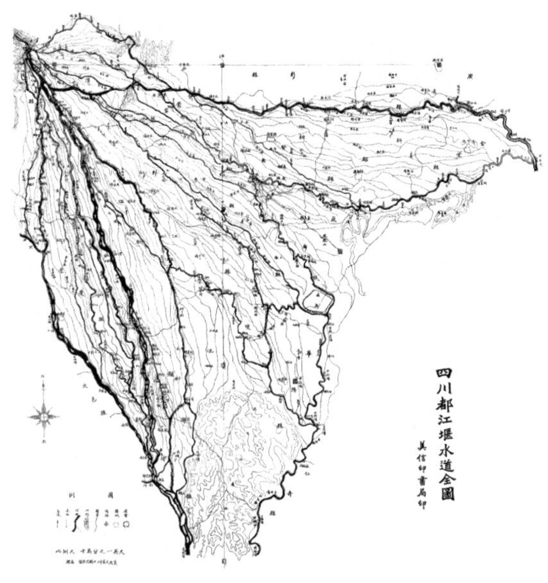

图4　都江堰灌区十四县水道全图

资料来源：谭徐明. 都江堰史. 北京：水利水电出版社，2009。

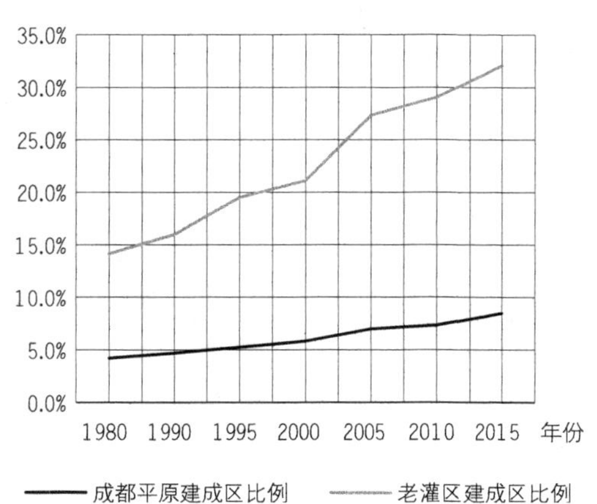

图5　建成区比例变化对比

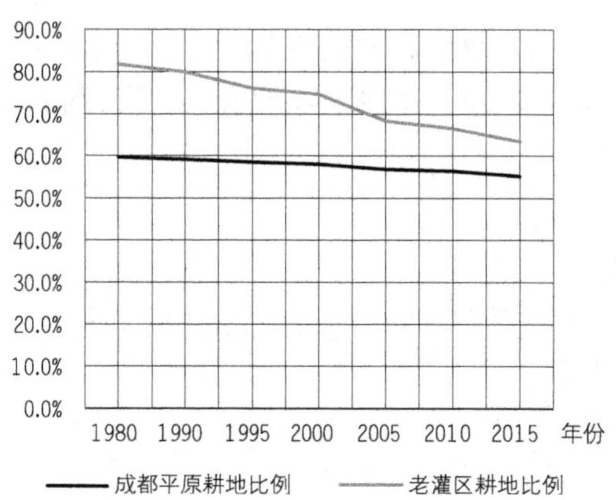

图 6 耕地比例变化对比

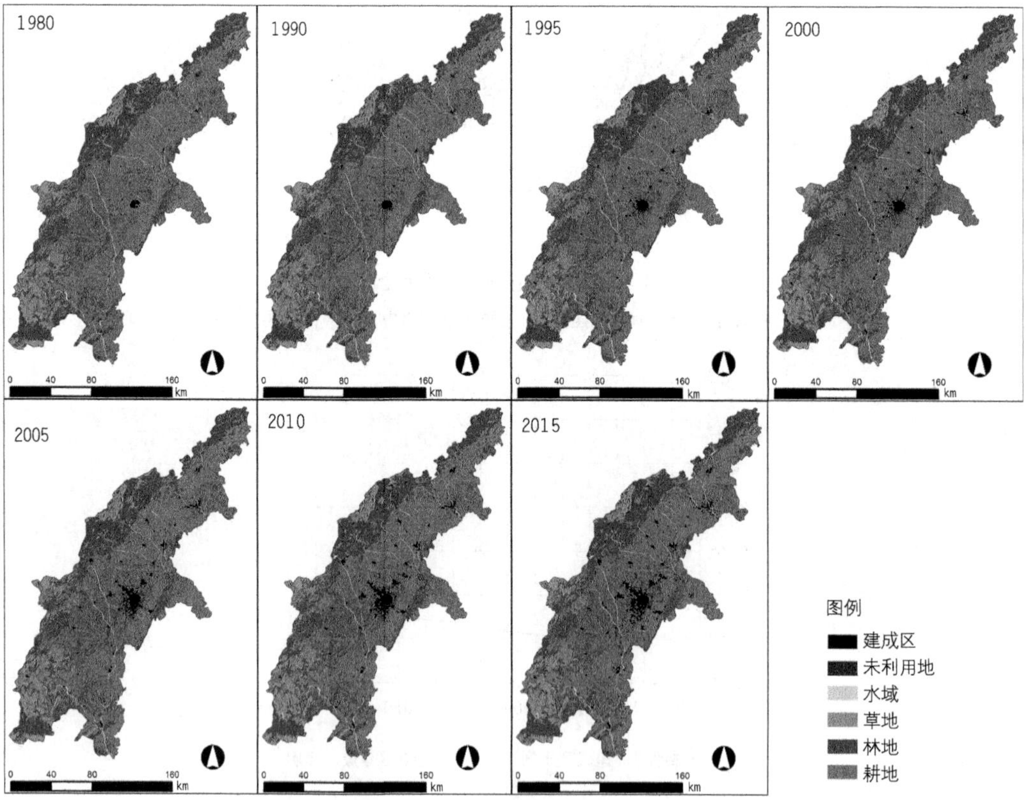

图 7 成都平原范围的土地利用变化

资料来源：LUCC 遥感监测数据。

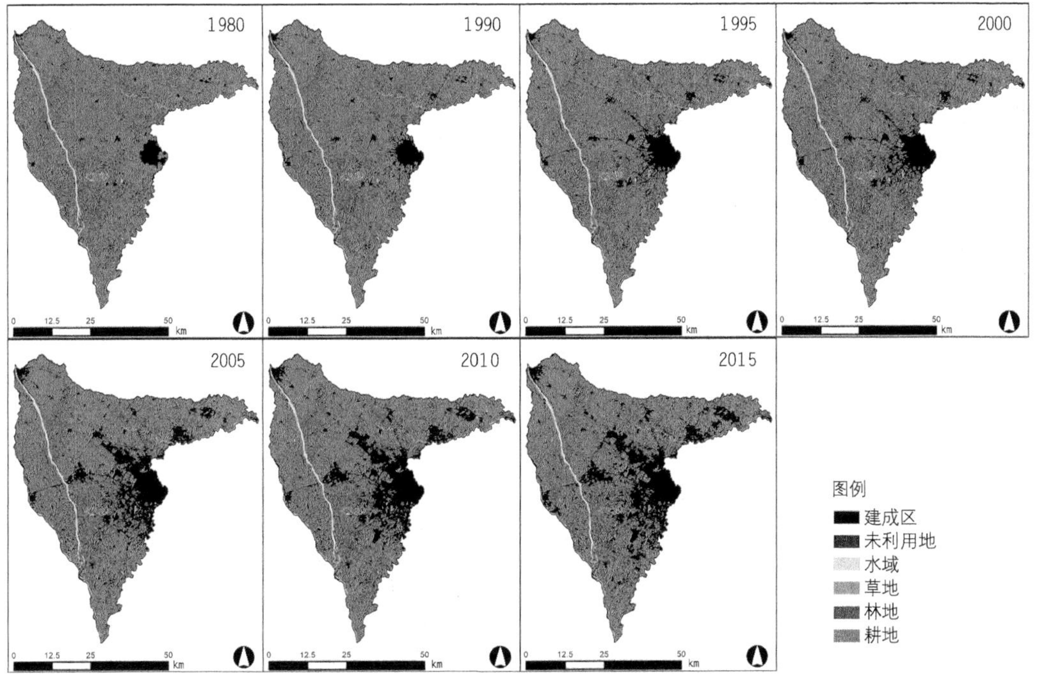

图 8　都江堰老灌区范围的土地利用变化

资料来源：LUCC 遥感监测数据。

3　近年来都江堰灌区乡村保护思路与批判

除了城市建设用地扩张带来的乡村地带的丧失，乡村内部的改造与建设也在深刻影响乡村景观的变迁。快速城镇化进程中，政府并非没有意识到需要对乡村地带开展保护，这些地区虽有很高的生态与遗产价值，但也有着很强的发展需求，矛盾重重。回顾前些年的乡村保护策略与成效，有助于我们理解当前的变化、明晰未来的趋势。

3.1　近年来都江堰乡村林盘的变化情况

21 世纪以来，为限制城市恶性扩张带来的耕地丧失与乡村风貌的破坏，成都市已经出台并实施了若干相关政策，包括建立基本农田保护制度、创设耕地保护基金等，但传统乡村生态系统与文化景观的保护却很不乐观。以郫县为例，当地政府于 2004 年和 2006 年开展了两次全面的林盘调查。调查中发现，郫县林盘数量迅速减少，从 2004 年的 11 000 余个减少至 2006 年的 8 700 余个，林盘密度从 25 个/平方千米降低至 20 个/平方千米，两年间已经有如此大的变化，林盘散居的传统文化景观风貌遭到严重冲击。针对这一现象，2007年，成都市以区县为单位开展了《川西林盘保护规划》的编制工作，旨在专门推进乡村文化景观的保护。但十年来，这一规划的保护效果却很不理想。笔者针对2006年与2016年郫县花园镇（纯农业镇）的卫星影像中林盘聚落单元的单体建筑个数进行了识别与对比分析，结果发现，具有6个及6个以下建筑单体的小聚落单元显著减少，从618个减少到348个，减少了43.7%，而建筑单体个数在7～13个之间的聚落单元在显著增加，从39个增加到51个，增加了30.7%，14～27个建筑的大型聚落单元在2006年尚未出现，而在2016年这种聚落已经多达8个；聚落的总体个数从665个减少到407个，减少了38%，林盘的消失速度非常惊人，传统的小林盘散居模式正在被集中居住的大村落模式所替代，照此下去，传统灌区的乡村风貌必然会丧失殆尽（图9、图10）。

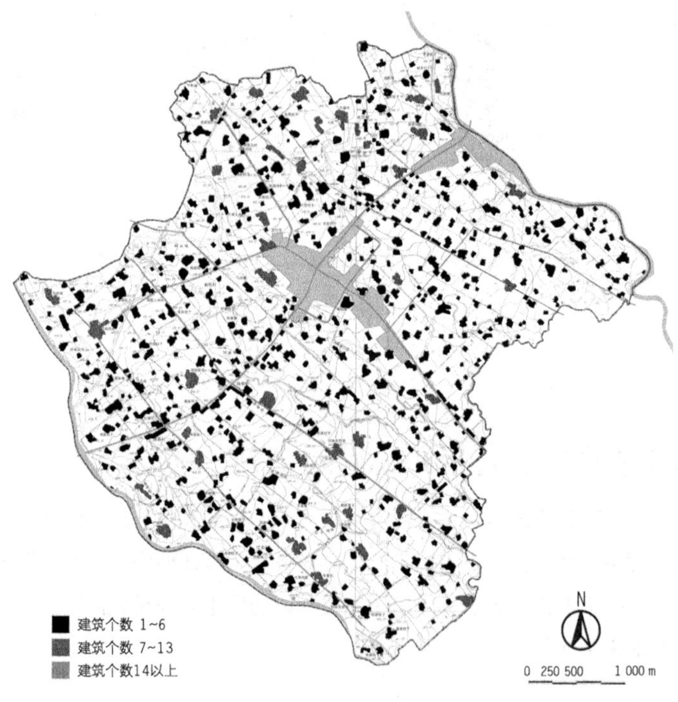

图9　2006年郫县花园镇林盘分布

资料来源：根据2006年郫县现状图绘制。

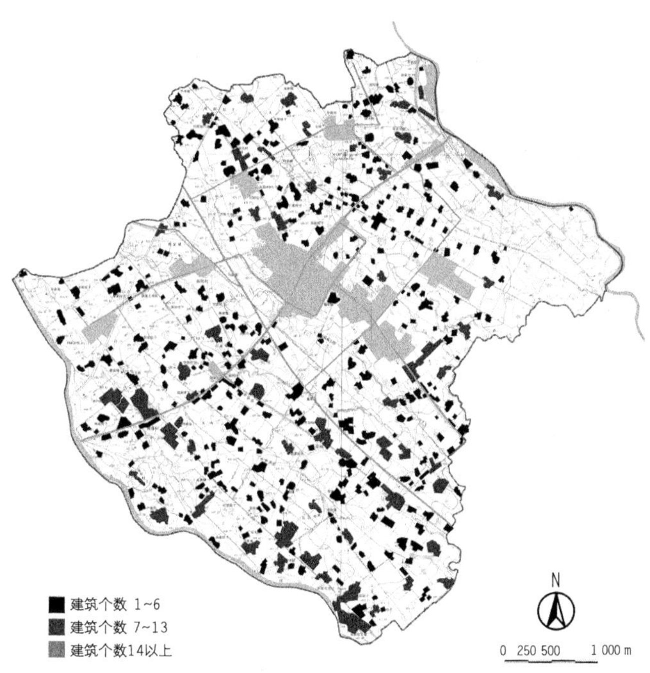

图 10 2016 年郫县花园镇林盘分布

资料来源：根据 2016 年郫县卫星影像绘制。

3.2 “三集中”逻辑下的乡村保护策略批判

乡村地区保护措施的失效有其背后的深层原因。2007 年前后，成都市出台相关政策，推进农村土地市场化改革以及农村土地与房屋产权制度改革，推动集体建设用地与农村房屋产权流转[⑥]，强调推动农村资产资本化过程[⑦]。与此相匹配的城乡统筹工作的指导思想是“三集中”，即工业向集中发展区集中、农民向城镇集中、土地向规模经营集中。通过“集中策略”实现产业升级、经济发展与快速的城镇化[⑧]。“三集中”是当时和一段时间以来成都城乡发展的总纲领，在农业地区的管理中也成为根本的指导原则，各种政策的运用与管理方式的探索都依附于此。以“三集中”为原则，成都政府实施了土地整理、“金土地工程”和农民集中居住等尝试，通过拆并、搬迁集中修建住宅，腾出大量集体土地（图 11、图 12）。

图 11 郫县某林盘房地产开发项目

图 12 天马城乡产权服务中心

在这样的大背景和大逻辑下，各区县编制的《川西林盘保护规划》同样以“三集中”原则为大纲，林盘保护将县域土地整理和耕地占补平衡作为前提，而只认定部分规模较大的、不影响土地整理策略实施的独立林盘作为保护对象。例如，在《郫县林盘保护规划》中对林盘保护有这样的阐释：“川西农居风貌保护性建设规划是对‘三集中’规划的补充，是农村新型社区之外的农村建房布局规划，是相对分散居住的小型聚居点和有保存价值的农居院落的布点建设，由此实现农村区域的规划满覆盖”[⑨]。《温江区林盘保护规划》中提出：“温江区林盘分布特点和价值，按照温江区新农村建设布局规划平坝高度集中的原则，对具有一定规模和较高价值的林盘予以定点定位保护”[⑩]。再例如《新津县川西林盘保护规划》中的阐释：“林盘这种传统农居生活形态，人均占地相对较大，土地利用不经济，林盘保护必须在总体提高土地利用效率的前提下，进行局部林盘保护……保护林盘的选择，是在还未进行土地整理的区域和土地整理后还保留有林地的林盘内进行选择”[⑪]。从这些论述不难看出，尽管有“林盘保护规划”之名，但是对于都江堰灌区林盘文化景观遗产价值的认识却并不完整，灌区水系—林盘构成的乡村生态整体并没有得到重视。相反，保护成为土地占补平衡、土地整理、新农村建设、迁村并点等乡村改造运动的附属。笔者于 2010 年 10 月对郫县各镇政府的走访调查中得知，各个镇相关部门对林盘价值的理解各有不同，但总体上都认为应该与土地整理、迁村并点结合，保护大的、迁并小的，或拆房留木，或推平还耕，很少注意到林盘与水系的关系，不关心林盘分布的面状特色，对其认知也尚未上升到都江堰灌区完整遗产的高度。在这样的保护逻辑下，成都林盘保护非常消极，保护对象碎片化。郫县 2006 年现状大小林盘总计 8 700 余个，而受到保护的大多为居住人口十户以上的大型林盘，仅占 301 个（图 13、图 14），占总数的 3.5%，其他各县从 1.9%到 7.6%不等（表 1）。而且，这种保护是孤岛式的，与林盘发育紧密相连的水渠、河道等文化景观都不在此保护体系中，不足的价值识别与激进的迁村并点运动使得传统乡村文化景观持续遭受破坏。

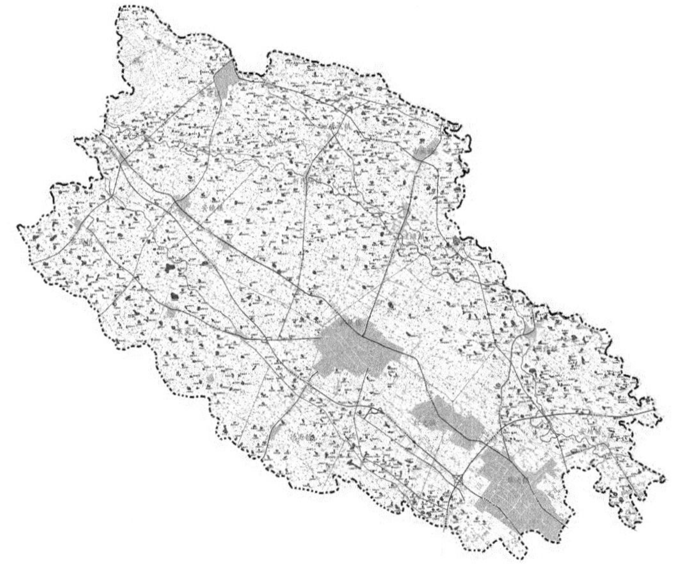

图 13　2006 年郫县林盘分布

资料来源：成都市城镇规划研究院. 郫县川西林盘保护规划. 2007。

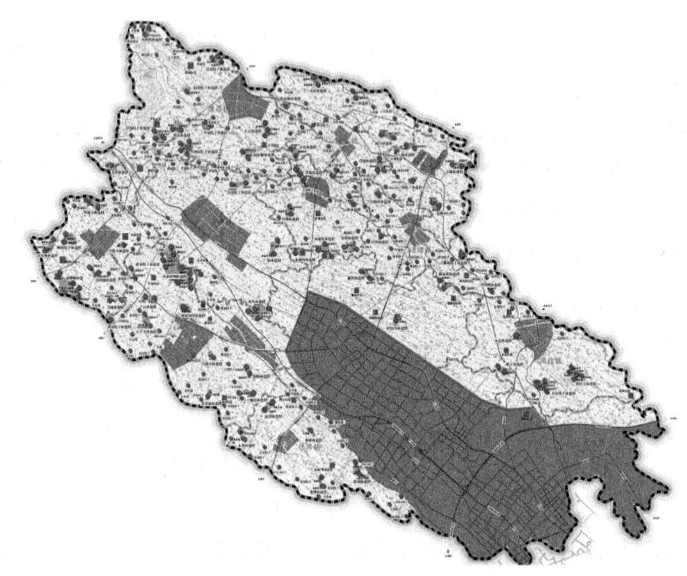

图 14 2007 年郫县林盘保护点分布规划

资料来源：同图 13。

表 1 2007 年部分区县林盘保护比例

区/县	现状林盘数量（个）	受保护林盘个数（个）	受保护林盘比例（%）
都江堰市	11 724	377	3.22
崇州县	8 086	552	6.83
新津县	2 986	228	7.64
郫县	8 700	301	3.46
大邑县	11 280	210	1.86
金堂县	19 620	837	4.27
青白江区	9 008	217	2.41
温江区	5 680	105	1.85
邛崃市	6 175	403	6.53

资料来源：各区县林盘保护规划。

4 生态文明推进中都江堰灌区乡村保护与更新的新现象

随着生态文明的深入推进，广大都江堰灌区乡村地带的价值正在被重新认识，这也影响了成都大都市地区的空间规划以及乡村人居环境更新与保护方式的新探索。

4.1 空间规划的发展：成都“西控”战略

生态文明新时代的标志之一是一系列生态文明制度的推进与建立，坚定不移地实施主体功能区战略，优化国土空间开发格局，构建科学合理的城镇化推进格局、农业发展格局、生态安全格局，保障国家区域生态安全是这些制度构建的核心组成部分（段蕾、康沛竹，2016）。如前文分析，多年来，都江堰乡村地区遭到吞噬的主要原因之一是城镇的快速扩张，城市空间格局的发展未能充分地认识到都江堰灌区的价值，造成成都西部老灌区乡村地带的持续破坏。在生态文明新时代下，都江堰灌区的生态与文化价值正在被重新认识，2016 年以来，成都城镇化格局已经有所调整，政府提出了“东进、南拓、西控、北改、中优”[12] 的十字方针引导城乡发展，其中“西控”就是针对成都西部包括广大的都江堰农业地区，提出要持续优化生态功能空间布局。这一策略从价值观方面重视了西部都江堰灌区的整体生态价值，将生态价值高的都江堰老灌区和东部城市扩展地带在空间上分离开来，将有利于促进乡村保护工作的开展。

4.2 乡村更新与保护的新现象：从“小组微生”到农业申遗

生态文明的推进也在改变着乡村人居环境的发展模式，郫县、都江堰市等地的乡村也开始尝试新的乡村人居环境保护与更新方式。例如郫县政府改变了以往对“三集中”原则的强调，转而倡导“宜聚则聚、宜散则散”的乡村建设策略，主动探索“小规模、组团式、微田园、生态化”（黄晓兰，2017）的新农村建设模式，部分地区已经改变了简单粗暴强调迁村并点的村庄集中化建设，开始更多地考虑散居农户与周边环境的生态和谐发展。在这种指导思想的指引下，一些地区的发展较好地维持了林盘散居的文化景观。比如郫县安龙村，农户采用生态农业的发展方式，结合农家乐和乡村教育维持经济，一直保持林盘散居，林盘中自建了小型湿地、污水处理设施等开展生态化的污水处理，整个村子形成了避免集中式改造依然维持可持续发展的环境友好型发展模式，为更好地保护乡村文化景观带来了新思路（图 15、图 16）。此外，2017 年以来，随着对都江堰遗产价值完整性的深入认识，郫县也已经开

图 15　郫县安龙村林盘生态化改造试点

图16 郫县安龙村林盘生态农业推广

始启动农业申遗等事宜，拟在走马河水源保护区等局部林盘景观较好的区域划定遗产区，进而更好地推进都江堰乡村文化景观的保护工作⑬。

5 生态文明新时代都江堰灌区乡村保护思路展望

尽管生态文明推进中促进乡村保护的新举措已经出现，而这其中也不乏各种质疑与争论，能否凝聚共识、科学推进、切实保护好都江堰灌区还面临严峻的挑战。结合都江堰灌区当前发展趋势，本文对于未来一般时期的保护思路做如下讨论。

5.1 探索以都江堰老灌区为边界的文化景观保护区

较于平原的其他地带，都江堰老灌区历史文化最为悠久厚重，人与自然共同演化形成的文化景观最具代表性，同时又包含多个城镇，分属多个行政区，其中容纳了众多人口。如能够探索将都江堰老灌区作为一个具体的有明确边界的保护对象，将有助于顶层设计，促进保护共识的形成，通过自上而下的引导有利于促进“集体的行动”（奥尔森，1995），进而突出保护其作为文化景观的生态、文化与遗产价值，避免目标不清晰、长远价值被忽视的混乱局面。

如果寻找一个国际案例建立一个便于对比的坐标系，成都平原与荷兰兰斯塔德地区有一定的可比性。荷兰兰斯塔德大都市地区经历了上千年的大规模土地改造，有发达的、为世人称道的水利系统、肥沃的农业用地，人居环境的建设与水利改造息息相关，历史上农田的开垦和城镇的建设是伴随治水活动点滴积累而成的；当代城镇化在人类精心改造的土地上发展，形成了高密度的大都市人类聚居区，这些历史与现状均与成都平原核心地带的都江堰灌区相仿。而这个世界级城市群大面积保留了农业地带，也就是为世人所了解的“绿心”地区。其实，“绿心”的保护过程并非一蹴而就，20 世纪 60~70 年代和 90 年代中期都有关于“绿心”存废的大讨论（袁琳，2015），争论的原因还是城镇化进程、经济发展与乡村景观、生态保护的矛盾，而在这种争论过程中，强调保护的共识最终占了上风。到 20 世纪 90 年代，荷兰政府正式划定“绿心”边界，形成了占兰斯塔德 1/4 约 1 600 平方千米的“绿心”地区。到 21 世纪初，荷兰还借鉴英国保护显著自然风景地带（Areas of Outstanding Natural Beauty）的做法进行保护，并结合保护地体系的发展将“绿心”划定为国家地景区（National Landscapes），强调这一地区景观的遗产价值（Janssen，2009），形成了一个与大都市并存的大规模的农业文化景观保护地。

纵观历史，荷兰“绿心”由 1958 年提出，到城镇化进程中经历争论、达成共识，到 1990 年正式划定范围，再到 21 世纪初纳入国家地景，“绿心”保护的历史发展过程勾画了大都市地区农业地带大面积保护措施发展的演化过程，体现着价值观的转变、政府强有力的顶层设计与社会动员力量对于大规模保护乡村景观的关键作用。这种过程恰恰形成了一个可为成都地区发展与推进都江堰灌区保护的参照坐标，可以帮助我们明晰当前的战略选择。相比而言，我们对于都江堰灌区乡村地带的局部保护策略以及成都城镇空间发展战略方面已经有所探讨，而大规模、整体保护都江堰灌区乡村地带的政策制定以及实际的保护边界的划定等都还没有提上日程，社会与政府也尚未对推进大面积的保护达成共识。如能够继续深化顶层设计，进一步推进对于都江堰灌区整体遗产价值的认识和识别，探索将岷江、沱江、府河等平原水系限定的历史最为悠久的老灌区扇形地带中尚未被城市扩张吞噬的农业地区划为文化景观保护区，将对科学推进乡村保护的“集体行动”带来重要保障。

5.2 持续推进引导小规模、生态化的乡村人居改造更新试点工作

近年来，区别于以往一刀切的迁村并点与“三集中”的乡村建设方式，小规模、生态化改造与发展方式为乡村保护带来了新方向。如果说推进文化景观保护区的形成是在推进社会共识与集体行动，这种小规模、生态化的改造方式则是为了兼顾传统乡村格局与居民生活的改善。当前，这种方式还在试验阶段，应当积极总结基于分散林盘格局的人居环境改建更新模式，基于都江堰灌区传统景观格局保存的环境修复模式以及适宜于分散林盘人居布局的基础设施建设模式，在乡村改造更新中充分尊重都江堰灌区整体遗产特征与价值；为应对分散林盘聚落发展的经济可行性与可持续性不足的担心，当前阶段还需要探索充分调动农户、政府、企业等多方力量开展改造与经营的多元模式，根据不同的灌区区位、不同的自然环境基础、不同的社会结构基础，因地制宜地探索多样的经营环境与政策环境；

在多地区持续推进更多的试点工作；探索更好的政策环境支持与更多试点经验的积累，将对未来持续探索普适性的乡村保护策略与可持续发展策略奠定坚实基础。

6 结语

都江堰灌区乡村地带是全世界独一无二具有示范意义的、人与自然和谐相处的人类聚居地带，过去30年由于对这一地区的生态与遗产价值认识不足，快速的城镇化已经造成这一地区大量被蚕食，乡村文化景观快速衰退。当前阶段的生态文明建设正在为有效保护都江堰灌区乡村地带提供可能，但仍然需要进一步明确科学、适宜、具有前瞻性的保护思路。当前阶段，通过推进顶层设计探索都江堰老灌区文化景观保护区，并积极探索推广小规模、生态化乡村人居更新试点工作，将对这一地区的乡村保护与可持续发展做出积极的贡献。都江堰灌区保护与发展的问题涉及方方面面，极为复杂，需要长期的观察、试验与探索，如何在积极保护乡村文化景观的同时能够切实改善乡村居民生活条件，寻找保护与发展相统一的适宜模式，还有待进一步深入持续探索。

致谢

本文受国家自然科学基金（51708322）、教育部人文社科基金（15YJCZH215）和亚热带建筑科学国家重点实验室开放课题（2017ZB03）资助。感谢北方工业大学建筑与艺术学院王瑶参与了郫县花园镇林盘聚落变化研究的相关制图工作。

注释

① 四川省统计局. 四川统计年鉴. 中国统计出版社，2006-2016.

② 同①。

③ 同①。

④ 2014年后的耕地统计口径与2014年之前不同，因而无法做直接的统计比较，研究仅截至2012年的统计年鉴。

⑤ 1949年以后，都江堰灌区水利管理与发展逐渐现代化、专业化，灌区不断向丘陵地带扩展，目前幅员2.32万平方千米，总耕地面积约1 763.25万亩，受益范围包括成都、德阳、绵阳、乐山、眉山、遂宁、资阳7市37个县（市、区）（李翊. 都江堰灌区"良治"管理模式及应用研究[M]. 北京：水利水电出版社，2009）。但扩展地区均为自然条件相对薄弱的地区，而老灌区的范围由于古人长期的耕作和维护具有不可替代的历史遗产价值。

⑥ 中共成都市委、成都市人民政府关于推进统筹城乡综合配套改革试验区建设的意见. 2007.
2008年1月，成都颁布试行《中共成都市委、成都市人民政府关于加强耕地保护，进一步改革完善农村土地和房屋产权制度的意见》，这一文件的重点有五项：开展农村集体土地和房屋确权登记；创新耕地保护机制；推动土地承包经营权流转；推动农村集体建设用地使用权流转；开展农村房屋产权流转试点。（成都：土地确权进行时. 中国改革. 2009.）

⑦ 中共四川省成都市委、成都市人民政府. 中共四川省成都市委成都市人民政府关于加强耕地保护进一步改革完善农村土地和房屋产权制度的意见（试行）. 2008.

⑧ 成都市规划管理局成都市统筹城乡规划经验总结："成都长期以来以'三集中'为根本方法推动全市统筹城乡发展进程。'三集中'是指工业向集中发展区集中、农民向城镇集中、土地向规模经营集中。'三集中'是谋求城市产业、公共投资和农村产业三大领域规模化与有序发展的关键。通过产业向集中发展区集中实现产业集中集约集群发展，提升产业效率；通过农民向城镇集中实现城镇化有序推进，提升公共服务设施配给效率；通过土地向规模经营集中实现农业高效发展，促进农村产业发展现代化进程。"

⑨ 成都市城镇规划设计研究院. 郫县川西农居风貌保护性建设规划说明书. 2007.

⑩ 成都市城镇规划设计研究院. 温江区川西农居风貌保护性建设规划说明书. 2007.

⑪ 成都市城镇规划研究院. 新津川西林盘保护规划.2007.《新津县川西林盘保护规划》中相关内容："依据《新津县总体规划》，到 2020 年县域城镇总人口共计 44.3 万人，建设用地 4 611 公顷。根据新津县现状数据，全县新增国土指标 1 249 公顷，现状国土指标 1 362 公顷、发展预留区指标 1 160 公顷，最大规模为 3 771 公顷，缺口达 840 公顷。据统计，新津县农村居民点总占地约 22.5 平方千米（含宅基地、林地、晒坝、院坝等）。又据《新津县社会主义新农村建设布局规划》，到 2020 年，计划在全县农村地区规划布局 40 个新型社区用于集中居住农村人口，规划集中农村人口 6.35 万人，新型社区总用地 390 公顷。本次规划保护的林盘聚居保护点共计 21 个、生态林盘保护点 207 个，总占地约 454 公顷，6.7 万农村人口建设总用地约为 689 公顷（6.89 平方千米），通过实施"三个集中规划"及"川西林盘保护规划"将集中全县的农村人口，可以提供 1 555 公顷的现状林盘占地进行土地整理，对保护林盘，主要是生态保护林盘可复耕土地面积 251.99 公顷，全县共增加土地面积 1 807 公顷，从而达到全县土地的占补平衡。林盘这种传统农居生活形态，人均占地相对较大，土地利用不经济，林盘保护必须在总体提高土地利用效率的前提下，进行局部林盘保护。同时通过人均宅基地指标，严格控制保护林盘内的建设。保护林盘的选择，是在还未进行土地整理的区域和土地整理后还保留有林地的林盘内进行选择。"

⑫ 《成都市城市总体规划（2016～2035 年）》（送审稿）。

⑬ 成都市郫县农林局牵头申遗工作。

参考文献

[1] Janssen, J. 2009. "Protected landscapes in the Netherlands: Changing ideas and approaches," Planning Perspectives, 24(4):435-455.

[2] 段蕾，康沛竹. 走向社会主义生态文明新时代——论习近平生态文明思想的背景、内涵与意义[J]. 科学社会主义，2016(2)：127-132.

[3] 黄晓兰. 以"小组微生"模式促进新农村建设——成都市的探索与实践[J]. 中国土地， 2017(1)：43-45.

[4] 曼瑟尔·奥尔森. 集体行动的逻辑[M]. 陈郁，郭玉峰，等，译. 上海：上海人民出版社，1995，2.

[5] 徐崇温. 中国道路走向社会主义生态文明新时代[J]. 毛泽东邓小平理论研究，2016(5)：1-9+91.

[6] 颜文涛，象伟宁，袁琳. 探索传统人类聚居的生态智慧——以世界文化遗产区都江堰灌区为例[J]. 国际城市规划，2017，32(4)：1-9.

[7] 袁琳. 传统调适经验对当代人居环境洪涝减灾的启示——古代都江堰灌区为例[J]. 城市规划，2014，38(8)：78-84+90.

[8] 袁琳. 荷兰兰斯塔德“绿心战略”60 年发展中的争论与共识——兼论对当代中国的启示[J]. 国际城市规划，2015，30(6)：50-56.
[9] 张孝德. 新文明观：乡村、城市平等观——乡村文明复兴引领生态文明新时代[J]. 中国农业大学学报(社会科学版)，2015，32(5)：18-30.

[欢迎引用]
袁琳，高舒琦. 新时代都江堰灌区乡村保护思路的转变与展望[J]. 城市与区域规划研究，2018，10(4)：161-178.
Yuan, L., Gao, S. Q. 2018. “Transition of ideas of the rural area preservation in Dujiangyan irrigation region at the new era and its prospect,” Journal of Urban and Regional Planning, 10(4): 161-178.

从"单位小区"到"业主社区"：

公共产品视角下中国城市社区规划与治理演进

申明锐　夏天慈　张京祥

From Work-Unit Compound to Homeowner Community: A Literature Review on the Evolution of Urban Community Planning and Governance in China from Perspective of Public Products

SHEN Mingrui, XIA Tianci, ZHANG Jingxiang
(School of Architecture and Urban Planning, Nanjing University, Nanjing 210093, China)

Abstract China's urban society is undergoing an intensive restructuring in parallel with the phenomenal urbanization process. Urban governance that strongly associated with people's desire for a happy life, has aroused widespread concern from both government and society. As the basic component of urban governance, community governance determines the capacity of urban governance. Since 1949, the community governance of Chinese cities has generally experienced the shifts from the administrative-led "unit system" to "street system" led by the market reform and the de-welfare transformation, and then to the rise of the residents' consciousness of property rights and the multi-subject governing model, which is not only similar to the growth of Western civil society, but also unique in the Chinese institutional environment. Based on the transformation of the supply mode of public goods provision, the paper analyzes the planning process and governance evolution of Chinese urban communities from the aspects of external socio-economic environment, governance mode, and spatial organization form of communities. This paper believes that the Chinese communities

作者简介
申明锐、夏天慈、张京祥（通讯作者），南京大学建筑与城市规划学院。

摘　要　快速城市化进程中的中国城市社会正在发生激烈重构。城市治理关乎人民群众美好生活向往的目标能否实现，引起政府和社会各界的广泛关注。社区治理作为城市治理的基础细胞和直接响应，很大程度上决定了城市治理的能力。1949 年以来，中国城市的社区治理总体经历了从行政主导的"单位制"到市场化改革、去福利化转型中的"街居制"，再到向居民物权意识崛起、多元主体共治模式的转变。这当中既有与西方市民社会成长相似的规律，更具备中国体制环境中的独特性。本文以公共产品供给方式的转变为主要线索，从外部社会经济环境、社区治理模式、住区空间组织形式三方面梳理了中国城市社区的规划历程与治理演进脉络。文章认为，中国社区并不具备西方语境下的公共性基因，而始终带有明显的强政府干预特点。中国式社区治理注重病理式地诊断城市社区问题，技术化地对社区施以规制与改进，以及致力于打造规整有序的物质环境与社区文化。

关键词　治理；社区规划；单位；公共产品；规划史

1　"社区治理"作为城市治理的细胞

改革开放以来的经济发展与城市化进程，快速而深入地重构了中国的城乡社会格局，城市社区逐渐成为老百姓居住生活的主体形态。在"城市中国"的背景下讨论城市治理问题，关系着社会稳定的大局能否持续，关乎人民群众"美好生活"的追求能否实现，其重要意义不言而喻。

do not have the public gene in the Western context, but always have obvious characteristics of strong government intervention. Chinese-style community governance focuses on the pathological diagnosis of urban community issues, technical regulation and improvement of the community, and is committed to creating a well-organized physical environment and community culture.

Keywords governance; community planning; work-unit; public products; planning history

社区是城市的基本空间单元，社区治理是城市治理的基础细胞，而社区治理的水平直接决定了城市治理的能力，甚至从根基上决定着“国家治理体系与治理能力的现代化”。国际学术界对中国城市治理议题的研究，很大程度上也表现出从基层社区角度介入的学术关切（Bray，2006；Heberer，2009；Lo，2013；Wu，2018）。

近年来，城市治理作为国家治理体系的重要组成部分，受到了各级决策者的高度关注。中共十八届三中全会提出了全方位“推进国家治理体系和治理能力现代化”的重大命题，城市治理被纳入其中；十九大报告中进一步明确了“加强社区治理体系建设，推动社会治理重心向基层下移，发挥社会组织作用，实现政府治理和社会调节、居民自治良性互动”的具体策略。社区是市民生活的最广泛归属，“麻雀虽小，五脏俱全”，其一方面直接面向居民的生活需求，承担着城市最为基本的日常公共管理与公共服务职能；另一方面，正是因为这样的属性，社区也成为当前各种社会经济矛盾和利益冲突的交织点（叶国平，2008）。

城市规划理应在社区治理中发挥更大的作为。如果说社区治理是一系列围绕基层公共资源调配的主体间博弈，那么社区（住区）规划则是相关设施布局的技术手段，其制定与实施即蕴含着丰富的社区治理过程。进一步地，社区作为城市公共产品供给与消费的基本单元，有学者认为，公共产品供需机制的转变能够直接影响社区治理结构中各主体之间的权力关系，从而导致社区治理机制的演进（陈伟东、张大维，2007），而公共产品有效供给的不足或供给机制的失衡将制约社区治理水平的提升。因此，若抽象出社区中公共产品供给消费模式的主体和方式，则能够揭示出社区治理的基础性机制。借鉴奥斯特罗姆（Ostrom，2005）的概念界定，本文探讨的公共产品包括兼具非排他性和非竞争性的狭义公共产品（public goods），也包括具备排他性但不具备竞争性的收费产品（toll goods）和具有竞争性但不具有排他性的公共池塘产品（common-pool resources）。基于这样的思路，本文以社区公共产品的供给方式转变为主要线索，借鉴宏观发展环境与具体空间设计相结合的规划史研究框架（张京祥、罗震东，2013），从外部社会经济环境、社区治理模式、住区空间组织形式等方面，来梳理中国社区规划和治理的总体演变历程（图 1）。文章综述了有关的主要中英文文献，从不同视角形成比较研究，并结合当代中国社区实践融入笔者的论述思考。文章最后结合当前中国社区治理的现状问题提出了相应的反思，并对未来社区治理的发展进行了展望。

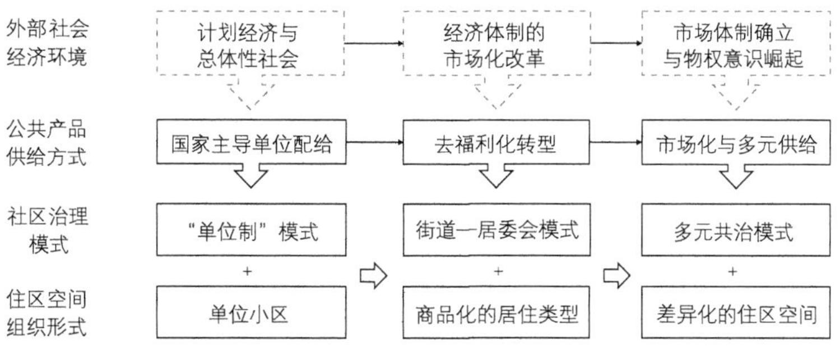

图 1　中国城市社区规划与治理的分析框架

2　比较视野下的“社区治理”概念辨析

对于一个处于不断演进过程中的学术概念进行有效辨析乃至精准界定，是展开学术讨论的前提。在社会科学的很多领域，由于受到具体政治文化与社会生活语境的影响，特定概念内涵在中国与西方不同语境下的理解会有所偏差。本文所关注的“社区”和“治理”即是这样的一组概念。笔者将首先在比较视野下还原这些概念的“源”与“流”，以更加全面、深刻地理解中国城市“社区治理”的历程。

2.1　“社区”概念的演变和特征

“社区”概念自诞生之时即具备天然的公共属性。德国社会学家滕尼斯在其 1887 年的著作《共同体与社会》中，将社区描述为一个由同质人口组成，关系密切、守望相助、疾病相抚、富有人情味的社会共同体（commune/ community）。随后，学界对社区的研究不断丰富，其中最为著名的当属以帕克、伯吉斯和沃斯为代表的美国芝加哥学派对大都市族裔社区的调查与研究（Park et al., 1984；Wirth, 1938）。20 世纪 60 年代以降，后现代思潮影响下的西方民主运动逐渐赋予了社区的公共性基因以公民行动组织的内涵，以“社区行动计划”（Community Action Program，CAP）的提出为标志，社区逐渐成为西方民众对抗权威、提出自身要求的重要形式，这些诉求包括要求更好的公共服务、抗议城市巨型工程、反对跨国公司活动等。由此，西方语境中“社区”形成了公民抗衡威权力量的一种普遍行动单元（Bray，2006）。

2.2 社区治理的语境与内涵

按照全球治理委员会（Commission on Global Governance，1995）给出的定义，“治理”（governance）是公共或私人的个体与组织处理其公共事务的多种方式的总和。治理的概念发端于政府统治（government），却又推崇去政府化的管理（Rhodes，1996）。新自由主义时代开启的治理理论强调社会的自组织能力，是在市场机制和政府管理机制缺失或失灵的情况下，由非政府组织、社会行动力量、各种专业性团体等公民社会性力量自发形成的一种强调自下而上行动力的管理模式（俞可平，2000）。

“社区”和“治理”概念的多重属性决定了自上而下的管理与自下而上的自治同时存在于中国社区演变过程中，社区治理本质上即是通过这两个过程协调和处理社区内部各项公共事务。基于此，笔者认为社区治理的核心内涵可概括为：①对社区成员的居住及生活需求的满足；②对社区公共事务与问题的管理；③对社区内部利益的协调分配。这三点核心内容都与社区内的资源调配、住区的空间布局密切相关，因而社区治理议题引起了城市研究和城市规划学者广泛而持续的关注。

2.3 中国语境下城市社区治理的特点

通过与西方文献的比较，不难发现中国语境下的社区治理具备独特的“源”与“流”。中国当代社区治理的概念内涵在发展过程中受到了政治经济过程的显著影响。社区作为学术概念在中国的传播源于费孝通等第一代社会学家在20世纪30年代的积极引入（费孝通，1985；黄忠怀，2005），但深受几千年封建社会传统影响的中国社会，并不具有天然的社区自治属性，所以“社区”一词在中国的历史起点并非如滕尼斯（2010）所言的自然形成、整体本位的“共同体”概念，反而更接近孙立平（2001）所提出的“全体性社会”（totalitarianism）中的配套性生活单元，或类似秦晖（1998）所言的传统中国作为一个专制国家，实行强控制“大共同体本位”结构下的“编户齐民”。中国城市社区除了地缘性和社会性外，还具有“强行政性”的特点，社区与基层行政单位的辖区范围紧密关联（Bray，2006；Benewick et al.，2004），其性质和职能由政府划定并承担大量行政性事务，具有鲜明的“准行政型领域”色彩。

因此，中国语境下的“城市社区治理”带有明显的强政府干预特点。相较于西方自治内涵，中国城市社区在自我力量逐步发展的过程中，同时受到自上而下国家力量的渗透支配。社区治理的内容除了社区公共事务的管理外，还包含了对社区内部的“人”的要素的管理组织。在当代中国的主流语汇中，大众普遍谈论的“社区治理”也或多或少地携带有福柯等所言的政府治理术（governmentality）内涵（Foucault et al.，1991），即病理式地诊断城市社区问题，技术化地对社区施以规制（discipline）与改进，致力于打造规整有序的物质环境与社区文化的意图。这是中国语境下“城市社区治理”的重要特点，也是需要我们与西方治理理论谨慎加以区分的地方。

3 集体主义规划与“单位制”治理

3.1 国家计划体制下公共产品的单位制配给

1949年中华人民共和国成立后，如何将一个落后的农业国转变为一个现代的工业国是新兴政权的首要任务。中央政府对国家资源具有高度的控制力和计划性。以“一五”期间156个重点项目为代表的国家投资是当时城市发展的主要动力，条线上的投资落实到块状的地方，凝结成一个个生产生活高度融合的地域空间统一体。这些部门单位连同各种属地化管理的党政机关、团体、学校等机构一道，构成了计划经济年代城市社会的基本单元——单位。国家通过单位制对社会进行一元化的领导和管理，实行了对经济资源的高度整合和对社会生活的整体支配，单位也自然成为布伦纳等（Brenner et al., 2003）所提出的“国家空间”形塑过程中的一部分。包括供水、供电以及养老、教育等在内的各类公共产品，均通过国家行政体制由“单位”进行供给和分配，国家在社区公共产品上同时扮演着生产者和供应者的双重角色（郑永君、张大维，2014）。在这一分配模式下，公共产品的受益范围限于相应单位社区内部的单位职工及其家属，而非本单位的成员则无法使用。这一时期的社区公共产品具备奥斯特罗姆广义公共产品定义中“收费产品”（或称俱乐部产品）的特性，即对内共同消费、对外具有明显的排他性。

在这一公共产品供给背景下，现代意义上的市民社会普遍缺乏。一方面，国家通过工作单位对市民日常生活施行全面而深刻的影响，对城市发展和治理具有很强的控制力；另一方面，单位作为“小社会”又拥有很大的自治权利，其具备独立的财务预算和空间权限——地方政府分拨给单位的土地，由各单位自行决定如何使用。一个单位也会设立机关事务管理、基建房产等职能部门，由它们具体负责生产性设施建造和职工住房供应，地方政府不便也不愿意插手。集体主义规划下，城市政府的主要作用是在单位之间填补市政层面的基础设施空缺，城市规划的作用在很大程度上局限于城市范围之内、单位边界以外的区域，吴缚龙（Wu，2015）将这种现象称为“城市是国家单位的容器”（container for state work-units）。此外，单位作为当时中国城市中一种“对外封闭、内在功能复合”的基本地域单元（张京祥等，2013；徐叶玉，2007），其自身的管理除了日常的生产组织、生活保障外，还承担着上级政治策略的落实以及社会调控等方面的内容（柴彦威、张纯，2009；张京祥等，2013），由此形成了国家对社会生活进行直接管理的“准基层行政组织”（张玉枝，2001）。

3.2 “单位制”下的集体消费和社区组织

计划体制下中国城市中的单位社区原型，可以追溯到苏联20世纪30年代为巩固布尔什维克堡垒（Bolshevik Fortress）而进行的全新集体居住形式，即“社会凝结体”（social condenser）的实践（Bray, 2005）。单位社区作为一种职住综合体，替代了家庭成为社会生产和再生产的基本单元（Bjorklund, 1986），居民日常生活的每个方面都将被给定了一个集体的背景，并在一个被特别设计、能支持集体原则的空间中进行（柴彦威等，2007）。即经济运行的生产以及个人家庭的再生产都被纳入一个“集体主义”的氛围中进行，个体化需求被显著压制了，取而代之的是集体化行动，以促进资本在更大时空范围内的累积循环，这是卡斯泰尔（Castells，1977）“集体消费”（collective consumption）学说的生动体现。

在社区公共产品自上而下的供给体制下，计划经济时代的中国城市治理呈现出以“单位制”为核心、居委会制度为简单补充的形态，从而具备垂直性、行政化的特征。无论是在物资实体还是数字指标层面，以单位为载体的统一分配制度通过行政手段，将其所掌握的公共产品按照各单位的级别和从属关系分配下去，进而由单位分配至个体成员。这些公共产品囊括了就业、住房、医疗、教育、娱乐、治安等社会生活的方方面面，一般可分为三类：①居住相关内容，包括住宅及配套的水、电、气等供给和维护设施；②生活相关内容，包括职工食堂、商店、浴室等；③科教文卫等福利性内容，包括附属幼儿园和学校、电影院、体育场、医院等（柴彦威，1996）。由此，在国家化的公共产品体制下，行政资源为单位成员提供了从衣食住行到生老病死的“一条龙”服务，也通常被称为“单位办社会”。

当然，也不能忽视居民委员会作为地方政府在基层治理中的重要补充作用。这一时期居民委员会的社会管理职能，主要是针对于那些游离于单位体制之外的零散社会成员（徐叶玉，2007）。由于“单位”本身已形成了一个个小社会，居委会并不能过多地介入各单位大院的具体事务（虽然这些单位大院名义上属于居委会的管辖范围），因此在城市中很难真正实现有效统一的社会管理，治理体系呈现出碎片化的特征。城市中限制人员自由流动的户籍制度（Shieh and Friedmann，2008）同样以工作单位为基础进行管理，所以当时居委会所能实际管理的人口是比较少的。

3.3 单位小区作为经典的城市居住单元

“小区”规划理念源自于苏联的集体居住单元（mikrorayon，英文意译为 micro-district），是社会主义集体生活的物化体现。经过了多年本土化的转译、改造，小区成为中国最为经典的城市居住空间单元，很多具体的设计手法一直沿用至今。小区模式在中华人民共和国成立初期引入后，形成了与“单位制”社会组织形式相契合的集体居住空间形式，即单位小区。随后一系列相应的设计规范和标准在中国也迅速完成了建制化并得以在全国推广（李飞，2011）。作为构成中国城市均质细胞状空间肌理的一种“母题”（赵晨等，2013），传统单位小区的空间组织特征可以概括为三个方面 。①职住配套一体、土地利用混合的城市空间效应。单位小区通常紧邻工作地，且服务设施也往往在周边布局，生产空间、居住空间以及其他功能空间高度重叠，构成了中国城市居民生活独特的基本生活圈（柴彦威等，2011b），至今仍被广为称道（图 2）。 ②标准人与指标化的设计特点。新建住区的规划组织结构通常分为居住区—居住小区—居住组团三个层次，每个层次按照千人指标要求配套各类公共设施(周俭，1999；朱家瑾，2006）（图 3）。指标化的配套方式带有平均主义的色彩，标准人的设计指向缺乏对多样化人性需求的考虑。为了满足优先生产建设的需要，当时居民生活的需求被显著压低，更无从谈及居住品质。③住区管理“统分包修”的管理方式（刘平，2001）。单位小区的住房产权为单位持有，由单位统一分配、管理与维护，居民只拥有使用权，这也是职工福利的重要体现。

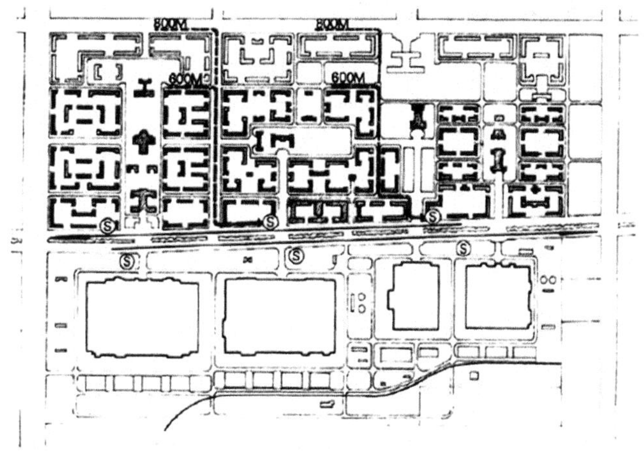

图 2　北京京棉厂和印染厂的单位大院布局

资料来源：张艳等，2009。

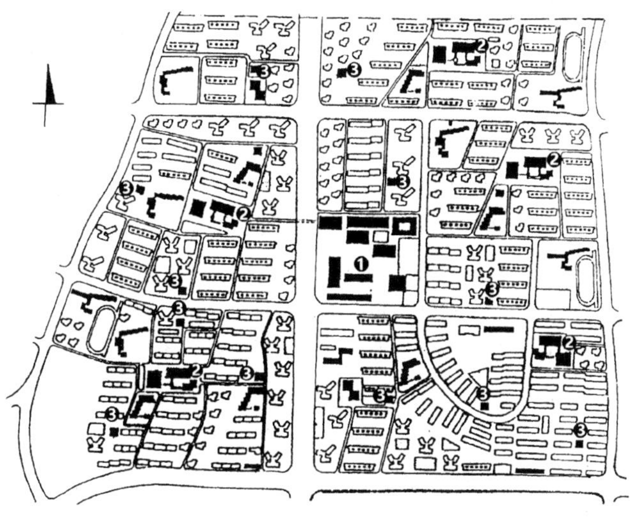

图 3　上海某地居住区—居住小区—居住组团三级住区组织结构

资料来源：朱家瑾，2006。

4 体制转型与城市社区的重构

4.1 城市公共产品供给制度改革与困境

改革开放后，中国经历了从计划经济到社会主义市场经济的重大改革，城市经济体制改革的中心环节是对国有企业进行改革，实现政企分开，使企业成为相对独立的经济实体（张京祥、罗震东，2013）。城市住房改革也相应启动，1994年国务院发文要求“将住房福利分配方式转变为以按劳分配为主的货币工资分配方式”，并向“承住独用成套公有住房的居民和符合分配住房条件的职工城镇职工出售原公有住房”（即俗称的“房改房”）。1998年正式废除了住房实物分配的制度，商品房作为城市住房市场的主体地位进一步被明确（Li and Yi，2007）。

单位制度解体后，原有的公共产品供给体系也随之消解，城市社区公共产品的供给主体开始由单位转向地方政府。国企改革改变了“单位办社会”的状况，单位从提供诸多基层社会服务的压力中解脱出来，能够更加集中精力从事核心经济业务（石洁等，2013），地方政府则成为社区公共产品供给的主要承担者。由于初期地方政府管辖范围和财力有限，转型过程中公共产品实际存在平均质量下降、供给不足的困境。一方面，单位边界的消失使单位社区中原本具有排他性的社区公共产品服务范围迅速扩大；另一方面，由于缺乏持续、充足的资金、制度供给予以保证，对这些公共产品的消费逐渐产生明显的竞争性特点，这一时期社区公共产品的性质接近奥斯特罗姆定义中的“公共池塘产品”。公共产品有效供给不足成为制约转型期城市社区治理水平提升的“瓶颈”，当前我国乡村治理也面临类似的困境（申明锐、张京祥，2018）。

4.2 单位制的解体与当代社区的产生

尽管在改革开放后不断受到市场化的冲击，单位制的解体和当代社区的产生同样经历了一个渐进式的演变。在这一过程中，社区逐渐成为新的城市基层治理单元，以街道—居委会双层管理为核心、市场力量逐步参与的“街居制”治理模式是重要的过渡期产物。

单位制被打破后，单位中非生产功能逐渐外部化和社会化，大院内部的设施和公共空间开始向围墙外的社会公众提供服务。市民的就职机构不再承担公共产品供给职能，“单位人”的概念逐步淡化，基于单位的基层治理模式开始解体（鲁心宇，2013）。转型期一系列新问题的出现，加速形成了城市管理中的诸多“真空区域”，这些给社会秩序带来了新挑战，也给基层政府的服务能力提出了极大的考验。中央从国家治理的层面意识到基层治理对于维护社会稳定的重要性，迫切需要建立一种新的基层治理方式，对日益“原子化”的“社会人”进行重新组织。

1949年后，“社区”概念曾长期销声匿迹，此时重新进入中国的主流话语体系，源于转型期一系列的城市基层治理改革。1986年民政部首次提出开展“社区服务”，启用社区这个概念则是强调用“在地化的管理来服务属地社群”，中央要求地方及基层政府承担原先单位抛开的公共服务和福利供给职能。20 世纪 90 年代民政部借鉴国外社区发展的基本经验，结合中国实际情况提出了“社区建设”的思路，2000 年国务院发文在全国范围内推广。“社区建设”进一步将社区实体化，通过政府的专项拨款，建设内容扩展到卫生、文化、环境、治安以及基层民主和党组织建设等方方面面。进入 21 世纪以来，中央针对社区层面自上而下出台了诸如“和谐社区”（2002）、“社区服务体系建设”（2011）、“社区工作服务”（2013）、“智慧社区”（2015）等一系列政策措施，在人员配备、硬件设施、规章制度等多个方面明确了量化标准和规范，细化为非常技术化的手段（technocracy），以此来促进社区治理能力的提升。

在中国经济社会发展转型期，社区完成了从学术概念到“准行政实体”的建制化（institutionalization）过程。居委会作为一个宪法明确的组织机构，1949 年以后就一直存在。在计划经济时期，居委会所辖区域界限非常松散，它的主要任务是补充管理单位体制外的少数人员，所谓“拾单位之遗，补单位之缺”（朱鹏程，2005），对于单位内部的管理并不能直接介入。单位小区解体后，居民委员会接管了相关职能，但改革初期普遍存在财力有限、服务能力不足的情况。城市社区的重构多涉及以前多个居民委员会辖区的合并，原先的单位大院瓦解，社区边界进一步夯实（图 4）。由于管理人口和范围都有所扩大，社区服务取得了一定的“规模效应”。社区居民委员会的工作经费、办公场所和人员工资均由上级拨付，社区的活动也可以获得政府一系列财政、场地和文化资源支持（Wu，2018）。尽管在法律上社区居委会被定义为“基层群众性自治组织”，其本质仍是政府行政管理的延伸，其无论在具体决策、组织还是居民意识形态上都有权援引广泛而具体的政府干预措施（Bray，2006）。由此，中国的社区形态也超越了西方“基于身份认同的共同体”概念，成为一种具有明确边界的“准行政实体”（quasi-administrative entity），与政府划定的基层管理单位相关联。布雷（Bray，2006）从治理的角度，将中国当代社区的特征总结为三点：①社区的性质和功能由政府决定；②社区主要负责行政工作；③每个社区都会有明确划定的空间领域。

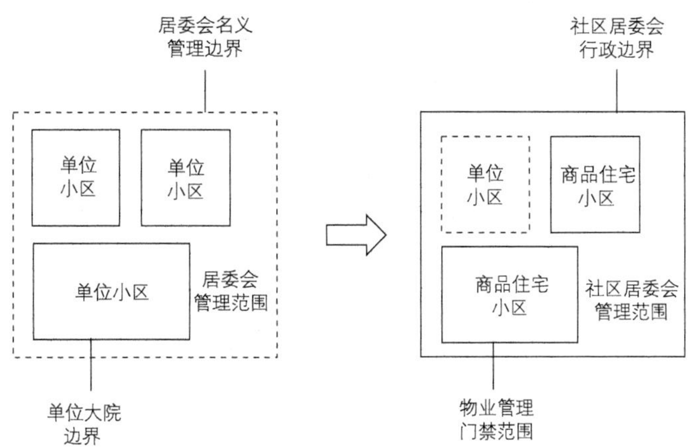

图 4 转型期社区居委会管理范围重塑

根据民政部2000年在《关于在全国推进城市社区建设的意见》中的定义，“社区”一般指经过社区体制改革后特定规模的居民委员会辖区。世纪之交，官方语境中“社区”概念的再度定义，让居委会的“管辖”范围彻底地明确下来，我们可以称之为社区的（再）领域化（re-terrorization）过程。通过一系列的社区实体建设，以社区中的居委会为主体，多种社会、市场力量逐步参与的“街居制” 治理模式逐渐形成。“社区”和“居民委员会”作为一组涉及中国当代城市治理的“行政实体”与“治理主体”（图5），与中国乡村治理当中的“行政村”与“村委会”形成了有趣的类比。

图5 武汉一社区居民委员会

4.3 “商品化”的城市居住模式

作为对社会经济体制改革的一项重要空间响应，转型期城市居住模式逐步走向商品化、市场化的形态。具体而言，表现出新建住房的商品化和社区公共产品配置的市场化等特点。

在住房私有化改革后，部分“房改房”的所有者通过出售或出租房屋迁出了原先的单位小区，一些公共服务质量、区域优势不突出的单位小区逐渐衰退成为没有购买商品房能力的原单位职工和流动人口的居住地，使得传统的单位社区从静态、封闭的格局走向混合、杂化的状态（柴彦威等，2011a）。新建住房则日趋商品化，地产商成为其供应主体。单位基本建设住房占全国城镇竣工住宅面积的比例由1985年50.9%下降到2003年的15.1%（申明锐等，2013）。与此同时，地产商开发的商品住宅占城镇新建住宅的比例则稳步上升，从1985年3.2%上升到2010年的73.0%，成为中国城市住宅开发最为主要的投资来源（图6、图7）。

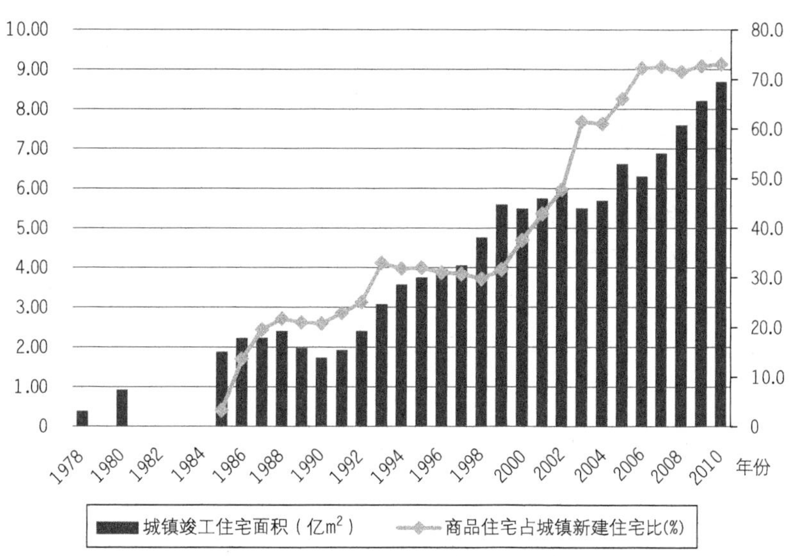

图 6 转型期城镇竣工住宅总面积及商品房占比

资料来源：综合历年中国统计年鉴、中国房地产统计年鉴数据以及申明锐等（2013）。

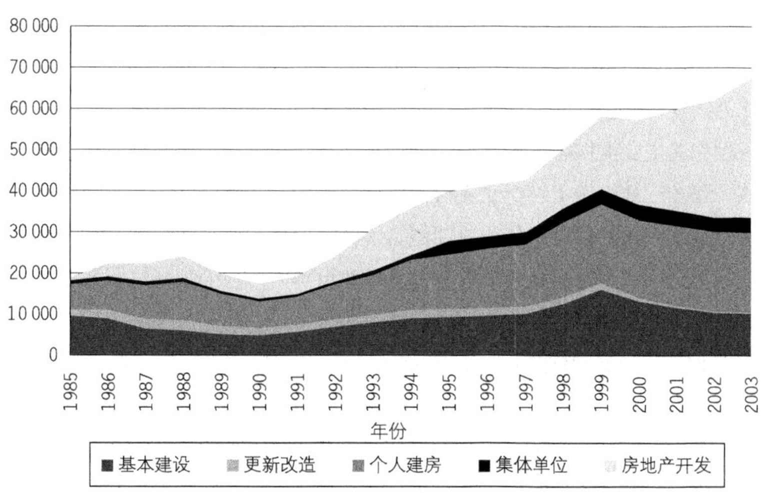

图 7 转型期不同类型中国城镇住宅存量（万 m²）

资料来源：同图 6。

社区公共产品的配置同样需要适应市场化转型。对于可经营性的公共设施，市场会自行弥补其缺失，而公益性的公共设施如没有政府介入，往往得不到较好的实施。因此，城市规划需要根据市场经济条件下住区公共服务设施配给情况的变动，研究制定新的规划标准。以南京市为例，南京市规划局于2006年颁布了新的《城市新建地区配套公共设施规划指引》，根据市场经济下住区公共设施易受市场的侵蚀程度将公共设施分为两类，对公益性公共设施进行刚性控制，对经营性公共设施则重视顺应市场经济的要求（周岚等，2006）。

值得一提的是，涉及国有企业、城市住房等在内的一系列市场化改革，为中国社区治理的多元化发展和重心下移奠定了物质基础。通过私人回购公房的形式，国家和个人的财富完成了一次重新组合，住房作为一项不动产也脱离了原先“集体消费”的累积循环路径，成为个人财富的重要表征。通过这次改革，城市中绝大多数的单位居民在家庭资产上获得了一次极大提升，住房作为一种商品的交换价值日益显现。这也是导致当今中国城市中“原住民”和“新市民”间财富差异的重要政策线索。

5 市场主体下的公共产品供给与“业主社区”

5.1 公共产品供给市场化与物权意识强化

改革开放是中国经济社会运行动力机制的根本性转变，触动着所有制、劳动分配乃至社会保障等领域的制度变革。随着社会主义市场经济体制的逐步健全，市场在资源配置中的基础性作用不断增强，社区公共产品供给的市场化程度不断提高。在社会商品零售环节，政府定价比重由改革开放前的几乎100%下降到不足 4%（杨景宇，2007）。社区物业服务也由过去政府统分包修模式，转向由社会化、专业化和市场化的物业企业进行管理的主流模式。总体来说，政府仍然是这一时期社区公共产品尤其是基本公共服务设施的主要提供者，尤其是在近年来更增加了对纯公益设施（在社区层面如城市口袋公园、小型游园、康体福利设施）的财政支持，体现了政府对社会公平正义的关注；以市场化物业企业为代表的市场力量成为社区公共产品的重要供给者，他们提供的产品更接近奥斯特罗姆定义中的“俱乐部产品”——城市封闭社区内部以会所服务、亲子教育等为代表的市场性服务项目，允许社区居民通过付费方式获得物业服务企业提供的排他性公共产品。

日益社会化、日益丰富的公共服务，正在愈来愈明显地与城市居民的住房及社区发生“区位捆绑”，城市居民生活配套基本脱离了原先的“就业单位依赖”。城市层面提供给居民的公共服务，很大程度上取决于其居住社区的区位，居民购买一套住房的同时，即意味着间接购买了与其区位所配套的教育、医疗、交通等一系列公共服务（申明锐，2011）。“学区房”作为一种与优质教育资源捆绑的社区类型，在当今中国的房地产市场受到热捧（刘宏燕，2018），即是最好的例证——当代城市社会内，蕴含着包括教育等公共资源在内的空间分配方式由社会身份背景分配体系转向空间支配的空间化本质（Wu et al.，2016）。而社区层面的公共服务质量（涉及保洁、绿化、安保等），在市场机制下又与住宅开发商及引进物业的实力品牌密切相关。这两个层面都反映了新时期的择居现象，其在本质上是一种由居民通过自由市场直接或间接购买公共产品的行为，在竞价机制的作用下，居民转而在市场中拥有获取相应公共服务质量的选择权。因此，也不难理解成为“业主”（homeowner）的居民对房产物权意识的不断强化。

随着住房私有化改革的不断深入，居民的物权意识逐步形成并迅速提升。2007 年出台的《中华人民共和国物权法》从法律层面正式确立了对居民物权进行保护的思想（黄瓴、黄天其，2008）。以一些“钉子户”事件为代表，全社会广泛关注一些热点征地拆迁中的公共利益和私有物权的博弈冲突。与此同时，网络技术的普及为公民参与及监督公共事件提供了渠道和平台，推动了公众参与意识的提高和公民社会崛起（朱仁显、邬文英，2014）。在物权意识觉醒和公民参与意识提升的共同影响下，居民开始谋求在社区事务中获得更大的话语权，中国城市社区治理的格局出现了新兴的力量。

5.2 走向多元共治的业主社区

在城市社区治理层面，当代社区逐步由“街居制”的单一行政管理模式向多元治理模式转变，表现为市场力与行政力量的共同作用，以及居民对社区公共品、公共活动参与度的大幅度提升所带来的自治力量的出现。首先，近些年物业服务企业的大量出现代表了社区治理体系中市场力量的崛起。物业管理作为一个新兴的产业在中国的发展方兴未艾，根据中国指数研究院（2016）发布的中国百强物业服务企业分析报告，2015 年物业百强企业营业收入达到 1 136 亿元，过去三年复合增长率为 38%，管理的住宅面积总量达 35.5 亿平方米，同比增长 60%。物业公司通过为服务社区提供住宅修护、公共环境维护及治安管理等方面的有偿服务，合法获取收益并参与到社区利益的协调分配中来。

与物业服务企业相伴生的，是业主大会/业主委员会逐步成为居民参与社区治理的重要组织和途径。根据 2003 年国务院颁布的《物业管理条例》，业委会的权利来源于业主的不动产所有权，其最初的职能也仅限于围绕自身不动产管理的相关权益——代表业主参与物业管理，监督物业服务工作，在物业管理活动中维护全体业主的合法权利。在实际操作中，随着居民参与社区公共事务的意愿日益提升（陈云松，2004），作为传统意义上 “群众性自治组织”的居民委员会已难以满足居民的需求（Bray，2006）。与之相比，业主委员会由社区业主大会选举产生，能够直接在社区事务中反映业主的集体意见，表达其共同诉求，从而填补了自下而上社区参与方式的空白，实现了一定意义上的自发性治理。社区日常性事务中，业主委员会代为监督公共维修基金的使用，主持选招聘物业服务企业，了解业主对社区的意见和建议，并代表全体业主与住房行政机构、居委会及其他专业部门打交道，逐渐发展为社区治理中不可或缺乃至主导性的力量。

物业公司+业委会，这一对社区治理中利益相关者的出现，引发了全能型政府在行政管理层面的相应扩展。近年来，中国城市中房地产主管部门多在街道层级设置了物业管理办公室，对辖区内各小区的业主委员会和物业公司业务直接监督、指导，乃至具体介入社区内部的事务管理。此外，居委会仍然承担对所辖区域内的居民进行宣传教育、调解纠纷、协助维护治安等职能。政府主管房地产的条状机构加入到传统块状的街居构架中来，一起形成了双轨并行的社区行政管理系统。当然，在实际运行过程中也引发了职权交叉、责任模糊的新问题（罗小龙等，2011；陈广宇等，2016）。

近年来，也开始逐步涌现出一些其他类型的社区自治组织（voluntary organization）（图8）。这些从事非营利性服务活动的社会组织，多脱胎于社区居民自发形成的某种兴趣组或者互助会（吴楠，2013），发展壮大后则以民办非企业法人的身份在政府登记注册（常怡，2014）。社区自治组织一方面能够提供社区福利、互助、公益等多样化的服务，为社区内困难人群提供帮助，从而成为政府和市场之外社区公共产品供给的有效补充；另一方面，自治组织通过培育社区领导人、协助解决本地矛盾等方式，在社区事务中为居民提供了另一种非正式的投诉和问题反馈机制（Shieh and Friedmann，2008）。因此这些带有自发特点的社会组织，能够极大地增强社区凝聚力、拓展社区服务功能，在一些大城市社区的日常管理中正发挥着越来越重要的作用。

图8　共治景观：同济大学发起的上海社区花园营造组织

资料来源："城乡规划 URP"微信公众号，https://mp.weixin.qq.com/s/Y9GzillzeshE9zQkFxUsCQ。

5.3　差异化的住区设计与分异化的居住空间

随着社区公共产品供给模式主要由早先的政府提供转向市场化供给，封闭社区（gated community）作为一种将住宅与配套公共产品打包出售并限制外来人员进入的设计模式，日益成为中国城市新建住区的普遍形式。英国学者韦伯斯特等（Webster et al.，2002、2003）将封闭社区理解为一种介于公共产品和私人产品之间的"俱乐部产品"，居民在购买住房的同时支付相应的会员费以维护相应设施，社区雇佣物业管理公司为其成员提供高质量的服务。封闭社区四周往往由围墙、绿化带或者建筑物自身环绕闭合，并设置保安、钥匙、门卡等门禁设施限制外来人员进入，从而实现社区内部共享公共空间、设施、景观和服务的私有化属性，有效地避免了“搭便车”行为的出现。然而，社区的封闭化不可避免地带来私人化空间对公共空间的挤压，使城市多样化品质遭到破坏（Giglia，2008），大面积的封闭区域降低了城市道路网络的密度和通达性，步行网络的萎缩也使围墙间的街道公共空间难以维持往日的经济与人文活力（宋伟轩，2010）。

在城市尺度，伴随封闭社区的兴起，城市居住空间分异的趋势愈发明显，并出现邻里级别的居住隔离现象（吴启焰等，2000）。计划经济时期“单位制”主导下相对均质的城市空间随着经济体制改革深化和物质财富差距扩大而不断分化，不同居住社区在住房质量、居住环境等方面的差距迅速扩大，单体均质而整体异质的社会空间逐渐成为当前中国城市空间的典型特征（柴彦威等，2011b；Li and Wu，2008）。排他性封闭社区通过房地产开发项目整体植入城市空间，“镶嵌”和“拼贴”在城市传统街区之中，将自身与外界隔离，犹如一个个财富与权力的孤岛；而大量城市老旧社区（尤其是原来的单位小区）却由于政府无法提供足够的城市基础设施，自身又无法负担高昂的维护成本，而面临物业设施老化、原住居民大量迁出等困境，不可避免地陷入破败和衰退中，逐渐成为外来低收入人口的聚集区（He et al.，2010）。以住宅年代新旧或居民财富多少划分的马赛克状城市空间交错并置，彼此间表现出巨大的异质性。总体而言，这一时期城市公共服务供给模式的市场化转向导致了住区规划设计形式的转变，也带来了城市原有社会脉络和空间肌理的分割，城市空间结构不可避免地趋向破碎化（Falk，2007）。

6 结论与讨论

本文致力于对中国城市社区演化与治理演变的总体历程进行综述研究——力求借助“公共产品”这一理论视角，从规划断代史维度对关注中国社区规划与治理演进的中英文文献进行一个系统的梳理，即“综合”凝结各个时代一些基本的学术共识；同时注意引入比较研究视角，对当前的中国社区治理存在的特色与挑战进行尝试性的“论述”。

1949年以来，特别是改革开放之后，中国城市内居民的物质生活水平得到了迅速的提高，城市社区的公共产品消费也日趋多元化。相应地，学术界对于社区公共产品的定义也在逐渐扩展——由过去狭义的、排他的定向服务走向愈发公共、开放却又充分差异化的谱系。公共产品的供给主体也从过去计划经济年代单一国家化的单位供给走向市场在资源配置中占支配性地位的阶段。具体而言，计划经济时期，社区公共产品以单位为载体由国家自上而下统一分配至个体成员，具备“俱乐部产品”特征，体制外成员难以享用。城市社区治理呈现以“单位制”为核心、居委会为简单补充的形态，具有垂直化、行政化特征；改革开放后，伴随着“单位制”的解体和市场化的冲击，公共产品供给责任开始由单位转向地方政府，作为基层行政力量延伸的当代社区逐步取代单位成为城市新的基层治理单元，城市社区开始形成以街道—居委会双层管理为核心、市场力量有限参与的“街居制”治理模式。转型阶段的存量社区，因治理主体不明确或可持续机制不健全等原因，也出现了基本设施难以保障的“公地悲剧”式现象；而随着市场经济改革的不断深入，社区公共产品供给的市场化程度不断提高，供给主体趋于多元，当代社区治理正在由单一行政主体向多元治理模式转变。这些社区层面的公共产品中，既有政府从空间公平角度新建的小型绿地等休憩空间，具备充分的公共性，全民都能享用；又有门禁社区内依靠物业费或会员制维持起来的收费产品，具备高度的排他性。治理主体方面，物业服务企业作为市场力量在社区公共服务配给上的主体地位进一步突出；基于社区资产维护管理的业委会和居民自愿结成的各类社区自治组织一道，共同成为社区居民自下而上参与社区治理的重要途径；地方政府则通过居委会和房管部门两条线索介入社区的行政管理——最终形成三方主体共同参与、相互博弈、彼此互动的中国当代城市社区治理模式（图 9）。而在具体的住区规划设计方面，中国社区则经历了从指标化、均质化的布局形式向商品化、市场化设计理念的转变。

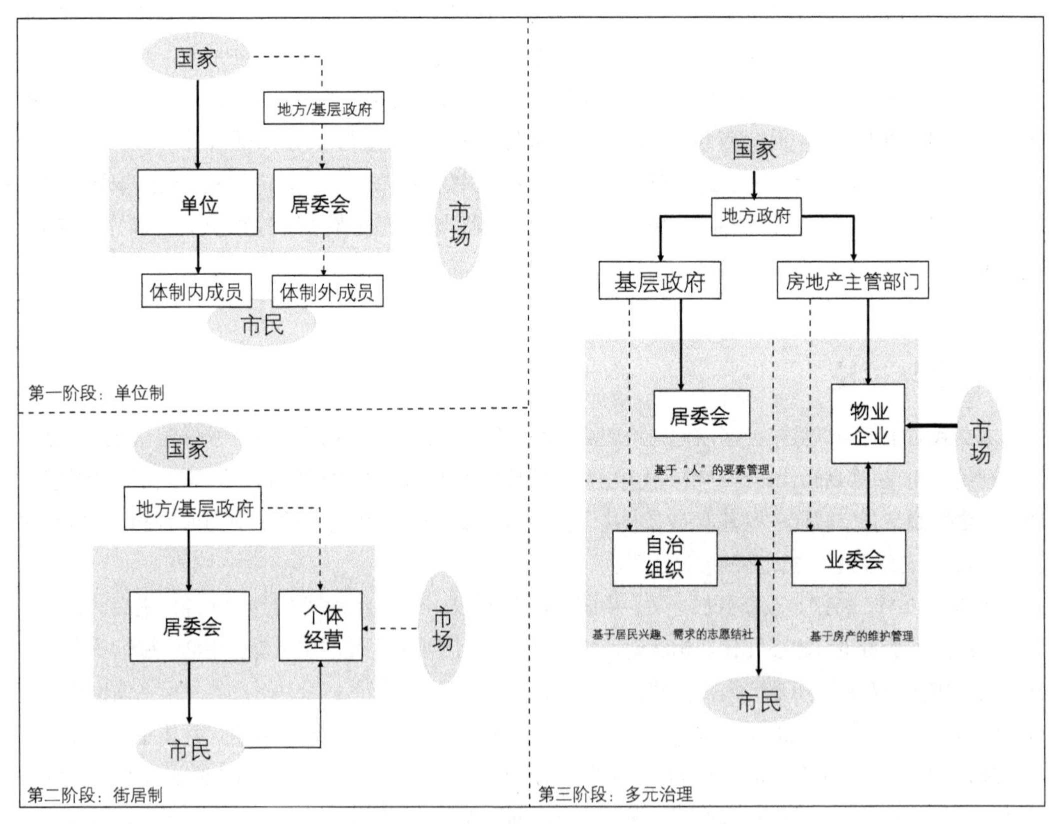

图 9　1949 年以来我国城市社区治理模式的演进

比照西方社区治理理论，由于文化、社会与体制背景的巨大差异，中国城市社区治理演进所展现出来的路径具有其特殊性。中西方文化背景的差异导致社区在中国天生并不具备西方语境下的公共性基因，更多则是体现了以基层行政辖区范围为边界、体现国家统治意志、承担大量行政性事务的“准行政实体”角色。进一步地，有别于西方社区治理强调公民力量和社群自组织能力的内涵，中国社会经济体制的特殊性决定了其城市社区治理始终带有明显的强政府干预特点。中国式社区治理注重病理式地诊断城市社区问题，技术化地对社区施以规制与改进，并致力于打造规整有序的物质环境与社区文化。在未来走向上我们也可以预判，中国的城市社区治理必将探索出一套有别于西方经典理论的“中国方案”。

我们也应当清楚地看到，当前中国城市社区治理依然存在着政府服务监管过度介入、物业企业选聘和管理机制不完善、业委会及其他自治组织自我调控失范等许多具体问题。新时代背景下，面对社群自我意识的崛起、民间力量的快速发展以及法治社会的要求，如何满足人民日益增长的美好生活需要，如何平衡与协调国家意志、民众诉求与市场资本等各方力量的关系，如何解决社区中公共产品供给需求不平衡、不充分的问题，仍是需要各方努力探索、共同回答的时代命题。

致谢

本文受国家自然科学基金（51808280、51578276）、中国博士后科学基金（2017M621714）资助；同时，感谢南京市房产局、南京市委研究室委托课题“南京市物业管理与社区治理研究”相关人员的帮助。

参考文献

[1] Benewick, R., Tong, I., Hpwell, J. 2004. “Self-governance and community: A preliminary comparison between villages' committees and urban community councils,” China Information, 18(1): 11-28.

[2] Bjorklund, E. M. 1986. “The Danwei: Social-spatial characteristic of work units in China's urban society,” Economic Geography, 62(1): 19-29.

[3] Bray, D. 2006. “Building 'community': New strategies of governance in urban China,” Economy & Society, 35(4): 530-549.

[4] Bray, D. 2005. Social Space and Governance in Urban China: The Danwei System from Origins to Reform. Palo Alto: Stanford University.

[5] Brenner, N., Jessop, B., Jones, M., et al. 2003. State/Space: A Reader. Malden, MA: Blackwell.

[6] Castells, M. 1977. The Urban Question: A Marxist Approach. Cambridge, MA: MIT.

[7] Commission on Global Governance. 1995. Our Global Neighborhood: The Report of the Commission on Global Governance. Oxford: Oxford University Press.

[8] Falk, W. 2007. “Gated communities and spatial inequality,” Journal of Urban Affairs, 29(2): 109-127.

[9] Foucault, M., Burchell, G., Gordon, C., et al. 1991. The Foucault Effect: Studies in Governmentality. Harvester Wheatsheaf.

[10] Giglia, A. 2008. "Gated communities in Mexico City," Home Cultures, 5(1): 65-84.

[11] He, S. J., Liu, Y. T., Wu, F. L., et al. 2010. "Social groups and housing differentiation in China's urban villages: An institutional interpretation," Housing Studies, 25(5): 671-691.

[12] Heberer, T. 2009. "Evolvement of citizenship in urban China or authoritarian communitarianism? Neighborhood development, community participation, and autonomy," Journal of Contemporary China, 18(61): 491-515.

[13] Li, S. M., Yi, Z. 2007. "The road to homeownership under market transition Beijing, 1980-2001," Urban Affairs Review, 42(3): 342-368.

[14] Li, Z. G., Wu, F. L. 2008. "Tenure-based residential segregation in post-reform Chinese cities: A case study of Shanghai," Transactions of the Institute of British Geographers, 33(3): 404-419.

[15] Lo, K. 2013. "Approaching neighborhood democracy from a longitudinal perspective: An eighteen-year case study of a homeowner association in Beijing," Urban Studies Research, 2013(1).

[16] Ostrom, E. 2005. Understanding Institutional Diversity. Princeton, NJ: Princeton University Press.

[17] Park, R. E., Burgess E. W., Mckenzie, R. D., et al. 1984. The City. Chicago: University of Chicago.

[18] Rhodes, R. A. W. 1996. "The new governance: Governing without government," Political Studies, 44(4): 652-667.

[19] Shieh, L., Friedmann, J. 2008. "Restructuring urban governance," City, 12(2):183-195.

[20] Webster, C. J., Glasze, G., Frantz, K. 2002. "The global spread of gated communities," Environment and Planning B: Planning and Design, 29(3): 315-320.

[21] Webster, C. J., Lai, W. C. 2003. Property Rights, Planning and Markets: Managing Spontaneous Cities. Cheltenham: Edward Elgar.

[22] Wirth, L. 1938. "Urbanism as a way of life," American Journal of Sociology, 44(1): 1-24.

[23] Wu, F. L. 2018. "Housing privatization and the return of the state: Changing governance in China," Urban Geography, (4): 1-18.

[24] Wu, F. L. 2015. Planning for Growth: Urban and Regional Planning in China. London: Routledge.

[25] Wu, Q., Zhang, X., Waley, P. 2016. "Jiaoyufication: When gentrification goes to school in the Chinese inner city," Urban Studies, 53(16): 3510-3526.

[26] 柴彦威. 以单位为基础的中国城市内部生活空间结构——兰州市的实证研究[J]. 地理研究，1996(1)：30-38.

[27] 柴彦威，陈零极，张纯. 单位制度变迁：透视中国城市转型的重要视角[J]. 世界地理研究，2007，16(4)：60-69.

[28] 柴彦威，塔娜，毛子丹. 单位视角下的中国城市空间重构[J]. 现代城市研究，2011a(3)：4-9.

[29] 柴彦威，肖作鹏，张艳. 中国城市空间组织与规划转型的单位视角[J]. 城市规划学刊，2011b(6)：28-35.

[30] 柴彦威，张纯. 地理学视角下的城市单位：解读中国城市转型的钥匙[J]. 国际城市规划，2009，24(5)：2-6.

[31] 常怡. 社区服务中民非组织的运作模式研究[D]. 南京：南京大学，2014.

[32] 陈广宇，罗小龙，应婉云，等. 转型中国的城市社区治理研究[J]. 上海城市规划，2016(2)：20-25.

[33] 陈伟东，张大维. 中国城市社区公共服务设施配置现状与规划实施研究[J]. 人文地理，2007，22(5)：29-33.

[34] 陈云松. 从"行政社区"到"公民社区"——由中西比较分析看中国城市社区建设的走向[J]. 城市发展研究，2004，11(4)：1-4.

[35] 费孝通. 社会学的探索[M]. 天津：天津人民出版社，1985.

[36] 黄瓴，黄天其.《物权法》：城乡规划建设中的社会公正[J]. 北京规划建设，2008(1)：36-38.
[37] 黄忠怀. 空间重构与社会再造[D]. 上海：华东师范大学，2005.
[38] 李飞. 对《城市居住区规划设计规范》(2002)中居住小区理论概念的再审视与调整[J]. 城市规划学刊，2011(3)：96-102.
[39] 刘宏燕. 城市小学教育资源空间分布格局演化与机理研究——以南京主城区为例[D]. 北京：中国科学院大学，2018.
[40] 刘平. 物业管理企业的成长与发展问题研究[D]. 大连：大连理工大学，2001.
[41] 鲁心宇. 基于新公共管理理论下城市社区治理模式研究[D]. 北京：中国地质大学，2013.
[42] 罗小龙，陈果，殷洁. 谁能代表我们：转型期城市社区管治研究——基于南京梅花山庄社区物管纠纷的实证分析[J]. 城市观察，2011(1)：158-165.
[43] 秦晖. 大共同体本位与传统中国社会[J]. 社会学研究，1998(5)：14-23.
[44] 申明锐. 城乡二元住房制度：透视中国城镇化健康发展的困局[J]. 城市规划，2011，35(11)：81-87.
[45] 申明锐，张京祥. 政府主导型乡村建设中的公共产品供给问题与可持续乡村治理[J]. 国际城市规划，2018. 已接收，待刊登.
[46] 申明锐，张京祥，罗震东. 住房体制作用下的城市空间重构[A] // 江苏建设[C]，2013，4：38-46.
[47] 石洁，宋雨珈，孔令龙. 从计划到市场——转型时期南京企事业单位大院变迁研究[C] // 2013 中国城市规划年会论文集. 中国城市规划学会，青岛市人民政府，2013.
[48] 宋伟轩. 转型期中国城市封闭社区研究——以南京为例[D]. 南京：南京大学，2010.
[49] 孙立平. 社区、社会资本与社区发育[J]. 学海，2001(4)：93-96.
[50] 斐迪南·滕尼斯. 共同体与社会[M]. 林荣远，译. 北京：北京大学出版社，2010.
[51] 吴楠. 业主互助与社区参与精神——翠竹园互助会模式浅谈[J]. 中国物业管理，2013(1)：62-63.
[52] 吴启焰，任东明，杨荫凯，等. 城市居住空间分异的理论基础与研究层次[J]. 人文地理，2000(3)：1-5.
[53] 徐叶玉. 我国城市社区治理的变迁、模式与趋势[D]. 上海：上海交通大学，2007.
[54] 杨景宇. 一部具有里程碑意义的法律——物权法出台的背景和意义[J]. 求是，2007(9)：21-24.
[55] 叶国平. 城市利益关系调整与和谐社区建设[J]. 天津大学学报(社会科学版)，2008，10(5)：421-424.
[56] 俞可平. 治理与善治[M]. 北京：社会科学文献出版社，2000.
[57] 张京祥，胡毅，赵晨. 住房制度变迁驱动下的中国城市住区空间演化[J]. 上海城市规划，2013(5)：69-75.
[58] 张京祥，罗震东. 中国当代城乡规划思潮[M]. 南京：东南大学出版社，2013.
[59] 张艳，柴彦威，周千钧. 中国城市单位大院的空间性及其变化：北京京棉二厂的案例[J]. 国际城市规划，2009(5)：20-27.
[60] 张玉枝. 中国城市社区发展的理论与实证研究[D]. 上海：华东师范大学，2001.
[61] 赵晨，申明锐，张京祥."苏联规划"在中国：历史回溯与启示[J]. 城市规划学刊，2013(2)：107-116.
[62] 郑永君，张大维. 新型城镇化背景下后发型社区的“发展陷阱”及其破解路径——以桂林市花园社区公共产品供给现状为例[J]. 上海城市管理，2014(2)：22-28.
[63] 中国指数研究院. 2016 中国物业服务企业发展分析[J]. 城市住宅，2016，23(6)：94-96.
[64] 周俭. 城市住宅区规划原理[M]. 上海：同济大学出版社，1999.
[65] 周岚，叶斌，徐明尧. 探索住区公共设施配套规划新思路——《南京城市新建地区配套公共设施规划指引》介

绍[J]. 城市规划，2006(4)：33-37.
[66] 朱家瑾. 居住区规划设计[M]. 北京：中国建筑工业出版社，2006.
[67] 朱鹏程. 社区公共产品与社区治理模式研究[D]. 长沙：国防科学技术大学，2005.
[68] 朱仁显，邬文英. 从网格管理到合作共治——转型期我国社区治理模式路径演进分析[J]. 厦门大学学报(哲学社会科学版)，2014(1)：102-109.

[欢迎引用]
申明锐，夏天慈，张京祥. 从“单位小区”到“业主社区”：公共产品视角下中国城市社区规划与治理演进[J]. 城市与区域规划研究，2018，10(4)：179-198.
Shen, M. R., Xia, T. C., Zhang, J. X. 2018. “From work-unit compound to homeowner community: A literature review on the evolution of urban community planning and governance in China from perspective of public products,” Journal of Urban and Regional Planning, 10(4): 179-198.

香港公屋政策的空间治理困境

戴思源

Dilemma of Public Housing Policy on Spatial Governance in Hong Kong China

DAI Siyuan
(Sun Yat-sen University, Guangdong 510275, China)

Abstract As the collective consumer goods, public housing is a social protection measure issued by Hong Kong government to deal with the urbanization of capital. It aims to adjust the phenomenon of spatial stratification formed in the process of capital urbanization. However, in its implementation, this policy is restricted by the tensions of various objective values, including the care for the living space of disadvantaged families, the market-oriental reform for maintaining the balance of government finance, the policy appeal to meet the needs of urban planning, etc. As a result, the public housing policy objectively strengthens the spatial stratification of the city. On this account, this paper proposes that when improving the public housing policy, we should also promote the construction of mixed communities and public transport facilities, so as to ensure the sharing of urban space between different social classes.

Keywords capital urbanization; public housing; spatial stratification; tension of objective value; Hong Kong

作者简介
戴思源，中山大学。

摘　要　公屋作为“集体消费品”，是香港政府应对资本城市化而出台的社会保护举措，旨在调整资本城市化过程中所形成的城市空间阶层化现象。但是，在实践中受到各种目标价值的制约，即对弱势家庭居住空间的照顾、维持政府财政收支平衡的市场化改革以及配合城市发展规划等其他方面的政策诉求，公屋政策反而客观上强化了城市空间的阶层化。有鉴于此，在完善公屋政策的同时，应着力推进混合社区和公共交通设施的建设，以保证城市空间的阶层共享。

关键词　资本城市化；公屋；空间阶层化；目标价值张力；香港

改革开放以来，中国城市化进程的一个重要特征，就是资本从国家计划与管制中挣脱出来，成为推动中国城市化发展的一股重要力量。资本不仅成为城市空间迅速拓展的重要力量，也成为决定城市各阶层生活空间的关键因素。这也导致当前许多城市的空间阶层化现象愈发突出。

以维护住房弱势群体权利为目标的社会保障住房被认为是能制衡资本所引起的空间阶层化，有利于维护城市的空间正义。随着各个城市社会保障房屋的不断兴建，越来越多的城市弱势群体住上了“新房”，城市家庭的平均居住水平大幅提高。然而，一些研究也指出，由于这些新建的社会保障住房大多连片集中分布于城市郊区，因此，社会保障住房的兴建反而对因资本所造成的城市公共空间的阶层化发挥了“同向强化作用”，固化了这些城市的空间阶层化（徐琴，2008；茹伊丽等，2016）。对此，研究以香港为分析对象，探讨公屋政策对其城市社会空间的影响，并据此寻求其中的生成逻辑与更为合适的政策治理思路。

之所以将香港作为研究典型，一方面，是因为香港作为“全球城市”，较中国内地的其他城市，有着更高的城市化与市场化水平，城市发展受资本逻辑影响导致空间阶层化显著；另一方面，也是因为香港在城市空间治理的实践过程中较早地形成了完善的公共住房保障体系，积累了大量相关的政策治理经验与材料。此外，香港的公屋政策也是目前内地许多城市制定自身城市住房保障体系的重要学习对象（王坤、王泽森，2006）。总的来说，香港的城市发展与公共政策的治理效果不仅具有个案研究的典型性意义，其对于日后中国内地城市的空间格局走向和公共房屋政策的制定与效果评价有着重要的经验价值。

研究数据主要来自香港科技大学应用社会经济研究中心“2011 年香港社会动态追踪调查”（HKPSSD2011）。该数据基于分层随机抽样，重点关注了所选样本的社会经济地位及其区位代表性，调查涵盖了香港 18 个行政分区（吴晓刚，2014）。调查问卷除收集了被访者的家庭收入、主客观家庭地位外，还询问了家庭的住房类型、面积及同住人口等相关信息。此外，基于香港当年人口特征，问卷提供了相关的抽样权数，利于抽样数据进行总体推论。

1　城市空间阶层化与香港的城市空间

1.1　城市空间阶层化的资本逻辑

“城市”作为一种空间形式，不仅源于资本主义的生产关系，也生产着资本主义（方环非、周子钰，2015）。在当前的资本全球化时代，空间已经成为资本主义的生产资料和生产力，因此资本也利用对空间的占有与生产，从而实现自身的积累与发展（张佳，2017）。哈维（Harvey，1985）从资本积累的逻辑出发，提出了“资本三级循环”模型，对城市空间发展与资本积累的关系给予了解释。他指出，城市空间在本质上是一种各种各样的人造环境要素混合而成的人文物质景观。城市这种人造环境规模大、周期长，可以吸收大量的剩余生产资料。于是，建设城市空间也就成为缓解初级循环中工业资本过度积累危机的有效途径。建成的城市空间使得人口和生产资料的配置与布局得到了不断更新，进而提高了资本生产的效率。城市空间的生产在本质上成为资本主义生产关系的复制和生活方式的殖民（张霁雪、田毅鹏，2014）。正如哈维所总结的，资本主义的城市化在本质上就是资本的城市化（Harvey，1985）。

当然，城市空间的阶层化变成资本城市化逻辑主宰下的必然后果。在资本的城市化过程中，弱势群体面对资本压力，他们在城市公共空间中也常处于被动驱逐的地位，在城市空间中的边缘化特质。他们不仅因资本城市化的扩张而被资本由空间的中心地带抛向外围，且还会因资本城市化的持续扩张而时刻面临被再度抛离的危机。

1.2 香港城市空间阶层化的主要特征

全球城市的经济地理价值与政府在市场介入上的克制态度，导致资本逻辑在香港城市空间中的型塑作用尤为凸显。自 20 世纪 70 年代以来，因其背靠内地的区位以及高度自由与开放的营商环境（米尔顿·弗里德曼、罗莎·弗里德曼，1982），香港迅速成长为一座融汇中西文化的"全球城市"的代表（Breitung，2006；张丞国等，2015）。"全球城市"是资本城市化的集中体现（Soja et al.，1983）。这类城市既同全球资本高度关联，也作为发达的金融与商业服务中心（丝奇雅·沙森，2009）和连接全球信息网络的主要节点（曼纽尔·卡斯泰尔，2001）。在社会构成上表现为阶层多样化，城市不仅是国际高端人才的主要汇集地，也是低技术与低工资要求的城市移民的重要移入地（Friedmann，1986）。另外，由于香港政府的财政税收也大多与土地相关，因此香港政府本身是结构性地与地产商联系在一起（徐永德，1998）。于是，投机地产商在香港房地产市场中取得了"呼风唤雨"般的绝对控制力，形成了能影响香港政府城市发展决定的能力（潘慧娴，2011）。

受资本城市化逻辑的影响，香港城市空间的阶层分化显著，不同社会经济地位的家庭在香港城市空间的分布上，表现为中心高、外围低的分层隔离。中上阶层主要居住在香港的城市中心，中下阶层主要居住于靠近城市中心的边缘区域以及位于新界新市镇的边缘地带。图 1 展示了香港各区的家庭人均收入状况及其空间位置关系。除了居住于拥有良好自然环境、比邻中心市区且交通便利的西贡区外，中高收入家庭主要聚集于维港两岸的五个中心城区中。这里不仅有香港商业巨贾、达官显贵们的半山豪宅，也有职场精英们的私人物业，五区本身也是香港的经济与行政中心。其中，家庭人均收入最高的湾仔区不仅是香港摩天高楼与半山豪宅最为汇集的地方，更是香港立法会、最高法院、政府行政长官等政府机构的驻地。该区域的家庭人均收入是排名最后的葵青区的近两倍（=11 181.42/5 654.99）。

图 2 展示了香港低阶层家庭在各区的分布比例。图中，客观底层家庭指标是家庭有无申请综援，主观底层家庭的判定则依据受访者对问卷题设的回答来界定[①]。我们可以看到，香港底层家庭主要聚集在香港 18 区中的新界新市镇以及靠近中心五区的半边缘政区之上。其中，靠近中心城区的葵青区，综援申请户占到该区所住家庭的 18.22%。此外，该区自认为底层家庭的占比达到了所住家庭总数的五成，两项指标在香港 18 区中均是最高的。在城市公共空间中，居住隔离的存在不仅导致底层家庭难以被包容于香港城市的经济发展之中，也使他们被排斥于城市的公共生活之外。因在生活中缺少相应的工作机会，他们要么需忍受往返居住的时间与经济成本，要么需面对失业之苦。与此同时，相应的娱乐、休闲医疗场所在弱势群体的聚集地区也大多供给不足（徐淼，2014）。总而言之，在资本城市化逻辑主宰的香港，弱势阶层在空间上同城市中优势阶层相隔离，这一结果也固化了他们的社会不利地位，无助于香港发展成果的社会共享。

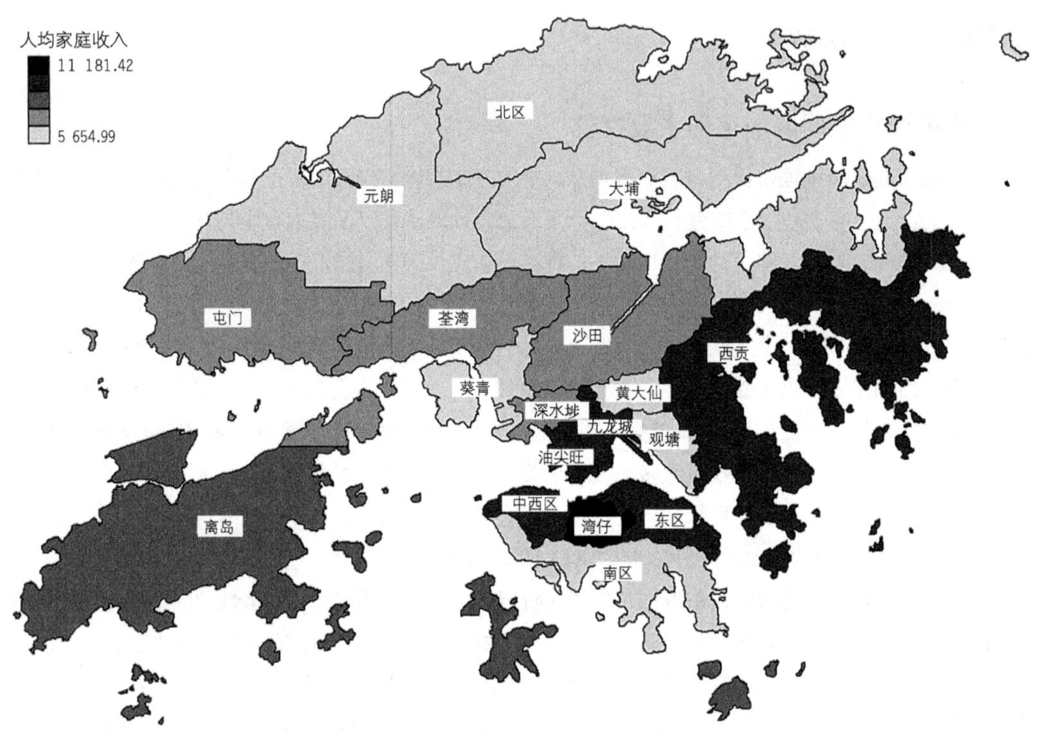

图1 香港各区家庭人均收入空间分布示意图（N=2 747，单位：港元）

注：数据经过加权处理。

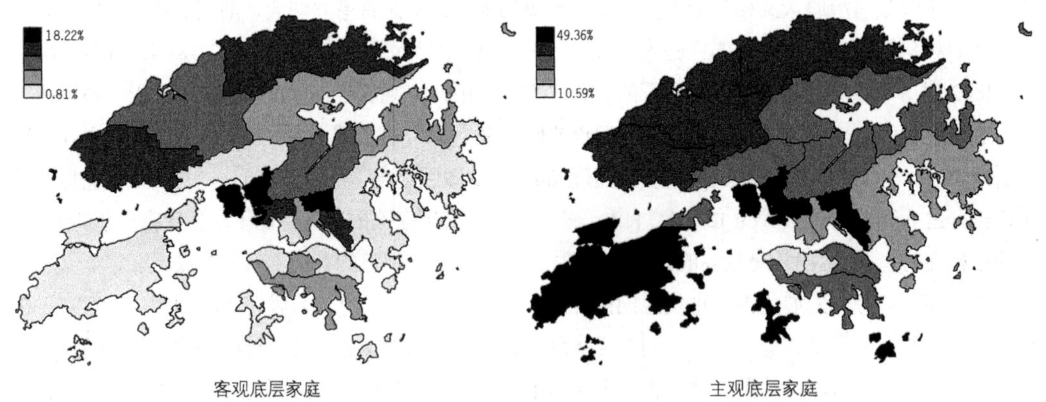

图2 香港各区底层家庭空间密度分布示意图（N=2 747）

注：数据经过加权处理。

众所周知，香港公屋政策作为保障香港弱势阶层居住权利的社会福利政策，至今已有 60 余年[②]。那么，对于当前香港城市空间阶层化现象，公屋政策是否进行了调整？这种调整的结果是正向的，还是负向的？研究对此进行了进一步的分析。

2　香港公屋政策对城市空间阶层化的影响

2.1　香港公屋的城市空间布局

公屋，即公营房屋，是香港政府为经济弱势群体所提供的社会住房。为入住公屋，申请者必须通过严格的住房、收入和其他资产状况的审核；在获得公屋后，入住者仅需支付较少的费用就可长期租住（刘祖云、吴开泽，2012）。至 2017 年，在房委会下辖的公共租住房屋（公屋）单位中居住的市民约 206 万人，约占全港人口的 28%[③]。本文对公屋的界定，采用 HKSSPD 调查的标准，将居住于房屋委员会和房屋协会的公营房屋(包括房屋委员会公营出售的租者置其屋计划 / 可租可买计划中的房屋）家庭均归于公屋住户。

图 3 反映了香港各区公屋家庭占比的差异。总的来看，在中心市区公屋布局相对较少，近郊与远郊新界的公屋占比更高。在城市中心五区中，公屋分布明显少于周围的边缘市区，湾仔区公屋住户占比更是为零。在位于中心城区边缘的葵青、观塘、黄大仙三区，公屋占比全港最高，从空间结构上看，形成了围绕城市中心五区的环状聚居带。此外，北区、元朗、屯门、离岛等新界远郊政区也拥有较高比例的公屋家庭。

2.2　政策影响下的城市空间阶层化

由于香港公屋社区的住户以弱势阶层为主，因此公屋在香港城市区位的配置结构事实上并没有消解资本城市化所带来的空间阶层化，反而导致空间阶层化后果被进一步强化（Forrest et al.，2004）。表 1 显示了香港各区公屋占比与各阶层分布之间的 Pearson 相关系数。数据显示，区内的公屋家庭占比越高，底层家庭在区内的人口占比就越大。图 4 展示了近些年来，香港公屋住宅与居民人口数量的地区分布变化。我们可以看到，20 世纪 80 年代以后，新建公屋更多地集中在新界地区，与此同时，作为城区的港岛与九龙地区，公屋数量则基本保持稳定。作为结果，目前新界地区集中了主要的公屋居民。综合而言，这意味着公屋政策对于资本城市化所导致的空间阶层化发挥着正向强化的作用。就城市空间的发展结构而言，居住于新界远郊的公屋住户被置于最不利的环境中。由于相对于中心城区而言，这些新市镇大多地处偏远，目前还未实现原先所设立的“自给自足”的发展目标。于是，一方面，这些远郊新市镇许多已沦为弱势阶层集中的贫民社区与问题社区；另一方面，受公屋政策搬迁至此的弱势家庭不得不承受因空间区位而导致的生活与工作机会障碍。潜在的社会成本损失，让他们由

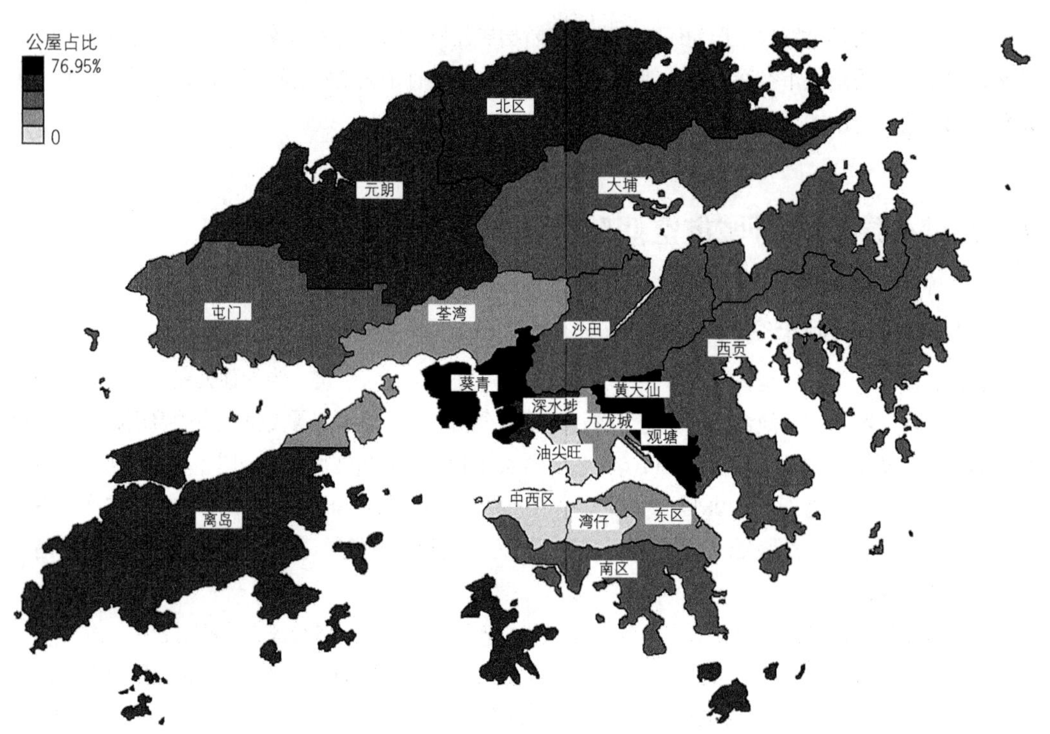

图3 香港各区公屋家庭密度差异示意图（N=2 747）

注：数据经过加权处理。

此被“困在公屋”内，变成了另类的“房奴”（魏成等，2016）。例如，位于北区的天水围社区，在28万的总人口中，公屋家庭的人口比例高达85%。由于远离城市中心，天水围不仅成为失业人口、低收入贫困人士、单亲家庭、独居老人、青少年问题最多的社区，也是许多家庭悲剧的集中发生地（徐淼，2014）。

表1 香港各区公屋家庭占比与社会阶层分布之间的 Pearson 相关系数（N=2 747）

	区内家庭人均收入	综援家庭占比	底层认同家庭占比
公屋家庭占比	–0.826***	0.801***	0.917***

注：（1）数据经过加权处理；（2）* sig. < 0.05，** sig. < 0.01，*** sig. < 0.001。

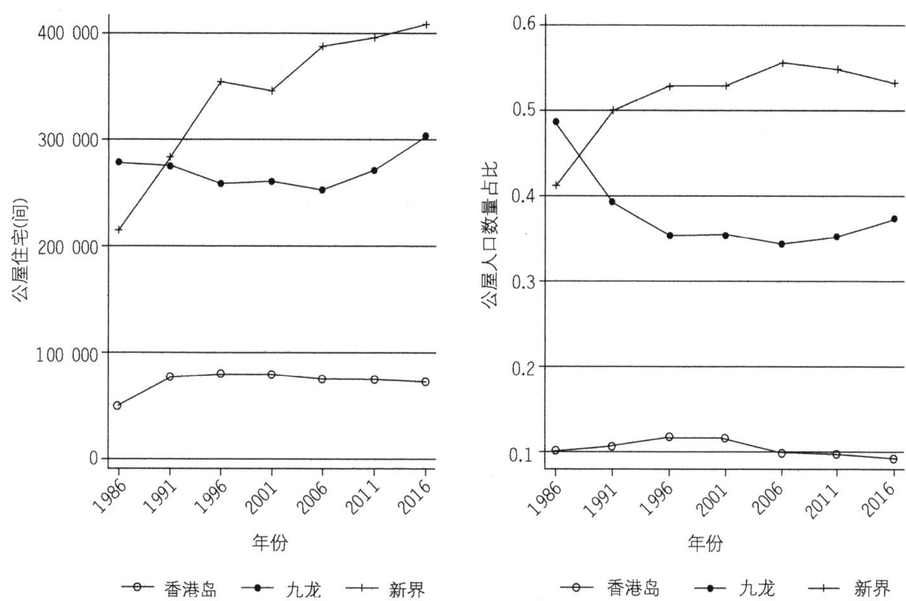

图 4 按地区划分的香港公屋住宅与居民人口数量占比

注：数据基于香港历年人口统计年刊整理得出。

公屋政策对城市空间阶层化的“同向强化”作用，不能仅归咎于香港政府规划的失误。毫无疑问，没有新市镇及其公屋社区的建设，我们很难想象香港近百万的弱势家庭仅凭自己有限的资本将会获得什么样的容身之所？在香港有限的城区土地中，又能另辟何处去安置不断增长的市区人口？难道我们还能够继续接受“九龙城寨”④一般的贫民窟长期矗立在东方之珠而无动于衷吗？那么，香港公屋政策在实践过程中为什么会出现当前在公共空间治理上的问题呢？对此，本文从公屋政策本身所内含的各类目标价值之间的张力这一视角出发，对公屋政策在城市空间治理上的目标价值与现实效果的矛盾予以解释。

3 香港公屋政策增强城市空间阶层化的原因

毫无疑问，平衡资本城市化导致的城市空间阶层化是公屋政策的题中之意，但政策在实践中却反而进一步强化了城市空间的阶层化。本文认为，这主要是由于公屋政策以及背后的政府在实践中除城市公共空间之外，还需要保证其他方面的价值诉求，后者同政策制衡城市空间阶层化的价值目标存在现实实践张力，进而制约了公屋政策在城市空间上的治理效果。具体来看，首先，公屋政策的实践存在在居住空间大小与城市区位选择上的价值分离，即公屋政策需要在保证公屋家庭的居住空间与城市区位间进行取舍权衡；其次，为保证政府的财政平衡，私人资本被逐步引入到公屋管理中，其影响着公屋政策的施行方向；最后，以人口疏散计划为代表的城市规划在客观上也应对目前公屋政策的空间治理困境负责。

3.1 公屋在居住空间与城市区位上的内在价值矛盾

兴建公屋的最初目的包括了改善弱势家庭的居住状况。毫无疑问，相比于城市中心来说，尚未完全开发的新界郊区有更多的土地被用来规划，以建设空间宽裕的公屋住房。事实上，资本城市化导致香港不仅出现了城市空间阶层化，家庭间的居住空间不平等问题也格外严重，后者在历史上长期影响着众多香港居民的生活感受（刘祖云，2017）。在公屋政策出台前，香港的弱势家庭大多聚集于木屋区中，居住空间十分闭塞与拥挤。后一因素也直接导致 1953 年九龙石硖尾大火的蔓延，5 万多名居民就此露宿街头。当前，资本对于香港家庭的居住空间约束仍然十分明显。基于调查数据，我们对当前香港家庭间的居住空间不平等进行了比较，表 2 反映了不同百分位点上的家庭人均居住面积与人均收入水平的关系。总的来看，家庭间的居住空间不平等十分显著。在不考虑区位、房屋类型等因素下，家庭人均收入水平与家庭人均面积的 Pearson 相关系数约为 0.31，并且人均居住面积后 10%的家庭仅为前 10%家庭的 15%（=75/500）。此外，在香港政府统计处近期组织的一项主题调查中发现分间楼宇单位的住户（劏房、笼屋住户），其家庭的人均居住面积中位数仅为 4.5 平方米，而每月租金中位数则为 4 200 港元[⑤]。相比而言，公屋家庭的居住空间显然要明显好于他们。当前房委会明确规定公屋编配标准是每人不少于 7 平方米的室内楼面面积，并保证公屋租金远低于市场。就土地的级差地租而言，新界郊区的新拓土地显然非常适合建设这些居住空间面积宽裕且租金价格低廉的公屋住宅。目前在香港新界的公屋，凡是于 1973 年以后落成且居住面积小于 17.1 平方米的，其每月租金平均只需 770 港元[⑥]。虽然建设空间宽裕、租金低廉的公屋也是符合保护弱势家庭城市居住权利的价值目标，但是为迎合这一要求，公屋政策在城市区位上的配置选择显然就会被影响。换言之，因内在价值出现分离，导致在弱势家庭的居住空间与城市区位之间，公屋政策的实践往往成为一个取舍权衡过程。从结果来看，香港的公屋政策是受到此因素影响的。

表 2　香港家庭人均居住面积及其人均收入的分化水平（N=2 747）

百分位点	家庭人均居住面积（平方尺）	家庭人均收入水平（港元）
5%	75	2
25%	116.67	2 680
50%	166.67	5 000
75%	250	9 000
95%	500	22 500
Pearson=0.31		Sig<0.001

注：数据已经过加权处理。

3.2 需要保证政府的财政平衡

虽然香港公屋政策的价值目标在于制衡资本城市化所产生的空间阶层化，但政策的执行过程依然无法脱离经济因素而独立存在，可当住房政策也要承担经济功能时，其中的社会功能就会受到制约与影响（李健正、肖棣文，2009）。

由于大多数的私人资本无力也不愿负担工人的居住成本，因此弱势家庭在资本城市化过程中便处于被动的地位，这就要求政府不得不承担弱势家庭的住房供给（Castells，1977）。在具体操作上，作为一种“集体消费品”，公屋政策在于通过“去商品化”的方式，保护个人在不依赖市场的情境下依然能获得足够的生活机会（艾斯平-安德森，2003）。但是作为经济主体，政府仍然需要面对公屋政策所产生的经济成本。卡斯泰尔指出，由于以征税为手段实现政府财政的收支平衡，其结果还是更容易对中下阶层民众产生不利的影响。因此，政府想通过征税方式扩大财政收入以支持社会房屋的建设，往往很难得到社会的广泛支持（Castells，1978）。可是，若单纯因为财政成本的考量，而不顾及广大群众日益增长的对获得住房权益、提高家庭居住水平的期望，则将导致严重的社会后果。随着社会住房政策的日益推进，政府便逐渐被推到了为弱势群体供给住房的主要责任者的位置，这就导致了政策效果的政治化（Castells，1976）。也就是说，一旦社会房屋的供应水平降低，那么中下阶层间就很有可能因自身利益受损而将矛头直指政府，导致政府执政合法性的削弱。面对实践过程中产生的经济手段限制，以社会发展为目标的政府大多会以行政优惠的方式鼓励和刺激私人资本参与到集体消费品的供给中，并有意将政策的最终效果同私人资本的效益取向保持一致，形成有利于私人资本再生产的环境空间。

在香港，随着公屋建设与管理支出的逐渐增长，政府有意减轻其在公屋建设方面的责任，以保障财政收支平衡。因而，公屋的主管机构在公屋政策的推行过程中也进行了数次市场化改革。1978 年，私人机构被允许参与到公屋计划之中，香港政府在公屋管理上的角色遂由最初的“主办”过渡到“主导”阶段（刘祖云、孙秀兰，2012）。在 1988 年后的机构市场化改革中，房委会被进一步改组为财政自负盈亏的组织，并负有偿还政府投资的责任。虽然政府承诺会免费提供土地并以优惠条件提供资金对房委会提供支持，但政府直接投入财政资金建设公屋的方式已宣告终结（吴开泽等，2013）。从改革的结果来看，香港政府在公屋管理上的负担与责任减轻了，但是这也客观上导致商业物业成为维持房委会日常成本开支的主要来源，私人资本成为左右公屋建设与管理的重要力量。表 3 显示了房屋委员会近十年的开支与收入情况。总的来看，这十年中，公屋租金收入相对稳定且仅凭公屋租金是不足以应付房委会的当年开销。因此，“自置居所计划”出售公屋获得公屋发展资金与出租或经营商业用地和商业设施而获得的资金，成为房委会维持公屋项目运转的关键动力。于是，越来越多的例如北角邨、苏屋邨等位于城市中心的传统公共屋邨成为房委会的重建清拆对象，除部分土地被保留用来重建公屋社区之外，剩余土地主要是被用来规划更具有盈利价值的“居屋”与商业设施。后者无疑在客观上挤压了现有弱势家庭的居住权利，并导致这些弱势家庭的最终离开。在图 4 中，我们可以发现，作为城市主要中心的港岛地区，公屋数量在近几十年出现稳步下降，该地区在香港公屋居民人口总数中的占比也不断减少。

表 3 房屋委员会的开支与收入比较（百万港元）

	2005 年	2010 年	2011 年	2012 年	2013 年	2014 年	2015 年
开支	14 504	14 476	12 671	13 309	14 814	15 817	16 350
收入							
住宅楼宇租金	11 616	9 480	10 572	10 358	11 862	13 688	14 306
商业楼宇租金	3 426	1 386	1 568	1 803	2 021	2 217	2 376
自置居所计划收入	2 948	7 457	1 895	2 604	3 667	3 007	2 521
其他收入	366	141	110	147	151	218	210

注：数据来自香港统计处 2016 年统计年刊，http://www.censtatd.gov.hk。

3.3 城市人口空间布局规划的配套公共设计滞后

在公屋政策制定的最初阶段，香港政府并不认为有限的城市中心空间适合增加大量公屋以安置弱势家庭。一方面，20 世纪 50 年代之后，随着越来越多的中国内地移民以各种方式进入香港，市区人口由此陡然增加。1971 年，香港中心城区人口已占到当时香港总人口的 81.1%（刘祖云、孙秀兰，2012）。另一方面，闭塞的居住环境导致这一阶段社会矛盾严重，恶性社会事件频发，1956～1979 年，仅针对政府的大型社会运动就高达 20 起（刘祖云、林景，2017）。因此，在香港的城市规划者眼中，中心城区对于人口的承受限度已经接近饱和，需要进行人口疏散。于是兴建公屋成为城市人口规划的重要工具。这直接导致许多居民在公屋政策引导下，迁往近郊乃至远郊居住。而在市区拥有自有物业的中产阶层则客观上不受这一政策的直接影响。据统计，这些新市镇的人口增长平均高达 150%，其中的 80% 来自公屋居民（刘祖云、孙秀兰，2012）。

以公共房屋建设为主导的新市镇发展模式成功地实现了香港城市空间人口的重新配置。然而，除离市区较近的少数新市镇与中心城区共享就业及配套服务的好处外，其他的新市镇因城市人口疏散计划的配套公共设计滞后，并没有达到自给自足的发展目标。中心城区的空间区位优势因而被进一步放大。一方面，配套产业布局规划的滞后导致地区就业机会的缺乏。批评者指出，除建屋计划外，其他政府部门并没有相关措施与政策吸引企业入驻以扩大新市镇中的就业机会，因此随公屋建设而迁移过来的居民在无法实现本地就业的情况下，要么需要每日往返中心城区寻找工作，要么失业在家依赖综援生活。另一方面，公共产品的配套与服务规划滞后，也导致资本与中高收入者难以进入。以天水围社区为例，目前只有一条港铁经过该社区，且乘港铁线至中环市中心单程车费约 20 港元（魏成等，2016）。

总体来说，公屋保护了当前弱势家庭的私人空间权利，私人资本的引入提高了公屋政策的可持续性，公屋在新市镇的兴建对于市区人口疏散也发挥了必要的积极价值。但是上述原因也制约了公屋政策在城市公共空间上的治理效果，导致其在客观上对资本主导下的城市空间阶层化发挥了“同向强化作用”。那么，我们不禁要反思，香港的公屋政策应该如何操作以回应当前出现的城市空间阶层化现象？

4 总结与反思

回顾理论，我们清楚，以香港公屋为代表的社会保障住房，作为政府提供的集体消费品，其本质上就是为了制衡资本市场的无限扩张，实践香港城市的公共空间正义是公屋政策的应有之义。但是，除此之外，公屋在其他方面也承担着相关的社会功能，为顾及这些利益所形成的政策价值张力也影响着政策对城市空间的治理效果。在香港，主要体现在公屋政策在公屋家庭居住空间权利的维护角色，政府在公共房屋上的财政负担程度，以及对城市发展规划的配合要求等方面。总的来看，在香港公屋政策的实践过程中出现的社会目标价值与实践结果所出现的背离，反映了若不改变资本在城市空间配置中强势地位，那些意在平衡资本力量的社会政策亦有可能出现强化资本的作用结果。换言之，如何应对资本城市化所造成的空间阶层化问题，显然不是通过某个社会政策的实施就能一劳永逸地解决。这需要进行总体与深层的社会制度机制创新。

在具体操作上，本文认为，在今后的城市规划中，应更多地提倡混合社区的建设模式。混合社区是指，通过城市居住区的空间规划，将不同收入和阶层的居民在邻里层面或者在居住区的尺度上结合起来，形成相互补益的社区，对于低收入群体来说，使之不被排除在城市主流社会生活之外（徐琴，2008）。需要说明的是，建设混合社区的最高目标，自然是实现全社会、全阶层的交流和互动。但是，在现实过程中，混合居住并不必然导致社会团结。不同社会阶层间的居住空间过于紧密也容易造成社会矛盾。因此，在混合社区的建设中，最主要的是实现以集体消费品的公平占有与共享分配为原则的空间正义，而非仅是空间意义上的居住混合。这些集体消费品应该是包括政府所能主导的交通设施、教育资源以及与公众生活密切相关的公共物品。众所周知，公共交通的发展有利于拉近地理空间所产生的时间成本，并能直接促进弱势居民空间活动成本的降低，扩大他们的公共空间活动范围。因此，公共交通的规划就应该同社会保障住房的规划同步，以降低弱势家庭的空间活动成本，扩大他们的公共空间活动范围。城市各个市镇、社区因城市公共交通的串联，在客观上也有利于实现以空间正义为核心的资源跨阶层共享。

虽然香港与内地的各个城市在城市发展水平、社会组织方式以及社会阶层结构上有着比较明显的差别，但是国内如北上广深等一线城市也逐渐发挥“全球城市”的功能，其他的很多地方也正大踏步地朝着城市化的方向发展。因此，作为前车之鉴，香港公屋政策在城市空间治理上所暴露出来的问题，内地城市的规划者们也应及早行动起来，避免类似的现象出现。

致谢

本文得到教育部人文社科基金基地重大项目“港澳与内地社会整合及包容发展研究”（17JJDGAT003）的支持。

注释

① 问卷题设：“总的来说，你认为你家的经济状况在香港属于什么阶层？”回答共分为五类：上层、中上层、中层、中下层以及下层。本文仅将选择“下层”的受访家庭定义为主观底层家庭。

② 本文以 1953 年圣诞夜石硖尾寮屋区大火后，香港政府为灾民兴建徙置大厦为公屋建设的起始点。

③ 香港住房委员会 2016/2017 年度报告，http://www.housingauthority.gov.hk/mini-site/haar1617/ sc/index- dlpdf.html。

④ 九龙城寨是英属香港时期的一座贫民窟，由于历史原因而长期处于无政府状态，位于现今的九龙城区，曾为世界上人口密度最大的地区。在 1987 年的调查中，估计有 33 000 人在寨城居住。以城寨面积 0.026 平方千米推算，人口密度为每平方千米 1 255 000 人。城寨的建筑由于完全未经都市计划，导致环境卫生恶劣，犯罪率远比香港平均数字高得多。1987 年中国政府与英国政府达成清拆寨城的协议，在 1993 年被完全清拆前，城寨大部分住户搬入了房委会提供的公屋或居屋。

⑤ 香港统计处主题性住户统计调查第 60 号报告——香港分间楼宇单位的住户状况，http://www.censtatd.gov.hk/gb/?param=b5uniS&url=http://www.censtatd.gov.hk/hkstat/sub/sp100_tc.jsp?productCode=C0000091。

⑥ 香港统计处 2016 年统计年刊，http://www.censtatd.gov.hk。

参考文献

[1] Breitung, W. 2006.“Hong Kong: China’s global city” // Cities in Transition, Springer Netherlands, 67-94 .

[2] Castells, M. 1976. Theory and Ideology in Urban Sociology. Urban Sociology: Critical Essays. London: Tavistock.

[3] Castells, M. 1977. The Urban Question: A Marxist Approach. Cambridge, Mass. : MIT Press.

[4] Castells, M. 1978. City, Class and Power. Translation [from the French] supervised by Elizabeth Lebas. The Macmillan Press Ltd.

[5] Forrest, R., Grange, A. L., Yip, N. M. 2004. “Hong Kong as a global city? Social distance and spatial differentiation,” Urban Studies, 41(1): 207-228.

[6] Friedmann, J. 1986. “The world city hypothesis,” Development and Change, 17(1): 69-83.

[7] Harvey, D. 1985. The Urbanization of Capital: Studies in the History and Theory of Capitalist Urbanization. Baltimore: Johns Hopkins University Press.

[8] Soja, E., Morales, R., Wolff, G. 1983. “Urban restructuring: An analysis of social and spatial change in Los Angeles,” Economic Geography, 59: 195-230.

[9] 考斯塔·艾斯平-安德森. 福利资本主义的三个世界[M]. 郑秉文,译. 北京：法律出版社，2003，38.

[10] 卡尔·波兰尼. 大转型：我们时代的政治与经济起源[M]. 冯钢，刘阳，译. 杭州：浙江人民出版社，2007，72-77.

[11] 方环非，周子钰. 马克思主义城市空间理论的重构——一个新马克思主义的视角[J]. 中共浙江省委党校学报，2015(6)：44-49.
[12] 米尔顿・弗里德曼，罗莎・弗里德曼. 自由选择[M]. 胡骑，席学媛，安强，译. 北京：商务印书馆，1982，14.
[13] 曼纽尔・卡斯泰尔. 信息化城市[M]. 南京：江苏人民出版社，2001，9-11.
[14] 勒菲弗. 空间与政治[M]. 李春，译. 2 版. 上海：上海人民出版社，2008，138.
[15] 李健正，肖棣文. 社会政策视角下的香港住房政策：积极不干预主义的悖论[J]. 公共行政评论，2009，2(6)：1-25+202.
[16] 刘祖云. 社会学视角的城市空间形塑：从香港到内地[J]. 江苏社会科学，2017(5)：1-7.
[17] 刘祖云，林景. 社会运动的理论解读与香港社会运动的历史演变[J]. 学术研究，2017(11)：46-53+177.
[18] 刘祖云，孙秀兰. 香港公屋政策的历史沿革及其对内地的启示[J]. 中南民族大学学报(人文社会科学版)，2012，32(1)：74-78.
[19] 刘祖云，吴开泽. 香港公屋管理出现的问题及对内地的启示[J]. 中南民族大学学报(人文社会科学版)，2012，32(3)：92-97.
[20] 潘慧娴. 地产霸权[M]. 北京：中国人民大学出版社，2011，6-7.
[21] 茹伊丽，李莉，李贵才. 空间正义观下的杭州公租房居住空间优化研究[J]. 城市发展研究，2016，23(4)：107-117.
[22] 丝奇雅・沙森. 全球城市：纽约伦敦东京[M]. 周振华，等，译. 上海：上海社会科学出版社，2009，9-12.
[23] 王坤，王泽森. 香港公共房屋制度的成功经验及其启示[J]. 城市发展研究，2006，13(1)：40-45.
[24] 魏成，李骁，赖亚妮. 进退维谷——香港公营房屋政策的困境与挑战[J]. 国际城市规划，2016，31(4)：64-71+78.
[25] 吴开泽，谭建辉，邹伟良. 香港公屋政策的反思和启示[J]. 科技和产业，2013，13(11)：19-24.
[26] 吴晓刚. 香港社会动态追踪调查：设计理念与初步发现[J]. 港澳研究，2014，2(4)：62-73+95-96.
[27] 徐淼. 悲情市镇的救赎——天水围规划之殇[J]. 中华建设，2014(12)：32-34.
[28] 徐琴. 制度安排与社会空间极化——现行公共住房政策透视[J]. 南京师大学报(社会科学版)，2008(3)：26-31.
[29] 徐永德. 香港政府在资本主义化城市发展中的角色[J]. 社会学研究，1998(5)：53-59.
[30] 张丞国，赵永佳，吕大乐. 香港：中国的全球城市[J]. 中国城市研究，2015(1)：233-254.
[31] 张霁雪，田毅鹏. 新马克思主义城市社会学对我国地域政策的启示[J]. 中国特色社会主义研究，2014(4)：81-85.
[32] 张佳. 新马克思主义城市空间理论的核心论题及其理论贡献[J]. 江汉论坛，2017(9)：70-75.

[欢迎引用]
戴思源. 香港公屋政策的空间治理困境[J]. 城市与区域规划研究，2018，10(4)：199-211.
Dai, S. Y. 2018. "Dilemma of public housing policy on spatial governance in Hong Kong, China," Journal of Urban and Regional Planning, 10(4):199-211.

我国城市私有历史建筑保护激励政策探索

吴 骞 邓啸骢

Exploration of Protection Incentive Policies for Urban Private Historic Buildings in China

WU Qian, DENG Xiaocong
(School of Architecture, Tsinghua University, Beijing 100084, China)

Abstract In the course of restricting or expropriating property rights for the protection of urban private historic buildings, the problems on the amount and method of restricting subsidies or expropriating compensation have caused difficulties in the protection process. Because expropriating property rights will bring greater economic burden and game cost than restricting property rights, both China and foreign countries are prudent in adopting this method, and give priority to the choice of property rights restrictions, in which protection incentive policies become the key. This paper compares domestic and overseas protection incentive policies for the protection of urban private historic buildings, to explore the protection incentive policies which apply to China, and puts forward policy optimization approaches for changing incentive objectives, improving incentive targets, and enriching incentive measures.

Keywords urban private historic building; private property rights; protection incentive policies

摘 要 城市私有历史建筑保护的产权限制或征收过程中，限制补贴或征收赔偿的额度与方法不善问题，造成了保护过程中的困境。由于产权征收相比产权限制会给政府带来更大的经济负担与博弈成本，国内外都倾向于谨慎使用产权征收，首先考虑选择产权限制，而保护激励政策成为其中的关键。本文对比国内外城市私有历史建筑保护激励政策，以探索适用于我国的城市私有历史建筑保护激励政策，并提出了激励目标转变、激励对象完善与激励手段丰富的政策优化途径。

关键词 城市私有历史建筑；私有产权；保护激励政策

1 我国城市私有历史建筑保护困境与保护激励优势

我国 2008 年出台的《历史文化名城名镇名村保护条例》提出了“历史建筑”的保护概念，与文物保护建筑相比，由于整体上历史文化价值相对较低，其在保护方式上不同于文物保护建筑“不得改变原貌”的条款，而允许在相关法规制度的限制下，进行一定程度的改造更新（王景慧，2011）。然而，当历史建筑遇到私有产权时，历史保护同样困难重重，如占广州城市历史建筑数量九成以上的私有历史建筑，其保护受困的问题（谭抒茗，2014），青岛占比约两成的历史城区私有历史建筑保护问题(李晓丽，2011)等，都引发了人们对于私有历史建筑历史价值保护与私人权益保护如何协调的思考。聚焦来看：一种情况是在私有产权受到历史保护的限制情景中，相对于《中华人

作者简介
吴骞、邓啸骢，清华大学建筑学院。

民共和国文物保护法》规定的当所有人不具备修缮能力时才对私有文物保护建筑修缮予以协助，多数地方已明确对于私有历史建筑的修缮，政府都应予以资金补贴的观点，而问题的关键在于补贴多少，怎么补的问题；另一种情况是在私有产权征收情景中，受我国当下高房价的诱导，加上文化价值带来的财产价值提升，被征收人就会想从政府获取更可观的经济利益，保护困境的焦点在于“补偿多少”的问题，即对历史建筑进行估价的问题（张杰，2012；顿明明、赵民，2012）。

然而，由于产权征收相比产权限制会给政府带来更大的经济负担与博弈成本，面对众多的城市私有历史建筑，一般情况下都会选择产权限制并配套一定的激励政策，限制产权人建设行为的同时，激发产权人保护历史建筑的积极性；此外，相比于文物保护建筑，历史建筑在建筑更新、功能置换等方面的限制相对弱化，激励政策更能吸引社会资本参与其中，进一步减轻政府负担的同时，还能激活对其所在的历史地段或者带动其周边文物保护建筑等的保护。在国外，各国大都制定了严格的征收判定条件，对私有历史建筑的保护不轻易采取征收的措施，而提倡以限制激励为主导的保护方法（图 1、表 1）。

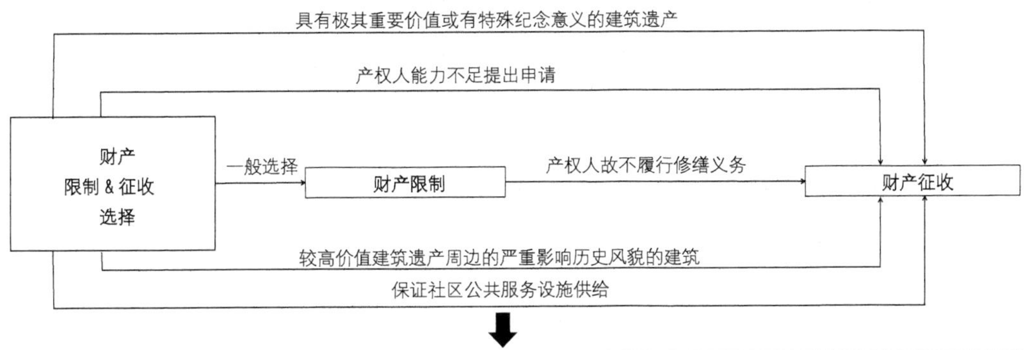

判定逻辑：产权公有最有利于历史保护，但为减轻政府负担和私产侵害，提出对于较高价值建筑产权公有，其他价值建筑可根据一定的条件选择是否进行财产征收，另外，较高价值建筑遗产周边严重影响历史风貌的建筑应征收为公有。

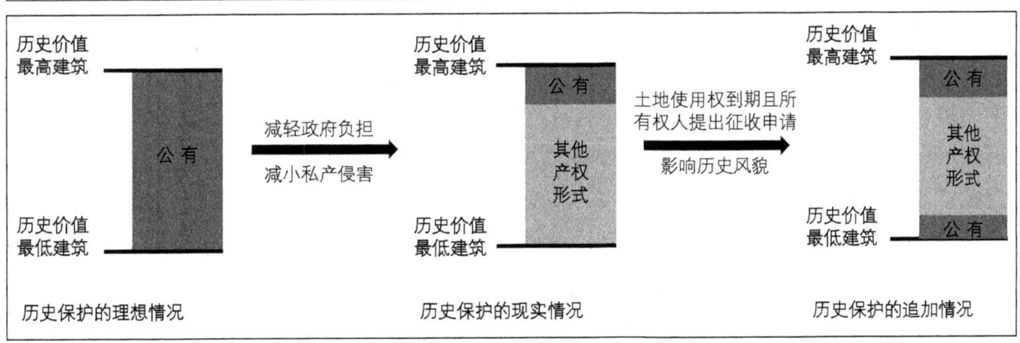

图 1　国外城市私有历史建筑征收的严格判定条件

表1 西方国家建筑遗产征收的条件

财产征收判定条件	法国	英国	美国
产权人未履行建筑修缮义务，并在政府一再命令下不从的情况	√	√	
产权人没有能力履行修缮义务的情况	√		
为更好地保护少数具有较高价值或具有特殊纪念意义的建筑遗产的情况，对此建筑遗产进行征收	√	√	√
因影响到较高价值建筑遗产周边环境风貌而对其他建筑进行的征收	√		
财产限制过度，使财产基本价值或核心价值丧失			√

而在我国，专门的非国有历史建筑修缮补助政策也正在萌芽，如2017年11月公布的《常州市非国有历史建筑修缮补助管理办法（征求意见稿）》，2018年2月公布的《惠州市历史建筑修缮补助资金管理办法 （征求意见稿）》等，广州2018年2月公布的《广州市历史文化名城保护条例实施工作方案》中明确规定2019年底前，制定非国有历史建设修缮补助具体办法。

本文将在分析我国近年来颁布的城市私有历史建筑保护激励政策的基础上，对比借鉴国外城市私有历史建筑保护激励政策，从而探索我国城市私有历史建筑保护激励政策的完善途径。

2 国内外城市私有历史建筑保护激励政策

2.1 我国城市私有历史建筑保护激励政策

经过多年历史建筑保护的实践，城市私有历史建筑保护作为我国历史保护进程中最大的困境之一而日益得到重视，保护激励政策在城市私有历史建筑保护中的优越性也逐渐得到认可。近年来，各地方都在探索城市私有历史建筑保护的修缮补助措施。

2017年11月公布的《常州市非国有历史建筑修缮补助管理办法（征求意见稿）》与2018年2月公布的《惠州市历史建筑修缮补助资金管理办法 （征求意见稿）》，作为我国近年来地方探索针对城市私有历史建筑保护激励的专门文件，具有一定的代表性（表2）。总体来看，我国城市私有历史建筑保护激励政策主要为在相关部门审核修缮符合历史建筑保护规则的基础上，为产权人提供修缮补助，补助额度或设置上限或设置分担比例，与之相似的还有2015年公布的《成都市历史建筑修缮专项资金使用管理办法》与2016年审批通过的《佛山市历史文化街区和历史建筑保护条例》中，对于城市私有历史建筑修缮补助不超过修缮成本70%和40%的规定，避免“漫天要价”的情况出现。另外，《佛山市历史文化街区和历史建筑保护条例》与2015年公布的《广州市历史文化名城保护条例》还对补助额度设置了不低于修缮成本10%与20%的下限，为防止产权人“入不敷出”设定了条款。我国对于城市私有历史建筑修缮补助的资金来源主要来自政府的专项资金，由市、县两级政府按不同比例共同承担，《惠州市历史建筑修缮补助资金管理办法（征求意见稿）》规定市、县两级财政按 5：5 的比例分担，《成都市历史建筑修缮专项资金使用管理办法》规定市、区（市）县两级财政按 7：3 的比例分担。

值得注意的是，《惠州市历史建筑修缮补助资金管理办法（征求意见稿）》不但提出了政府出资对于产权人修缮城市私有历史建筑的资金补助或代为承担修缮责任，还提出了对于社会资本参与城市私有历史建筑修缮的鼓励，并指出社会资本出资承担修缮责任后，产权人需将其拥有的城市历史建筑使用权、收益权移交社会资本代为行使，这一定程度上有利于引导城市私有历史建筑走向市场，盘活其价值。

表 2 我国现有典型的非国有历史建筑修缮补助管理文件

文件名称	《常州市非国有历史建筑修缮补助管理办法（征求意见稿）》	《惠州市历史建筑修缮补助资金管理办法（征求意见稿）》
资金来源	地方政府历史文化名城保护的名城保护专项经费	保护责任人自行修缮或由政府出资修缮的，非国有历史建筑修缮补助由市、县两级财政按 5:5 的比例分担。保护责任人还可与社会资本协商，由社会资本出资修缮
补助方式	申请补助：工程监理费最高补助金额不超过 3 万元，施工费等修缮工程费用补助根据修缮工程质量，按照每平方米建筑面积不超过 1 000 元予以补助，一次性补助最高不超过 20 万元；经专家组评估认定为木结构为主修缮的非国有历史建筑，按照每平方米建筑面积不超过 1 500 元予以补助，一次性补助最高不超过 30 万元。 以奖代补：非国有历史建筑保护责任人未申报修缮补助且自觉履行修缮维护义务，其建筑修缮后符合保护要求的，经市历史文化名城保护委员会审议后，可予以修缮奖励，一次性奖励最高不超过 5 万元。 补充条款：同一非国有历史建筑五年内只能申请一次修缮奖励	自修补助：非国有历史建筑保护责任人自行修缮的，保护责任人可申请补助，如若达到了保护修缮的要求，市、县两级财政和保护责任人按 4：4：2 的比例分担修缮成本。 政府或市场负责修缮：对于部分非国有历史建筑责任人无力承担相关费用或者产权人与有意向的社会资本协商，在遵循保护规则的情况下，由政府或社会资本出资代为修缮，但产权人需将其历史建筑使用权、收益权移交政府或社会资本代为行使

2.2 国外城市私有历史建筑保护激励政策

与国内相比，西方国家的城市私有历史建筑保护激励政策呈现出激励方式的多元化和激励对象的多元化，在补偿产权人利益受损的基础上，为显化城市私有历史建筑的市场价值，吸引社会力量参与，增设了对社会相关组织的资金支持、税收优惠、发展权转移与补偿等政策，多样的激励政策可在实践中更为灵活地针对不同情况予以落实（表3）。

表3 西方典型国家私有历史建筑保护激励政策

国家	激励政策内容	法规依据
法国	分级资金补偿：列级建筑的修复工程根据建筑物价值、状况、工程性质及其他可能经费来源（如业主的经济能力和其他公共资金等）等可以获得工程成本一定比例的公共补助，最高为工程成本的80%；登录建筑的工程最高可获得成本40%的补助	2004 年《遗产法典》（Code du patrimoine）
	税收激励：适用于列级建筑、登录建筑以及其他一些“被认可的历史建筑”；主要激励业主对于建筑的修缮与对外开放[①]，税收优惠政策的受益人包括个人产权人、免征企业税的社会企业成员和非营利性机构	2010 年《总税收法典》（Codegénéral des impots，CGI）
美国	资金侧向支持：随着税收激励政策的逐步成熟，直接用于私有建筑遗产的工程实施性资金补偿开始逐步撤出，并将这部分资金用于历史调查、保护规划与项目管理的规划性用途，以及通过资助国家历史保护信托基金会，吸引社会资本参与历史保护，相当于从侧面激励了私有建筑遗产的保护	1949 年《国家历史保护信托基金法》
	税收激励：从所得税、财产税、增值税等不同税种，针对不同的受益人提出了包括抵扣、减税、免税、冻结缓缴等多样税费优惠政策。针对私有历史建筑，美国的税收优惠政策主要包括财产税减免与税收抵扣	1981 年《经济复兴税法》（ERTA）；1986 年《税收改革法案》
	发展权转移：因历史保护带来的容积率损失，土地所有者可以将其转移到另一个地块上，从而不减少其经济收益，即发展权转移（TDR）	纽约的《界标保护法》，新泽西州颁布的《土地发展权移转法令》，以及其他地区颁布的有关土地发展权转移法规
英国	资金侧向支持：没有较为明显的针对登录建筑所有权人的激励政策，而是重点加强对于社会从事历史保护的公益组织的帮助和资金激励，这是英国不同于其他西方国家的一种间接激励私有建筑遗产保护的政策。如“文化、媒体和运动部”（DCMS）对核心机构英格兰遗迹委员会每年提供1亿英镑以上的经费	1962 年《地方政府古建筑法》；1967 年《城市文明法》；1972 年的《城乡规划法修正案》

与我国情况相同，国外资金支持是最基本的城市私有历史建筑保护激励的政策措施，如法国在《遗产法典》（2004）中制定了分级资金补偿，即列级建筑的修复工程最多可获得工程成本80%的公共补助，登录建筑的工程最高可获得成本40%的补助。但与我国不同的是，除了对产权人的资助以外，西方国家逐步倾向于对社会相关公益组织的资金支持，一方面节约了政府的行政管理成本，另一方面也

能够通过这些组织的经营更多地撬动社会资本进驻。在美国，直接用于补助私有历史建筑产权人的资金逐步退出，并通过《国家历史保护信托基金法》，将这些资金的一部分用于资助国家历史保护信托基金会，联合组织社会各界力量，筹措更多资金推动历史保护项目。在英国，更是几乎没有针对城市私有历史建筑产权人的直接资金支持政策，而是重点加强对于社会从事历史保护的公益组织的帮助和资金激励，如“文化、媒体和运动部”（DCMS）向英格兰历史建筑暨遗迹委员会（Historic Buildings and Monuments Commission for England）每年提供 1 亿英镑以上的经费，作为一个行政性非政府部门公共机构，成为历史遗产保护资金补助的管理窗口。值得注意的是，资金补助与产权征收相似，需要大量的资金来源，对此，国外除了由国家或地方财政划拨外，还建立了多渠道的资金来源途径，如国家对于社会组织的支持而进行筹措的社会基金、英国的遗产彩票等，都为其提供了大量的资金来源。

与直接的资金支持相比，税收优惠政策一方面由于税种的多元化，在政府对于城市私有历史建筑保护的调控方面会更有灵活性与针对性；另一方面，税收优惠通过杠杆效应，能够吸引更多的社会与市场资本投入。美国从 1970 年以后开始将税收优惠政策加入历史建筑保护政策中，对所得税、增值税、财产税等各种不同税种，针对不同类型的受益人分别提出了包括减税、冻结缓缴、抵扣、免税等多种优惠方式（沈海虹，2006a）。针对城市私有历史建筑，美国的税收优惠政策主要包括财产税减免与税收抵扣，前者鼓励产权人积极登录有价值的建筑作为历史建筑，后者则鼓励产权人进行历史建筑的修缮与经营利用，其过程中所产生的成本通过其收入税的 10%与建设投资税的 20%左右抵扣返还（李和平，2013）。法国为鼓励产权人对建筑进行修缮与对外开放，在《总税收法典》（2010）中制定了相应的税收优惠政策，税收优惠政策的受益人包括个人产权人、免征企业税的社会企业成员和非营利性机构（邵甬，2010）。

最早出现在美国的发展权转移（Transfer Development Right，TDR）政策也是城市私有历史建筑保护激励的重要政策，由于历史保护而带来的开发量损失，城市私有历史建筑可依据此政策将损失的开发量转移或转让到其他可用地块，一般情况下开发量应按 1∶1 的比例进行转移，只有在特殊情况下，才允许以 1.5 倍以上的比例进行转移（李和平，2013；沈海虹，2006a）。澳大利亚悉尼中心传统风貌空间保护中的建筑面积补偿 HFS（heritage floor space）也同属这一类型的保护激励政策（汤黎明等，2012）。值得注意的是，这是一种适用于历史价值认定带来的私有产权限制后于发展权产生的政策措施。

除了以上三种主要的激励政策，国外还制定了诸如低利率贷款政策、规划建设审批费用减免等。低利率贷款政策如美国俄亥俄州克立夫兰市的银行提供给从事历史建筑保护产权人的贷款，其利率低于商业利率约 40%；澳大利亚维多利亚州提供给从事历史建筑保护产权人的小额贷款，其利率低于商业利率约 50%。规划建设审批费用减免政策如美国德州的圣安东尼奥市、马里兰州的巴尔的摩市等，通过免除旧建筑再利用项目的规划申请与审批费用来提供奖励（汤黎明等，2012）。

3 我国城市私有历史建筑保护激励思考

对比国内外城市私有历史建筑保护激励政策可以看出，在国内外城市私有历史建筑保护激励政策都以资金补助作为最基本政策的背景下，国外政策相对更加多元和成熟，总体来看体现在以下三个方面：在激励目标上，我国以产权人利益保护为主，而国外以历史建筑的市场价值激发为先导，促进多方参与城市私有历史建筑保护；在激励对象上，我国以激励产权人为主，而国外将激励产权人与激励社会力量参与相结合；在激励手段上，我国以直接的资金支持为主，而国外将直接的资金支持与间接的杠杆撬动相结合。国外的这些经验都值得我国借鉴，但由于 NGO 发育程度、财税制度、土地权属制度等的不同，在具体操作上需要结合我国国情进行一定的调整（表4）。

表4 国内外城市私有历史建筑保护激励政策对比

相同点	都以资金补助作为最基本的激励政策
不同点	激励目标：我国以产权人利益保护为主，国外以历史建筑的市场价值激发为先导，促进多方参与私有历史建筑保护； 激励对象：我国以激励产权人为主，国外将激励产权人与激励社会力量参与相结合； 激励手段：我国以直接的资金支持为主，国外将直接的资金支持与间接的杠杆撬动相结合

3.1 激励目标：从利益保护到价值激发

在我国城市私有历史建筑保护过程中，在不进行产权征收的情况下，如何保证历史建筑得到良好维护的同时，补偿产权人受到历史保护后发限制而带来的权利侵害，成为其过程中的关键。但由于居住于历史建筑中的人群多为老年人、低收入人群等[②]，单纯的以政府设立专项资金并按统一规定进行修缮补偿并不能完全解决政府负担过重以及对产权人修缮补偿激励不足的问题。正如《中国文化报》2014年对浙江金华市金东区的报道，区里每年历史保护可支配的资金为20万元左右，2014年安排了20处历史建筑的修缮工作，平均到每处的资金只有1万元左右，当地文化市场执法大队负责人表示，历史建筑的修缮需要靠户主、当地政府以及社会力量共同努力（祝力臻、苏唯谦，2014）。因此，一方面政府需要更多的资金获取途径；另一方面，借鉴国际经验，改变激励目标，在严格管理或征收具有极高价值的城市私有历史建筑背景下，激活其他城市私有历史建筑的市场价值，使社会资本真正感受到这些历史建筑的保护“有利可图”，从而参与到其中来，在分担政府负担的同时更能增加保护落实的灵活性。在这之中政府需要承担的则是监管审批的“守夜人”职责。

3.2 激励对象：产权主体+社会参与

在价值激发的理念引导下，显然激励对象已不仅仅是产权人，而更应该以吸引社会力量为主。社会力量主要包括非营利性组织以及营利性的市场资本，前者主要作为政府与社会其他力量之间的桥梁，承担资金筹措与管理、历史建筑的修缮调查、研究与指导等工作，而市场资本则主要承担资金投入、功能经营等作用。我国 NGO 还在孕育阶段，目前可以借鉴英国经验，成立类似英格兰历史建筑暨遗迹委员会的行政性非政府部门公共机构，也可借鉴国内已有的模式，如北京大栅栏的投资公司模式、上海田子坊的艺委会—管委会模式等，由政府部门引导建立非营利性社会组织，来作为政府与社会其他力量的“中间部门”。而对于营利性的市场资本则需加强监管，尽可能地减少大面积整体式的市场资本进驻开发，避免大拆大建的行为，而在“中间部门”的整体引导下进行点式的市场资本进驻。当下我国中产阶级兴起，对历史文化“情有独钟”的精英阶层资本逐步开始进入历史建筑的保护中去（张松、赵明，2010），如北京的胡同中已开始自发出现了星星点点的私有历史建筑改造为酒吧、民宿、办公场所等的案例（图 2）。

图 2　北京胡同改造的社会资本进驻与功能转换

3.3　激励手段：直接资金支持+间接杠杆撬动

在价值激发的理念引导下，显然直接对产权人进行城市私有历史建筑修缮补助已不能成为主要的激励手段。借鉴国际经验：一方面，直接的资金支持除了补助产权人，更要资助社会力量，尤其是前面提到的“中间部门”，发挥其杠杆作用来吸引更多的社会资本参与到城市私有历史建筑的保护与利用中去；另一方面，借助税收优惠、发展权转移与补偿、低利率贷款政策与规划建设审批费用减免等，进一步激励产权人的保护积极性并撬动社会资本。据国家统计局数据显示，我国税收已逐步达到能够有效起到杠杆作用的规模（图 3），但由于个人所得税征收途径以企业、单位等集体缴纳为主，不同于国外集体缴纳与家庭报税相结合且个税减免、退还的完善措施（刘军，2011），我国大多数个人对于税收优惠政策的感知相对国外并不明显。此外，由于我国城市个人只能拥有土地使用权，而不能拥有用益权等情况下，这些政策措施暂时更适用于对企业资本的撬动，如企业相应税款或退税，或进行多块土地开发时，将一块受后发历史建筑认定限制土地的容积率，在另一块土地的开发上进行补偿。另外，国外财产税也是城市私有历史建筑保护的税收优惠激励政策的主要税种，近年来针对房价的飙升，我国房产税改革逐步得到探索与思考，虽然其政策制度建立推行缓慢，但仍有希望成为我国未来城市私有历史建筑保护激励政策的重要基础。多种间接杠杆撬动激励政策措施的运用，能够更灵活、更有针对性地吸引与调控社会力量的参与。

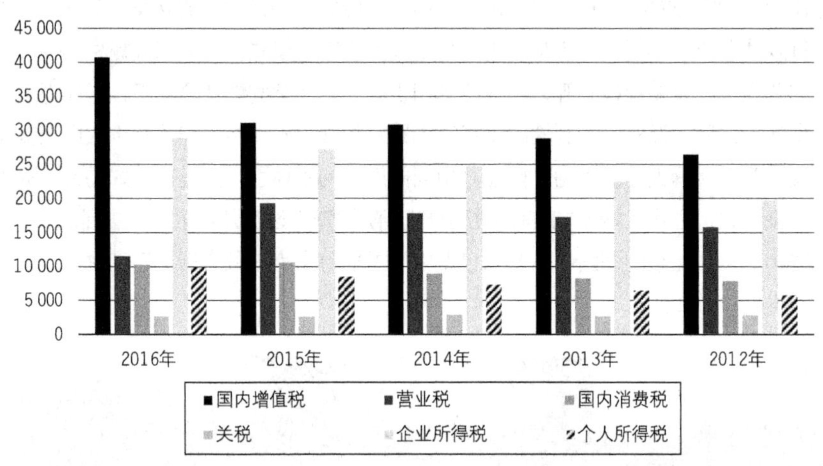

图3　2012～2016年我国各项税收所占份额(亿元)

4　结语

在谨慎征收的背景下，如何通过激励政策在保护城市私有历史建筑修缮中的私有利益，有效保护城市私有历史建筑的历史价值，已成为我国历史建筑保护中的一个重要问题。同时，由于相对于文物保护建筑，城市历史建筑的限制条件更少，是城市历史文化价值激活的关键要素，因此，如何通过激励政策吸引更多社会资本参与私有历史建筑的保护与利用，显化其价值是另一个重要问题。本文在分析我国地方已有政策的基础上，借鉴国外成熟的政策经验，提出：在激励目标上，从利益保护走向价值激发；在激励对象上，从产权人主导走向产权人与社会力量相结合；在激励手段上，从直接的资金支持走向直接的资金支持与间接的杠杆撬动相结合。

注释

① 《总税收法典》附则第17条规定如果受保护建筑向公众开放还可获得更优惠的政策。一般情况下，要求该建筑每年至少开放50天，其中25天是在4月和9月之间的节假日（或周末），或有40天是在7月、8月和9月，每天至少有6小时有效开放时间。第156条及其附则第41条E-J款规定了文物建筑及类似历史建筑修缮工程的税收减免特殊政策。

② 北京大栅栏在进行改造更新以前，据《北京城区角落调查》显示，该地段60岁及以上人口数量占17%；低收入群体数量占常住人口数量的30%，他们以300～500元/月的费用租住在大栅栏的老房子里。2001年，一份同济大学进行的关于"义品村"的调查发现，1997～1999年，频繁的房屋出租，社区的居民更换了将近10%，

有钱的或年轻一点的居民都搬了出去，社区内剩下的居民大多是退休人员或下岗以及无业人员，有工作的社区居民也以工人、服务业以及企事业单位等工薪阶层为主。

参考文献

[1] Code du patrimoine [EB/OL]. https://www.legifrance.gouv.fr/affichCode.do?dateTexte=20161027&cid Texte=LEGITEXT000006074236&fastReqId=1455297851&fastPos=1&oldAction=rechCodeArticle, 2004.

[2] Code général des impots [EB/OL]. https://www.legifrance.gouv.fr/affichCode.do;jsessionid=D2C97194D4D29E007D66268BEBBBFC8C.tplgfr34s_3?cidTexte=LEGITEXT000006069577&dateTexte=20171215, 2010.

[3] 顿明明，赵民. 论城乡文化遗产保护的权利关系及制度建设[J]. 城市规划学刊，2012(6)：14-22.

[4] 李和平. 美国历史遗产保护的法律保障机制[J]. 西部人居环境学刊，2013(4)：13-18.

[5] 李晓丽. 岛城历史文化家底够厚[N]. 青岛早报，2011-1-14.

[6] 刘军. 国外个人所得税征管经验及借鉴[J]. 涉外税务，2011(3)：45-48.

[7] 邵甬. 法国建筑·城市·景观遗产保护与价值重现 [M]. 上海：同济大学出版社，2010.

[8] 沈海虹. 美国文化遗产保护领域中的税费激励政策[J]. 建筑学报，2006a(6)：17-20.

[9] 沈海虹. 文化遗产保护领域中的发展权转移[J]. 中外建筑，2006b(2)：50-51.

[10] 谭抒茗. 广州历史建筑九成是私产[N]. 广东建设报，2014-8-12.

[11] 汤黎明，李玲，黎子铭. 西方历史建筑保护激励政策初析[J]. 价值工程，2012，31(28)：103-105.

[12] 王景慧. 从文物保护单位到历史建筑——文物古迹保护方法的深化[J]. 城市规划，2011，35(S1)：45-47+78.

[13] 张杰. 论产权失灵下的城市建筑遗产保护困境——兼论建筑遗产保护的产权制度创新[J]. 建筑学报，2012(6)：23-27.

[14] 张松，赵明. 历史保护过程中的“绅士化”现象及其对策探讨[J]. 中国名城，2010(9)：4-10.

[15] 朱德明. 北京城区角落调查[M]. 北京：社会科学文献出版社，2005.

[16] 祝力臻，苏唯谦. 160 余年古建筑遭遇修缮困境[N]. 中国文化报， 2014-5-29(7).

[欢迎引用]

吴骞，邓啸骢. 我国城市私有历史建筑保护激励政策探索[J]. 城市与区域规划研究，2018，10(4)：212-221.

Wu, Q., Deng, X. C. 2018. “Exploration of protection incentive policies for urban private historical buildings in China,” Journal of Urban and Regional Planning, 10(4): 212-221.

Editor's Comments

As China enters a new era, urban and regional planning also enters a new stage of development. Starting from this issue, we will introduce the Chinese "new stars" of the urban and regional planning discipline in both China and abroad, who have been promoted to full professor in these three years along with the rapid development of this discipline. Their personal resume and research papers will be published, in hope of promoting the disciplinary development. In this issue, we will introduce two "new stars": TANG Shuangshuang, with her paper entitled "Return Intentions of China's Rural Migrants: Study in Nanjing and Suzhou", and HU Lingqian, with her paper entitled "Job Accessibility of the Poor in Los Angeles: Has Suburbanization Affected Spatial Mismatch".

编者按 中国进入新时代，城市与区域规划事业也进入新的发展阶段。从本期开始，陆续推出近三年该学科迅速成长并晋升正教授的海内外华人城市与区域规划学科新星，刊载个人简历和名篇新作，推动学科发展。本期刊出两位新人：汤爽爽及其名篇“中国农村流动人口的回流意愿分析——以南京市和苏州市为例”；胡伶倩及其名篇“洛杉矶地区贫困求职者的就业可达性——郊区化是否影响空间不匹配”。

汤爽爽简历

汤爽爽，女，江苏南京人，1982年生，南京师范大学地理科学学院教授。主要研究方向为：①人口流动和定居。以中国快速城市化时期为研究背景，拓展了传统研究聚焦于城市的单极模式，同时从“城市”和“乡村”的双极视角，深入探索了流动人口流动与定居的模式和机制，以及在当前经济社会与政策环境下流动人口流动和定居决策的演化。②法国与中国的区域规划。以法国“光辉30年”期间（快速城市化时期）的区域规划作为研究对象，系统性地分析了涉及城市和乡村、产业和设施等多方面政策的演化过程与背后机理，并与中国的区域规划进行对比研究及提出借鉴。近年来，主持各类基金研究4项，以第一及通讯作者身份发表学术论文20篇，其中在*Cities*, *Urban Studies*, *Environment and Planning A*, *Habitant International*, *Housing Studies*, *Journal of Urban Affairs*等国际一流刊物发表论文10篇，出版专著《法国快速城市化时期的领土整治（1945～1970年代）：演变、效果及启示》。2018年破格晋升为南京师范大学教授。

教育背景

2010～2013 年，法国东巴黎大学，巴黎城市规划学院，空间整治与城市规划专业，博士
2005～2008 年，南京大学，地理与海洋科学学院，城市规划与设计专业，硕士
2000～2005 年，南京大学，城市与资源学系，城市规划专业，学士

工作经历

2018 年至今，南京师范大学，地理科学学院，教授
2016～2018 年，南京大学，地理与海洋科学学院，副研究员
2013～2016 年，南京大学，地理与海洋科学学院，助理研究员
2008～2010 年，南京大学，中法城市·区域·规划科学研究中心，研究助理

主要研究领域

人口流动与定居
法国与中国的区域规划
老年人口健康

专著

汤爽爽. 法国快速城市化时期的领土整治（1945～1970 年代）：演变、效果及启示[M]. 南京：南京大学出版社，2016.

学术论文（*通讯作者）

Tang, S., Hao, P. 2018. “Return intentions of China’s rural migrants: Study in Nanjing and Suzhou,” Journal of Urban Affairs, (4):1-18.DOI: 10.1080/07352166.2017.1422981.

Tang, S., Hao, P. 2018. “Floater, settler, and returnees: Settlement intention and hukou conversion of China’s rural migrants,” The China Review, 18 (1): 11-33.

Feng, J., **Tang*, S.**, Chuai, X. 2018. “The impact of neighborhood environment on quality of life of elderly people: Evidence from Nanjing, China,” Urban Studies, 55 (9): 2020-2039.

Tang, S., Feng, J., Li, M. 2017. “Housing tenure choices of rural migrants in urban destinations: A case study of Jiangsu Province, China,” Housing Studies, 32 (3): 361-378.

Liu, Y., **Tang*, S.**, Geertman, S., et al. 2017. “The chain effects of property-led redevelopment in Shenzhen: Price shadowing and indirect displacement,” Cities, 67: 31-42.

Tang, S., Hao, P., Huang, X. 2016. “Land conversion and urban settlement intentions of the rural population in China: A case study of suburban Nanjing,” Habitant International, 51: 149-158.

Tang, S., Feng, J. 2015. “Cohort differences in the urban settlement intention of rural migrants: A case study in Jiangsu Province,” Habitant International, 49: 357-365.

Hao, P., **Tang*, S.** 2015. “Floating or settling down: The effect of rural landholdings on the settlement intention of rural migrants in urban China,” Environment and Planning A, 47: 1979-1999.

Tang, S., Feng, J. 2012. “Understanding the settlement intentions of the floating population in the cities of Jiangsu Province, China,” Asian and Pacific Migration Journal, 21 (4): 509-532.

Tang, S., Savy, M., Doulet, J. 2011. “High speed rail in China and its potential impacts on urban and regional development,” Local Economy, 16(5): 409-422.

汤爽爽，孙莹，冯建喜. 城乡关系视角下乡村政策的演进：基于中国改革开放 40 年和法国光辉 30 年的解读[J]. 现代城市研究，2018，4：17-23.

汤爽爽，冯建喜. 法国快速城市化时期乡村政策演变与乡村功能拓展[J]. 国际城市规划，2017，32 (2)：104-110.

汤爽爽，郝璞，黄贤金. 大都市边缘区农村居民对宅基地退出和定居的思考[J]. 人文地理，2017，32 (2)：72-79.

汤爽爽，冯建喜. 新生代农村流动人口内部生活满意度差异研究：以江苏省为例[J]. 人口与经济，2016，3：52-61.

冯建喜，**汤爽爽***，杨振山. 农村人口流动中的人地关系探讨与迁入地创业行为影响因素分析[J]. 地理研究，2016，35 (1)：148-162.

汤爽爽，黄贤金. 农村流动人口定居城市意愿与农村土地关系[J]. 城市规划，2015，39 (3)：42-48.

汤爽爽. 江苏省农村流动人口乡城流动模式的代际比较[J]. 统计科学与实践，2015，7：6-11.

汤爽爽. 法国光辉 30 年领土整治中的“均衡化”政策[J]. 国际城市规划，2013，28 (3)：90-97.

汤爽爽，叶晨. 法国快速城市化进程中的区域规划政策、实践与启示[J]. 现代城市研究，2013，3：33-41.

汤爽爽. 法国快速城市化进程中的乡村政策研究与启示[J]. 农村经济问题，2012，6：104-109.

科研基金

国家自然科学基金青年项目，41401175，人口迁移流视角下农村流动人口市民化的时空差异研究，主持

国家人社部留学人员基金，133221，不同代际农业转移人口迁移的空间格局与市民化研究：以南京市为例，主持

江苏省自然科学基金面上项目，BK20141325，基于 GIS 及多代理人系统的流动人口迁移模拟系统构建，主持

美国林肯土地政策中心中国项目，GST021916，The Effect of Landholdings on the Mobility and Wellbeing of Rural Migrants in Urban China，共同主持

中国农村流动人口的回流意愿分析

——以南京市和苏州市为例①

汤爽爽　郝　璞

Return Intentions of China's Rural Migrants: Study in Nanjing and Suzhou

TANG Shuangshuang[1], HAO Pu[2]
(1. School of Geography Science, Nanjing Normal University, Nanjing 210023, China; 2. Department of Geography, Hong Kong Baptist University, Hong Kong, China)

Abstract During the process of rapid urbanization, a considerable proportion of China's rural-to-urban migrants today are not able to formally settle in one location. Whether these migrants stay in the city or return to their rural homes has important ramifications for the country's demographic and economic changes. Return migration is one important topic in the field of population geography. This phenomenon could be explained from the perspectives of human capital, social capital, life-cycle and family strategy. Among existing literature concerning return migration in China, most studies have investigated rural migrants' returning to rural hometown. While, studies about returning to an urban area in the home region is largely overlooked. Using data from a recent survey in Nanjing and Suzhou, this paper explores the settlement and return intentions of rural migrants. It is found that although most rural migrants do not intend to settle permanently in the host city, a considerably large group of them are inclined to return to a local town or city in their home region rather than to their rural origin. Such prospective urban returnees share many similarities with

作者简介
汤爽爽，南京师范大学地理科学学院；
郝璞，香港浸会大学地理系。

摘　要　在中国的城镇化进程中，大量的农村流动人口处于一种持续流动的状态，无法在一个地方永久定居。当前，中国农村流动人口的数量已达到中国人口总数近 1/5，这一群体的流动和定居决策与行为将对中国的人口分布格局及经济发展产生重要作用并影响相关政策的制定和实施。人口回流现象是人口地理学研究的重要内容。这一现象可以从人力资本、社会资源、生命周期、家庭策略等多个角度进行阐释。在关于中国农村流动人口回流的已有研究中，绝大多数学者聚焦于农村流动人口回流至农村老家的决策。这些研究发现，农村流动人口个体和家庭的社会经济属性、来源地农村与目的地城镇的社会经济状况是影响其回流的重要因素。需要指出，除了回流至农村老家的农村流动人口之外，一部分农村流动人口会回流至老家附近的城镇，但已有研究对这一回流群体鲜有涉及。因此，基于2015 年在南京市和苏州市的调研，本文聚焦于农村流动人口的回流意愿并深入比较不同的回流群体（回流至老家附近城镇、回流至农村老家），结果发现，大部分的农村流动人口未来并不会定居在当前工作和生活的城市，而会选择回流。其中，回流至老家附近城镇的人群已占相当比重。这一人群与回流至农村老家的人群相比，在社会经济属性（如人力资本、社会资源）和主观感知方面与选择留在当前城市的群体具有更多的相似性。对于两类回流群体而言，家庭责任和对老家的依恋在回流决策中扮演着重要角色。总体而言，农村流动人口的回流决策一方面是个体对农村/城镇生活的权衡，另一方面是基于家庭背景和资源对效益

members of the floating population but express distinct preferences and concerns. For both prospective rural and urban returnees, family obligations play a decisive role in the formation of the return decision. The findings suggest that return migration is, on the one hand, a trade-off between livelihood in the rural origin and the urban destination; and on the other hand, it aims to maximize utilities based on one's family background and resources, which may drive rural migrants to settle in urban areas close to their rural homes.

Keywords rural migrants; return migration; settlement intention; China

最大化的考虑。

关键词 农村流动人口；人口回流；定居意愿；中国

1 引言

在快速的工业化进程中，从乡村到城市的单向流动是人口流动的主体。但这一主体性的人口流动往往伴随着反向流动（Lee，1974）。在城市生活了一段时间后，一部分农村流动人口会选择回流。回流的动因包括：有限的经济社会资本、改变生存环境的需求、生活方式的偏好、履行家庭责任等方面（Simmons and Cardona，1972；Gmelch，1980；Constant and Massey，2002）。文化也是重要的考虑因素之一。譬如，在中国的传统文化中，落叶归根的观念深入人心，是人们返乡的拉力。

自1978年改革开放以来，中国的农民开始离开农村老家进城寻找工作，但他们往往保留农村老家的耕地和住房，把返回农村老家当成一种退路（Wang and Fan，2006）。实际上，也确实有相当比重的老生代农村流动人口最终返回了农村老家，尤其是那些因为年老和家庭责任不能在城市继续工作的群体（Zhao，2002；Wang and Fan，2006）。近年来，回流在新生代流动人口中也逐步流行，“逃离北上广”已成为许多人的共识。一方面，在流动人口集聚的大城市，高昂的生活成本和快节奏的工作、生活方式，让越来越多的流动人口选择回流；另一方面，经济增速的放缓、工业部门剩余劳动力的增加也推动着人口回流的上升趋势（Chan，2010）。因此，不光在老生代群体中，新生代流动人口也同样把回流当作一个可行选项。

在学界，中国的人口回流现象已被许多学者研究（如：Zhao，2002；Wang and Fan，2006；Démurger and Xu，2011）。这些研究发现，带有歧视性的城乡二元体制一定程度促使农村流动人口离开当前城市回到农村老家，家庭责任也是农村流动人口回流至农村老家的重要动因（Zhao，2002；Wang and Fan，2006）。但需要指出，并非所有回流的农村流动人口都会选择返回到老家村庄；其中的相当一部分会把临近农村老家的城镇作为目的地。一方面，相比于农村地区，城镇可以提供更好的就业机会和生活水平。与此同时，在临近老家的城镇定居，也便于他们履行家庭责任（如照顾老家的父母和小孩）；另一方面，这些城镇的生活成本往往比发达地区的大城市低很多，定居的门槛不高。这些方面的考虑推动了农村流动人口向老家临近城镇的回流。然而，已有文献往往把回流的农村流动人口局限于回流至农村老家的人群，而忽略了回流至老家城镇的群体。已有研究的这一选择偏向体现在数据的采集和分析以及概念模型的构建这两个方面，也由此成为研究的局限之处。此外，考虑到当前越来越多的农村流动人口回流至老家附近城镇而非农村老家，因此研究这一群体的回流意愿不仅可以突破已有研究的局限，产生一定的理论价值，同时也可对相关政策的制定和实施提供决策参考。

基于此，本文将聚焦回流至老家城镇和回流至农村老家这两类回流的农村流动人口在特征与回流动因上的差异。这一研究可以一定程度填补已有研究在农村流动人口回流路径选择上的局限性，加强在理论架构和实证这两个层面上对中国人口回流的系统化认识。本文的行文结构如下：第二部分对人口回流的理论和中国农村流动人口的回流进行综述；第三部分介绍本文的数据来源和概念模型；第四部分阐释不同回流人群的特征和回流动因；第五部分总结和讨论。

2 文献综述

2.1 人口回流

总体而言，人口流动源于地区间回报的差异。新古典主义经济学认为人口流动是基于成本效益评估后的收益最大化（Sjaastad，1962；Todaro，1976）。而劳动迁移新经济学则把人口流动当作是减小市场风险的家庭策略（Stark，1991）。基于对人口流动的认知，人口回流现象还可以从不同的视角进行解读。譬如，人力资本理论认为，人们之所以选择回流是因为其人力资本水平较低而被目的地所排斥（Lindstrom and Massey，1994）。社会资本理论强调了社会网络在人口流动过程中的重要作用。社会资本在目的地的积累增加了回流的机会成本，而来源地的社会网络则是回流的一种拉力（Constant and Massey，2002）。生命周期理论把人口回流当成人们在生命阶段中的选择，动因包括结婚、小孩诞生、退休等人生中的重要事件（Rogers，1990；Borjas and Bratsberg，1994）。而家庭策略理论则更加关注家庭责任对于人口回流决策的影响，如照顾年老的父母、抚育年幼的子女等（Tiemoko，2004）。

除了理论性的研究之外，实证性的研究具体检验了人口回流的动力机制。譬如，在市场经济下，目的地的经济发展水平（如经济衰退、就业率降低）是引发人口回流的重要原因（Massey et al.，1994）。与此同时，来源地经济发展水平的改善（如就业机会增多、工作水平提高）对人口回流起到拉动作用（Lindstrom，1996；Newbold，1996；Dustmann，2001）。在宏观的影响因素之外，在微观层面，人口的人力资本（如语言能力、教育水平、流动经验）会对人口回流产生影响（Lindstrom and Massey，1994；Dustmann，1999；De Jong，2000）。譬如，林德斯特伦和梅西（Lindstrom and Massey，1994）证实，缺乏足够人力资本的墨西哥移民更倾向于回流。在目的地的收入水平和社会地位较低也促使人们选择回流（Gmelch，1980；Constant and Massy，2002）。此外，在老家的社会网络和家庭责任以及在目的地受到不公正待遇分别在人口回流中扮演着拉力和推力的角色（Gmelch，1980）。譬如，尼迪奥斯和阿姆科夫（Niedoysl and Amcoff，2011）发现，在瑞典，一些人口选择回流是由于他们想靠近亲友的集聚地。蒂莫科（Tiemoko，2004）也发现，在北美和欧洲的非洲裔移民会因为老家亲友的因素选择回流。事实上，在这些“被动”的动因之外，人口回流也可以视为一种主动的计划，而不是一种失败的结果（Newbold，2001）。譬如，纽博尔德和贝尔（Newbold and Bell，2001）发现，人口回流的负面原因被夸大了，相当一部分的人口回流是作为职业发展的一部分而被人们预先设计。其中，来源地的就业机会对于这些预先计划的回流人口来说，是一项重要动因；人们在目的地积累了一定的人力资本后，回到老家更可以发挥作用、取得成绩（King and Newbold，2008）。

2.2 中国的农村流动人口和人口回流

中国的农村流动人口在目的地城市常常处于劣势地位。已有研究认为，这种状态是城乡二元体制下资源的不均衡分配、持续性的歧视以及这一群体人力资本和社会资本不足造成的结果（Lu and Song，2006；Liu et al.，2008；Chan anf Buckingham，2008；Nielsen and Smyth，2011；Wang and Fan，2012）。在城市中，农村流动人口经常承担着本地城市居民不愿意从事的劳动密集型、低收入工作（Roberts，1997；Lu and Song，2006；Wong et al.，2007）。农村流动人口的城市生活环境普遍不佳（Huang，2003），在城市成为房主的机会非常有限（Huang and Clark，2002；Wu，2004）。此外，这一群体还需要面对由于社会保障缺乏所带来的困难和风险（Seeborg et al.，2000；Guan，2008；Xu et al.，2011）。由此，农村流动人口的生活方式和关注点与本地城市居民相比存在较大差异（Ye and Wu，2014）。

然而，中国农村流动人口的这一状况正在发生变化。伴随着中央政府近年来推行的新型城镇化战略，一些地方政府开始实施户籍改革政策。2016年，居住证制度的颁布使得农村流动人口享受城市基本公共服务和福利成为可能。此外，农村流动人口人力资本的提高（如教育水平和专业技能）也增强了这一群体在城市长期生活的能力。另外，在城乡一体化、城乡统筹、美丽乡村等针对农村地区的政策指引下，农村的经济发展水平和生活环境显著改善（Long et al.，2011），也一定程度拉动了农村流动人口的回流。这些背景的变化会影响农村流动人口对于定居地的选择以及关于回流的态度。

已有关于中国人口回流的文献主要聚焦于回流至农村老家的群体。农村流动人口的这一回流选择与这一群体的社会经济属性紧密相关。譬如，赵耀辉（Zhao，2002）发现回流群体的特征包括年龄较大、已婚但家属仍在农村老家。王雯菲和范芝芬（Wang and Fan，2006）认为，目的地社会制度的制约和资源的不足以及老家的家庭需要是中国农村流动人口回流至农村老家的主要动因。总体而言，目的地城市中的不利境况（如缺乏工作机会、与家庭成员分居）和老家农村的有利条件（如增多的就业机会、履行家庭责任），推动了农村流动人口的回流（Murphy，1999；Zhao，2002；Wang and Fan，2006；Démurger and Xu，2011）。

农村土地是另一个影响中国农村流动人口回流的因素。譬如，黑尔（Hare，1999）、王雯菲和范芝芬（Wang and Fan，2006）都发现，农村的土地资源是农村人口回流至老家的动因。另外，政府的政策也会影响人口的回流。索林杰（Solinger，1999）提出，中国农村流动人口保持着循环往复的流动状态是制度束缚的结果。赵耀辉（Zhao，2002）认为，城市政府实施的“排斥流动人口”的措施一定程度上提升了人口回流的比例。墨菲（Murphy，1999）则强调了农村政策对于吸引农村流动人口回流至农村老家的重要作用。

在分析人口回流时，一个很重要的内生性问题是选择回流群体的偏差。在已有研究中，样本的选取地通常为来源地村庄，针对那些已经回流至农村老家的人群。需要指出的是，在这一分析过程中，已回流群体和未回流群体的结构性差异往往并未涉及。解决这一问题有两个方法。第一种方法：选择具有一定时间纵深的研究设计，这种选择可以提供足够的时间跨度，因而可以通过检验流动人口的生活轨迹来分析人口回流的动力机制。但因为数据收集的难度，这一研究设计的样本量往往偏小，一定程度影响了数据的代表性。第二种方法：通过研究意向性的回流和留守（并非已发生的实际行为）来探索不同群体的决策动因。实际上，这种方法已经被一些学者所采用。譬如，朱宇（Zhu，2007）发现，流动人口的定居意愿与不稳定的工作状态、低收入、低水平的社会保障和目的地城市中可能存在的风险相关联。悦中山等（Yue et al.，2010）则强调了定居决策中流动人口的代际差异。新生代比较关注目的地城市的社会资源和生活状态；而老生代则更为看重职业技能和家庭责任。流动人口的情感和住房因素在他们留下/离开的决策过程中也扮演着重要角色（Du and Li，2012；Liu et al.，2017）。

此外，已有研究普遍聚焦于回流至农村老家的群体，其他的回流群体（如回流至老家附近城镇的群体）往往被忽略。而快速变化的中国社会经济环境增加了人们流动和定居意愿的复杂性，因此也需要被关注。

2.3 人口回流的目的地

已有研究发现，目的地城市的制度和社会障碍以及来源地的家庭责任是驱动农村流动人口返回农村老家的重要原因（Zhao，2002；Wang and Fan，2006）。然而，由于在农村老家从事农业生产活动所带来的收入非常有限，农村流动人口仍普遍选择在城乡之间循环往复，把农业收入当作城市收入的一种补充（Hare，1999）。从代际的角度看，新生代农村流动人口通常不愿意回到农村老家从事农业活动（Yue et al.，2010；Tang and Feng，2015），即使他们最终选择回到农村，他们也会从事更为体面的非农工作（Zhao，2002；Yue et al.，2010）。伴随着人口的回流，工作经验、社会网络等资源也随之进入农村地区，一定程度促进了当地非农产业的发展（Murphy，1999；Ma，2001；Demurger and

Xu，2011），进一步吸引农村流动人口的回流。

事实上，回流人口不仅会返回农村老家，临近老家的城镇也是目的地之一。然而，这一回流选择往往被已有研究所忽略。农村老家附近的城镇往往与农村流动人口高度集聚的大城市存在差异（Hao and Tang，2017）。总体而言，临近老家城镇中的就业机会、收入水平和设施质量通常不及大城市，但这些城市的生活成本和工作压力较低（Chan，2014；Tang et al.，2016；Hao and Tang，2017）。因此，在大城市的生活成本（尤其是房价）、竞争压力不断增加的背景下，越来越多的农村流动人口把回流至农村老家附近的城镇当作一种理性选择。此外，由于中国城乡之间公共资源配置的不均衡性，农村老家附近的城镇相比农村地区而言，通常拥有更好的公共设施和服务。因此，农村老家附近的城镇成为许多农村流动人口意向和实际的定居地。

3 数据来源和研究框架

3.1 研究区

本文的研究基于2015年在南京市和苏州市这两个江苏省特大城市(也是全国范围内人口流动的主要目的地）开展的问卷调查。选择这两个城市作为研究区有如下考虑。首先，南京市和苏州市均位于中国经济发展水平最高的长三角地区。充足的就业机会和较高的工资水平吸引着来自全国很多省份的农村流动人口。2015年，在南京市824万常住人口中，流动人口的数量达到173万。而在苏州市，流动人口占常住人口的比重更高，在全市1 062万常住人口中，流动人口占比约为40%(395万)(Jiangsu Provincial Bureau of Statistics，2016）。其次，这两个城市的产业结构有所差别。南京市作为江苏省省会城市，是传统的工业基地，包括石化、机械制造等。随着近年来产业结构的转型，第三产业的产值已占到全市生产总值的57%；而苏州市的经济主体是外商直接投资、出口导向型产业，第二产业仍占到全市生产总值的49%（Jiangsu Provincial Bureau of Statistics，2016）。因此，两个城市在产业结构上的差异一定程度上导致劳动力市场的不同，吸引着不同类别的农村流动人口。总体而言，南京和苏州这两个城市拥有庞大的流动人口规模与具有结构性差异的劳动力群体，可为研究农村流动人口回流提供数量充足且多元化的样本。

3.2 数据和问卷

本文所采用的问卷调查运用分层抽样的方法，在南京市的11个区中抽选6个区(分别位于主城区和郊区）；而在苏州市的5个区和4个县级市中抽选4个区及1个县级市作为调研地。江苏省2010年人口普查则作为决定在这两个城市不同行政区（区或县级市）具体样本量的参考。

根据人口普查的资料，大部分的农村流动人口从事制造业、建筑业和服务行业的工作。因此，在两个城市农村流动人口最为集中的50个工业区和30个建筑工地中随机抽选18个工业区及8个建筑工地作为问卷发放点。而对于服务行业和其他行业，选取22个流动人口经济活动最为聚集的城市街道作为调研点。在每一个问卷发放点，随机抽选不超过25个农村流动人口。最终，问卷的总回答率为92%，有效问卷量为1 065份，南京和苏州的问卷数分别为441份和624份。

在调研中，每个被访者都被要求回答有意向定居的地方，包括四个排他性的选项：①目前工作和居住的城市；②农村老家；③临近老家的城镇；④其他地区。因为选择“其他地区”的样本仅为50，所以在本文的研究中把这一群体排除在统计分析之外。因此，本文最终采用的样本量为1 015个。

在问卷调查之外，针对不同农村流动人口群体的访谈也同时展开。所选取的访谈对象总共40个，其中在南京市选取18个，在苏州市选取22个。考虑到个体特征的差异，访谈对象中男性和女性各占50%，年龄跨度为16～65岁；在职业方面，20个从事制造业和建筑业，16个从事服务行业，另外4个在其他行业工作。这些深入访谈在2015年和2016年开展，每次访谈时间为45～60分钟。通过这些访谈，有助于了解农村流动人口在不同流动阶段的决策以及他们针对未来定居地的考虑。

3.3 研究框架

为了深入探索人口回流的动力机制，本文构建了一个包括地理特征、社会经济属性和农村土地这三个方面的研究框架。选择这些因素的原因如下。

首先，大多数的已有相关文献聚焦于回流人口的社会经济属性（Hare，1999；Zhao，2002；Wang and Fan，2006），而对地理属性（尤其是同时考虑目的地和来源地）有所忽略。本文认为，人口回流的决策与目的地和来源地这两个地理空间均紧密相关，因此把地理特征纳入本文的研究框架之中。

其次，人口的社会经济属性通常包括年龄、性别、婚姻状况、教育水平、工作和生活条件等。在本文的研究框架中，年龄这一属性按照代际划分，分为新生代（生于1980年之后）和老生代（生于1980年之前）两类。根据已有文献，新生代和老生代农村流动人口具有差异明显的特征，表现在农业从业经验、人力资本、定居意愿等方面（Yue et al.，2010；Tang and Feng，2015）。此外，在本文的研究框架中，教育水平和职业这两个指标代表农村流动人口的人力资本。是否有孩子和父母在农村老家则强调了家庭职责在流动决策中的作用。婚姻状况（包括是否结婚以及是否与配偶同住）和生活状况（包括是否与亲属一同居住）反映了农村流动人口在目的地城市的家庭结构和社会网络。

最后，根据已有文献，农村老家（来源地）的土地是人口流动和定居决策中的重要因素（Roberts，1997；Li and Zahniser，2002；Hao and Tang，2015；Tang et al.，2016）。在本文的研究框架中，农村老家土地这一指标包括具有不同功能的承包地和宅基地两个类别。

4 数据分析

4.1 农村回流者、城市回流者、城市留居者

根据意向的定居地，本文所涉及的农村流动人口可分成三种类别。①农村回流者：有意向回流至农村老家的人群；②城市回流者：有意向回流至农村老家临近城镇的人群；③城市留居者：选择继续留在当前城市的人群。其中，与最终获得城市户籍、定居城市的农村流动人口不同（Chan and Buckingham，2008；Hu et al.，2011），本文所涉及的城市留居者尽管有意向继续留在当前城市，但并不持有当地的城市户籍，仍保留老家的农村户籍，因此并不享受与当地城市户籍居民同等的福利。

本文对所调查的农村流动人口及三种类别群体的基本特征进行分析（表 1）。在地理特征层面，超过 52.3%的被调查者来自江苏省以外地区，而占总人群 53.4%和 46.6%的被调查者分别居住在这两个城市（南京市和苏州市）的主城区和郊区/县级市。在社会经济属性层面，中青年已婚男性占总被调查者相当比重。他们中的大多数接受了中学及以上教育（占 86.5%）。一半以上的被调查者（占 57.2%）在南京市和苏州市的收入不及每月 4 000 元，大大低于南京市和苏州市的城市职工工资水平。被调查者主要从事劳动密集型的制造业、建筑业或服务性行业（占 87.7%），居住在租赁房（占 57.8%）或宿舍之中（占 21.7%）。绝大多数被调查者的父母仍在农村老家（占 83.1%），子女留守在老家农村的比例也占到 27.2%。在农村土地层面，46.7%的被调查者在农村老家拥有承包地，在老家拥有宅基地的比例为 74.3%。

表 1 城市留居者、农村回流者和城市回流者的基本特征（%）

变量	类别	总体	农村回流者	城市回流者	城市留居者
来源地	江苏省外	52.3	60.1	49.4	40.8
	江苏省内	47.7	39.9	50.6	59.2
现居地	地级市主城区	53.4	49.0	60.0	55.4
	地级市郊区或县级市	46.6	51.0	40.0	44.6
性别	男性	57.6	66.7	43.4	53.3
	女性	42.4	33.3	56.6	46.7
年龄	≤35 岁	58.2	57.5	58.7	59.2
	>35 岁	41.8	42.5	41.3	40.8
	平均年龄（岁）	34.0	34.5	32.6	34.1
婚姻状况	已婚且居住在一起	43.2	43.1	38.7	47.0
	已婚但不居住在一起	16.6	21.2	16.6	8.7
	单身	40.2	35.7	44.7	44.3

续表

变量	类别	总体	农村回流者	城市回流者	城市留居者
教育水平	小学及以下	13.5	17.5	7.7	11.2
	中学	56.7	66.7	53.6	41.8
	大学及以上	29.8	15.8	38.7	47.0
收入水平	<4000 元/月	57.2	58.9	54.0	57.5
	4000～6000 元/月	30.3	31.9	31.5	26.5
	>6000 元/月	12.5	9.2	14.5	16.0
职业	制造业及建筑业	53.1	60.5	49.8	42.9
	服务行业	34.6	33.9	29.8	39.7
	办公文员	12.3	5.6	20.4	17.4
本地居住时间（年）	<半年	7.1	7.1	8.6	5.9
	半年至 2 年	37.3	35.9	41.4	36.6
	>2 年	55.6	57.0	50.0	57.5
居住类型	自有房	17.8	14.5	8.1	31.4
	亲戚朋友住房	2.7	2.0	5.5	1.4
	宿舍或工棚	21.7	20.4	29.8	17.0
	租赁房	57.8	63.1	56.6	50.2
父母在农村老家	有	83.1	82.9	88.9	79.1
	没有	16.9	17.1	11.1	20.9
子女在农村老家	有	27.2	34.5	28.4	13.9
	没有	72.8	65.5	71.6	86.1
承包地	没有	53.3	50.4	55.7	56.8
	有	46.7	49.6	44.3	43.2
宅基地	没有	25.7	20.2	30.6	32.1
	有	74.3	79.8	69.4	67.9
样本数量		1 015	496	232	287

在总被调查者中，城市留居者、农村回流者和城市回流者分别占到 28.3%、48.9%和 22.8%。与城市留居者和城市回流者相比，更高比例的农村回流者来自江苏省以外地区，居住在城市的郊区或县级市中。农村回流者的受教育水平和收入水平相对前两者也更低。大多数的农村回流者从事制造或建筑行业的工作（占 60.5%），办公文员的比例仅为 5.6%，低于这类职业在城市留居者（20.4%）和城市回流者（17.4%）中的比例。尽管城市回流者和农村回流者都选择离开当前城市，但城市回流者在特

征上更接近城市留居者。这一分析结果表示，农村回流者在教育水平、收入和职业技能等人力资本上不及城市回流者和城市留居者。

另外，农村老家的家庭纽带和农村土地在不同群体中也并不相同。相对于城市留居者而言，更高比例的回流人群（无论是农村回流者还是城市回流者）有子女在农村老家。而关于农村土地，79.8%的农村回流者在农村老家拥有土地；与农村回流者相比较，城市回流者和城市留居者在农村老家拥有土地的比例偏低。

4.2 人口回流的动力机制

为了进一步比较选择不同定居地的群体，探索背后的动力机制，本文聚焦于研究框架中三个层面的因子与农村流动人口定居意愿之间的关系。为此，本文采用多类别逻辑回归模型（multinomial logit regression model）和方差分析（ANOVA）对数据进行分析。此外，针对农村流动人口的质性访谈作为解释农村流动人口特征和动力机制时的补充素材。

表 2 显示了不同定居群体的回归模型结果。其中，在模型中，城市留居者被选为因变量的参考组，用以阐释两个回流群体的差异。模型中的估计系数表示每个自变量对于回流至农村老家还是回流至农村老家临近城镇的影响方向及强度。模型在 0.001 层次显著，说明模型具有较好的解释性。

表 2 针对农村流动人口定居意向的多类别逻辑回归模型

自变量	农村回流人口	城市回流人口
地理特征层面		
来源地		
江苏省内	0.504**[1.655]	0.295[1.343]
江苏省外（=参考类）		
目的地		
地级市主城区	–0.413**[0.662]	0.258[1.294]
地级市郊区或县级市（=参考类）		
社会经济属性层面		
性别		
男性	0.160[1.173]	–0.808***[0.446]
女性（=参考类）		
年龄		
≤35 岁（=参考类）		
>35 岁	–0.268[0.765]	0.219[1.245]

续表

自变量	农村回流人口	城市回流人口
婚姻状况		
已婚且居住在一起	–0.047[0.954]	–0.339[0.713]
已婚但不居住在一起	0.177[1.194]	–0.320[0.726]
单身（=参考类）		
教育水平		
小学及以下（=参考类）		
中学	–0.179[0.836]	0.560[1.751]
大学及以上	–1.603***[0.201]	–0.031[0.970]
收入水平		
<4 000 元/月（=参考类）		
4 000～6 000 元/月	0.164[1.178]	0.318[1.375]
>6 000 元/月	–0.066[0.937]	0.569[1.766]
职位		
制造业和建筑业（=参考类）		
服务行业	–0.346[0.707]	–0.436[0.646]
办公文员	–0.747**[0.474]	0.369[1.446]
本地居住时间		
<半年（=参考类）		
半年至 2 年	0.091[1.095]	–0.027[0.974]
>2 年	–0.034[0.967]	–0.203[0.817]
居住类型		
自有房	–0.578**[0.561]	–1.309***[0.270]
亲戚朋友住房	0.436[1.546]	1.441[4.226]
宿舍或工棚	–0.305[0.737]	0.434*[1.543]
租赁房（=参考类）		
父母在农村老家		
有	0.275[1.316]	0.440[1.552]
没有（=参考类）		
子女在农村老家		
有	0.698**[2.010]	0.929***[2.533]
没有（=参考类）		

续表

自变量	农村回流人口	城市回流人口
农村土地层面		
承包地		
没有（=参考类）		
有	–0.075[0.928]	–0.076[0.927]
宅基地		
没有（=参考类）		
有	0.395*[1.484]	0.107[1.113]
常量	1.479***	0.162**
Chi-Square	290.229***	
–2Log Likelihood	1 751.44	
Nagelkerke R^2	0.384	
样本量	1 015	

注：*p<0.05; **p<0.01; ***p<0.001。

4.2.1 农村回流者

本文首先比较农村回流者和城市留居者这两个群体。根据模型结果，与继续留在当前城市相比，回流农村的决策与来源地（来自江苏省以外地区）和现居地（居住在南京市或苏州市的郊区或县级市）的实际情况相关联。这一结果表示，来源地农村和目的地城市都明显影响农村流动人口的决策。相对于省内农村流动人口，跨省流动的群体通常处于相对劣势的地位。譬如，他们的社会资源偏少，且具有文化背景上的较大差异等。这些劣势条件因此增加了这一群体回流的可能性。而在地级市郊区和县级市中，较好的工作机会和高质量的设施及服务偏少，也一定程度促进了他们的回流。

已有研究发现，新生代农村流动人口通常更倾向于定居城市，而非回到农村老家。这与他们相对较高的人力资本和对老家较低的依恋感有关（Yue et al., 2010；Hao and Tang, 2015；Tang and Feng, 2015）。然而，在本文的模型中，代际的差异对于人口的定居并没有显著影响。这可能因为中国变化的背景一定程度改变了新生代的想法。自 21 世纪初以来，中国政府推行了一系列针对农村发展的政策，如新农村建设、城乡一体化、城乡统筹发展和美丽乡村等。由此，中国农村（尤其在沿海发达地区）的面貌已经有了较为明显的改观（Long et al., 2011）。农村地区的许多优势，譬如更好的自然环境、更低的生活成本、更休闲的生活方式等方面，也吸引着越来越多对城市生活（如污染、高昂的生活成本、压力大的工作环境等）心存不满的新生代农村流动人口。在访谈中，一些年轻人也表达了类似的看法，譬如"我更喜欢在老家村里的生活，比在大城市舒服。我也并不觉得城市比农村好很多。在我家村里，生活环境都改善了，我在那可以住比在苏州大得多的房子"（李先生，25 岁，制造业工人，来自山东农村）。

根据模型结果，受教育程度显著影响农村流动人口的回流决策。拥有大专及以上教育水平的农村流动人口更倾向于留在城市而非回到农村老家。这一结果与已有的研究相一致，即较差的人力资本一定程度阻碍了流动人口进入城市劳动力市场和融入城市生活；相比较，人力资本高的人群则具有更高的适应城市的能力（Borjas，1989；Wang and Fan，2006）。另外，办公文员的职位与城市定居正相关，体现了就业机会和社会地位在定居决策中的作用（Zhu and Chen，2010）。农村对于这一群体而言吸引力不足，主要表现在所能提供的工作机会、设施和交流群体等方面。

在当前城市拥有自有房与成为城市留居者正相关。这是因为，在流动人口中，城市自有房主通常具有较高的人力和经济资源（Wu，2002）。这也与中国当前的体制相关联。在中国，大多数的流动人口被排斥在城市保障性住房体系之外，因此不得不通过购买商品房成为房主。此外，现行政策对于流动人口的购房资格和贷款设置了高于本地户籍居民的门槛。由此，能在当前城市购房表明购房的农村流动人口具有较强的经济实力（Wang and Fan，2012）。另外，对于农村流动人口而言，在城市购买住房通常与强烈的城市定居意愿相关，也因此一定程度造成这一群体更愿意继续留在城市而非回流至农村老家。家庭分离是拉动农村流动人口回流的重要动因。根据模型结果，子女在农村老家正向影响回流决策。这一结果与已有研究相一致，即履行家庭责任（如结婚和抚养小孩）是人口回流的原因之一（Wang and Fan，2006）。

在农村土地方面，承包地对人口回流的影响不显著，但宅基地却与回流至农村老家呈显著正相关。这一结果与已有文章强调农业就业对于人口回流起到重要作用的结论相反（Hare，1999；Zhao，2002）。当前，农业就业已并不是农村流动人口回流的主要拉力，很大程度上因为从事农业活动带来的收入非常有限。此外，新生代农村流动人口相对于老生代而言，具有较少的农业劳作经验（Yue et al.，2010），这也减少了这一群体把承包地作为就业或生活保障的可能性。即使一部分农村流动人口在城市遇到困难后返乡，把承包地当作保障，但当危机过后，他们中的绝大多数仍会到城镇寻找收入更高的非农就业机会（Li，2006；Nielsen et al.，2010）。

相比较，宅基地仍然是许多农村流动人口回流的重要拉力。一方面，宅基地上的农村住房对于农村流动人口来说仍然起到实际的居住功能（即使是短暂居住）；另一方面，农村老家的住房起到一种维系归属感和安全感的作用，这对于在城市中普遍缺乏资源和权利的农村流动人口而言特别重要。根据中国的现有制度，只有持有农村户籍的居民才有宅基地的使用权和农村住房的所有权，因此保留农村户籍也是保留未来"落叶归根"的可能性。正如一位被访者所说："我准备年纪大了就回老家，不准备再去做农活，而是想在我那块地上建个别墅来安度晚年时光"（李先生，40 岁，旧书店店主，来自安徽农村）。

4.2.2 城市回流者

其次，本文比较了城市回流者和城市留居者这两个群体。根据模型结果，对于城市回流者而言，性别、居住状况和家庭分离是促使他们选择回流的主要动因。女性与选择回流至老家附近城镇呈正相关。这是因为，女性农村流动人口通常会在特定的生命周期中选择回流，如结婚、生子等（Fan，2000）。对于她们来说，临近农村老家的小城市/镇是可以平衡就业和家庭责任的理想目的地。居住在宿舍或工棚的居住状态影响农村流动人口选择回流。这些居住在宿舍或工棚的人群主要从事制造或建筑行业的工作，较低的人力资本水平降低了他们在城市定居的可能性。尽管在就业机会的数量和质量以及城市设施的质量与服务水平等方面，老家临近城镇不及南京市和苏州市，但较低的生活成本和较少的制度障碍在一定程度上吸引着这些“蓝领”。

子女在农村老家正向影响着农村流动人口成为城市回流者而非城市留居者。临近农村老家的城镇对于那些拥有需要被抚养照顾的家庭成员，但同时又想继续享受城市生活的人来说有相当的吸引力。这些城镇往往生活水平较低、制度性障碍较少；由于临近老家，社会资源较多，同时也便于履行家庭责任。许多被访者表达着相似的看法，譬如“我想以后定居在靠近老家的县城，因为我父母、老婆和孩子都还待在农村老家，到时候我就可以更好地照顾他们了”（王先生，42岁，装修工，来自山东农村）；“南京的房价太高了，买不起房，我准备回老家县城买房，开家理发店，把我爸妈也接过来一起住”（肖先生，20岁，理发店学徒，来自安徽农村）。

4.2.3 主观感知

除了在回归模型中检验客观因素之外，这三类农村流动人口也拥有不同的主观感知和对于城市生活的态度。在本文中，方差分析方法（ANOVA）被用于检验这三类人群的差异。该分析基于问卷中对于受访农村流动人口的自我评价和在城市生活状况的若干问题。这些问题采用从1（最不满意）到5（最满意）的5分制量表。分析结果见表3。P值显著表示这些群体的属性存在明显差别。

表3 基于农村流动人口自评的方差分析

自评项	农村回流者		城市回流者		城市留居者		*F*-value	*Sig.*
	Mean	SD	Mean	SD	Mean	SD		
工作压力	2.68	1.44	3.00	1.14	3.09	1.26	10.358	0.000
生活成本	2.41	1.35	2.50	1.19	2.65	1.24	3.266	0.039
语言能力	3.63	1.21	3.73	1.08	3.84	1.13	3.098	0.046
生活习俗	3.58	1.12	3.58	1.11	3.74	1.08	2.413	0.048
被尊重	2.94	0.96	2.94	0.93	3.18	0.99	1.272	0.281
与当地居民交流	3.72	1.11	3.77	1.07	3.87	1.10	3.251	0.041

在所检验的六个方面，具有统计意义上显著差别的选项包括：工作压力、生活成本、语言能力、生活习惯和与当地居民沟通程度。总体而言，农村回流者相比其他两类群体得分更低，表现为对于当前城市就业和生活状况最不满意，因此更有可能回到农村老家。这一结果也一定程度验证了融入城市对于流动决策的影响（Wang and Fan，2006）。城市回流者的得分普遍高于农村回流者，但低于城市

留居者。这一结果表明：尽管城市留居者和城市回流者有很多相似之处，但在语言、习俗、生活状况、社会交往等方面的劣势仍然对于融入和定居当前城市起到一定程度的阻碍。最终，这一人群回到习俗更为熟悉、生活质量更高的老家附近城镇定居。正如杜慧敏和李思明（Du and Li，2012）的研究发现，主观情感对于流动人口的留守/离开起到重要的作用。本文的研究进一步阐述了这些主观因素不仅影响流动人口的留或离，对于定居地的选择也起到一定的影响。

5 结论

人口回流是中国城乡人口流动中的重要组成部分。与聚焦于回流至农村老家的已有研究不同，本文甄别了人口回流中的两个类别：回流至农村老家的人群（农村回流者）和回流至农村老家临近城镇的人群（城市回流者）。通过检验南京和苏州这两个城市中农村流动人口的定居意愿，本文比较了农村回流者、城市回流者和城市留居者之间在客观与主观因素上的差异。需要指出，本文研究的是回流意向而非实际的回流状况，因此研究结果可能会与真实发生的人口流动现象有所差别。但尽管如此，本文发现农村回流者和城市回流者回流决策的动力机制存在明显不同。

本文发现，更高比例的农村流动人口意愿回到农村老家定居（占 48.9%），而非流向老家临近的城镇（22.8%）或仍留在当前城市（28.3%）。在农村流动人口中，农村回流者往往在当前城市中处于最为劣势的地位，拥有最差的主观满足度。他们通常拥有低于平均水平的人力资本、社会资本和主观幸福感。因此，当他们在定居当前城市遇到困难时，往往会选择返回农村老家这一“庇护所”。相比较，城市回流者与城市留居者具有更多的相似性。这两类群体都想在城市追求更好的生活。但家庭责任、对老家的依恋以及对自身和家庭能力的评估影响着这两类群体对于定居地的选择。此外，相对于回流者，当前城市的房产显著影响城市留居者的定居决策，反映了城市财产对于选择定居地的重要作用。

已有关于中国人口回流的研究普遍聚焦于“返回至农村老家”这一有限的释义。本文通过比较城市回流者和农村回流者，一定程度上扩大了中国人口回流的定义。此外，通过检验农村流动人口的定居意愿，本文穷尽了农村流动人口未来可能的定居方向。因此，本文可以把回流群体与其他群体（如城市留居者）相比较，阐释不同群体的结构性差异，而非单独分析回流群体本身。本文研究发现，农村流动人口的回流决策是农村和城市生活间的一种权衡，同时也是基于社会经济属性、偏好、家庭背景等因素效益最大化的考虑。通过比较中国背景下的农村回流者和城市回流者这两个回流群体，本文深化了对于中国农村流动人口回流的理解。首先，尽管中国的农村流动人口普遍在城市处于劣势地位，但对于他们中的大多数而言（无论选择何种回流决策），在城镇谋生的生活仍将继续。他们的意愿和行动正在（或已经）改变城市景观。其次，农村流动人口对于定居地多元化的选择反映了他们持续增长的愿望和能力，“在城镇赚钱，回到农村老家”的传统模式正在发生改变。越来越多的农村流动人口尽管不能定居在当前城市，也决定离开农村老家的“根”，最终定居在城镇。

中国的城乡人口流动正在改变中国的经济、社会和政治图景。近年来，城乡统筹等一系列惠农政策的实施和执行极大改善了农村地区的生活环境，也促使越来越多的农村流动人口返乡。伴随着这一进程，新的就业机会不断显现。此外，与20世纪80年代开始蓬勃发展的乡镇经济所带来的非农就业这一单一吸引力不同，如今农村地区适宜的环境、新鲜的农产品、传统的习俗和文化都已成为吸引人流的重要元素。此外，与强调农业生产活动影响回流决策的已有文献不同（Hare，1999；Ma，2002；Zhao，2002），本文发现在当前，承包地的作用已经弱化，而宅基地（尤其是宅基地上的农村住房）仍然在回流决策中扮演着重要角色。对于那些没有多少农业就业经验的新生代农村流动人口而言，承包地和宅基地对于他们的意义有更为显著的差异。伴随着代际的更替，承包地的影响将进一步弱化，而宅基地的价值则会持续增加。另外，除了体制限制和市场驱动之外，农村流动人口的个人偏好也开始明显影响他们的流动和定居决策。许多已有文献指出，农村流动人口的回流是因为体制、社会和能力上的劣势而被城市排斥造成的（Zhao，2002；Wang and Fan，2006）。而本文发现，一部分农村流动人口以提高生活质量为目的，主动地选择他们未来的定居地，而并非被动地接受现实。这一近年来出现的新动态，不仅反映出农村流动人口在不断变动的大环境之中的演化，也对中国未来人口流动的发展起到一定的借鉴作用。

自2010年以来，中央政府提出并推行新型城镇化战略，强调了城乡统筹发展和不同规模城镇互促共进的目标。一系列改革措施在城市和乡村这两个空间同时展开，包括居住证制度、农村土地确权等。这些措施将赋予农村流动人口比以前更多的权益和福利。另外，政府也在推进中小城市和小城镇的发展。伴随着就业机会的增加、城市设施和投资环境的改善，这类城镇的吸引力将不断增强。这类城镇的发展也给农村流动人口提供了更加多元化的定居选项和更为广阔的选择范围。

未来政策的改革还需进一步缩小不同地区间体制以及经济社会环境上的差距。更有针对性的差别化政策也需要随之实施，因为农村流动人口群体已经出现分化，并非铁板一块，产生了不同的诉求。政府实行的政策需要扩大社会流动的管道，以面对多元化、具有不同能力和需求的流动群体。一方面，更加公平的城市政策将给农村流动人口向上的社会流动提供更多的机遇；另一方面，更加无障碍和灵活性的政策环境也促进农村流动人口选择更加多元化的目的地，以实现个人追求和高质量生活的愿望。政策可以通过提升流动人口群体的幸福感和社会发展（社会层面），以及扩大这一群体流动和定居的选择范围（地理层面）这两个方面，实现“以人为本城镇化”的最终目标。

致谢

该研究得到国家自然科学基金（41401175、41401167）以及江苏省自然科学基金（BK20141325）的资助。

注释

① 本文译自 Tang, S., Hao, P. 2018. "Return intentions of China's rural migrants: Study in Nanjing and Suzhou," Journal of Urban Affairs, (4): 1-18. DOI: 10.1080/07352166.2017.1422981.

参考文献

[1] Borjas, G. J. 1989. "Immigrant and emigrant earnings: A longitudinal study," Economic Inquiry, 27: 21-37.

[2] Borjas, G. J., Bratsberg, B. 1994. "Who leaves? The outmigration of the foreign-born," Review of Economics and Statistics, 78(1): 165-176.

[3] Chan, K. W. 2010. "The global financial crisis and migrant workers in China: 'There is no future as a labourer; returning to the village has no meaning'," International Journal of Urban and Regional Research, 34: 659-677.

[4] Chan, K. W. 2014. "China's urbanization 2020: A new blueprint and direction," Eurasian Geography and Economics, 55: 1-9.

[5] Chan, K. W., Buckingham, W. 2008. "Is China abolishing the Hukou system?" The China Quarterly, 195: 582-606.

[6] Constant, A., Massey, D. S. 2002. "Return migration by German guestworkers: Neoclassical versus New Economic Theory," International migration, 40: 5-38.

[7] Démurger, S., Xu, H. 2011. "Return migrants: The rise of new entrepreneurs in rural China," World Development, 39: 1847-1861.

[8] De Jong, G. F. 2000. "Expectations, gender, and norms in migration decision-making," Population Studies, 54(54): 307-319.

[9] Du, H., Li, S. M. 2012. "Is it really just a rational choice? The contribution of emotional attachment to temporary migrants' intention to stay in the host city in Guangzhou," China Review, 12: 73-94.

[10] Dustmann, C. 1999. "Temporary migration, human capital, and language fluency of migrants," Scandinavian Journal of Economics, 101: 297-314.

[11] Dustmann, C. 2001. "Return migration, wage differentials, and the optimal migration duration," European Economic Review, 47: 353-369.

[12] Fan, C. C. 2000. "Migration and gender in China," China Review, 423-454.

[13] General Office of the CPC Central Commitee and General Office of the State Council of PRC. 2015. Comprehensive Implementation Plan of Deepening Rural Reforms.

[14] Gmelch, G. 1980. "Return migration," Annual Review of Anthropology, 9: 135-159.

[15] Guan, X. 2008. "Equal rights and social inclusion: Actions for improving welfare access by rural migrant workers in Chinese cities," China Journal of Social Work, 1: 149-159.

[16] Hao, P., Tang, S. 2015. "Floating or settling down: The effect of rural landholdings on the settlement intention of rural migrants in urban China," Environment and Planning A, 47: 1979-1999.

[17] Hao, P., Tang, S. 2017. "Migration destinations in the urban hierarchy in China: Evidence from Jiangsu," Population, Space and Place, DOI: 10.1002/psp.2083.

[18] Hare, D. 1999. "'Push' versus 'pull' factors in migration outflows and returns: Determinants of migration status and spell duration among China's rural population," Journal of Development Studies, 35: 45-72.

[19] Hu, F., Xu, Z., Chen, Y. 2011. "Circular migration, or permanent stay? Evidence from China's rural-urban migration," China Economic Review, 22: 64-74.

[20] Huang, Y. 2003. "Renters' housing behaviour in transitional urban China," Housing Studies, 18: 103-126.

[21] Huang, Y., Clark, W. A. 2002. "Housing tenure choice in transitional urban China: A multilevel analysis," Urban Studies, 39: 7-32.

[22] Jiangsu Provincial Bureau of Statistics. 2016. Jiangsu Statistical Yearbook 2015. Beijing: China Statistics Press.

[23] Jong, G. F. D. 1969. "Expectations, gender, and norms in migration decision-making," Population Studies, 54: 307-319.

[24] King, K. M., Newbold, K. B. 2008. "Return immigration: The chronic migration of Canadian immigrants, 1991, 1996 and 2001," Population, Space and Place, 14: 85-100.

[25] Lee, A. S. 1974. "Return Migration in the United States," International Migration Review, 8: 389-393.

[26] Li, B. 2006. "Floating population or urban citizens? Status, social provision and circumstances of rural-urban migrants in China," Social Policy & Administration, 40: 174-195.

[27] Li, H., Zahniser, S. 2002. "The determinants of temporary rural-to-urban migration in China," Urban Studies, 39: 2219-2235.

[28] Lindstrom, D. P. 1996. "Economic opportunity in mexico and return migration from the United States," Demography, 33: 357-374.

[29] Lindstrom, D. P., Massey, D. S. 1994. "Selective emigration, cohort quality, and models of immigrant assimilation," Social Science Research, 23: 315-349.

[30] Liu, Y., He, S., Wu, F. 2008. "Urban pauperization under China's social exclusion: A case study of Nanjing," Journal of Urban Affairs, 30: 21-36.

[31] Liu, Y., Li, Z., Breitung, W. 2012. "The social networks of new-generation migrants in China's urbanized villages: A case study of Guangzhou," Habitat International, 36: 192-200.

[32] Liu, Z., Wang, Y., Chen, S. 2017. "Does formal housing encourage settlement intention of rural migrants in Chinese cities? A structural equation model analysis," Urban Studies, 54(8).

[33] Long, H., Zou, J., Pykett, J., et al. 2011. "Analysis of rural transformation development in China since the turn of the new millennium," Applied Geography, 31: 1094-1105.

[34] Lu, Z., Song, S. 2006. "Rural-urban migration and wage determination: the case of Tianjin, China," China Economic Review, 17: 337-345.

[35] Ma, Z. 2001. "Urban labour-force experience as a determinant of rural occupation change: Evidence from recent urban-rural return migration in China," Environment and Planning A, 33: 237-255.

[36] Ma, Z. 2002. "Social-capital mobilization and income returns to entrepreneurship: The case of return migration in rural China," Environment and Planning A, 34: 1763-1784.

[37] Massey, D. S., Goldring, L., Durand, J. 1994. "Continuities in transnational migration: An analysis of nineteen Mexican communities," American Journal of Sociology, 99: 1492-1533.

[38] Murphy, R. 1999. "Return migrant entrepreneurs and economic diversification in two counties in south Jiangxi, China," Journal of International Development, 11: 661.

[39] National Bureau of Statistics of the People's Republic of China. 2016. National suvey report on rural migrant workers 2015.

[40] Newbold, K. B. 1996. "Income, self-selection, and return and onward interprovincial migration in Canada,"

Environment and Planning A, 28: 19-34.

[41] Newbold, K. B. 2001. "Counting migrants and migrations: Comparing lifetime and fixed-interval return and onward migration," Economic Geography, 77: 23-40.

[42] Newbold, K. B., Bell, M. 2001. "Return and onwards migration in Canada and Australia: Evidence from fixed interval data," International Migration Review, 35: 1157-1184.

[43] Niedomysl, T., Amcoff, J. 2010. "Why return migrants return: Survey evidence on motives for internal return migration in Sweden," Population Space and Place, 17: 656-673.

[44] Nielsen, I., Smyth, R. 2011. "The contact hypothesis in urban China: The perspective of minority-status migrant workers," Journal of urban affairs, 33: 469-481.

[45] Nielsen, I., Smyth, R., Zhai, Q. 2010. "Subjective well-being of China's off-farm migrants," Journal of Happiness Studies, 11: 315-333.

[46] Roberts, K. D. 1997. "China's tidal wave of migrant labor: What can we learn from Mexican undocumented migration to the United States?" International Migration Review, 31: 249-293.

[47] Rogers, A. 1990. "Return migration to region of birth among retirement-age persons in the United States," Journal of Gerontology, 45: 128-134.

[48] Seeborg, M. C., Jin, Z., Zhu, Y. 2000. "The new rural-urban labor mobility in China: Causes and implications," Journal of Socio-Economics, 29: 39-56.

[49] Simmons, A. B., Cardona, R. G. 1972. "Rural-urban migration: Who comes, who stays, who returns? The case of Bogota, Colombia, 1929-1968," International Migration Review, 6: 166-181.

[50] Sjaastad, L. A. 1962. "The costs and returns of human migration," Journal of Political Economy, 70: 80-93.

[51] Solinger, D. J. 1999. Contesting Citizenship in Urban China: Peasant Migrants, the State, and the Logic of the Market. Oakland: University of California Press.

[52] Stark, O. 1991. The Migration of Labor. Cambridge, Massachusetts: Basil Blackwell.

[53] Tang, S., Feng, J. 2015. "Cohort differences in the urban settlement intentions of rural migrants: A case study in Jiangsu Province, China," Habitat International, 49: 357-365.

[54] Tang, S., Hao, P., Huang, X. 2016. "Land conversion and urban settlement intentions of the rural population in China: A case study of suburban Nanjing," Habitat International, 51: 149-158.

[55] The State Council of PRC. 2014. Further Improving the Reforms of Hukou System.

[56] Tiemoko, R. 2004. "Migration, return and socio-economic change in West Africa: The role of family," Population Space and Place, 10: 155-174.

[57] Todaro, M. P. 1976. "Internal migration in developing countries," International Migration Review, 11: 721-798.

[58] Wang, W. W., Fan, C. C. 2006. "Success or failure: Selectivity and reasons of return migration in Sichuan and Anhui, China," Environment and Planning A, 38: 939-958.

[59] Wang, W. W., Fan, C. C. 2012. "Migrant workers' integration in urban China: Experiences in employment, social adaptation, and self-identity," Eurasian Geography and Economics, 53: 731-749.

[60] Wong, D. F. K., Li, C. Y., Song, H. X. 2007. "Rural migrant workers in urban China: Living a marginalised life," International Journal of Social Welfare, 16: 32-40.

[61] Wu, F. 2007. "The poverty of transition: From industrial district to poor neighbourhood in the city of Nanjing, China," Urban Studies, 44: 2673-2694.

[62] Wu, W. 2002. "Migrant housing in urban China: Choices and constraints," Urban Affairs Review, 38: 90-119.

[63] Wu, W. 2004. "Sources of migrant housing disadvantage in urban China," Environment and Planning A, 36: 1285-1304.

[64] Xu, Q., Guan, X., Yao, F. 2011. "Welfare program participation among rural-to-urban migrant workers in China," International Journal of Social Welfare, 20: 10-21.

[65] Ye, L., Wu, A. M. 2014. "Urbanization, land development, and land financing: Evidence from Chinese cities," Journal of Urban Affairs, 36: 354-368.

[66] Yue, Z., Li, S., Feldman, M. W., et al. 2010. "Floating choices: A generational perspective on intentions of rural-urban migrants in China," Environment and Planning A, 42: 545-562.

[67] Zhao, Y. 2002. "Causes and consequences of return migration: Recent evidence from China," Journal of Comparative Economics, 30: 376-394.

[68] Zhu, Y. 2007. "China's floating population and their settlement intention in the cities: Beyond the Hukou reform," Habitat International, 31: 65-76.

[69] Zhu, Y., Chen, W. 2010. "The settlement intention of China's floating population in the cities: Recent changes and multifaceted individual-level determinants," Population Space and Place, 16: 253-267.

[欢迎引用]

汤爽爽，郝璞. 中国农村流动人口的回流意愿分析——以南京市和苏州市为例[J]. 城市与区域规划研究，2018，10(4)：222-244.

Tang, S. S., HAO, P. 2018. "Return intentions of China's rural migrants: Study in Nanjing and Suzhou," Journal of Urban and Regional Planning, 10(4): 222-244.

胡伶倩简历

胡伶倩，江苏徐州人，1980 年生。美国威斯康星大学密尔沃基分校（University of Wisconsin-Milwaukee）城市规划系教授、系主任。邮箱：hul@uwm.edu。

胡伶倩致力于研究综合交通与土地利用规划以及交通对经济发展与社会公平的影响，研究项目包括洛杉矶、芝加哥以及北京等地区。发表 SSCI，SCI 文章 20 余篇。她的研究对城市规划的研究与实践的贡献有两个方面。第一，分析城市空间结构演化，特别是郊区化，对不同群体（比如低收入人群）的就业可达性以及个人社会经济发展的影响。该研究方向从理论上解释空间可达性与个人社会经济结果的复杂关系，并且在政策上建议具体规划手段以缓解不同群体面临的经济与交通机会的空间不平等。第二，分析通勤与交通设施、土地利用规划的关系。该研究方向强调就业地区位与就业地交通设施的重要性，拓展交通与土地利用关系研究的范围，为决策制定提供新的视角并为交通从业人员开发新规划工具。

教育背景

2004～2010 年，南加利福尼亚大学，政策、规划与管理专业，博士

2003～2006 年，南加利福尼亚大学，城市规划专业，硕士

1997～2002 年，南京大学，城市规划专业，学士

职业经历

2018 年至今，威斯康星大学—密尔沃基，城市规划系，系主任

2018 年至今，威斯康星大学—密尔沃基，教授（终身）

2015～2018 年，威斯康星大学—密尔沃基，副教授（终身）

2017 年，伦敦大学学院，访问学者

2016 年，墨尔本大学，访问学者

2010～2015 年，威斯康星大学—密尔沃基，助理教授（预备终身）

2007～2010 年，南加州政府联盟，区域规划师

2002～2003 年，中国城市规划设计研究院深圳分院，规划师

学术服务

2018年，*Journal of Planning Literature*，客座编辑

2017年至今，世界交通大会，社会与经济发展技术委员会，主席

2016～2017年，*Transport Policy*，客座编辑

2016年至今，*Journal of Urban Planning and Development*，编委

2015年至今，国际中国规划学会，理事会成员，会议主席（2017年至今）

2015年至今，美国交通运输研究会，社会与经济发展委员会，会员

最近五年论文

1. 期刊论文 (*通讯作者)

Schneider*, R., **Hu, L.**, Stefanich, J. 2018. "Exploring the importance of detailed environment variables in neighborhood commute mode share models," Journal of Transport and Land Use, in press.

Qi, Y., Fan*, Y., Sun, T. and **Hu, L.** 2018. "Decade-long changes in spatial mismatch in Beijing, China: Are disadvantaged workers better or worse off?" Environment and Planning A. DOI: 10.1177/0308518 X18755747.

Yang, L., **Hu, L.**, Wang*, Z. 2018. "Built environment and trip-chaining behavior revisited: Examining the effects of the modifiable areal unit problem and of trip purposes," Urban Studies. DOI: 10.1177/0042098017749188.

Hu*, L., Sun, T., Wang, L. 2018. "Evolving urban spatial structure and commuting patterns: A case study of Beijing, China," Transportation Research Part D, 59: 11-22.

Ye, C., **Hu, L.**, Li, M. 2018. "Urban green space accessibility changes in a high-density city: A case study of Macau from 2010 to 2015," Journal of Transport Geography, 66:106-115.

Hu*, L., Wang, L. 2017. "Housing location choices of the poor: Does access to jobs matter?" Housing Studies, (1):1-25. DOI: 10.1080/02673037.2017.1364354.

Schneider*, R, **Hu, L.**, Stefanich, J. 2017. "Development of a neighborhood commute mode share model using nationally-available data," Transportation, (2):1-21. DOI: 10.1007/s11116-017-9813-z.

Hu*, L. 2017. "Changing travel behavior of Asian immigrants in the U.S.", Transportation Research Part A, 106: 248-260. DOI: 10.1016/j.tra.2017.09.019.

Merlin*, L., **Hu, L.** 2017. "Does competition matter in measures of job accessibility? Explaining employment in Los Angeles," Journal of Transport Geography, 64:77-88. DOI: /10.1016/j.jtrangeo.2017.08.009.

Hu*, L., Schneider, R. 2017. "Different ways to get to the same places? Commuting by income groups?" Transport Policy, 59:106-115. DOI: 10.1016/j.tranpol.2017.07.009.

Hu*, L., Fan, Y., Sun, T. 2017. "Spatial or socioeconomic inequality? Job accessibility changes for low- and high-education population in Beijing, China," Cities, 66:23-33. DOI: 10.1016/j.cities.2017.03.003.

Gu*, C., **Hu, L.**, Cook, I. 2017. "China's urbanization in 1949-2015: Processes and driving forces," Chinese

Geographical Science, 27(6):847-859. DOI: 10.1007/s11769-017-0911-9.

Hu[*], **L.** 2016. "Job accessibility and employment outcomes: Which income groups benefit the most?" Transportation, 44(6): 1421-1443. DOI: 10.1007/s11116-016-9708-4.

Hu[*], **L.**, He, S. 2016. "The association between telecommuting and household travel in the Chicago metropolitan area," Journal of Urban Planning and Development, 142(3). DOI: 10.1061/(ASCE)UP.1943-5444.0000326.

Hu[*], **L.** 2015. "Job accessibility of poor in Los Angeles: How has suburbanization affected spatial mismatch?" Journal of American Planning Association, 81(1): 30-45. DOI: 10.1080/01944363. 2015. 1042014.

Hu[*], **L.** 2015. "Changing effects of job accessibility on employment and commute: A case study of Los Angeles," The Professional Geographer, 67(2): 154-165. DOI: 10.1080/00330124.2014.886920.

Schneider[*], R., **Hu, L.** 2015. "Improving university transportation sustainability," The International Journal of Sustainability Policy and Practice, 11(1):17-33.

He[*], S., **Hu, L.** 2015. "Telecommuting, income, and out-of-home activities," Journal of Travel Behavior and Society, 2(3): 131-147. DOI:10.1016/j.tbs.2014.12.003.

Hu[*], **L.**, Giuliano, G. 2014. "Poverty concentration, job access, and employment outcomes", Journal of Urban Affairs, 39(1): 1-16. DOI: 10.1111/juaf.12152.

Hu[*], **L.** 2014. "Changing job access of the poor: Effects of spatial and socioeconomic transformations in Chicago, 1990-2010," Urban Studies, 51(4): 675-692.

Hu[*], **L.**, Schneider, R. 2014. "Shifts between automobile, bus, and bicycle commuting in an urban setting," Journal of Urban Planning and Development, 141(2): 04014025. DOI: 10.1061/(ASCE)UP.1943-5444. 0000214.

Gu[*], C., **Hu, L.,** Guo, J. et al. 2014. "China's urban planning in transition: From master plan to comprehensive plan," Urban Design and Planning, 167(5): 221-236.

2. 章节

Hu, L. 2018. "Spatial characteristics of social networks," submitted to Cities as Spatial and Social Networks (ed. by Ye, X. and Liu, X.), Springer, in print.

Hu, L. 2016. "Transit, automobile, and commuting: Do the relationships differ across income groups?" in Poverty: Global Perspectives, Challenges and Issues of the 21st Century (ed. by C. Schultz), Hauppauge, NY: Nova Science Publisher, 59-82.

Gu, C., Sheng, M., **Hu, L.** 2015. "Spatial characteristics and new changes of the 'Ant Tribe' urban village in Beijing: Cases studies of Tangjialing and Shigezhuang," in Population Mobility, Urban Planning and Management in China (ed. by Wong, T., Han, S., Zhang, H.), Springer, 73-94.

洛杉矶地区贫困求职者的就业可达性

——郊区化是否影响空间不匹配[①]

胡伶倩

Job Accessibility of the Poor in Los Angeles: Has Suburbanization Affected Spatial Mismatch

HU Lingqian
(School of Architecture and Urban Planning, University of Wisconsin-Milwaukee, Milwaukee, WI U.S.A.)

Abstract Kain's Spatial Mismatch Hypothesis (SMH) suggests that disadvantaged groups who reside in inner-city neighborhoods have less access to regional jobs. We continue to debate this assertion because empirical studies over decades have conflicting results. This research examines whether the poor face spatial mismatch,and how suburbanization has changed their job accessibility, in the Los Angeles region between 1990, 2000, and 2007-2011. I define spatial mismatch as occurring when the poor in the inner city have lower job accessibility than their suburban counterparts. I estimate job accessibility based on the spatial distribution of jobs and job seekers traveling via private automobiles. My results present a complicated picture: Inner-city poor job seekers have greater job accessibility than their suburban counterparts because many jobs remain in the inner city; thus,the inner-city poor do not face spatial mismatch. Moreover, suburbanization has evened out the differences in the job accessibility of the poor and non-poor. However, the advantage of living in the inner city for job access declines with rapid employment suburbanization. My research suggests that because the poor do not face spatial mismatch, spatial policies commonly advocated to address

摘 要 凯恩的空间不匹配假设认为居住在内城的弱势群体有较低的就业可达性。但有关这一假设的争论一直在持续，因为多年以来实证研究不断得出与其相悖的结论。本文探讨了1990年、2000年和2007～2011年洛杉矶地区贫困人口是否面临空间不匹配以及郊区化如何改变贫困人口的就业可达性。作者认为，当内城贫困人口的就业可达性比郊区贫困人口低时，则存在空间不匹配。文中就业可达性考虑以私人汽车交通为联系的求职者与工作岗位之间的空间分布。评估结果揭示了复杂的状况：由于内城仍存在大量工作岗位，内城贫困者就业可达性比郊区贫困者更高，因此，内城贫困者并没有面临空间不匹配。但是，随着工作岗位郊区化进程的加快，内城贫困人口的可达性呈现下降趋势。郊区化拉近了贫困与非贫困人口之间的可达性差距。作者研究发现，由于贫困人口未面临空间不匹配，则一些广为提倡的空间政策并不会奏效，比如郊区安置人口计划、增加内城工作岗位计划、提供更多公交服务等。作者认为，提高私人汽车拥有率可以减小空间与非空间方面的障碍，但是这一政策缺少政治可行性。规划者应该在制定空间政策时考虑协同方案，例如减少劳动力市场与住房市场的歧视，提供教育培训帮助求职者增长职业技能，以及帮助贫困人口建立支持性的社交网络。

关键字 贫困；就业可达性；郊区化；空间不匹配假设

作者简介
胡伶倩，美国威斯康星大学建筑与城市规划学院。

凯恩的空间不匹配假设（Kain，1968）探讨了就业地

their employment challenges-moving people to the suburbs, bringing jobs to the inner city, or providing mobility options-will not be effective. Giving people cars can help overcome both spatial and nonspatial barriers, but is not politically feasible. Planners should develop synergetic policies to complement spatial approaches, including reducing labor and housing market discrimination, providing education and training, developing better job search skills, and creating supportive social connections.

Keywords poverty; job accessibility; suburbanization; spatial mismatch hypothesis

点和住所的空间分布如何导致美国内城黑人的就业劣势。凯恩认为居住隔离限制了黑人的住房流动性，从而减少了他们对郊区就业机会的可达性。如果其观点成立，那么就业情况不佳的原因便可归纳为住所与就业机会之间的空间不匹配。然而，实证研究挑战了凯恩（1968）的观点，学者继续辩论就业和住房的空间分布是否会影响弱势群体的就业以及何种策略可以帮助他们就业。

本文延伸空间不匹配假设最初的研究范围，将研究群体扩大到所有贫困求职者。凯恩（1968）的研究专注于黑人，黑人占总贫困人口的 22%（虽然黑人占美国总人口的 12%；美国人口普查局，2013a）。我们不知道是否所有的贫困求职者都面临空间不匹配。如果空间不匹配现象存在，贫困人口很可能面临由住所与就业地点之间的距离引起的就业困难（Abramson et al., 1995; Jargowsky, 1996; Massey and Eggers，1993）。此外，很多适合贫困人口的工作岗位已经郊区化，特别是低技能工作。由于贫困求职者普遍依赖于公共交通，出行交通方式受限，因此他们很难到达分散的郊区就业机会。

同时，贫困郊区化趋势已经形成且可能影响贫困人口的劳动力市场状况。尽管过去的贫困家庭集中在内城区，但他们在最近的十年里已经逐渐郊区化。这一趋势可能会有利于该群体在郊区就业。

本文研究 1990 年、2000 年以及 2007～2011 年大洛杉矶地区贫困人口的就业可达性。该地区对本研究具有非常的典型性，洛杉矶地区经历了大规模的郊区化且拥有很多发展成熟的郊区中心。该地区的郊区可以给贫困求职者提供充足的住房与就业机会。如果郊区化现象确实能够改变贫困人口就业现状，那么在洛杉矶地区可以很迅速观察到就业状况变化。

本研究用就业可达性作为职住分离的衡量指标。本文应用简化后的沈青（Shen，1998）的可达性模型，该简化模型以汽车为主要出行方式。由于数据局限，本项研究尚未评估以公共交通及其交通工具为出行方式的就业可达性。因此，本研究是探索性的，旨在探究求职者面临的不断变化的空间障碍。

本研究试图回答以下问题：①贫困求职者是否面临空间不匹配？即与居住在郊区的贫困求职者相比，居住在内城的贫困求职者是否有着较低的就业可达性？②郊区化是否改变了贫困求职者面临的空间不匹配问题？如果是，是如何改变的？③郊区化是否影响贫困与非贫困人群的就业可达性差距？

如果内城贫困人口的就业可达性比郊区贫困人口低，那么内城贫困人口确实面临空间不匹配问题。为了评估郊区化对可达性的影响，本研究采用加权方法以消除经济波动以及贫困人口数量增加但是保留空间重新分布对就业可达性结果的影响。另外，本研究还探究了贫困和非贫困人口之间就业可达性的差距，重点关注郊区化如何影响洛杉矶地区的可达性差距。

研究结果揭示了一个复杂的动态情形。洛杉矶地区的贫困人口没有面临空间不匹配问题，内城贫困人口比郊区贫困人口拥有更高水平的就业可达性。不过，随着时间的推移，郊区化逐渐降低内城贫困人口就业可达性优势。随着就业岗位的日益郊区化以及内城就业可达性优势的减小，贫困人口未来很有可能面临空间不匹配问题。此外，研究还发现，尽管非贫困人口拥有更多的出行资源，郊区化已经拉近了贫困和非贫困人口之间的可达性差距。

研究成果旨在寻求综合方案来改善贫困人口的就业状况（Chapple，2006）。规划师需要考虑解决贫困人口就业困难的非空间城市政策，来补充完善那些尚未有效解决贫困人口，特别是黑人贫困人口失业问题的空间规划政策。这些非空间政策包括减少住房和劳动力市场的歧视的政策干预，通过教育和培训来提高人力资本，提供有效的求职策略，并形成有效的社交网络。

1　新形式下的空间不匹配

空间不匹配假设已经成为学术界和政界关注的焦点。该假设最早是在1968年由凯恩提出，虽然当时他还没有使用“空间不匹配假设”这一术语。空间不匹配假设的提出很大程度上影响了为了解决20世纪60年代美国城市暴动问题的克纳（Kerner）委员会报告。凯恩（Kain，1968）认为，除了人力资本和歧视，“二战”后黑人的社会问题也可以通过就业和住房的空间分布来解释（Holzer，1991；Ihlanfeldt and Sjoquist，1998）。

空间不匹配假设有三个空间因素：①住房市场隔离现象限制了黑人的住房选择范围，并且将他们限制在内城区；②就业机会尤其是低技能和低薪资就业岗位的郊区化减少了适合内城区黑人的岗位数量；③生活在内城的黑人没有通过实惠便捷的交通工具到达郊区的就业机会。凯恩（Kain，1968）认为这三个因素综合在一起导致了大量黑人的就业困难。

空间不匹配假设的重要性在于，它发现通过缩小就业和住房之间的空间障碍可以显著影响弱势群体的经济前景。在过去的50年里，许多政策试图解决贫困人口就业困难，其中包括将内城区贫困人口安置到郊区的住房分散计划，在内城区为低收入劳动者增加就业机会的经济发展政策以及帮助内城居民获得更容易到郊区工作的反向通勤方案（Blumenberg and Pierce，2014；Chapple，2006；Ihlanfeldt and

Sjoquist，1998）。

然而，关于空间障碍可以多大程度上解释黑人就业情况存在很大争议。争论源于大多数政策并没有很成功地改善贫困人口或少数族裔的就业状况（Blumenberg and Pierce，2014；Sanchez and Brennan，2008）。埃尔伍德（Ellwood，1986）发现，芝加哥的就业可达性对于青年就业率没有影响，因此他声称，“问题不在于空间而在于种族”。一些研究人员同样发现种族比就业可达性水平对就业情况的影响更大（Cervero et al.，1999；Immergluck，1998）。虽然大多数学者认为种族歧视会继续限制黑人的就业机会，但学界仍存在共识，即就业可达性水平也会影响就业情况（Holloway，1996；Holzer，1991；Ihlanfeldt and Sjoquist，1990、1991、1998；Kain，1992；O'Regan and Quigley，1991；Raphael，1998；Sanchez and Brennan，2008）。

一部分研究人员提出问题的根源不在于空间障碍，而在于出行资源。机动车不匹配假说认为，缺少私人汽车这样的工具限制了贫困求职者的交通机动性，进而阻碍了他们到郊区谋职（Baum，2010；Kawabata，2003；Ong and Miller 2005；Taylor and Ong，1995）。桑切斯（Sanchez，1999）提出，公共交通的普及与较高的劳动力参与率有关。同时，桑切斯和布伦南（Sanchez and Brennan，2008）还发现，对于大部分贫困求职者，他们缺少的是可以帮助他们到郊区就业的公共交通服务。还有一部分研究人员发现，求职者和岗位之间存在技能与信息不匹配。内城区其实拥有大量的就业岗位，但这些就业往往需要较高的职业技能，这正是很多内城区贫困求职者所欠缺的（Kasarda，1985；Stoll，2005）。信息不匹配假说则认为，住在内城限制了贫困求职者与主流社会的接触，而主流社会往往可以提供有关职位空缺的相关信息（Ihlanfeldt，1999；Kasinitz and Rosenberg，1996；Zenou，2011）。

关于空间不匹配假设的研究已经扩展至其他弱势群体。虽然黑人仍面临住房和劳动力市场的限制，但大多数专家认为种族隔离的问题已经得到缓解（Massey，2001；Massey et al.，2009）。斯托尔和科文顿（Stoll and Covington，2012）表示，在美国大都市地区，造成空间不匹配现象的种族或民族差距在缩小。与此同时，其他研究人员分别通过移民群体 （Liu and Painter，2012）、接受福利者（Bania et al.，2008；Blumenberg and Manville，2004；Ong and Blumenberg，1998；Sanchez et al.，2004）和低技能从业者（Kawabata，2003；Stoll，2005）测试了空间不匹配假设。他们的研究结果均表明，住所与工作地点之间的空间隔离确实影响就业情况。

本研究选择贫困人口是因为该群体易受空间不匹配假设的三个因素的影响：穷人历来与富人隔离，长此以往造成城市中心的贫困人口聚集（Abramson et al.，1995；Jargowsky，1996；Massey and Eggers，1993）。适合贫困人口的潜在工作岗位，特别是低技能岗位，大都已经郊区化。贫困求职者往往很少拥有私人汽车。因此，贫困求职者很可能要面临空间不匹配问题。

凯恩在 1968 年提出的空间不匹配假设是基于当时的空间结构：就业岗位郊区化和富足人口居住郊区化。他的研究主要观察分析传统的单中心模式，即将一个大都市区视为两个部分：内城和郊区。因此，早期研究认为空间不匹配仅仅是存在于内城的问题（Harrison，1972；Kain，1968；Kasarda and Ting，1996；Price and Mills，1985；Stoll，1999）。凯恩（Kain，1968）认为，如果黑人可以搬迁到郊区，他们的就业可达性会大大提高。

然而，实证研究发现，与郊区相比，内城居民其实有一定的可达性优势（Boardman and Field，2002；Cohn and Fossett，1996；Grengs，2010；Hess，2005；Hu，2014；Kawabata，2003；Shen，2001）。虽然就业郊区化，但许多岗位仍集中在城市内部，为内城居民提供大量就业机会。

很多美国大都会地区经历了显著且复杂的空间变化，这些变化以微妙的方式影响着住所和工作之间的差距。首先，工作岗位并没有均匀地郊区化。通过测算位于大都市中央商务区半径5英里外的就业比例，斯托尔（Stoll，2006）发现工作岗位郊区化加剧了黑人就业和住房之间的空间不平衡。斯托尔使用的这种评价郊区化的方法忽略了一个事实，即大部分大都市地区存在多中心结构。也就是说，工作岗位并不是均匀分布在郊区：大部分的工作岗位位于郊区的就业中心（Anas et al.，1998；Giuliano and Small，1991），形成专属的“城市领域与通勤中心”（Weber，2003），为附近郊区居民提供集中的就业机会。郊区就业中心附近的就业可达性往往比较高，而在郊区居住区附近的可达性普遍偏低。

其次，贫困人口已经郊区化（Berube and Frey，2002；Cooke，2010；Cooke and Marchant，2006；Holliday and Dwyer，2009；Jargowsky，2003；Kingsley and Pettit，2003）。1990年，46%的贫困人口在郊区居住，2000年，该比例达到49%（Berube and Frey，2002）。贫困人口郊区化对于就业可达性的影响程度是不确定的。郊区化的贫困人口确实可以到达郊区就业，但同时他们也使得郊区涌现贫困聚集地（Kneebone，2014；Kneebone and Garr，2010），加剧当地低技能、低工资劳动力市场的就业竞争。

以上趋势共同影响了空间不匹配的产生条件。马丁（Martin，2001）的研究探讨黑人1970～1990年在39个大都市地区的体验。他估计黑人郊区化抵消了大约57%就业郊区化的影响，但他也发现工作岗位和人口的迁移转变仍然加剧了黑人所面临的空间不匹配问题。

然而，马丁（Martin，2001）采用的是空间分异指数作为空间不匹配参数的方法。该指数强调了大都市层面的职住空间不平衡，为每个都市地区计算出单个指数。但是该指数无法显示一个区域范围内的空间差异，也无法说明内城居民是否在郊区居民面临或大或小的空间障碍。

这些使用大都市层面的空间不匹配参数的研究大致上都发现，相对白种人和非贫困人群来讲，贫困人群以及少数族裔空间不匹配的情况有所改善。研究了超过300个美国大都市地区之后，拉斐尔和斯托尔（Raphael and Stoll，2002）发现，黑人比白人经常面临更严重的空间不平衡，但1990～2000年，由于黑人住房流动性增加，两组之间的差距逐渐下降。刘阳和佩因特（Liu and Painter，2012）通过评估1980～2000年60个都市地区的移民群体，也有类似发现。科文顿（Covington，2009）比较2000年与1990年的数据，同样发现了贫困与非贫困人口之间差距缩小，尤其是对黑人群体而言。但是，所有这三个研究都使用空间分异指数，忽略了大都市区范围内的空间差异。

关注大都市区内的小地理单元的研究则得到了不同的结果。这些研究强调了弱势群体与其他群体之间恒定且稳定增长的差距。通过分析50个最大的美国大都市地区，拉斐尔和斯托尔（Raphael and Stoll，2010）认为，贫困人口特别是贫困黑人的空间外移速度似乎比工作慢。因此，贫困人口的郊区化速度无法赶上工作岗位的郊区化速度。他们还发现郊区化的贫困人口往往生活在就业机会较少的 地点。

作者与朱利亚诺 （Hu and Giuliano， 2011）分析了 1990～2000 年洛杉矶的低收入和高收入求职者的就业可达性。研究发现，低收入求职者数量增长速度大于内城低薪工作岗位增长速度，但小于外圈郊区的低薪工作岗位增长速度。因此，内城低收入求职者的可达性水平有所下降，而在外环郊区求职者可达性水平显著提高。相比之下，高收入求职者的郊区化程度与高收入工作岗位郊区化程度相对同步，使得内城和外环郊区的高薪工作求职者的就业可达性都有提高。这些增长模式扩大了内环郊区低收入和高收入求职者之间的可达性差距。

当然，就业可达性不仅受空间变化，也受到其他因素如经济起伏和人口变化影响。所以空间和非空间变化的影响需要被区分开。作者的一项研究（Hu，2014）发现，在过去十年，芝加哥大都市区的贫困求职者和非贫困求职者的郊区化提高了贫困人口的就业可达性。不过，研究同时发现，贫困人口的可达性在 1990～2010 年呈下降趋势，原因是贫困人口增长速度快于合适他们的工作岗位。

由于城市空间结构不同，在不同大都市区的实证研究会产生不同的结果。例如，基于芝加哥的研究（Ellwood，1986；Immergluck，1998；Kain，1968；Mouw，2000）强调，该地区种族隔离一向严重，而研究在洛杉矶表明，该地区的种族融合减少黑人就业郊区化的不良影响（Leonard，1987）。斯特雷特（Strait，2006）表明，在 20 世纪 90 年代，洛杉矶的种族隔离一直在下降，但贫困聚集程度在增长。川端康成（Kawabata，2003）探究了洛杉矶、旧金山和波士顿这三个具有不同城市形态的都市区的就业可达性，发现这三个都市区范围内城市中心地区的低技能工作者的就业可达性比其他地方要高。

2 研究方法

本研究提出三个假设来评估洛杉矶快速郊区化对贫困者面临的空间不匹配的影响。首先，与郊区相比，内城贫困求职者有更高的就业可达性，因为在城市内部存在大量的工作岗位。贫困求职者没有面临空间不匹配，所以那些就业困难是由其他方面的问题造成，如劳动力市场的歧视、人力资本不足、就业信息不畅以及缺乏社会网络。因此，公共政策应侧重于非空间的战略，以解决贫困人口的失业问题。

其次，随着时间的推移，郊区化降低了内城贫困人口的就业可达性，而在郊区，就业可达性则有所提高。如果这一假设成立，内城贫困人口将面临日益恶化的劳动力市场，而住在郊区的贫困人口将从这一变化中获利。因此，住房政策应当考虑增加住房选择安置郊区贫困人口。

最后，郊区化扩大贫困人口和非贫困人口之间的就业可达性差距，即郊区化扩大了空间的不平等。如果相比于非贫困人口，贫困人口仍然处于相对劣势，规划者应该积极找寻引起劣势的源头，有可能是贫困人口迁移到郊区时面临困难或者是在中心城区增加就业遇到阻碍。这样一来，政策的制定便可以侧重于在内城提供更多工作机会或在郊区增加保障性住房。

2.1 计算就业可达性

作者采用了沈青（Shen，1998）的相对重力就业可达性模型。该模型估算贫困求职者和适合其技能与教育水平工作的岗位之间的空间障碍。作者以研究范围内所有贫困求职者的平均可达性为基准，来决定洛杉矶内城贫困人口是否面临空间不匹配。

沈青（Shen，1998）的方法考虑了空间不匹配假设的全部三个因素：贫困求职者的位置和数量；适合贫困求职者的工作岗位位置和数量；住所与工作地之间的出行时间。具体来说，某一地点的就业可达性是指用到达该地点的出行时间以及求职者总数来加权该地点周围的工作岗位总数。计算得到的就业可达性有一个重要的特点："可达性的期望值等于工作岗位总数与求职者总数之比"（Shen，1998）。该期望值是研究范围内平均就业可达性。就业可达性模型细节详见附录。

由于 1990 年和 2000 年公共交通数据无法获得，作者仅估算了基于私人汽车出行的就业可达性，而没有估算公共交通出行的可达性。2012 年，洛杉矶地区 11.7%的贫困就业者以公共交通作为通勤工具（U.S. Census Bureau，2012）。然而，基于私人汽车出行计算的就业可达性一定程度上也可代表公交出行的就业可达性。作者使用 2007～2011 年的数据估算了使用私人汽车和公共交通通勤的贫困就业者的可达性。两者的空间分布模式相似，两者相关系数为 0.7。

就业可达性分数范围从零到无穷大。高就业可达性的地方工作岗位数量比求职者数量多，求职者便面临较小的空间障碍。另外，低就业可达性说明工作岗位数量相对于求职者的数量供不应求。

测试一个群体是否面临空间不匹配的常用方法是将内城居民的就业可达性与郊区居民相对比。如果前者有较低的工作可达性，则空间不匹配存在。然而，由于洛杉矶地区是多中心的，在一些郊区，就业可达性的差距可能非常大。因此，作者选择以所有贫困求职者的平均就业可达性为基准，如果内城贫困求职者具有比平均值低的可达性得分，那么便认为他们面临空间不匹配。

2.2 估计郊区化的影响

为了评价郊区化对就业可达性的影响，作者控制了经济和劳动力总规模等其他因素的干扰。例如，2008 年经济衰退减少了工作岗位，因而当年的平均就业可达性会低于 1990 年和 2000 年。再比如移民现象增加了求职者的数量，进一步降低了就业可达性。这些情况增加了评价郊区化这一空间变化对就业可达性影响的困难。

作者采用了加权方法，目的是使得贫困求职者数量以及相匹配工作数量的变化仅与区域内空间再分配相关。具体来说，作者控制 2000 年和 2007～2011 年区域内的贫困求职者总数及工作岗位总数与 1990 年总数保持一致，然后用 2000 年和 2007～2011 年求职者及工作岗位在人口普查单元的分布比例来计算该单元内求职者数量与工作岗位数量。这样，每普查单元内 1990 年、2000 年加权后，和 2007～2011 年加权后的数量的变化只与区域内空间再分布相关。如果计算后的某地（内城或郊区）就业可达性提高，便说明郊区化为当地带来了更多的适合贫困求职者的工作岗位，从而造福贫困群体。

2.3 贫困人口与非贫困人口之间的就业可达性差异

监测贫困人口和非贫困人口之间的就业可达性差异的变化同样重要。如果该差异随时间增大，郊区化便进一步不利于贫困人口。反之，郊区化减少了贫困人口和非贫困人口之间的空间不平等。

为了评价郊区化对非贫困人口的影响，作者同样使用加权后的非贫困求职者数量及相对应的工作岗位数量来计算就业可达性，然后比对 1990 年、2000 年和 2007～2001 年贫困与非贫困人口就业可达性差异的变化。

2.4 研究范围与数据

研究范围包括洛杉矶大都市区内洛杉矶县、橙县、河滨县、圣伯纳迪诺县以及文县的城市化地区（去除没有就业或人口的山区与沙漠地区）。本研究以人口普查单元作为地理单元。为了保持地理单元的一致性，作者将 2000 年和 2007～2011 年的数据转换为 1990 年。如图 1 所示，研究范围内共计 2 493 个人口普查单元。

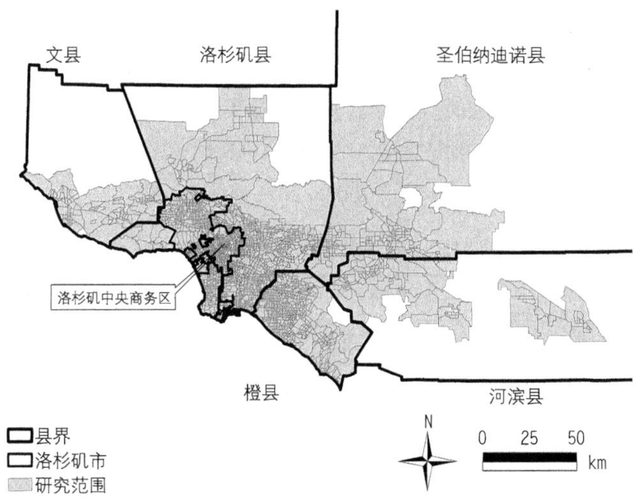

图 1 研究范围

研究范围内各个地点有着不同的发展历史以及空间和社会经济特征。洛杉矶市从 19 世纪开始吸引人们到城市居住。1900 年，洛杉矶市人口总数达到 10 万（U.S. Bureau of the Census，1998）。2013 年，洛杉矶市拥有 388 万人口，已成为美国第二大城市（U.S. Census Bureau，2013）。在这样的大城市内，空间和社会经济特征跨度很大。为了便于比较，作者将内城区定义为洛杉矶中央商务区 5 英里以内的区域。2007～2011 年，内城区约占研究范围内总土地面积的 1%，居民数量占总人口的 7%，工作岗位数量占总数的 10%。

洛杉矶县和橙县的其他部分归类为内环郊区。这片区域在“二战”之后迅速扩大，1950～2000 年，橙县的人口每十年增长 40 万～60 万人（Minnesota Population Center，2011）。

其他三个县（河滨县、圣伯纳迪诺县和文县）归类为外环郊区。河滨和圣伯纳迪诺在 20 世纪 80 年代经历了人口快速增长，增长超过 100 万的新居民，并一直保持较快速的人口增长（Minnesota Population Center，2011）。每个外环郊区的中心都有一些规模比中央商务区较小的就业组团（Giuliano et al.，2007）。

作者将使用从多方渠道获取的 1990 年、2000 年、2007～2011 年的交通出行时间、人口和就业数据来评价就业可达性。数据详见附录。

表 1 的左侧显示 1990 年、2000 年、2007～2011 年贫困求职者和适合该群体技术水平的就业岗位原始数据以及每十年的增长速度。2007～2011 年，洛杉矶县拥有占总数 60%的贫困求职者和与其相匹配的工作岗位。

虽然洛杉矶大都市区被普遍认为是一个庞大而分散的区域，但该区域拥有一个强大的中心城市，贫困也相对集中。2007～2011 年，约 31%的贫困求职者在洛杉矶市居住，而非贫困人口仅有不到 22% 居住在该市。

1990 年和 2007～2011 年，贫困求职者增长速度要快于与其匹配的工作岗位增长速度，这表明该群体的就业可达性已经受到影响。如表 1 所示，贫困求职者在 2000 年面临与 1990 年相比要糟糕的劳动力市场状况，而 2007～2011 年的情况更甚。平均就业可达性，即工作岗位总数与求职者总数之比，从 1990 年的 0.515 降至 2000 年的 0.439 以及 2007～2011 年的 0.417。

表 1 贫困求职者及其就业机会

	原始数据				加权数据			
	贫困求职者		就业机会		贫困求职者		就业机会	
	数量 (1 000)	增长率 (%)	数量 (1 000)	增长率 (%)	数量 (1 000)	增长率 (%)	数量 (1 000)	增长率 (%)
1990 年								
研究范围	**1 012**		**521**		**1 012**		**521**	
洛杉矶县	735		390		735		390	
洛杉矶市	375		211		375		211	
其他地区	360		179		360		179	
橙县	123		71		123		71	
河滨县	52		21		52		21	
圣伯纳迪诺县	79		29		79		29	
文县	22		10		22		10	

续表

	原始数据				加权数据			
	贫困求职者		就业机会		贫困求职者		就业机会	
	数量 (1 000)	增长率 (%)	数量 (1 000)	增长率 (%)	数量 (1 000)	增长率 (%)	数量 (1 000)	增长率 (%)
2000 年								
研究范围	**1 350**	**33.4**	**593**	**13.7**	**1 012**	**0.0**	**521**	**0.0**
洛杉矶县	938	27.6	411	5.5	703	−4.4	362	−7.2
洛杉矶市	462	23.4	210	−0.2	347	−7.5	185	−12.2
其他地区	475	32.0	201	12.2	356	−1.1	177	−1.3
橙县	171	38.9	84	18.5	128	4.1	74	4.2
河滨县	83	59.0	36	75.0	62	19.2	32	53.9
圣伯纳迪诺县	125	58.4	45	55.0	94	18.7	40	36.3
文县	33	47.3	16	52.9	25	10.4	14	34.5
2007～2011 年								
研究范围	**1 493**	**10.6**	**622**	**4.9**	**1 012**	**0.0**	**521**	**0.0**
洛杉矶县	955	1.9	391	−5.0	648	−7.8	328	−9.4
洛杉矶市	468	1.2	203	−3.5	317	−8.4	170	−8.0
其他地区	487	2.5	188	−6.5	330	−7.2	158	−10.9
橙县	201	17.3	107	27.6	136	6.1	90	21.6
河滨县	126	50.6	47	31.0	85	36.2	40	24.8
圣伯纳迪诺县	170	35.9	57	26.7	115	22.9	48	20.7
文县	41	24.5	19	20.7	28	12.6	16	15.0

为了仅关注郊区化的影响，表 1 还显示了保持区域内求职者和工作岗位总数与 1990 年相同的条件下，加权后得到的 2000 年、2007～2011 年贫困求职者数量和相对应的工作岗位数量。郊区化的趋势是显而易见的：洛杉矶县加权后的工作岗位和求职者总数有所下降，但郊区各县的数据均有所增加。换言之，洛杉矶市、县失去的贫困求职者和工作岗位份额转移到了郊区各县。

3 空间不匹配与郊区化

3.1 内城贫困人口的就业可达性优势

本研究显示贫困求职者没有面临空间不匹配，因为内城贫困人口有着比研究范围内平均水平和郊区都要高的就业可达性。

图2显示了贫困人口在2000年的就业可达性。1990年和2007～2011年的空间分布与此一致。洛杉矶都市区就业可达性在两个地点达到峰值，即内城和橙县北部。其他郊区县的中心也有比较高的就业可达性。同时，就业可达性随着与峰值地点距离的增加而递减。

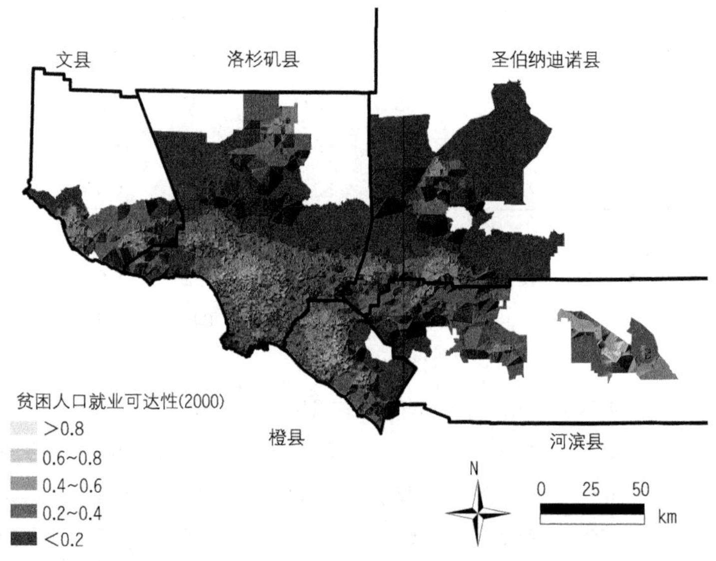

图2 2000年贫困人口就业可达性

图2有两个重要发现。首先，与郊区相比，内城贫困求职者有着较高的就业可达性，这一点与许多文献是一致的。虽然许多工作岗位都位于郊区，但内城仍然存在一定数量的岗位。因此，洛杉矶地区的贫困求职者并没有面临空间不匹配。内城那些难以找到工作的贫困求职者似乎面临其他非空间问题，比如劳动力市场阻碍。

其次，一些郊区的地方，特别是橙县北部，由于拥有就业组团（Giuliano et al., 2007），具有非常高的就业可达性。其他郊区中心也有一些就业可达性较高的地点，为有意愿并有能力就近居住的贫困求职者提供就业机会。

3.2 郊区化带来的内城可达性下降

作者发现，虽然内城贫困人口的就业可达性比郊区贫困人口高，但在 1990 年至 2007～2011 年郊区化却降低了内城的可达性，而增加了郊区的可达性。这意味着，随着时间的推移，内城贫困人口会逐渐失去区位优势，这一点是空间不匹配假设理论没有发现的。

图 3 显示的是使用表 1 右侧加权后的数据计算得出的 1990 年和 2007～2011 年贫困人口的可达性变化，这些变化揭示了郊区化的影响。实心部分标记了就业可达性下降的地点，而阴影部分标记了就业可达性增加的地点。1990 年和 2007～2011 年内城就业可达性下降幅度很大，其中洛杉矶县西部和中南部的下降速度较小。与此同时，内城外大部分郊区经历了就业可达性提升。

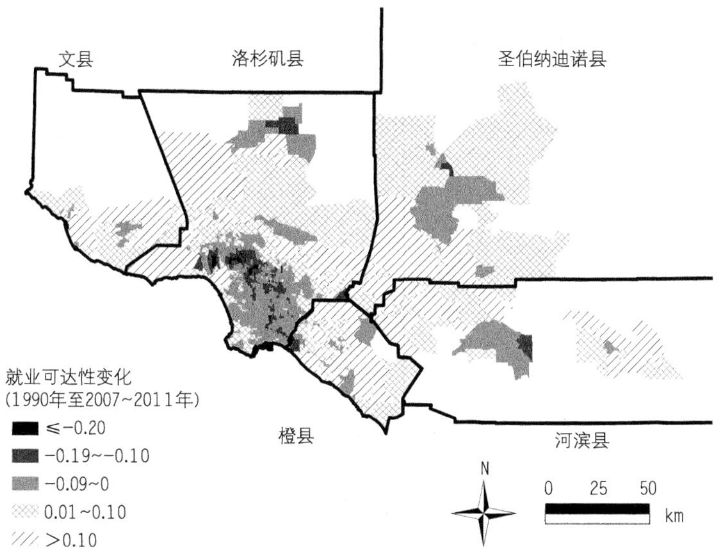

图 3 1990 年至 2007～2011 年郊区化导致的贫困人口就业可达性变化

洛杉矶都市区内的就业可达性变化范围取决于该地区贫困人口郊区化以及与他们工作技能相匹配的工作岗位郊区化的不平衡。总体而言，工作岗位郊区化速度要快于贫困求职者郊区化速度。尤其在洛杉矶市和洛杉矶县，工作岗位数量比贫困求职者数量下降得快，从而减少了这些地点的就业可达性。相反，大多数郊区的就业可达性有所增加，有益于现有的以及日渐增长的郊区贫困求职者。20 世纪 90 年代郊区的就业可达性增长主要是因为郊区工作岗位数量增加快于求职者数量。不过，2000 年以后，河滨县以及圣伯纳迪诺县的贫困求职者郊区化速度快于工作岗位郊区化速度。

作者发现，总体来看，洛杉矶地区的可达性变化复杂且动态。虽然内城贫困人口仍然拥有比郊区高的就业可达性，但他们的就业可达性一直在下降，进而加剧他们所面临的就业障碍。如果不均衡的郊区趋势持续，内城的就业可达性会持续下降，而郊区会持续增加，最终，凯恩的空间不匹配假设便可以适用于描述洛杉矶内城贫困人口所面临的困境。

另外，不均匀的郊区化减小贫困求职者在整个洛杉矶都市区的就业可达性的不平等。如果一个贫困求职者在2007～2011年间从内城搬到郊区，他不太可能会面临类似1990年的就业可达性下降问题。

3.3 均衡贫困人口与非贫困人口之间的就业可达性差距

作者发现，与贫困人口相比，非贫困求职者始终拥有更高的就业可达性，且内城和内环郊区这两个群体的可达性差距要比外环郊区明显。整个区域内不同地点的可达性差距变化在趋于均衡。

作者使用非贫困求职者数量以及相对应工作岗位数量的原始数据与加权数据来计算非贫困人口的就业可达性。结果表明非贫困人口就业可达性空间分布模式与贫困人口十分相似。内城，橙县北部和其他郊区中心，贫困与非贫困人口均有较高的就业可达性。

图4显示了1990年研究范围内贫困和非贫困求职者之间就业可达性差距，其中内城差距最大。虽然内城为贫困求职者提供了较高可达性，但同时为非贫困求职者提供了更多的就业机会。

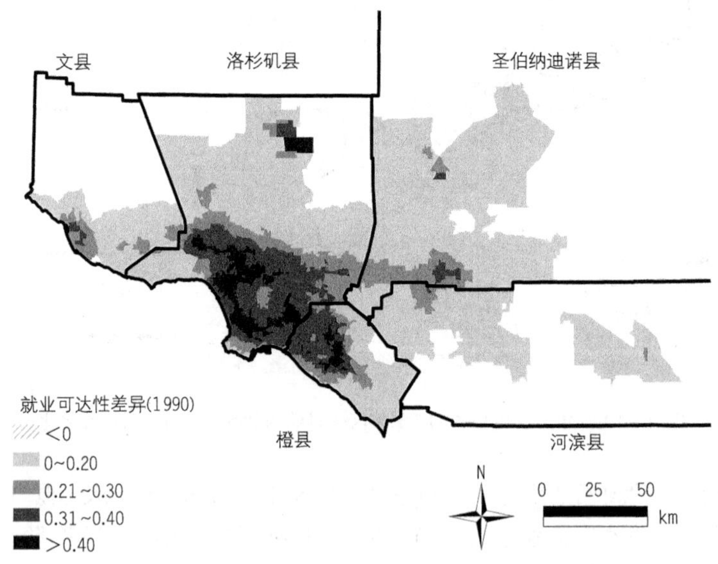

图4 1990年贫困和非贫困求职者就业可达性差异

贫困和非贫困人口之间的就业可达性差距在郊区也有不同变化。内环郊区尤其是大型的就业组团中心，如洛杉矶县西部和橙县北部，可达性差距相对较大。在郊区就业中心集聚的企业往往会提供更适合非贫困求职者的高技能、高工资的工作岗位。而在外环郊区，可达性差距则较小。

1990年和2007～2011年，郊区化以相似的方式改变了贫困人口和非贫困人口的就业可达性。非贫困人口可达性在内城及邻近地点下降，在大部分郊区得以提高。这表明，内城贫困人口可达性下降并不是由贫困人口的空间移动引起的。相反，该下降与郊区化有关。郊区化同时影响了贫困和非贫困人口的可达性：工作岗位由内城向外分散的速度快于人口郊区化。

图 5 显示了非贫困人口和贫困人口就业可达性变化的差异。虽然两组人口可达性变化的总体趋势类似，但仍然可以看出郊区化缩小了内城和内环郊区范围内两组群体之间原本较大的可达性差距，同时扩大了边缘地区原来较小的差距。图 5 中的实心阴影表明郊区化已相对降低了非贫困人口的可达性； 换言之，郊区化缩小了两组之间的可达性差距。图 5 中的阴影区域则反映出郊区化变大导致的差距变大。

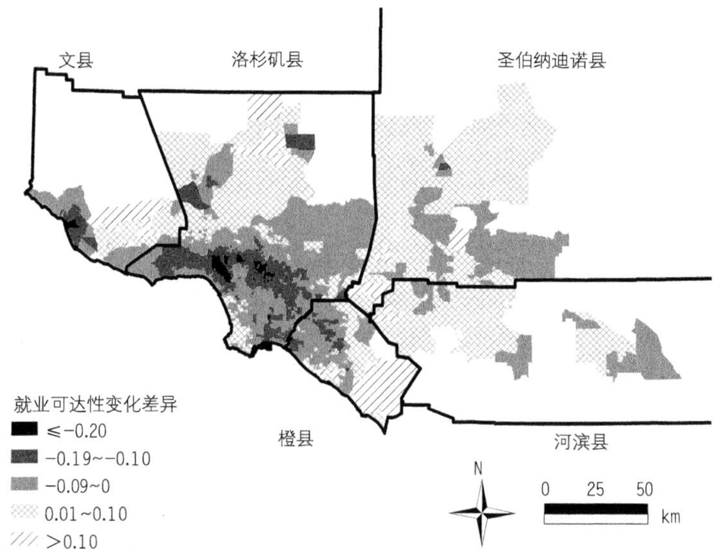

图 5 非贫困人口和贫困人口就业可达性变化差异

1990 年起，郊区化逐渐缩小了内城以及内环郊区贫困和非贫困人口之间的就业可达性差距，但迅速提高了偏远郊区非贫困人口的就业可达性，使得该区域的可达性差距增大。

关于郊区化 1990 年以来是否缩小了贫困和非贫困人口之间的可达性差距，作者无法给出确定答案，但可以肯定的是，郊区化趋向于均衡洛杉矶都市区贫困和非贫困人口之间就业可达性的差距。

4 洛杉矶的就业可达性：对公共政策的启示

本研究呈现贫困和非贫困求职者就业可达性的复杂现状。作者发现，在洛杉矶都市区贫困求职者没有面临空间不匹配问题：与郊区相比，内城的贫困求职者有着更高的就业可达性，贫困求职者的可达性水平并没有低于研究范围平均水平。作者的这一发现与最近发表的一些可达性研究结果基本一致。

此外，随着时间的推移，持续的郊区化会缩小洛杉矶地区不同地点的可达性差距。总体来看，这些趋势降低了居住地点对就业的影响：洛杉矶内城和郊区的就业可达性差距比以往要小。

郊区化以同样的方式影响贫困和非贫困求职者的就业可达性，并趋于均衡两者之间的差距。内城和内环郊区原本较大的可达性差距逐渐减小，而外环郊区的原本较小的差距有所增加。

不过，即使一些贫困求职者的就业可达性已经达到了非贫困求职者的水平，但对于相同的通勤长度，该群体仍处于劣势。他们没有收到与非贫困求职者同样的薪资报酬，而且缺乏资源来履行家庭和其他方面的义务（Blumenberg，2004）。此外，内城贫困人口目前的可达性优势随着郊区化的进程日益下降。

总的来说，本研究表明，空间障碍不能够解释洛杉矶地区贫困求职者在劳动力市场处于劣势的原因。如果政策制定者仍然将关注点放在以下类型的空间战略：使工作接近求职者，使求职者就近工作，帮助求职者到达工作地点（Chapple，2006；Ihlanfeldt and Sjoquist，1998），贫困求职者的劳动力市场劣势不能得到有效改善。本项研究结果一定程度上解释了这些空间战略未能奏效的原因（Blumenberg and Pierce，2014；Sanchez and Brennan，2008）。

那些专注于吸引工作岗位到内城或在郊区提供经济适用住房的策略未能有效地帮助贫困人口提高他们的经济前景（Boarnet and Bogart，1996；Clark，2008；Fan，2012；Goetz，2002、2010；Goetz and Chapple，2010；McClure，2008；Peters and Fisher，2002；Popkin et al.，2009；Talen and Koschinsky，2014）。这可能是因为内城已经为贫困人口提供了优良的就业可达性，如果让贫困人口搬往郊区，反而会降低他们的可达性。

同时，如果目前的郊区化趋势继续下去，内城就业可达性将会下降，外环郊区可达性会增加。由此，在橙县北部、河滨和圣伯纳迪诺县这种就业可达性较高且逐渐稳步提高的地方提供更多保障性住房，也许会是比较有效的策略。然而，可惜的是，橙县北部的住房供应十分有限且房价较高。

致力于帮助贫困求职者到郊区工作的公共交通战略已经付诸实施几十年，但还没有特别成功的长期效果（Blumenberg and Pierce，2012；Wachs and Taylor，1998）。如果贫困人口没有面临空间不匹配，那么提供这些类型的交通方式可能并不会有效地增加他们的就业。同时，一些数据表明，便捷的公共交通服务可以帮助那些已经就业的贫困人群稳定工作（Blumenberg and Pierce，2014）。

一些分析家认为，帮助贫困求职者购买私人汽车的政策可能会帮助他们更好地就业，比如便捷的借贷系统或信用系统（Blumenberg and Pierce，2012、2014；Fan，2012；Grengs，2010）。一些研究显示拥有私人汽车的求职者就业范围更广（Gautier and Zenou，2010）。因此，即使贫困人口没有面临空间不匹配，私人汽车也可以促进就业（Blumenberg，2004），帮助他们更好地承担家庭责任（Jain et al.，2011），并消除雇佣者对无车求职者的偏见。不过，帮助贫困人口购买私人汽车的计划往往面临体制和政治障碍。但是，优良的出租车服务和汽车共享计划可以有助于稳定合理的票价结构，为贫困求职者提供机动性 （Campbell et al.，2015；Muller，2004），而且它们比对私家车补贴更容易得到政策支持。

本研究表明，空间不匹配并不能解释贫困人口的就业困境，他们显然面临其他方面亟待解决的困难：劳动力市场和住房方面的歧视，家庭责任的约束，缺乏信息渠道，教育和培训的不足。作为一个社会整体，我们需要把重点放在减少住房和劳动力市场的歧视（Stoll and Covington，2012），提供适当的幼托方案（Blumenberg，2004；Grengs，2015）， 提高人力资本（Houston，2005），以及促进有效的社会网络（Zenou，2013）。更重要的是，郊区化在帮助郊区化分散的贫困人口方面向社会服务提供提出了挑战，我们必须制定战略来更好地连接郊区贫困人口与他们所需的社会服务（Allard，2008）。

虽然本研究是探索性的，它揭示了大都市地区复杂且动态的就业可达性变化。如研究所述，空间不匹配在洛杉矶地区目前并不存在。随着时间的推移，郊区化已经在整个大都市区建立了一个日益均质的就业市场，减少了就业可达性变化。郊区贫困求职者的可达性日渐提高，而那些困于内城的贫困人口在面对非空间障碍的同时面临不断增长的空间障碍。未来的研究需要进一步探究在解释贫困求职者劳动力市场劣势时，就业可达性与其他交通方式，如公共交通以及住房流动性之间的相互作用。

注释

① 本文译自 "Job accessibility of the poor in Los Angeles: Has suburbanization affected spatial mismatch?" Journal of the American Planning Association, 81(1): 30-45.

参考文献

[1] Allard, S. W. 2008. Out of Reach: Place, Poverty, and the New American Welfare State. Yale University Press.

[2] Abramson, A. J., Tobin, M. S., VanderGoot, M. R. 1995. "The changing geography of metropolitan opportunity: The segregation of the poor in US metropolitan areas, 1970 to 1990," Housing Policy Debate, 61, 45-72. DOI: 10.1080/10511482.1995.9521181.

[3] Anas, A., Arnott, R., Small, K. A. 1998. "Urban spatial structure," Journal of Economic Literature, 363, 1426-1464.

[4] Bania, N., Leete, L., Coulton, C. 2008. "Job access, employment and earnings: Outcomes for welfare leavers in a US urban labour market," Urban Studies, 4511, 2179-2202. DOI: 10.1177/0042098008095864.

[5] Baum, C. L. 2010. "The effects of vehicle ownership on employment," Journal of Urban Economics, 663, 151-163. DOI:10.1016/j.jue.2009.06.003.

[6] Berube, A., Frey, W. H. 2002. A Decade of Mixed Blessings: Urban and Suburban Poverty in Census 2000. Washington, DC: Brookings Institution.

[7] Blumenberg, E. 2004. "En-gendering effective planning: Spatial mismatch, low-income women,

and transportation policy," Journal of the American Planning Association, 703, 269-281. DOI: 10.1080/01944360408976378.

[8] Blumenberg, E., Pierce, G. 2012. "Automobile ownership and travel by the poor," Transportation Research Record: Journal of the Transportation Research Board, 2320(1): 28-36. DOI: 10.3141/2320-04.

[9] Blumenberg, E., Pierce, G. 2014. "A driving factor in mobility; Transporation's role in connecting subsidized house and employment outcomes in the Moving to Opportunity MTO Program," Journal of the American Planning Association, 801, 52-66. DOI: 10.1080/-01944363.2014.935267.

[10] Blumenberg, E., Haas, P. 2002. The Travel Behavior and Needs of the Poor: A Study of Welfare Recipients in Fresno County. California, Mineta Transportation Institute, San José State University.

[11] Blumenberg, E., Manville, M. 2004. "Beyond the spatial mismatch: Welfare recipients and transportation policy," Journal of Planning Literature, 192, 182-205. DOI: 10.1177/0885412204269103.

[12] Boardman, J. D., Field, S. H. 2002. "Spatial mismatch and race differentials in male joblessness: Cleveland and Milwaukee, 1990," The Sociological Quarterly, 432, 237-255. DOI:10.1111/j.1533-8525.2002.tb00048.x.

[13] Boarnet, M. G., Bogart, W. T. 1996. "Enterprise zones and employment: Evidence from New Jersey," Journal of Urban Economics, 402, 198-215. DOI: 10.1006/juec.1996.0029.

[14] Bunel, M., Tovar, E. 2014. "Key issues in local job accessibility measurement: Different models mean different results," Urban Studies, 516, 1322-1338. DOI: 10.1177/0042098013495573.

[15] Campbell, M., Farwell, R., Weinberger, R. 2015. "Stretching transportation anatomy: Flex bus services in central Florida," Transportation Research Board 94th Annual Meeting. Washington D. C.

[16] Cervero, R., Rood, T., Appleyard, B. 1999. "Tracking accessibility: Employment and housing opportunities in the San Francisco Bay Area," Environment and planning A, 317, 1259-1278. DOI:10.1068/a311259.

[17] Chapple, K. 2006. "Overcoming mismatch: Beyond dispersal, mobility, and development strategies," Journal of the American Planning Association, 723, 322-336. DOI: 10.1080/01944360608976754.

[18] Clark, W. A. V. 2008. "Reexamining the moving to opportunity study and its contribution to changing the distribution of poverty and ethnic concentration," Demography, 453, 515-535. DOI:10.1353/dem.0.0022.

[19] Cohn, S., Fossett, M. 1996. "What spatial mismatch? The proximity of blacks to employment in Boston and Houston," Social Forces, 752, 557-573. DOI: 10.1093/sf/75.2.557.

[20] Cooke, T. J. 2010. "Residential mobility of the poor and the growth of poverty in inner-ring suburbs," Urban Geography, 312, 179-193. DOI: 10.2747/0272-3638.31.2.179.

[21] Cooke, T. J., Marchant, S. 2006. "The changing intrametropolitan location of high-poverty neighbourhoods in the US, 1990-2000," Urban Studies, 4311, 1971-1989. DOI: 10.1080/00420980600897818.

[22] Covington, K. L. 2009. "Spatial mismatch of the poor: An explanation of recent declines in job isolation," Journal of Urban Affairs, 315, 559-587. DOI: 10.1111/j.1467-9906.2009.00455.x.

[23] Ellwood, D. T. 1986. "The spatial mismatch hypothesis: Are there teenage jobs missing in the ghetto?" In R. B. Freeman and H. J. Holzer (eds.), The Black Youth Employment Crisis, 147-190. Chicago: University of Chicago Press.

[24] Fan, Y. 2012. "The planners' war against spatial mismatch lessons learned and ways forward," Journal of

Planning Literature, 272, 153-169. DOI:10.1177/0885412211431984.

[25] Gautier, P. A., Zenou, Y. 2010. "Car ownership and the labor market of ethnic minorities," Journal of Urban Economics, 673, 392-405. DOI:10:1016/j.jue.2009.11.005.

[26] Giuliano, G., Redfearn, C., Agarwal, A., et al. 2007. "Employment concentrations in Los Angeles, 1980-2000," Environment and Planning A, 3912, 2935-2957. DOI:10.1068/a393.

[27] Giuliano, G., Small, K. A. 1991. "Subcenters in the Los Angeles region," Regional Science and Urban Economics, 212, 163-182. DOI:10.1016/0166-04629190032-I.

[28] Goering, J., Feins, J. D., Richardson, T. M. 2003. "What have we learned about housing mobility and poverty deconcentration? In J. Goering and J. D. Feins (eds.), Choosing a Better Life? Evaluating the Moving to Opportunity Social Experiment, 3-36. Washington D.C.: Urban Institute Press.

[29] Goetz, E. G. 2002. "Forced relocation vs. voluntary mobility: The effects of dispersal programmes on households," Housing Studies, 171, 107-123. DOI: 10.1080/02673030120105938.

[30] Goetz, E. G. 2010. "Better neighborhoods, better outcomes? Explaining relocation outcomes in HOPE VI," Cityscape, 121, 5-31.

[31] Goetz, E. G., Chapple, K. 2010. "You gotta move: Advancing the debate on the record of dispersal," Housing Policy Debate, 202, 209-236. DOI: 10.1080/10511481003779876.

[32] Grengs, J. 2010. "Job accessibility and the modal mismatch in Detroit," Journal of Transport Geography, 181, 42-54. DOI:10.1016/j.jtrangeo.2009.01.012.

[33] Grengs, J. 2015. "Nonwork accessibility as a social equity indicator," International Journal of Sustainable Transportation, 91, 1-14. DOI: 10. 1080/15568318.2012.719582.

[34] Harrison, B. 1972. "The intrametropolitan distribution of minority economic welfare," Journal of Regional Science, 121, 23-43. DOI:10.1111/j.1467-9787.1972.tb00276.x.

[35] Hess, D. B. 2005. "Access to employment for adults in poverty in the Buffalo-Niagara region," Urban Studies, 427, 1177-1200. DOI: 10.1080/00420980500121384.

[36] Holliday, A. L., Dwyer, R. E. 2009. "Suburban neighborhood poverty in US metropolitan areas in 2000," City and Community, 82, 155-176. DOI: 10.1111/j.1540-6040.2009.01278.x.

[37] Holloway, S. R. 1996. "Job accessibility and male teenage employment, 1980-1990: The declining significance of space?" The Professional Geographer, 484, 445-458. DOI: 10.1111/j.0033-0124.1996.00445.x.

[38] Holzer, H. J. 1991. "The spatial mismatch hypothesis: What has the evidence shown?" Urban Studies, 281, 105-122. DOI: 10.1080/00420989120080071.

[39] Houston, D. 2005. "Employability, skills mismatch and spatial mismatch in metropolitan labour markets," Urban Studies, 422, 221-243. DOI: 10.1080/0042098042000316119.

[40] Hu, L. 2014. "Changing job access of the poor: Effects of spatial and socioeconomic transformations in Chicago, 1990-2010," Urban Studies, 514, 675-692. DOI:10.1177/0042098013492229.

[41] Hu, L., Giuliano, G. 2011. "Beyond the inner city: A new form of spatial mismatch," Transportation Research Record, 2242, 98-105. DOI: 10.3141/2242-12.

[42] Ihlanfeldt, K. R. 1999. "The geography of economic and social opportunity in metropolitan areas," Governance

and opportunity in metropolitan America, ed. A. Altshuler: 213-252.
[43] Ihlanfeldt, K. R., Sjoquist, D. L. 1990. "Job accessibility and racial differences in youth employment rates," American Economic Review, 801, 267-276.
[44] Ihlanfeldt, K. R., Sjoquist, D. L. 1991. "The effect of job access on black and white youth employment: A cross-sectional analysis," Urban Studies, 282, 255-265. DOI:10.1080/00420989120080231.
[45] Ihlanfeldt, K. R., Sjoquist, D. L. 1998. "The spatial mismatch hypothesis: A review of recent studies and their implications for welfare reform," Housing Policy Debate, 94, 849-892. DOI: 10.1080/10511482.1998.9521321.
[46] Immergluck, D. 1998. Neighborhood Jobs, Race, and Skills: Urban Unemployment and Commuting. New York: Garland.
[47] Jain, J., Line, T., Lyons, G. 2011. "A troublesome transport challenge? Working round the school run," Journal of Transport Geography, 196, 1608-1615. DOI:10.1016/j.jtrangeo.2011.04.007.
[48] Jargowsky, P. A. 1996. "Take the money and run: Economic segregation in US metropolitan areas," American Sociological Review, 616, 984-998.
[49] Jargowsky, P. A. 2003. Stunning Progress, Hidden Problems. Washington D.C.: The Brookings Institute.
[50] Kain, J. F. 1968. "Housing segregation, negro employment, and metropolitan decentralization," Quarterly Journal of Economics, 822, 175-197. DOI: 10.2307/1885893.
[51] Kain, J. F. 1992. "The spatial mismatch hypothesis: Three decades later," Housing Policy Debate, 32, 371-460. DOI: 10.1080/10511482.1992.9521100.
[52] Kasarda, J. D. 1985. Urban Change and Minority Opportunities. The New Urban Reality. Washington DC, The Brookings Institution, 33-67.
[53] Kasarda, J. D., Ting, K. F. 1996. "Joblessness and poverty in America's central cities: Causes and policy prescriptions," Housing Policy Debate, 72, 387-419. DOI: 10.1080/10511482.1996.9521226.
[54] Kasinitz, P., Rosenberg, J. 1996. "Missing the connection: Social isolation and employment on the Brooklyn waterfront," Social Problems, 432, 180-187. DOI: 10.2307/3096997.
[55] Kawabata, M. 2003. "Job access and employment among low-skilled autoless workers in US metropolitan areas," Environment and Planning A, 359, 1651-1668. DOI:10.1068/a35209.
[56] Kawabata, M. 2009. "Spatiotemporal dimensions of modal accessibility disparity in Boston and San Francisco," Environment and Planning A, 411, 183-198. DOI:10.1068/a4068.
[57] Keels, M., Duncan, G. J., DeLuca, S., et al. 2005. "Fifteen years later: Can residential mobility programs provide a long-term escape from neighborhood segregation, crime, and poverty," Demography, 421, 51-73. DOI: 10.1353/dem.2005.0005.
[58] Kingsley, G. T., Pettit, K. L. S. 2003. Concentrated Poverty: A Change in Course. Washington, DC: Urban Institute.
[59] Kneebone, E. 2014. The Growth and Spread of Concentrated Poverty, 2000 to 2008-2012. Washington D.C.: The Brookings Institute.
[60] Kneebone, E., Garr, E. 2010. The Suburbanization of Poverty: Trends in Metropolitan America, 2000 to 2008. Washington D.C.: The Brookings Institute.

[61] Leonard, J. S. 1987. "The interaction of residential segregation and employment discrimination," Journal of Urban Economics, 213, 323-346. DOI:10.1016/0094-11908790006-4.

[62] Liu, C. Y., Painter, G. 2012. "Immigrant settlement and employment suburbanisation in the US: Is there a spatial mismatch?" Working Paper, 8514, USC Luck Center for Real Estate.

[63] Martin, R. W. 2001. "The adjustment of black residents to metropolitan employment shifts: How persistent is spatial mismatch?" Journal of Urban Economics, 501, 52-76. DOI:10.1006/juec.2000.2211.

[64] Massey, D. S. 2001. "Residential segregation and neighborhood conditions in US metropolitan areas," In N. J. Smelser, W. J. Wilson, F. Mitchell (eds.), America Becoming: Racial Trends and Their Consequences, Vol. 1, 391-434.

[65] Massey, D. S., Eggers, M. L. 1993. "The spatial concentration of affluence and poverty during the 1970s," Urban Affairs Quarterly, 292, 299-315. DOI:10.1177/004208169302900206.

[66] Massey, D. S., Rothwell, J., T. Domina 2009. "The changing bases of segregation in the United States," The Annals of the American Academy of Political and Social Science, 6261, 74-90. DOI: 10.1177/0002716209343558.

[67] McClure, K. 2008. "Deconcentrating poverty with housing programs," Journal of the American Planning Association, 741, 90-99. DOI: 10.1080/01944360701730165.

[68] McKenzie, B. S. 2013. "Neighborhood access to transit by race, ethnicity, and poverty in Portland, OR," City and Community, 122, 134-155. DOI: 10.1111/cico.12022.

[69] Minnesota Population Center. 2011. National Historical Geographic Information System Version 2.0. Minneapolis, MN: University of Minnesota.

[70] Mouw, T. 2000. "Job relocation and the racial gap in unemployment in Detroit and Chicago, 1980 to 1990," American Sociological Review, 655, 730-753.

[71] Muller, P. O. 2004. "Transportation and urban form: Stages in the spatial evolution of the American Metropolis," The Geography of Urban Transportation, 3rd edition. S. Hanson and G. Giuliano. New York, Guilford Press, 59-85.

[72] O'Regan, K. M., Quigley, J. M. 1991. "Labor market access and labor market outcomes for urban youth," Regional Science and Urban Economics, 212, 277-293. DOI:10.1016/0166-04629190037-N.

[73] Ong, P. M., Blumenberg, E. 1998. "Job access, commute and travel burden among welfare recipients," Urban Studies, 351, 77-93. DOI: 10.1080/0042098985087.

[74] Ong, P. M., Miller, D. 2005. "Spatial and transportation mismatch in Los Angeles," Journal of Planning Education and Research, 251, 43-56. DOI: 10.1177/0739456X04270244.

[75] Peters, A. H., Fisher, P. S. 2002. State Enterprise Zone Programs: Have They Worked? WE Upjohn Institute for Employment Research.

[76] Popkin, S. J., Levy, D. K., Buron, L. 2009. "Has HOPE VI transformed residents' lives? New evidence from the HOPE VI panel study," Housing Studies, 244, 477-502. DOI: 10.1080/02673030902938371.

[77] Price, R., Mills, E. 1985. "Race and residence in earnings determination," Journal of Urban Economics, 171, 1-18. DOI:10.1016/0094-11908590033-6.

[78] Raphael, S. 1998. "The spatial mismatch hypothesis and black youth joblessness: Evidence from the San Francisco Bay Area," Journal of Urban Economics, 431, 79-111. DOI:10.1006/juec.1997.2039.

[79] Raphael, S., Stoll, M. A. 2002. Modest Progress: The Narrowing Spatial Mismatch Between Blacks and Jobs In the 1990s. Washington, DC: Brookings Institution Center on Urban and Metropolitan Policy.

[80] Raphael, S., Stoll, M. A. 2010. Job Sprawl and the Suburbanization of Poverty: Metropolitan Policy Program at Brookings.

[81] Ruggles, S., Alexander, J. T., Genadek, K., et al. 2010. Integrated Public Use Microdata Series: Version 5.0 Machine-readable database. In U. O. Minnesota Ed.. Minneapolis.

[82] Sanchez, T. W. 1999. "The connection between public transit and employment," Journal of the American Planning Association, 653, 284-296. DOI: 10.1080/01944369908976058.

[83] Sanchez, T.W., Brennan, M. 2008. The Right to Transportation: Moving to Equity. Chicago, IL: The American Planning Association: Planners Press.

[84] Sanchez, T. W., Schweitzer, L. 2008. Assessing Federal Employment Accessibility Policy: An Analysis of the JARC Program. Washington D.C.: The Brookings Institute.

[85] Sanchez, T. W., Shen, Q., Peng, Z. R. 2004. "Transit mobility, jobs access and low-income labour participation in US metropolitan areas," Urban Studies, 417, 1313-1331. DOI:10.1080/0042098042000214815.

[86] Shen, Q. 1998. "Location characteristics of inner-city neighborhood and employment accessibility of low-wage workers," Environment and Planning B, 25, 345-365. DOI:10.1068/b250345.

[87] Shen, Q. 2001. "A spatial analysis of job openings and access in a US metropolitan area," Journal of the American Planning Association, 671, 53-68. DOI: 10.1080/01944360108976355.

[88] Stoll, M. A. 1999. "Spatial mismatch, discrimination, and male youth employment in the Washington, DC area: Implications for residential mobility policies," Journal of Policy Analysis and Management, 181, 77-98. DOI:10.1002/SICI1520-668819992418:1.

[89] Stoll, M. A. 2005. "Geographical skills mismatch, job search and race," Urban Studies, 424, 695-717. DOI: 10.1080/00420980500060228.

[90] Stoll, M. A. 2006. "Job sprawl, spatial mismatch, and black employment disadvantage," Journal of Policy Analysis and Management, 254, 827-854.

[91] Stoll, M. A., Covington, K. 2012. "Explaining racial/ethnic gaps in spatial mismatch in the US: The primacy of racial segregation," Urban Studies, 4911, 2501-2521. DOI: 10.1002/pam.20210.

[92] Strait, J. B. 2006. "Poverty concentration in the prismatic metropolis: The impact of compositional and redistributive forces within Los Angeles, California, 1990-2000," Journal of Urban Affairs, 281: 71-94. DOI: 10.1111/j.0735-2166.2006.00260.x.

[93] Talen, E., Koschinsky, J. 2014. "The neighborhood quality of subsidized housing," Journal of the American Planning Association, 801, 67-82. DOI: 10.1080/01944363.2014.935232.

[94] Taylor, B. D., Ong, P. M. 1995. "Spatial mismatch or automobile mismatch? An examination of race, residence and commuting in US metropolitan areas," Urban Studies, 329, 1453-1473. DOI: 10.1080/00420989550012348.

[95] U.S. Bureau of the Census. 1998. Population of the 100 Largest Urban Places: 1900. Retrieved September 8,

2014, from http://web.archive.org/web/20080206033006/http://www.ensus.gov/population/documentation/twps0027/tab13.txt.

[96] U.S. Census Bureau. 2012. American fact-finder. 2012 American Community Survey. American Community Survey Offi ce. Retrieved from http://factfi nder.census.gov/faces/nav/jsf/pages/index.xhtml (March 18, 2015).

[97] U.S. Census Bureau. 2013. American fact-finder. 2013 Population Estimates. Population Division. Retrieved from http://factfi nder.census.gov/faces/nav/jsf/pages/index.xhtml (February 1, 2015).

[98] Wachs, M., Taylor, B. D. 1998. "Can transportation strategies help meet the welfare challenge?" Journal of the American Planning Association, 641, 15-19. DOI: 10.1080/01944369808975952.

[99] Weber, J. 2003. "Individual accessibility and distance from major employment centers: An examination using space-time measures," Journal of Geographical Systems, 51, 51-70. DOI: 10.1007/s101090300103.

[100] Wells, K., Thill, J. C. 2012. "Do transit-dependent neighborhoods receive inferior bus access? A neighborhood analysis in four us cities," Journal of Urban Affairs, 341: 43-63. DOI: 10.1111/j.1467-9906.2011.00575.x.

[101] Wilson, W. J. 1980. The Declining Significance of Race: Blacks and Changing American Institutions. Chicago, IL: University of Chicago Press.

[102] Wilson, W. J. 1987. The Truly Disadvantaged: The Inner City, the Underclass, and Public Policy. Chicago: University of Chicago Press Chicago.

[103] Zenou, Y. 2011. Spatial Versus Social Mismatch: The Strength of Weak Ties. Centre for Economic Policy Research CEPR Discussion Paper No. DP8244, Available at SSRN: http://ssrn.co m/abstract=1763 653.

[104] Zenou, Y. 2013. "Spatial versus social mismatch," Journal of Urban Economics, 74: 113-132. DOI: 10.1016/j.jue. 2012.11.002.

附录

研究数据

作者分别获取了 1990 年、2000 年和 2007～2011 年的交通出行时间、人口以及就业数据。就业可达性模型中使用观测到的出行时间数据，由南加州政府联盟（SCAG）提供。人口数据来源于 1990 年和 2000 年十年一次的人口普查以及 2007～2011 美国社区调查（American Community Survey，ACS），均以人口普查单元为统计单位。1990 年、2000 年和 2008 年人口普查单元的就业数据由 SCAG 提供。为了转换 2008 年就业数据，使之与 2007～2011 年 ACS 相匹配，作者获取了加州就业发展部（EDD）公布的 2007～2011 以行业划分和以县为单位的就业数据。1990 年、2000 年和 2007～2011 年的 5%公用微观样本（Public Use Microdata Sample，PUMS）数据用于分别估算适合贫困和非贫困求职者的工作岗位数量（Ruggles et al.，2010）。

作者将求职者定义为 18～64 岁的人群。人口数据直接来源于 1990 年和 2000 年十年一次的人口普查以及 2007～2011 年的 ACS。为了有效辨别与求职者技能相配的工作岗位，作者首先需要将 SCAG2008 年就业数据转换为 2007～2011 年的平均值，使其在时间范围上与 ACS 的人口数据一致。作者使用 EDD 的数据分别计算了按行业划分和以县为单位的平均就业率，并将其代入 2008 年 SCAG 人口普查单元的就业数据。所得结果即人口普查单元 2007～2011 年的平均就业数据。然后，作者合并了 1990 年、2000 年、2007～2011 年的平均就业数据和同一时间段内相对应的 PUMS 数据。这两组数据均对行业进行了分类。PUMS 数据的最小地理单位即公用微观区域（Public Use Microdata Areas，PUMA），它所覆盖的区域要大于人口普查单元。假设 PUMA 内的求职者趋于在同一类行业一定的就业比例，作者首先用 PUMS 来计算该 PUMA 区域内贫困劳动力在某种行业中的百分比，然后将该百分比应用到该行业在人口普查区位单元的就业数据中。该步骤给出了某种行业中适合贫困求职者的工作岗位数量。作者采用这种方法分别计算了所有行业的工作岗位数量，然后通过求和来估算人口普查单元内所有适合贫困求职者的工作岗位总数。该方法同样适用于估算非贫困求职者的工作岗位总数。

估算就业可达性

本研究就业可达性的计算采用人口普查区为统计单元。就业可达性模型考虑了出行阻抗，即随着出行时间，就业的吸引力减小，求职者数量减小。出行阻抗的计算基于机动车出行时间的摩擦系数。出行阻抗函数分为两部分。出行时间在十分钟内，摩擦系数等于 0，即十分钟内的出行时间不会阻碍求职者就业；若出行时间超过十分钟，则认为求职者的就业机会受到阻碍且该阻碍用出行时间的指数函数表示。这种研究结构与现实中的出行模式相契合（Bunel and Tovar，2014）。 作者还尝试了不同的出行阻抗函数，例如直接使用出行时间的指数函数，不过所得的就业可达性分数并没有显著差别。

SCAG 提供了以下三类家庭上班族的通勤摩擦系数，分别为：低收入，即小于 25 000 美元；中等收入，即 25 000～99 999 美元；高收入，即 100 000 美元以上（以 1999 年货币为基准）。贫困求职者的摩擦系数使用低收入家庭的，非贫困人口的摩擦系数使用中等收入和高收入家庭的平均值。摩擦系数的估算是基于 SCAG 公布的 1990 年家庭出行调查数据，因此不适用于之后的年份。作者检测 PUMS 数据之后发现，1990 年后 20 年内的出行时间分布并没有显著的变化。因此，本研究的三个时间点采用相同的摩擦系数。就业可达性的计算方法如下：

$$A_{i,m} = \sum_j \frac{E_{j,m} f(C_{ij})}{\sum_k W_{k,m} f(C_{kj})} \quad (1)$$

$$f(C_{ij}) = \exp(-b_m C_{ij}) \quad (2)$$

$$f(C_{kj}) = \exp(-b_m C_{kj}) \quad (3)$$

$A_{i,m}$ 为居住在 i 地的 m 群体中求职者的就业可达性；

m 为贫困状态（m=1 即贫困，m=0 即非贫困）；

$E_{j,m}$ 为位于 j 地的适合 m 群体的工作岗位数量；

$W_{k,m}$ 为居住在 k 地的 m 群体中的求职者数量；

C_{ij} 为人口普查单元 i 中心到人口普查单元 j 中心的出行时间；

C_{kj} 为人口普查单元 k 中心到人口普查单元 j 中心的出行时间；

b_m 为 摩擦系数（当 $C \leqslant 10$，b=0；否则，当 m=1 时，b=0.103 97，当 m=0 时，b=0.099 14）。

郊区化带来的就业可达性变化

正文描述了研究范围内不同地点的就业可达性变化。为了量化就业可达性的变化，作者提供了洛杉矶市以及研究范围内各县的就业可达性数据。值得注意的是，这些区域所覆盖的面积较广阔，导致该范围内的空间变化区间很大，因此这些数字有待谨慎解读。

图 1 列举了加权工作岗位数量和求职者数量计算得出的 1990 年、2000 年和 2007～2011 年的就业可达性，反映研究范围内的空间再分配的结果（加权计算方法详见正文）。每组的六个柱形图分别呈现了洛杉矶都市区内各个地区加权后的平均可达性分数。其中洛杉矶县分为两个部分：洛杉矶市和该县的其他地区。每组的左边三列分别代表 1990 年、2000 年和 2007～2011 年贫困求职者的就业可达性分数，右边三列则代表非贫困求职者的就业可达性分数。柱形图顶部标注了每十年的就业可达性变化百分比，反映出了郊区化对可达性的显著影响。

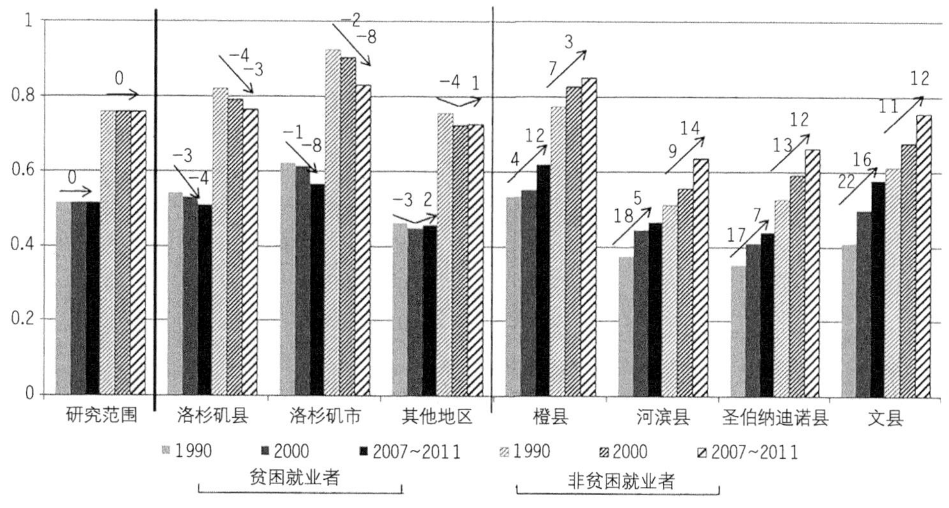

图 1　基于空间转变的就业可达性变化

由于三个时间点的工作岗位和求职者总数相同，因此研究区域内加权后的平均就业可达性分数保持相同（穷人为0.52，非穷人为0.76）。整个研究区域内可以监测到郊区化引起的就业可达性变化。从市中心到研究区的边缘可以依次观测到洛杉矶市的就业可达性在下降，洛杉矶县内除洛杉矶市区的其他地方可达性波动，四个郊区县的可达性显著提高。由此可以看出，郊区化造福了位于郊区的求职者，同时使市中心的居民在就业方面处于劣势。

[欢迎引用]

胡伶倩. 洛杉矶地区贫困求职者的就业可达性——郊区化是否影响空间不匹配[J]. 城市与区域规划研究，2018，10(4)：245-272.

Hu, L. Q. 2018. "Job accessibility of the poor in Los Angeles: Has suburbanization affected spatial mismatch," Journal of Urban and Regional Planning, 10(4): 245-272.

基于韧性视角的省域城镇空间布局框架构建研究

李彤玥

A Framework of Spatial Distribution of Cities at Provincial Level on Resilience Perspective

LI Tongyue
(School of Architecture, Tsinghua University, Beijing 100084, China)

Abstract Resilient cities and resilient regions has become research focus in urban and regional planning. As the secondary administrative region, provinces in China are confronted with the problem of divergence between economic growth and space resources and agglomeration efficiency. Resilience theory provides a new perspective for urban and regional development to respond to uncertainties and vulnerabilities. The paper puts forward the framework of urban spatial planning by using the resilience theory at provincial level. Resilience of spatial distribution of cities can be cultivated by four dimensions of space, sector, network, hierarchy and two principles of self-organization and redundancy. The paper also gives the contents of spatial distribution of cities on resilience perspective including integration of multiple plans, co-evolution of regional industrial sectors, coupling effect of urban rank-size-network, the self-organization and redundancy configuration of urban system.

Keywords provincial spatial planning; urban system planning; resilient regional development

作者简介
李彤玥，清华大学建筑学院。

摘　要　韧性城市和韧性区域研究成为近期城市与区域规划研究的热点。我国省域是国家的二级行政区，在区域快速增长时期，经济增长和空间资源与集聚效率偏离的矛盾逐渐凸显，韧性理论为城市和区域发展提供了一个建构与响应不确定性及脆弱性的新框架。本文关注“省域城镇空间布局的韧性”，在省级行政区层面运用韧性理论构建城镇空间布局规划框架，包括空间、部门、网络和等级四个维度的省域空间要素韧性塑造及以自组织与冗余配置为原则的省域城镇体系韧性塑造，同时对相应内容和重点进行梳理，即通过生态为底的省域韧性空间重塑、产业为纲的省内部门协同发展、省级城镇等级—规模—网络耦合效应、省域城镇体系自组织和省域城镇体系冗余配置，实现省域城镇空间布局的韧性提升。

关键词　省域空间规划；城镇体系规划；韧性区域发展

1　引言

中国进入新时代，人民日益增长的美好生活需要和不平衡不充分的发展之间的矛盾成为主要问题。人们开始追求更加绿色的城市化生活方式，希望重塑可持续的城市和区域生态环境，城市与区域规划面临新形势。因此，基于绿色、公平、可持续、生态等基本理念，进行新时代城市与区域规划理论研究，具有重要科学价值。近年来，地球暖化导致海平面上升和极端气候频现，韧性（resilience）理论开始被引入自然灾害、资源环境、生态学和人文社会科学研究领域。韧性是指系统具备能够准备、响应特定的多重威胁并从中恢复，将其负面影响降至最低的能力（Wilbanks and Sathaye，2007；李彤玥等，2014），韧性理论为城市与区域发展提供了一个建构和响应不确定性及脆弱性的新框架，也使得城市与区域发展策略能够应对大尺度的社会、环境及经济变化。目前，基于韧性的城市与区域研究日渐深入，已经成为英美城市与区域规划研究的新热点。

20 世纪 90 年代以来，经济全球化、信息化、市场化和快速城镇化不断重塑城市与区域空间，生产要素高速流动、经济持续高速发展，城镇和生态环境不协调、区域发展不平衡等问题日趋明显，传统"三结构一网络"的省域城镇体系规划框架表现出不适应性。在党的十九大报告强调加快生态文明体制改革、建设美丽中国的背景下，空间规划面临转型和重塑的新需求。习近平总书记在 2013 年中央城镇化工作会议上指出要"建立空间规划体系，推进规划体制改革"，省域城镇体系规划编制面临新需求。省域在区域快速增长时期，经济增长和空间资源与集聚效率偏离的矛盾逐渐凸显。建立省域空间规划体系，引导区域空间资源合理配置，是实现省域城镇体系规划转型的必由之路。

2 韧性城市和区域研究进展

省域是国家的二级行政区，其城镇布局具备基本与经济空间、人口分布和资源环境承载能力相一致的特征，在区域快速增长时期，进行专门的省域城镇体系研究具有重要价值。目前，省域城镇体系规划已经历了两轮编制：第一轮编制的重点内容是"三结构一网络"（宋家泰、顾朝林，1988；顾朝林，1992）；进入 21 世纪，省域城镇体系规划第二轮编制在原有内容的基础上，增加了合理配置省域空间资源、优化城乡空间布局等内容，省域城镇体系规划已经开始转变为宏观引导区域人口、经济、资源环境协调发展的城乡空间层面"准区域规划"。目前，城市问题集中爆发、韧性城市与区域研究兴起。中国经济持续高速增长和快速城镇化带来的各种弊病已经充分暴露，出现人口与资源环境不协调、大城市病等问题，同时还面临气候变化、经济波动等超越城市和区域自身尺度的风险与压力。韧性理论能够使得城市和区域系统应对未来不可完全预测的大量不确定性（Wildavsky，1988；Thomalla et al.，2006），提升吸收干扰、保持基础结构和功能运作并从中总结学习的能力，近年来已经在灾害和气候变化、区域经济、城市基础设施和空间规划等领域得到有效运用（Evans，2001）。所谓"基于韧性视角的省域城镇空间布局规划"，就是：针对中国快速经济增长和空间资源与集聚效率偏离出现的大城市病以及区域不可持续发展的现实，在省级行政区层面运用韧性理论构建城镇空间布局规划新框架，探索规划应对策略。

2.1 韧性的核心内涵和理论基础

韧性概念最早出现自 20 世纪 70 年代的生态学，目前经历了从"工程韧性"和"生态系统韧性"到"社会—生态系统韧性"（resilience of social ecological system）研究视角的转变（Gunderson，2001；

Liao，2012；李彤玥，2017）。“社会—生态系统韧性”同时包含“自然和环境生态”要素及“社会经济发展”要素，并强调系统基于适应性循环的演化过程以及系统内部的多尺度变换（扰沌：Panarchy）。韧性理论基于复杂适应性系统（Complex Adaptive Systems，CAS）理论构建，这一理论强调：系统由大量智能体（agents）组成；智能体之间、智能体与环境之间存在广泛而密切的相互作用（interactions）和反馈（feedbacks）；这些相互作用具有非线性特征，向系统施加的微小扰动将通过非线性作用放大为宏观模式（pattern）的涌现（emerge）（谭跃进、邓宏钟，2001）。因此，韧性理论特别强调社会—生态系统的复杂适应性特征，通过大量智能体间的非线性相互作用，实现结构和功能应对变化的及时调整与转换，实现适应。

2.2 韧性城市和区域研究框架

目前国外研究主要基于复杂适应性系统构成（Desouza and Flanery，2013；Tyler and Moench，2012）、韧性的冗余—灵活—重组能力—学习能力等要素（Surjan et al.，2011）、制度—基础设施—生态系统（Premakumara et al.，2014）等维度构建韧性城市研究框架，并提出“脆弱性分析—城市管治—预防—不确定性导向”（Jabareen，2013）、基于系统动力过程（Lu and Stead，2013）的韧性城市规划框架。然而，目前“韧性”概念在城市规划中的运用缺乏定义明确的方式（Davoudi et al.，2009），在很多情况下等同于“适应”（adaptation）或者“减缓”（mitigation）（Godschalk，2003），表现为一种通用术语。在韧性区域研究方面，目前“工程韧性—经济韧性—生态韧性—社会韧性”四维度研究框架得到了广泛认可，它们分别强调基础设施的物理属性（Allenby and Fink，2005；McDaniels，2008）、区域经济产业的适应和恢复能力（Carpenter et al.，2001；Rose and Liao，2005；Pendall et al.，2010）、人类活动模式和自然生境的适应性循环（Holling，1996；Holling，1973；Alberti，1999；Alberti and Marzluff，2004），以及面向促进“转换—学习”能力的治理模式和政策安排（Wardekker et al.，2010；Duxbury and Dickinson，2007；Ostrom，2010）。在韧性区域规划研究中，研究者将“冗余性”“多样性”“鲁棒性”等特征原则运用于区域规划、土地利用规划的不同环节，塑造多中心的空间结构、多源节点的基础设施网络等。同时，对韧性的“多元化”“创新能力”“自组织”“高流动性”等构建原则进行了详细阐释（Tyler and Moench，2012）。

我国的韧性城市与区域规划研究尚处于起步阶段。已发表的成果主要为韧性理论的综述性文章（李彤玥等，2014；李彤玥，2017；蔡建明等，2012；彭翀、袁敏航等，2015；邵亦文、徐江，2015；欧阳虹彬、叶强，2016；杨敏行等，2016；汪辉等，2017；彭翀、郭祖源等，2017）、区域经济韧性研究进展（陈梦远，2017；孙久文、孙翔宇，2017）以及韧性规划案例分析（翟俊，2016；戴伟等，2017）等。国内相关研究已经认识到韧性理论和方法对中国未来城市与区域规划创新的重要意义（翟国方等，2018），并在韧性城市与区域评估（钟琪、戚巍，2010；张岩等，2012；彭翀等，2018）、城市与区域规划框架及路径（黄晓军、黄馨，2015；李彤玥，2017；钱少华等，2017）等方面做出初步探索。

然而，目前国内韧性城市与区域规划研究尚缺乏基于韧性理论阐释的系统性框架构建，韧性视角下城市与区域规划理论和方法研究还有待深入。国外相关研究为省域城镇空间布局提供了以下启示。①应当基于复杂适应性系统，进行涵盖多维度的框架阐释：韧性的核心内涵是社会—生态系统韧性，理论基础是复杂适应性系统理论，省域城镇空间布局的韧性研究，一方面应当从复杂适应性系统的角度阐释城市和城市体系有机体的构成特征；另一方面应基于经济、社会、生态环境等多维度构建城镇空间布局的韧性理论框架，而不仅仅停留在其中某一个方面。②韧性特征和原则在规划实践中的运用：目前一系列相对直观、有效的韧性特征和原则在国外韧性城市与区域规划中广泛运用，并收到了较好的效果，这些韧性特征和原则作为系统机理与规划实践之间的桥梁，应当在省域城镇空间布局研究中进行适当应用。

3 基于韧性视角的省域城镇空间布局框架

20 世纪 80 年代以来，中国学者基于社会主义计划经济体制并结合中国城市规划体系实际，在缺乏系统区域规划的情况下，运用城市地理学和系统科学方法，开拓了具有城镇地域空间结构、城镇等级规模结构、城镇职能类型结构和以基础设施为主体的网络系统（简称“三结构一网络”）的中国特色的城镇体系规划理论（宋家泰、顾朝林，1988）。20 世纪 90 年代以来，经济全球化、信息化、市场化和快速城镇化不断重塑城市与区域空间，生产要素高速流动、经济持续高速发展，城镇和生态环境不协调、区域发展不平衡等问题日趋明显，传统“三结构一网络”的省域城镇体系规划框架表现出不适应性。目前研究指出传统省域城镇体系规划在新形势下表现出“重计划和行政力量,轻市场”“重规模等级，轻功能特色”“重城轻乡”等方面的局限性（张泉等，2014），新一轮省域城镇体系规划的编制也做出思路创新和调整。然而这些理论及进展均难以满足新时代“经济增长和空间资源与集聚效率偏离”的矛盾和问题。

基于韧性视角的省域城镇空间布局框架构建思路如下：从传统城镇体系规划地域空间结构、等级规模结构、职能类型结构和网络系统组织“三结构一网络”框架中追溯并提取核心研究要素：空间、等级、职能和网络；基于以上韧性城市和区域研究进展的梳理，将韧性解构为防御力、适应力和恢复力，并阐释韧性的自组织和冗余性核心特征；依据由外而内、由外部空间到体系自身的逻辑顺序，将三种力、两种特征与城镇体系规划的核心内容进行关系建构，借鉴国外韧性城市规划框架构建的路径（Jabareen，2013），构建区域尺度城镇空间布局规划框架。即以空间、部门、网络和等级作为四个维度，面向防御力的提升进行生态为底的省域韧性空间重塑，面向适应力的提升促进产业为纲的省内部门协同，面向恢复力的提升实现省级城镇—规模—网络耦合效应。同时，基于对韧性理论所强调的自组织和冗余性特征的系统阐释，对传统城镇体系规划“三结构一网络”内容进行进一步的韧性化延伸，提升城镇体系地域空间结构、等级规模结构、职能类型结构和网络系统的自组织能力，提升城镇体系的资源环境冗余配置水平。图 1 构建了韧性视角下的省域城镇空间布局规划框架。

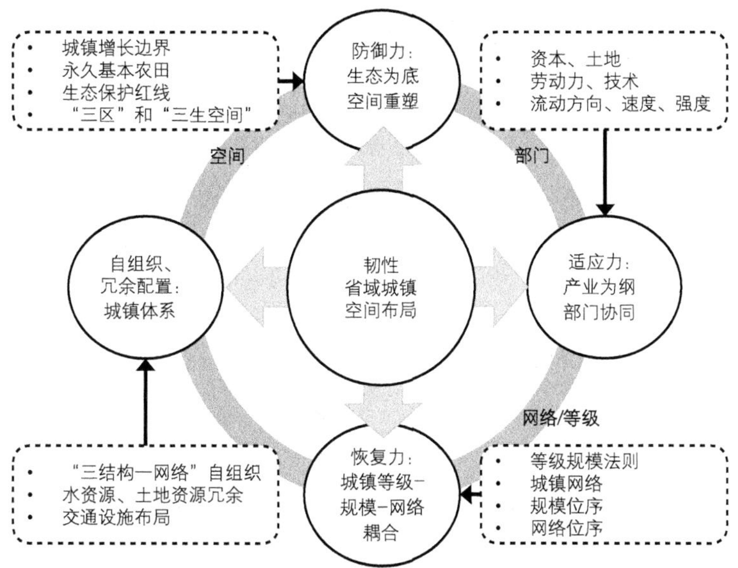

图 1 基于韧性视角的省域城镇空间布局规划框架

3.1 作为有机体的城市和城市体系

生态学划分个体（individual）、种群（population）、群落（community）和生态系统（ecosystem）四个层次（戈峰，2002；李振基等，2007）。对于城市和区域而言，城市有机体与种群层次相对应，城市体系有机体与群落层次相对应，城市体系连同其所处的生态环境与生态系统层次相对应。

城市和城市体系有机体具备规模、空间、种间关系和协同进化等特征，它们占据一定地理空间，具有特定的空间分布形式，不同城市之间存在中性、竞争、捕食、互利等种间关系，城市有机体对其他有机体的特征做出反应，通过“生态位”分离实现协同进化。同时，区域城镇体系还具备韧性特征。一方面，区域城镇体系是一个复杂适应性系统，包含物质性和社会性的智能体，呈现为个体、社区、城市及城市群等空间层次；不同规模的城镇之间通过物质、能量、信息流进行互动和自组织，实现适应性。另一方面，区域城镇体系处于适应性循环中，不断经历快速增长、资源要素不断固化、受外界扰动进入崩溃以及在自组织和规划干预下进行体系重组的四阶段中。

3.2 省域空间要素的韧性塑造

省域空间要素的韧性塑造框架可以从空间、部门、网络和等级四个维度构建。

（1）空间

省域空间（space）韧性塑造，即基于省域范围内的“多规融合”，划定“三线”“三区”和“三生空间”，以生态为底，实现横向到边、纵向到底的城镇空间约束精细化塑造，提高省域城镇空间布局的“防御力”。其中，“三线”是指城市增长边界、永久基本农田和生态保护红线；“三区”是指城镇空间、农业空间和生态空间；“三生空间”是指生态空间、生活空间和生产空间。

（2）部门

省域部门（sector）韧性塑造，即基于协调理论实现以产业为纲的省内部门协同发展，对生产要素的部门间流动方向、速度、强度进行调控，引导生产要素向创新产业部门流动（图 2），确保要素流动的效率，打破产业结构“锁定”，实现路径突破，提高区域产业应对波动和冲击的“适应力”。

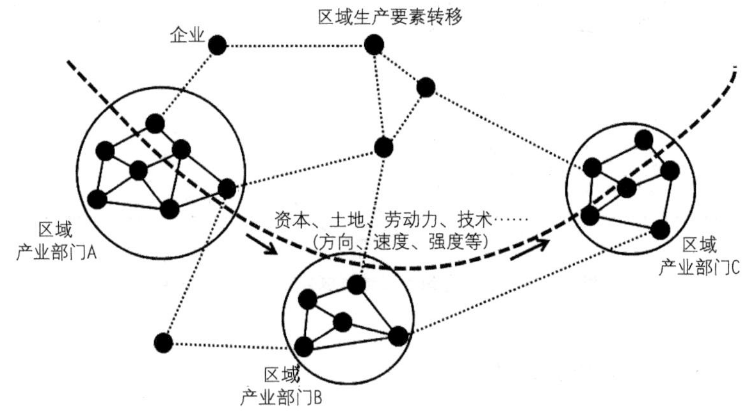

图 2　生产要素的产业部门间转移

（3）网络

网络（network）是一种支撑体系，城市处于网络中，网络支撑城市发展。网络以有形和无形多种形态呈现，发生在生产、流通等各个环节和过程中。有部门内、部门间网络，还有城镇间网络。对于城镇体系而言，有自上而下的等级式纵向关联网络，也有城镇间横向联系的扁平化网络。城镇发展要素依托网络由大城市扩散到中等城市、小城镇；同时网络将地区劳动力、资源等基本要素不断向城市地区吸纳（图 3）。

（4）等级

传统的“位序—规模”法则（rank-size rule）中，规模（size）是确定城镇等级的核心因素，规模越大的城市等级越高。在全球化和“流动空间”的塑造下：城镇的重要性开始取决于其在城镇网络中扮演的角色及与其他城镇构建关联的能力，规模不再是表征城镇重要性的唯一标准。

3.3　省域城镇体系的韧性塑造

自组织和冗余配置可以为省域城镇体系增加实质性韧性。

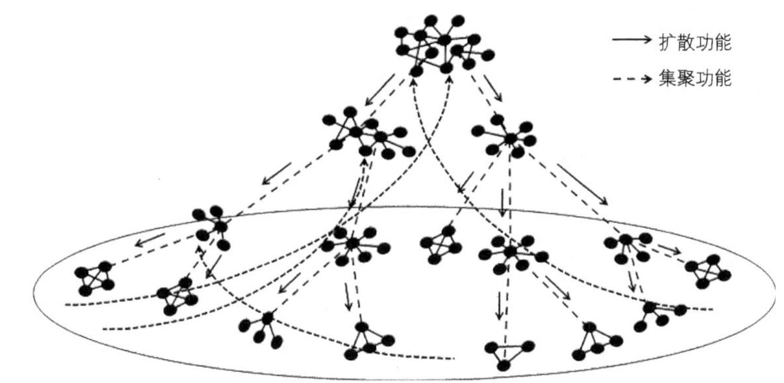

图 3　城市体系有机体网络等级扩散与集聚

（1）自组织

自组织理论研究复杂系统在序参量的非线性作用下形成耗散结构的演化路径，阐释趋向于熵增最小的秩序化平衡态的内在机制（Bertalanffy，1969；Glansdorff and Prigogine，1971；哈肯，1989）。作为自组织（self-organization）系统，城镇体系在序参量的支配下通过不断引入负熵流，降低系统混乱程度，趋向于稳定状态。城镇体系的自组织，即将传统城镇体系“三结构一网络”框架进行延伸，重塑秩序化的地域空间结构、等级规模结构、职能类型结构和网络系统组织。塑造从等级结构到网络结构的地域空间结构。传统的“中心地理论”所描述的等级式的城镇空间结构模型已经不能够完全解释全球化、信息化、市场化等新背景下“流动空间”所塑造出的城镇网络结构，这是一种叠加于中心地等级空间结构之上的连通性更强、更加扁平化的地域空间结构。

塑造从幂律分布到影响因素的等级规模结构。城镇体系自身具备“位序—规模”下的幂律分布特征同时，不同地域、不同经济社会发展阶段的城镇体系，在全球化、市场化、城镇化等影响因素的作用下，呈现首位、均衡、分散等差异化的等级规模结构（图 4）。

塑造从专门化到适度多样化的职能类型结构。韧性理论认为具有经济多样化的城市韧性较强，在一些部门衰退和受到冲击时能够依赖多样的冗余功能确保经济恢复（Minsky and Kaufman，2008）。城镇职能类型结构的自组织，即将适度多样化作为基本原则，在确保城镇专业化分工的同时适度增加职能结构的多样化，提升区域经济的稳定性。塑造从节点支撑到资源共享的网络系统组织。城镇体系自组织系统结构功能的建构，依赖于物质载体支撑。新时期应结合通勤圈和都市区空间范围进行网络支撑系统的布局，构建与出行需求和效率相匹配的基础设施共享网络系统组织。

（2）冗余配置

冗余性（redundancy）是指系统中具备相似功能的资源、组件、设施等存在复制重叠，在某一部分受到冲击和破坏失效时能够相互替代，即使部分能力受损，系统仍然能够依靠闲置的生产能力正常运转，在时间上和空间上分散风险（Wardekker et al.，2010）。省域城镇体系的冗余配置是指：通过

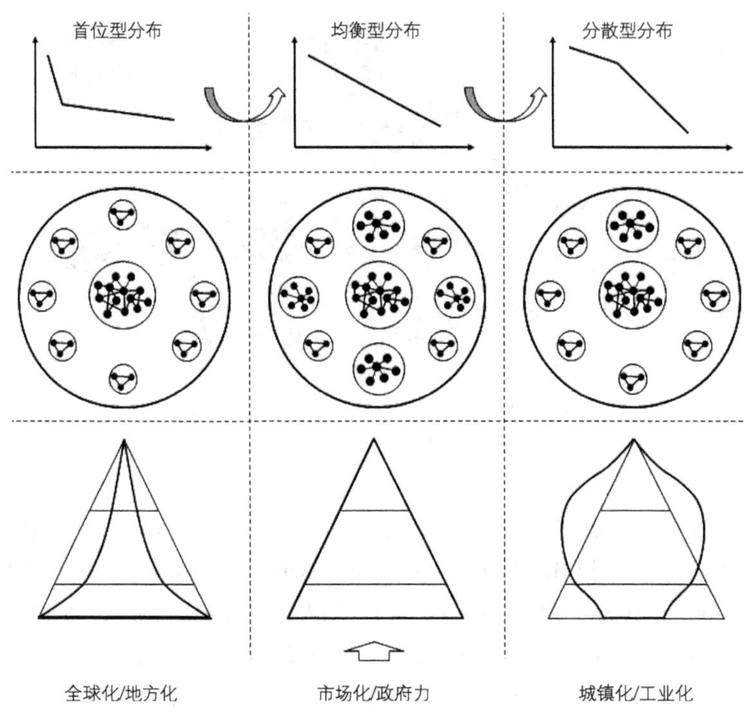

图4 城镇等级规模分布及影响因素

资源环境冗余性分析、资源环境承载力和城镇适度规模的确定、水源涵养区的划定及基础设施的适当超前配置，实现省域城镇体系与水资源、土地资源和交通设施的可持续发展。

3.4 基于韧性视角的省域城镇空间布局

省域城镇空间布局的韧性塑造框架内容包括：划定生态保护红线、永久基本农田、城镇刚性和弹性增长边界，实现生态为底的省域韧性空间重塑；促进生产要素的部门间高效流动，实现产业为纲的省内部门协同发展；实现城镇等级—规模—网络耦合效应；进行城镇体系自组织和城镇体系与水资源、土地资源和交通设施的冗余配置（图5）。

4 基于韧性视角的省域城镇空间布局内容和重点

4.1 生态为底的省域韧性空间重塑

近年来，省域空间规划研究和实践开始探索基于“多规融合”的区域发展总体规划框架。顾朝林和

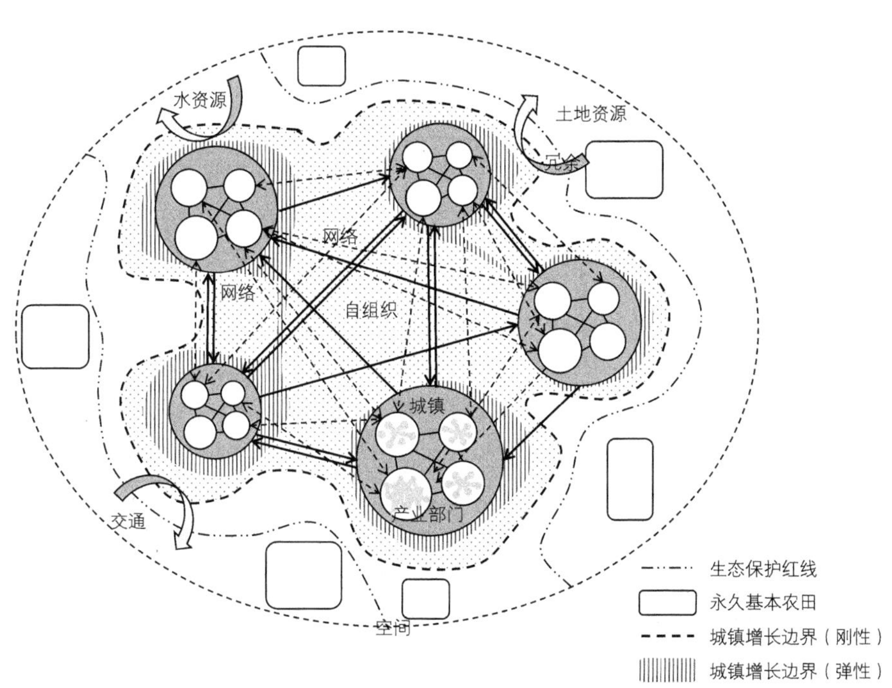

图 5 基于韧性视角的省域城镇空间布局

彭翀（2015）提出将“空间规划”元素抽取形成一个高于原有“多规”的“一级政府、一本规划、一张蓝图”的区域发展总体规划；张泉和刘剑（2014）提出“区域空间结构—城镇空间结构—生态空间结构—交通空间结构”框架，已经演变为精简版的区域规划。其他学者提出资源环境压力下的城镇空间组织（陈小卉、汤春峰，2013）、生态优先的总体规划编制思路（胡耀文、尹强，2016）等，并在相关规划实践中进行运用。

本研究立足于“多规融合”，论述以生态为底的省域韧性空间重塑方法，即划定城镇增长边界、永久基本农田和生态保护红线，作为省域空间约束条件，确定“三区”和“三生空间”，进行省域韧性空间精细化塑造。采用一票否决原则叠加地形坡度、高程、断裂带、基本农田、河湖岸线和自然保护区、基础设施廊道等因子的空间范围，划定城镇刚性增长边界；采用网格分析、主成分和聚类分析方法，基于地形坡度、相对高程、地质灾害易发程度、地均 GDP、城镇村庄及工矿用地、河流湖泊水库、自然保护区、人口密度等因子，划定城镇弹性增长边界（王颖、顾朝林，2017）；空间加权叠加地形坡度、高程、地质灾害、地质灾害敏感性、水域和海岸线、生态植被等因子的空间影响范围，确定省域生态敏感性分区（麦克哈格，1992；汪淳，2007）。依据省域国土规划确定永久基本农田范围；基于城镇增长边界、永久基本农田和生态保护红线的确定，划定城镇、生态和农业空间“三区”；基于省域主体功能区规划、国土规划和土地利用总体规划，确定生态、生活和生产“三生”空间。

韧性理论认为，“防御力”是确保系统具备抵抗度和鲁棒性的基础能力。生态为底的省域韧性空间重塑，就是要为城市体系的演化营造一个绿色、安全、可持续的空间场所，避免受到生态环境危机的冲击和破坏，确定使省域城镇发展具备“防御力”的空间约束底线。

4.2 产业为纲的省内部门协同发展

在社会—生态系统适应性循环的视角下，区域经济韧性被阐释为一种“适应性韧性”，即智能体之间松散和微弱的耦合产生多重演化动态轨迹，通过不断调整自身结构以适应冲击和波动（Grabher and Stark，1997；Pike et al.，2010）。适应性循环是一种“路径依赖”过程，可能由于要素流动低效、产业更新缓慢等进入“锁定”。研究认为，可以通过引入新技术和外部资本、培育创新能力等，实现“路径突破”和“去锁定”（Martin and Sunley，2006；He et al.，2016）。因此，在复杂适应性系统演化的视角下，产业部门间协同塑造是指对资本、土地、劳动力、技术等生产要素从第一产业向二、三产业、从劳动密集型向资本和技术密集型制造业转移的方向、速度、强度进行调控，使其面向外部冲击和波动及时做出调整，涌现具有适应能力的、不断演进的区域经济宏观结构。产业为纲的省内部门协同发展，就是要提高生产要素的部门间流动效率，加快要素向新兴产业部门转移，实现产业部门对衰退和冲击等外部压力的“适应力”提升。

4.3 省级城镇等级—规模—网络耦合效应

在传统的“位序—规模”法则中，规模是判断城镇重要性的核心标准。规模越大的城镇位序越高，在城镇体系中扮演越重要的角色，这一标准同样反映在中心地理论中。随着研究的深入，位序—规模法则作为城市等级的唯一确定标准开始受到质疑。伴随着“流动空间”（space of flow）等理论范式的转变，城镇的重要性开始取决于其在经济空间组织和全球产业分工合作中的地位、与其他城市互动的强度及与其他城市构建关联桥梁的能力（Beaverstock et al.，2000；Sassen，2001），城镇的等级和重要性已不仅简单取决于其规模的大小，中小城镇同样可以发挥重要的节点作用。基于网络等级的位序（network-based rank）将成为新时期确定城镇等级的重要依据。即在城镇网络中与其他城镇的联系强度更高的城镇，将扮演更重要的角色。应引入城镇网络位序（network-based rank）作为“位序—规模”法则的补充，实现省级城镇等级—规模—网络的耦合效应。采集手机信令、企业总部分支机构、铁路班次和信息流等流数据测度和确定城镇网络位序。

从韧性的角度，城镇将其自身整合进入一个更广的空间和功能网络中的能力和程度对于其“恢复力”的塑造具有决定性作用，因为瓦解这个更大尺度的网络需要更多的能量输入，城镇可能受到波动冲击的损害也就越小。这种具有“扁平特征”的网络结构具备比等级化结构更高的灵活性，因此提高城镇“网络位序”是塑造“恢复力”的有效途径。

4.4 省域城镇体系自组织

从热力学的角度来看，城镇体系自组织的核心在于引入“负熵流”，降低系统的混乱程度，使系统实现从无序到有序的整体秩序化演化，表现在空间、时间和功能维度。

（1）从等级结构到网络化结构的地域空间结构

传统中心地理论构建了六边形巢状的等级化空间结构（Christaller，1933）。随后的研究指出，“中心地模型缺乏对必要的市场结构严肃的经济学考虑”（Skinner，1964；Krugman，1997；Cartier，2002）。伴随着“流动空间” 理论范式的转型，一种新的网络结构开始叠加于传统金字塔等级结构之上（Meijers，2007），城镇之间呈现出等级和网络交织的空间结构。经济学研究认为，在市场的作用下，城镇体系会形成分层的结构模式（杨小凯、张永生，2003）。从等级结构到网络化结构的城镇地域空间结构研究，可以基于 “中心地”和“流动空间”的理论模型，结合层域理论构建等级结构和网络化结构分层的研究框架，收集城镇间人口、资本、交通和信息等流动数据，采用网络分析方法进行测度，判断城镇倾向于以网络结构为主体形态（承担城镇体系网络节点）还是倾向于以等级结构为主体形态（扮演传统中心地角色），予以针对性的空间结构引导。

（2）从幂律分布到影响因素的等级规模结构

在“位序—规模”法则中，b 值越大，城市规模的集中程度越高。这一传统方法相对简单地依据幂律分布中大中小城市的数量特征确定等级规模结构。同时，城镇体系自组织系统还受到不同发展阶段、不同经济社会发展水平的“非特定”干预，呈现出差异化的等级规模结构。目前研究认为，城镇体系等级规模结构的“非特定” 影响因素主要包括：全球化（Krugman and Elizondo，1996；Hanson，1998；Alonso-Villar，2001）、内源力（孙菲，2016）、工业化（曾思敏等，2009）、城镇人口规模（代合治，2001）和资本流动方向（赵伟，2009）等。应当加强对以上影响因素与等级规模结构集中指数的关联分析，通过对工业化、全球化、市场化、政府力等因素与等级规模结构 b 值的回归分析，判断在塑造省域城镇体系等级规模结构的主要动力，在规划确定城镇规模时做到“当大则大、当小则小”。

（3）从专门化到适度多样化的职能类型结构

适度多样化被认为是塑造区域产业结构韧性的核心原则（Pike et al.，2010；Berkes，2007）。省域城镇体系职能类型结构的自组织塑造，即在确保城镇专业化分工的同时增加适度多样化，采用基尼系数等对城市体系职能结构的收敛/差异及多样化/专门化程度进行测度（Meijers，2007；Meijers，2005），作为城镇职能类型结构多样化引导的重要基础。

（4）从节点支撑到资源共享的网络系统组织

特大城市和大城市围绕城市中心形成的不同层次和范围的“通勤圈”，是新时期区域经济社会空间组织的重要依据（陈卓、金凤君，2016）。城镇体系网络支撑系统应首先在这个区内进行布局，塑造与区域出行需求和效率相匹配、围绕通勤圈构建的基础设施共享网络系统。从节点支撑到资源共享的网络系统组织的研究，可以采用百度地图等公路网络和通勤数据，对特大城市等时间通勤圈范围进行空间测度，对等时间通勤圈范围与城镇空间结构进行叠合分析，根据二者的匹配程度，通过在省域公路网规划中通过加密省内重要节点城市的联系、提升高速公路网络对县域中心城镇的覆盖能力等策略提升网络系统组织的资源共享能力。

4.5 省域城镇体系冗余配置

省域城镇体系冗余配置，即基于区域水资源承载力评价，确定与水资源总量相适应的城市适度规模，针对城市资源环境冗余配置水平下降、城市水资源承载力低于人口规模的现状，规划可以通过确定重要水源保护区、适当控制城市规模、进行差异化的人口迁移引导实现城镇体系的水资源冗余配置；保护耕地资源，合理布局城镇，加强生态修复，通过建设省域生态绿网有效隔离城市组团单元、进行水土保持综合治理实现城镇体系的土地资源冗余配置；通过适当提高公路建设标准、增加县域范围内公路里程、加强次级交通枢纽建设，实现城镇体系的交通设施冗余配置。

5 结语

综上所述，基于空间、部门、网络、等级四维度和自组织、冗余配置原则，由外而内、由空间到体系逐层构建的塑造框架能够为实现“省域城镇空间布局的韧性效应” 提供科学视角和思路方法。研究还结合了相关实证分析，证明了规划框架在理论层面的可行性和可操作性。未来还将在实证研究的数据采集、模拟等方面进一步深化和完善，也希望结合规划实践对本文提出的理论和方法进行验证和修正。

致谢

本文基于李彤玥博士论文部分章节改写，感谢导师顾朝林教授。

参考文献

[1] Alberti, M., Marzluff, J. M. 2004. “Ecological resilience in urban ecosystems: Linking urban patterns to human and ecological functions,” Urban ecosystems, 7(3): 241-265.

[2] Alberti, M. 1999. “Modeling the urban ecosystem: A conceptual framework,” Environment and Planning B: Planning and Design, 26(3): 605-630.

[3] Alonso-Villar, O. 2001. “Large metropolises in the third world: An explanation,” Urban Studies, 38(8): 1359-1371.

[4] Allenby, B., Fink, J. 2005. “Toward inherently secure and resilient societies,” Science, 309(8): 1034-1036.

[5] Beaverstock, J. V., Smith, R. G., Taylor, P. J. 2000. “World-city network: A new metageography? ” Annals of the

Association of American Geographers, 90(1): 123-134.
[6] Berkes, F. 2007. "Understanding uncertainty and reducing vulnerability: Lessons from resilience thinking," Natural Hazards, 41(2): 283-295.
[7] Bertalanffy, L. 1969. General System Theory: Foundations, Development, Applications. New York: George Braziller.
[8] Carpenter, S., Walker, B., Anderies, J. M., et al. 2001. "From metaphor to measurement: Resilience of what to what?" Ecosystems, 4(8): 765-781.
[9] Cartier, C. 2002. "Origins and evolution of a geographical idea: The macroregion in China," Modern China, 28(1): 79-112.
[10] Christaller, W. 1933. Die zentralen Orte in Süddeutschland : eine ökonemisch-geographische Untersuchung über die Gesetzmassigkeit der Verbreitung und Eniwicklung der Siedlungen mit städtischen Funktionen. Gustav Fischer.
[11] Davoudi, S., Crawford, J., Mehmood, A. 2009. Planning for Climate Change: Strategies for Mitigation and Adaptation for Spatial Planners. London：Routledge.
[12] Desouza, K. C., Flanery, T. H. 2013. "Designing, planning, and managing resilient cities: A conceptual framework," Cities, 35: 89-99.
[13] Duxbury, J., Dickinson, S. 2007. "Principles for sustainable governance of the coastal zone: In the context of coastal disasters," Ecological Economics, 63(2): 319-330.
[14] Evans, J. P. 2011. "Resilience, ecology and adaptation in the experimental city," Transactions of the Institute of British Geographers, 36(2): 223-237.
[15] Glansdorff, P., Prigogine, I. 1971. "Thermodynamic theory of structure, stability and fluctuations," American Journal of Physic, 176(4042): 1410-1420.
[16] Godschalk, D. R. 2003. "Urban hazard mitigation: Creating resilient cities," Natural Hazards Review, 4(3): 136-143.
[17] Grabher, G., Stark, D. 1997. "Organizing diversity: Evolutionary theory, network analysis and postsocialism," Regional Studies, 31(5): 533-544.
[18] Gunderson, L. H. 2001. Panarchy: Understanding Transformations in Human and Natural Systems. Washington, D.C.: Island press.
[19] Hanson, G. H. 1998. "Regional adjustment to trade liberalization," Regional Science and Urban Economics, 28(4): 419-444.
[20] He, C., Yan, Y., Rigby, D. 2016. "Regional industrial evolution in China," Papers in Regional Science, 97(2): 173-198.
[21] Holling, C. 1996. "Engineering resilience versus ecological resilience," Engineering Within Ecological Constraints, 31-44.
[22] Holling, C. 1973. "Resilience and stability of ecological systems," Annual Review of Ecology and Systematics, 4: 1-23.
[23] Jabareen, Y. 2013. "Planning the resilient city: Concepts and strategies for coping with climate change and

environmental risk," Cities, 31: 220-229.

[24] Krugman, P. R. 1997. Development, Geography, and Economic Theory. Cambridge, Mass.: MIT Press.

[25] Krugman, P., Elizondo, R. L. 1996. "Trade policy and the third world metropolis," Journal of Development Economics, 49(1): 137-150.

[26] Liao, K. H. 2012. "A theory on urban resilience to floods–A basis for alternative planning practices," Ecology and Society, 17(4).

[27] Lu, P., Stead, D. 2013. "Understanding the notion of resilience in spatial planning: A case study of Rotterdam, The Netherlands," Cities, 35: 200-212.

[28] Martin, R., Sunley, P. 2006. "Path dependence and regional economic evolution," Journal of Economic Geography, 6(4): 395-437.

[29] McDaniels, T. 2008. "Fostering resilience to extreme events within infrastructure systems: Characterizing decision contexts for mitigation and adaptation," Global Environmental Change, 18(7): 310-318.

[30] Meijers, E. 2007. "Clones or complements? The division of labour between the main cities of the Randstad, the Flemish Diamond and the RheinRuhr Area," Regional Studies, 41(7): 889-900.

[31] Meijers, E. 2007. "From central place to network model: Theory and evidence of a paradigm change," Tijdschrift voor Economische en Sociale Geografie, 98(2): 245-259.

[32] Meijers, E. 2005. "Polycentric urban regions and the quest for synergy: Is a network of cities more than the sum of the parts? " Urban Studies, 42(4): 765-781.

[33] Minsky, H. P., Kaufman, H. 2008. Stabilizing an Unstable Economy. New York: McGraw-Hill.

[34] Ostrom, E. 2010. "Polycentric systems for coping with collective action and global environmental change," Global Environmental Change, 20(4): 550-557.

[35] Pendall, R., Foster, K. A., Cowell, M. 2010. "Resilience and regions: Building understanding of the metaphor," Cambridge Journal of Regions, Economy and Society, 3(1): 71-84.

[36] Pike, A., Dawley, S., Tomaney, J. 2010. "Resilience adaptation and adaptability," Cambridge Journal of Regions, Economy and Society, 3: 59-70.

[37] Premakumara, D. G. J., Maeda, T., Huang, J., et al. 2014. Building Resilient Cities Lessons Learned from Four Asian Cities. ISAP, Building Resilient Cities in Asia: From Theory to Practice. Yokohama.

[38] Rose, A., Liao, S. Y. 2005. "Modeling regional economic resilience to disasters: A computable general equilibrium analysis of water service disruptions," Journal of Regional Science, 45(1): 75-112.

[39] Sassen, S. 2001.The Global City: New York, London, Tokyo. Princeton: Princeton University Press.

[40] Skinner, G. W. 1964. "Marketing and social structure in rural China, Part I," The Journal of Asian Studies, 24(1): 3-43.

[41] Surjan, A., Sharma, A., Shaw, R. 2011. Understanding Urban Resilience. West Yorkshire: Emerald Group Publishing Limited.

[42] Thomalla, F., Downing, T., Spanger-Siegfried, E., et al. 2006. "Reducing hazard vulnerability: Towards a common approach between disaster risk reduction and climate adaptation," Disasters, 30(1): 39-48.

[43] Tyler, S., Moench, M. 2012. "A framework for urban climate resilience," Climate and Development, 4(4):

311-326.
[44] Wardekker, J. A., Jong, A. D., Knoop, J. M., et al. 2010. "Operationalising a resilience approach to adapting an urban delta to uncertain climate changes," Technological Forecasting and Social Change, 77(6): 987-998.
[45] Wilbanks, T., Sathaye, J. 2007. "Integrating mitigation and adaptation as responses to climate change: A synthesis," Mitigation and Adaptation Strategies for Global Change, 12(5): 957-962.
[46] Wildavsky, A. B. 1988. Searching for Safety. New Jersey：Transaction Publishers.
[47] 蔡建明，郭华，汪德根. 国外弹性城市研究述评[J]. 地理科学进展，2012，31(10)：1245-1255.
[48] 陈梦远. 国际区域经济韧性研究进展——基于演化论的理论分析框架介绍[J]. 地理科学进展，2017，36(11)：1435-1444.
[49] 陈小卉，汤春峰. 资源环境压力下的城镇空间组织模式探索——以《江苏省城镇体系规划(2012～2030)》为例[J]. 城市规划，2013(2)：15-18+97-100.
[50] 陈卓，金凤君. 北京市等时间交通圈的范围、形态与结构特征[J]. 地理科学进展，2016，35(3)：389-398.
[51] 代合治. 中国城市规模分布类型及其形成机制研究[J]. 人文地理，2001，16(5)：40-43+57.
[52] 戴伟，孙一民，韩·迈尔，等. 气候变化下的三角洲城市韧性规划研究[J]. 城市规划，2017，41(12)：26-34.
[53] 戈峰. 现代生态学[M]. 北京：科学出版社，2002.
[54] 顾朝林. 中国城镇体系：历史·现状·展望[M]. 北京：商务印书馆，1992.
[55] 顾朝林，彭翀. 基于多规融合的区域发展总体规划框架构建[J]. 城市规划，2015，39(2)：16-22.
[56] 哈肯. 高等协同学[M]. 郭治安，译. 北京：科学出版社，1989.
[57] 胡耀文，尹强. 海南省空间规划的探索与实践——以《海南省总体规划(2015～2030)》为例[J]. 城市规划学刊，2016(3)：55-62.
[58] 黄晓军，黄馨. 弹性城市及其规划框架初探[J]. 城市规划，2015，39(2)：50-56.
[59] 李彤玥. 基于弹性理念的城市总体规划研究初探[J]. 现代城市研究，2017(9)：8-17.
[60] 李彤玥. 韧性城市研究新进展[J]. 国际城市规划，2017，32(5)：15-25.
[61] 李彤玥，牛品一，顾朝林. 弹性城市研究框架综述[J]. 城市规划学刊，2014，5：23-31.
[62] 李振基，陈小麟，郑海雷. 生态学[M]. 3 版. 北京：科学出版社，2007.
[63] L. 麦克哈格. 设计结合自然[M]. 芮经纬，译. 北京：中国建筑工业出版社，1992.
[64] 邵亦文，徐江. 城市韧性：基于国际文献综述的概念解析[J]. 国际城市规划，2015(2)：48-54.
[65] 宋家泰，顾朝林. 城镇体系规划的理论与方法初探[J]. 地理学报，1988，2：97-107.
[66] 孙菲. 重庆地区城市规模结构演变的时空特征及驱动因素分析[J]. 现代城市研究，2016(1)：65-71+82.
[67] 孙久文，孙翔宇. 区域经济韧性研究进展和在中国应用的探索[J]. 经济地理，2017，37(10)：1-9.
[68] 谭跃进，邓宏钟. 复杂适应系统理论及其应用研究[J]. 系统工程，2001，19(5)：1-6.
[69] 欧阳虹彬，叶强. 弹性城市理论演化述评：概念、脉络与趋势[J]. 城市规划，2016，40(3)：34-42.
[70] 彭翀，郭祖源，彭仲仁. 国外社区韧性的理论与实践进展[J]. 国际城市规划，2017，32(4)：60-66.
[71] 彭翀，林樱子，顾朝林. 长江中游城市网络结构韧性评估及其优化策略[J]. 地理研究，2018，37(6)：1193-1207.
[72] 彭翀，袁敏航，顾朝林，等. 区域弹性的理论与实践研究进展[J]. 城市规划学刊，2015(1)：84-92.
[73] 钱少华，徐国强，沈阳，等. 关于上海建设韧性城市的路径探索[J]. 城市规划学刊，2017(S1)：109-118.
[74] 汪淳. 城市群生态规划框架初探——以辽中城市群生态规划为例[D]. 南京：南京大学，2007.

[75] 汪辉，徐蕴雪，卢思琪，等. 恢复力、弹性或韧性?——社会—生态系统及其相关研究领域中“Resilience”一词翻译之辨析[J]. 国际城市规划，2017，32(4)：29-39.
[76] 王颖，顾朝林. 基于格网分析法的城市弹性增长边界划定研究——以苏州市为例[J]. 城市规划，2017，41(3)：25-30.
[77] 杨敏行，黄波，崔翀，等. 基于韧性城市理论的灾害防治研究回顾与展望[J]. 城市规划学刊，2016(1)：48-55.
[78] 杨小凯，张永生. 新兴古典经济学与超边际分析[M]. 北京：社会科学文献出版社，2003，139-145.
[79] 曾思敏，陈忠暖，方远平. 广东省城市规模 Zipf 法则检验及其影响因素分析[J]. 云南地理环境研究，2009，21(6)：82-86+97.
[80] 翟国方，邹亮，马东辉，等. 城市如何韧性[J]. 城市规划，2018，42(2)：42-46+77.
[81] 翟俊. 弹性作为城市应对气候变化的组织架构——以美国“桑迪”飓风灾后重建竞赛的优胜方案为例[J]. 城市规划，2016，40(8)：9-15.
[82] 张泉，刘剑. 城镇体系规划改革创新与“三规合一”的关系——从“三结构一网络”谈起[J]. 城市规划，2014，38(10)：13-27.
[83] 张岩，戚巍，魏玖长，等. 经济发展方式转变与区域弹性构建——基于 DEA 理论的评估方法研究[J]. 中国科技论坛，2012(1)：81-88.
[84] 赵伟. 工业化与城市化：沿海三大区域模式及其演化机理分析[J]. 社会科学战线，2009(11)：74-81.
[85] 钟琪，戚巍. 基于态势管理的区域弹性评估模型[J]. 经济管理，2010，32(8)：32-37.

[欢迎引用]
李彤玥. 基于韧性视角的省域城镇空间布局框架构建研究[J]. 城市与区域规划研究，2018，10(4)：273-288.
Li, T. Y. 2018. "A framework of spatial distribution of cities at provincial level on resilience perspective," Journal of Urban and Regional Planning, 10(4): 273-288.

当代乡村空间的认知、分析与建构
——评《大都市时代的乡村法国》

范冬阳　刘　健

Recognition, Analysis, and Construction of Contemporary Rural Space: Review on *La France des Campagnes A l'Heure des Métropoles*

FAN Dongyang, LIU Jian
(School of Architecture, Tsinghua University, Beijing 100084, China)

La France des Campagnes A l'Heure des Métropoles
Sous la direction de A. Brès, F. Beaucire, B. Mariolle, 2017
Territoire FRUGAL, Metis Presses
253 pages, €32
ISBN: 978-2-94-0563-17-3

我国乡村在经历了城镇化过程带来的人口流失和凋敝衰败之后，正逐渐走进新的发展阶段。新世纪以来，从社会主义新农村建设到美丽乡村建设再到当前的乡村振兴战略实施，乡村建设发展的理论研究和实践探索接连不断，新村民返乡、新产业诞生等乡村建设发展的新生事物层出不穷。研究者们面对上述日新月异的“乡村事件”，需要思考的问题是：如何定义乡村？如何描述整体的乡村发展现状？如何建立针对乡村主要问题的认识框架以及解决这些主要问题的解决路径？

作为具有悠久农业历史的城市化国家之一，法国同时拥有稳定的较高城市化水平和发展良好的乡村空间，乡村研究也是法国学术界长期关注的热点：艾瑞克（Éric，2016）从历史学的角度对法国自古以来的乡村和农民生活及其演变进行了系统化的研究与阐述；由于“二战”之后的法国开始快速城市化，传统乡村进入急剧转变时期，马蒂厄（Mathieu，1990）从这一阶段的城乡关系角度出发，对乡村的概念和内涵演变进行了研究；孟德拉斯和伯蒙德（Mendras and Bermond，1992）在深刻认识现代化的影响力之后，对法国农村做出了“农民的终结”的论断；凯泽（Kayser，1990）从社会学角度，对法国的乡村重构与复兴以及新乡村的形成做了描述和分析；法国国土观测与规划部门（CIATD，2003）在对国土进行观测和重新认知的基础上，对法国乡村的功能拓展进行了定义并对乡村的未来做出展望和规划；皮斯特（Pistre，2012）对法国新乡村的人口演变、空间活力和社会重组进行了全面深入的研究。

作者简介
范冬阳、刘健，清华大学建筑学院。

我国也有许多学者关注法国乡村的发展，刘健（2010）从城乡统筹的角度研究了法国乡村的开发建设及规划管理问题；汤爽爽（2012）对法国快速城镇化时期的乡村政策做了梳理和研究；范冬阳等（2018）从人口、产业、空间等层面对法国“二战”以来的乡村复兴与重构进行了分析阐述[①]。

2014 年开始的由法国国家研究中心（Agence Nationale de la Recherche）支持的为期三年的乡村研究项目——“广泛城市化中的乡村面貌”（Les Figures Rurales de l’Urbain Généralisé）就是近年来法国乡村研究的典型代表。该研究项目由四个研究小组承担，汇集了包括建筑学、地理学、城乡规划学、交通学、生态学和经济学等多个领域具有乡村规划编制经验的研究者参加[②]。作为该研究项目的成果之一，《大都市时代的乡村法国》一书梳理总结了法国当代乡村研究的最新成果，提供了从多维度认知法国乡村的视角，同时展示了多学科乡村研究的完整方法，并提出了具有启发性的结论。该书不仅以四个主要研究领域为横坐标对当代法国乡村的现状问题做了最新的分析和解读，还以时间为纵坐标展示了同源问题在不同时期的发展演进、具体解读和现时表达，为读者勾勒出今天的法国乡村及其来龙去脉，消除了某些对乡村的长期误读。研究团队理论水平与实践经验都值得称道，成果也是难得的高质量、全覆盖的法国乡村阶段性总结，可以为我国乡村振兴提供国际理论、经验借鉴与启发。

1 大都市时代的乡村研究背景与目的

作为该书内容基础的“广泛城市化中的乡村面貌”研究是在法国大都市时代的现实背景和政策背景下，针对乡村地区进行的全新研究探索。法国自 20 世纪 80 年代至今，城市化率[③]一直维持在 80% 左右，全国超过 3/4 的人口集中在 1/5 的城市化国土上，集中紧密发展的城市空间成为常态。2010 年，萨科齐政府启动国土改革[④]（Réforme territorial），相继采取一系列政策行动，试图通过对国土空间及其行政组织进行重新整合，以提升城市发展的动力和竞争力，促进国土的均衡发展。2014 年颁布的 MAPAM 法案（La loi du 27 janvier 2014 de modernisation de l’action publique territoriale et d’affirmation des métropoles）明确了“大都市”在法国国土空间发展中的战略地位，在全国设立了 16 个大都市并做出相应的制度安排，以期通过对大都市发展权责的法律保障，推动其成为法国在欧盟空间范围内具有竞争力的发展引擎。

在此背景下，本书的研究团队提出一个重要研究假设，即：在集中发展的大都市之外，乡村作为分散而低密度城市化地区，同样具有发展的潜力和价值，应采取不同的认识和政策态度，进而从不同视角出发，对乡村地区的空间现状、特点、问题及未来的可能性开展了深入研究。其论据在于，由于法国的乡村地区在“二战”之后经历了人口、经济、社会、空间等各方面的复兴和重构，乡村与城市在现代化意义上已经没有根本性的区别，城乡在时间空间观念、市场经济理性和政治社会制度等方面都是统一整体，只是因为空间资源的密度差异导致要素自由流动，在城乡之间形成了人口和经济社会结构的空间分异；因此，密度才是区分城乡的最重要的指标，当代乡村法国也就是占法国国土面积绝大多数的低密度城市化地区。

2 多视角、多领域的乡村研究

书中指出，与城市相比，乡村地区的人类建构，包括建成空间和生产生活设施等，有蔓延、散布、碎片化的特点，针对此类空间展开的研究应关注其可识别性。为了减少现有认知框架和理论模型的束缚，从而在新的预设上表述乡村问题，该书的研究从当代乡村发展的背景出发，基于跨学科的特点，利用各个学科的优势理论和方法研究相关问题，并据此组织了全书的四个章节；每个章节在内容上相对独立，共同构成完整的研究内容和互补的研究结论（图 1）。

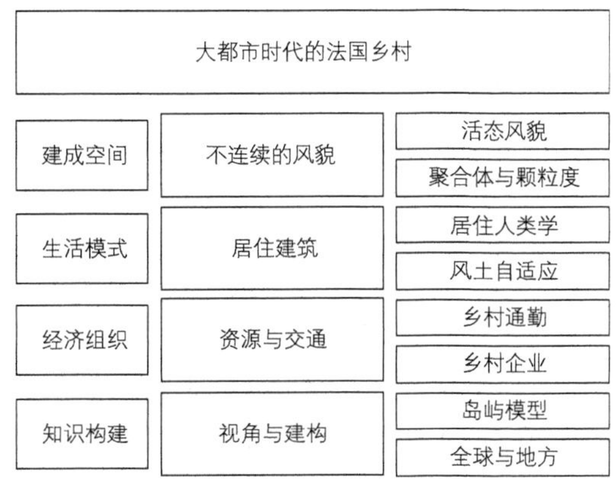

图 1 《大都市时代的法国乡村》全书结构

第一章“不连续的风貌”（Paysages de la discontinuité）[5]是关于物质空间的研究，从热物理学的视角分析认识乡村建成空间的组织及其演变以及乡村发展的内生动力，研究对象是分散化的乡村聚落，包括小城市、行政村、村庄、自然村[6]，联系这些分散的乡村聚落的交通网络、植被绿网、水系蓝网，以及建成空间与自然空间之间相互渗透所形成的“活态风貌”（Paysages vivants）。研究指出，应将建立在多样性与变化中、围绕居住者行为方式而建立起来的空间格局视为乡村空间的基础设施，由其支撑的乡村空间以自组织的形式组成各种“聚合体”（agrégat）[7]，以及具有不同人口规模的“颗粒度”（granularité）[8]，共同构成乡村建成空间发展的单元，其中的居民及其行为则是乡村空间发展变化的动力，显示乡村的内生力量，构成乡村地区的“活态风貌”。

第二章“居住建筑”（Architectures habitées）是关于生活空间的研究，以人类学视角看待乡村建成空间与自然空间的相互渗透以及二者与居住者之间的关系，包括当地文化、生活实践、经验与急智[9]等内容。研究选取郊区带有庭院的独栋住宅作为具体案例，采取了人类学研究方法贴近房屋居住者，观察其生活行为，聆听其居住历史，从中发现建成空间与自然空间相互渗透的重要性，展示当代乡村的居住活动如何阐释简朴（frugalité）与“风土自适应”（acclimatation）。例如，研究发现，现代城市和建筑取消了住宅中的水井、菜园、储存空间等“非正式建设”，破坏和减少了人类与自然的相互适应，因而提出在当代乡村居住中，应将人类建造对自然环境的适应性作为乡土建筑的最重要特征来看待和坚持，通过与本地资源建立紧密联系、采取经济可行的方法，综合体现本地在空间、气候、地理、光照、热工、水文以及使用者和使用方式等方面的独特性，并将其转化为乡村地区可持续发展的独特优势，以实现与全球化趋势的抗衡。

第三章“资源与交通”（Ressources et mobilité）是关于经济空间的研究，采用量化指标和抽样访谈等方式，分析乡村地区的交通结构和生产关系，内容包括分散化乡村空间的人口、就业和服务分布，以及由此决定的空间利用方式和不同资源的可达性等。研究分别从通勤者、企业和日常生活空间三个视角，研究了样本地区的交通距离以及由此引发的选址和迁移等问题，得出了很多异于常识的结论。例如，在传统认识中，乡村的低密度、分散化和远离城市中心被认为是低效的和不利于经济活动的，因为它可能造成通勤距离和生产成本的增加。然而研究对比发现，对通勤者而言，低密度地区的通勤并不代表更长的通勤距离；对于企业而言，只要选取合适的产业组织方式以及与本地相适应的交通组织，通勤距离和低密度未必与成本必然直接相关；而就低密度地区的日常生活而言，则需要在日常生活空间和长距离通勤中同时得到满足。这意味着针对乡村地区的通勤距离统计，应设置不同于城市通勤距离统计的测量和评价方法。

第四章“愿景与国土建构”（Vision et fabrique territoriale）是关于知识与政治空间的研究，从知识论视角建构当代乡村的知识图像和政治空间，包括了各个管理层级和规划层级对应的空间政策，以及各地经济活力的发展图景等内容。从建成空间和人口的角度看，当代法国的国土空间发展体现出两种趋势，一是集中化的发展导致大都市空间形态的生长，一是分散化的发展导致城郊、乡村等空间形态的涌现。尽管空间形态不同，这两种国土都是城市化了的空间。从区域的角度看，各种城市化空间犹如漂浮在非人类要素空间所构成的大海中的“岛屿”，这其中既包括了城市，也包括了乡村，而村镇和城市郊区的相伴生长构成上述岛屿体系的主要形式。在这种国土模型中，人口、家庭单元与产业在不同“岛屿”之间不停地分配与再分配，创造出新的城乡地理格局。研究认为，基于上述概念模型，国土空间发展应强调联合与重构而非分割与集中，即一方面要促成建成空间在国土范围内的整合，另一方面要看到建成空间与自然空间不再有城乡之间的内外之分，它们将完全融为整体而遍布整个国土，甚至整个地球；因此，在认识层面上，要立足全球视野，将建成空间与自然空间的融合更多地与生态环境联系在一起，同时在操作层面上，要从人类高度上关注乡村地区的物质性，而目前的乡村与大都市相比，还是缺乏与其特性和规模相对应的完善组织体系、法律框架和社会力量来实现统筹治理，发展的投机性很强，不同层级和尺度上的行动者们无法统一行动，未来需要在战略统筹方面进一步创新。

3 基于抽样的乡村研究方法

为了尽可能使用具有科学属性的素材表达乡村空间的多样性，本书的研究团队不仅采用了文献收集、量化统计和结构化访谈等传统研究方法，还使用了国土抽样、卫星图比对、穿行体验、田野调查和人类学摄影等新的多学科方法，利用三年间收集到的翔实资料，提供了乡村研究的多学科框架。

研究团队按照一定标准，在法国国土范围内选取了 14 个边长 50 千米的正方形，作为乡村空间的中观和微观研究样本（图 2）。样本选择的标准包括：

（1）样本范围内不包含人口大于 20 000 人的市镇，不包含法国国家统计局确认为就业中心的大型核心市镇（grand pôle）[10]，不包含大区自然公园（parc naturel），以确保样本足以代表普通的法国乡村地区；

（2）样本附近城市的尺度、样本到周边城市的距离具有一定代表性；

（3）样本范围内长久以来形成的空间组织形式具有代表性；

（4）样本范围内的农业结构、人口活力（自然增长和机械增长）、经济活力（就业岗位和在业人数）和交通网络（铁路和公路）等具有一定代表性。

图 2　国土抽样确定的符合标准的 14 个乡村空间样本（图中方框）

资料来源：http://www.frugal-anr.fr/terrains.

国土抽样不仅为其他研究方法确定了应用范围，而且提供了比对的可能。例如，针对每个样本可以比较不同时期的卫星图像和统计数据，展示几十年来该地乡村风貌的变化。

穿行体验和人类学摄影意味着研究人员在连续几个月的时间内，采用各种交通方式穿过各个国土样本，收集各种图像，记录各种感性体验，为理论和数据分析做出形象的佐证与展示（图3）。

图3　书中每章之后的人类学摄影部分，展现当代乡村形象

4　研究结论与对我国的启发

基于多视角下针对14个乡村空间样本的深入研究，该书全面梳理了当代法国乡村的现实和问题，提出未来对于乡村的认知和研究应重视以下内容：

（1）重新认识乡村的景观风貌，它既是一个动态的概念，也是一种基础设施，应该以小尺度的创新项目整合乡村的碎片化景观，重塑大地之美；

（2）深刻认识连续建成空间的功能并使其服务于乡村的可持续发展；

（3）提升乡土居住的风土自适应性：即使经历了现代化的进程，乡村地区的社会生态柔性，即人在环境中有节制地管理自然资源的调节能力，仍然是积极的，只要政策和本地文化有效支持，就能使乡村居民重拾乡土的文化根源；

（4）重识乡土，不仅仅将乡土看作一种遗产符号，而是将它当作一种抵抗全球化的态度——建筑不是简单的建筑物，而是一种与园艺、本地资源、自然空间、社会文化历史、生存智慧和食物体系紧密联系的物质存在与体现；

（5）增加建成空间与自然空间之间的相互渗透，包括构建“食物生产的城市”“城市农业”等项目；

（6）依据乡村交通结构的自身特性，减少通勤距离；

（7）围绕交通与环境问题，寻找属地化的治理模式；

（8）保持乡村地区商业结构的多样性，以适应低密度地区的人流物流结构；

（9）采取新的视角，将大都市看成是广泛自然空间中的多样化城市面貌的集合；

（10）虽然目前的乡村发展仍由机会主义逻辑所主导，未来的乡村却可能成为空间战略规划的创新场，因此应发明更具战略性的乡村规划工具，使其能够快速而柔性地适应乡村空间现实。

在乡村规划的技术层面，研究建议采用意大利学者阿尔伯特（Alberto Magnaghi）提出的“生物区域”（Biorégion）概念框架[11]，将以下内容纳入乡村国土规划的范畴：

（1）作为遗产的地方文化、知识与文脉，用于引导在地的建造艺术；

（2）平衡的水文地质和高品质的生态网络并将其视为人类建构的前提；

（3）抛弃传统的“中心—边缘”模式的多中心聚落群及散布其中的公共空间体系；

（4）将地方遗产的价值提升作为主要任务的地方经济体系；

（5）支持区内再生的地方能源体系；

（6）用于改进城乡关系并减少生态足迹的多功能农林业体系；

（7）为实现区内自治和国土管治的参与式民主制度。

《大都市时代的乡村法国》一书不仅从一个方面展示了当代法国乡村的丰富现实，从多个维度梳理了法国乡村面临的主要问题、可能的发展路径，并且提供了创新性的研究方法，提出了一个重要议题——乡村研究的“第一性原理”问题，即乡村研究的出发点和知识重构。在量子力学中，“第一性原理”[12]是指仅用物理常量而不是其他实验的、经验的或半经验的参量，即可得到体系基态的性质，目前的科学方法论认为这一原理能最大程度地抓住对象的本质。借用这一理论进行乡村研究，首先要解答的问题就是：乡村是什么？什么特点使得乡村成为乡村而不是城市？当城市和乡村没有了制度、产业、文化传统、生活方式的差别之后，什么才是乡村的“第一性”？根据该书的研究成果，乡村的“第一性”就是“密度”，因为全球范围内的现代化使得农业越来越不成为乡村的表征；而与高密度的城市相比，正是低密度导致乡村在景观、居住、交通、就业、治理层面都体现出截然不同的人地关系和需求逻辑，也正是低密度导致了乡村治理的困境和城市规划工具的不适用，因此新的乡村认知框架应从更基本的“密度”出发，探索异于常识的新发现。

上述新的认知框架也使乡村研究的方法面临转换。例如，在当代乡村空间，随着新的“重量点”的不断出现，即能够对聚集产生重要影响的大型购物中心和互联网等新因素，中心地网络在逐渐解体，乡村地区表现出“无中心”属性，使得以克里斯塔勒的中心地理论为代表的城市研究方法无法发挥作用；因此，针对低密度地区，需要尝试卫星图像、国土抽样等新的方法，以摆脱经验模型，解剖新的范式。

需要指出的是，第一性原理在乡村研究中的适用性是有条件的，即假设与乡村发展相关的要素可以自由流动、相互作用，这与法国的制度环境和发展阶段较为吻合。而“第一性原理”之所以在乡村研究中比较重要，是因为传统范式正处在剧变的过程中，没有可以套用的其他模型，只能从最单纯的特点出发来认识所处的状态，并且以此生成新的知识模型，这与我国的乡村发展现状颇为相似。今日中国正处于剧烈的发展变化中，发达地区的乡村已经体现出农、乡分离的趋势，而欠发展中地区的乡村在属性上与农业空间仍有很大重叠，如何跳出制度和范式的框架，从不同地区的自身特点出发来认识乡村、描述乡村，在不断变化的时代背景下找回属于中国当代乡村的特征、问题、方法论、价值体系和解决方案，本书提供了具有启发性的内容。

致谢

本研究得到国家自然科学基金项目"土地产权、土地整理与乡村规划：农村集体建设用地统筹利用实施机制研究"（51678326）资助，特此致谢。

注释

① 研究成果《二战以后法国的乡村复兴与重构》，2018 年 6 月被《国际城市规划》确认录用。

② http://www.frugal-anr.fr/.

③ 根据法国统计与经济研究中心 INSEE 确定的城市化标准，当一个或几个市镇（法国最小行政区划）的连续建成区，即建筑之间距离不超过 200m 的区域内有 2 000 以上居民居住时，相关市镇即为一个"城市单元"（unité urbaine），城市单元内的人口即被认为是城市化人口。不属于任何城市单元的市镇即为乡村。来源：https://www.insee.fr/fr/metadonnees/definition/c1501。

④ Sarkozy, N. Discours de Monsieur le Président de la République-Zénith de Toulon [archive], http://www.sarkozynicolas.com.

⑤ 此处的"景观"（paysage），在法语中既可以指具有美学意义的风景园林，也可以指广泛意义上的空间风貌、格局和地景。

⑥ 分别是 Petite ville，bourgs，villages, hameaux，划分标准分别是 2 000 人以上、500～1 999 人、500 人以下有行政中心、500 人以下无行政中心。

⑦ 类似于"聚落"的含义，即名称不同的各种连续建成空间，每个国家都对"连续"的含义有不同规定。使用聚合体的概念避免了聚落名称的混用及其所代表的行政划分和文化属性等意涵。

⑧ 指根据"聚合体"中居民数量进行划分而显示出的（与空间相对应的）人口分布与聚合度，同规模的聚合体内人口越少其颗粒度越小。

⑨ 指生活中遇到突发情况的临时应对策略和方法。

⑩ 大型核心市镇指能够提供至少 10 000 个就业岗位且不位于另一核心范围内的市镇单元。

⑪ "生物区域"的核心内涵是在认知层面上重构各个地方的"国土"概念。阿尔伯特认为，每块国土都是一份"属地化"的遗产，在每片国土上都能创造出独一无二的资产，即生存其上的人类所构建的产物，且被"国土遗产"赋予独一无二的附加值；这种附加值足以让某处的产物与另一处的产物相互抗衡同时相互补充。Magnaghi, A. La biorégion urbaine: petit traité sur le territoire bien commun. Eterotopia France, 2014.

⑫ First principle 最初出现于亚里士多德学派的哲学理论，指自证的公理或建立在不能再简化的假设之上的原理。作为评价事物的依据，第一性原理和经验参数是两个极端。来源：https://en.wikipedia.org/wiki/First_principle。

参考文献

[1] Alberto, M. 2014. La Biorégion Urbaine: Petit Traité Sur le Territoire Bien Commun. Eterotopia France.

[2] Beaucire, F., Mariolle, B., Sous la direction de BRES A. 2017. La France des Campagne A l'Heure des Métropoles, Territoire FRUGAL. Metis presses.

[3] CIATD. 2003. Quelle France rurale pour 2020? Etude prospective de la DATAR.

[4] Éric, A. 2016. L'Histoire Des Paysans Français. Perrin.

[5] http://www.gouvernement.fr/action/les-metropoles.

[6] Kayser, B. 1990. La Renaissance Rurale: Sociologie Des Campagnes Du Monde Occidental. Paris: Armand Colin.

[7] Kayser, B. 1992. Naissance De Nouvelles Campagnes. Editions de l'Aube/Datar.

[8] Mathieu, N. 1990. "La notion de rural et les rapports ville-campagne en France. Des années cinquante aux années quatre-vingts," Economie Rurale,1990,197(1): 35-41.

[9] Mendras, H., Bermond, D. 1992. "La fin des paysans," L'Histoire,(154): 42-48.

[10] Pistre, P. 2012. "Renouveaux des campagnes françaises : Évolutions démographiques, dynamiques spatiales et recompositions sociales,"Géographie. Université Paris-Diderot-Paris VII.

[11] 刘健. 基于城乡统筹的法国乡村开发建设及其规划管理[J]. 国际城市规划，2010，25(2)：4-10.

[12] 汤爽爽. 法国快速城市化进程中的乡村政策与启示[J]. 农业经济问题，2012(6)：104-109.

[欢迎引用]

范冬阳，刘健. 当代乡村空间的认知、分析与建构——评《大都市时代的乡村法国》[J]. 城市与区域规划研究，2018，10(4)：289-297.

Fan, D. Y., Liu, J. 2018. "Recognition, analysis and construction of contemporary rural space: Review on *La France des Campagnes A l'Heure des Métropoles*," Journal of Urban and Regional Planning, 10(4): 289-297.

《城市与区域规划研究》征稿简则

本刊栏目设置

本刊设有 7 个固定栏目，分别是：

1. 主编导读。介绍本期主题、编辑思路、文章要点、下期主题安排。

2. 特约专稿。发表由知名学者撰写的城市与区域规划理论论文，每期 1～2 篇，字数不限。

3. 学术文章。城市与区域规划理论、方法、案例分析等研究成果。每期 6 篇左右，字数不限。

4. 国际快线（前沿）。国外城市与区域规划最新成果、研究前沿综述。每期 1～2 篇，字数约 20 000 字。

5. 经典集萃。介绍有长期影响、实用价值的古今中外经典城市与区域规划论著。每期 1～2 篇，字数不限，可连载。

6. 研究生论坛。国内重点院校研究生研究成果、前沿综述。每期 3 篇左右，每篇字数 6 000～8 000 字。

7. 书评专栏。国内外城市与区域规划著作书评。每期 3～6 篇，字数不限。

根据主题设置灵活栏目，如：**人物专访、学术随笔、规划争鸣、规划研究方法**等。

用稿制度

本刊收到稿件后，将对每份稿件登记、编号及组织专家匿名评审，刊登与否由编委会最后审定。如无特殊情况，本刊将会在 3 个月内告知录用结果。在此之前，请勿一稿多投。来稿文责自负，凡向本刊投稿者，即视为同意本刊将稿件以纸质图书版本以及包括但不限于光盘版、网络版等数字出版形式出版。稿件发表后，本刊会向作者支付一次性稿酬并赠样书 2 册。

投稿要求

本刊投稿以中文为主（海外学者可用英文投稿），但必须是未发表的稿件。英文稿件如果录用，本刊可以负责翻译，由作者审查定稿。除海外学者外，稿件一般使用中文。作者投稿用电子文件，通过采编系统在线投稿，采编系统网址：**http：//cqgh. cbpt. cnki. net/**，或电子文件 **E-mail** 至 **urp@tsinghua. edu. cn**。

1. 文章应符合科学论文格式。主体包括：① 科学问题；② 国内外研究综述；③ 研究理论框架；④ 数据与资料采集；⑤ 分析与研究；⑥ 科学发现或发明；⑦结论与讨论。

2. 稿件的第一页应提供以下信息：① 文章标题、作者姓名、单位及通讯地址和电子邮件；② 英文标题、作者姓名的英文和作者单位的英文名称。稿件的第二页应提供以下信息：①200 字以内的中文摘要；②3～5 个中文关键词；③100 个单词以内的英文摘要；④3～5 个英文关键词。

3. 文章正文中的标题、插图、表格、符号、脚注等，必须分别连续编号。一级标题用“1”“2”“3”……编号；二级标题用“1.1”“1.2”“1.3”……编号；三级标题用“1.1.1”“1.1.2”“1.1.3”……编号，标题后不用标点符号。

4. 插图要求：500dpi，16cm×23cm，黑白位图或 EPS 矢量图，由于刊物为黑白印制，最好提供黑白线条图。图表一律通栏排，表格需为三线表（图：标题在下；表：标题在上）。

5. 参考文献格式要求如下：

（1）参考文献首先按文种集中，可分为英文、中文、西文等。然后按著者人名首字母排序，中文文献可按著者汉语拼音顺序排列。参考文献在文中需用括号表示著者和出版年信息，例如（王玲，1983），著录根据《信息与文献 参考文献著录规则》（GB/T 7714—2015）国家标准的规定执行。

（2）请标注文后参考文献类型标识码和文献载体代码。

- 文献类型/类型标识

  专著/M；论文集/C；报纸文章/N；期刊文章/J；学位论文/D；报告/R

- 电子参考文献类型标识

  数据库/DB；计算机程序/CP；电子公告/EP

- 文献载体/载体代码标识

  磁带/MT；磁盘/DK；光盘/CD；联机网/OL

（3）参考文献写法列举如下：

[1] 刘国钧，陈绍业，王凤翥．图书馆目录［M］．北京：高等教育出版社，1957. 15-18.

[2] 辛希孟．信息技术与信息服务国际研讨会论文集：A 集 [C]．北京：中国社会科学出版社，1994.

[3] 张筑生．微分半动力系统的不变集 [D]．北京：北京大学数学系数学研究所，1983.

[4] 冯西桥．核反应堆压力管道与压力容器的 LBB 分析 [R]．北京：清华大学核能技术设计研究院，1997.

[5] 金显贺，王昌长，王忠东，等．一种用于在线检测局部放电的数字滤波技术 [J]．清华大学学报（自然科学版），1993，33（4）：62-67.

[6] 钟文发．非线性规划在可燃毒物配置中的应用 [A]．赵玮．运筹学的理论与应用——中国运筹学会第五届大会论文集 [C]．西安：西安电子科技大学出版社，1996．468-471.

[7] 谢希德．创造学习的新思路 [N]．人民日报，1998-12-25（10）．

[8] 王明亮．关于中国学术期刊标准化数据库系统工程的进展 [EB/OL]．http://www. cajcd. edu. cn/pub/wml. txt/980810-2. html，1998-08-16/1998-10-04.

[9] PEEBLES P Z，Jr. Probability，random variable，and random signal principles [M]．4th ed. New York：McGraw Hill，2001.

[10] KANAMORI H. Shaking without quaking [J]．Science，1998，279（5359）：2063-2064.

6. 所有英文人名、地名应有规范译名，并在第一次出现时用括号标注原名。

编辑部联系方式

地址：北京海淀区清河嘉园东区甲 1 号楼东塔 7 层《城市与区域规划研究》编辑部

邮编：100085

电话：010-82819552

《城市与区域规划研究》征订

《城市与区域规划研究》为小 16 开，每期 300 页左右。欢迎订阅。

订阅方式

1. 请填写“征订单”，并电邮或邮寄至以下地址：

联系人：单苓君
电　话：(010) 82819552
电　邮：urp@tsinghua. edu. cn
地　址：北京市海淀区清河中街清河嘉园甲一号楼 A 座 7 层
《城市与区域规划研究》编辑部
邮　编：100085

2. 汇款

① 邮局汇款：地址同上。
收款人姓名：北京清大卓筑文化传播有限公司

② 银行转账：户　名：北京清大卓筑文化传播有限公司
开户行：北京银行北京清华园支行
账　号：01090334600120105468638

《城市与区域规划研究》征订单

每期定价	人民币 42 元（含邮费）				
订户名称				联系人	
详细地址				邮编	
电子邮箱		电话		手机	
订阅	年　　期至　　年　　期			份数	
是否需要发票	□是　发票抬头				□否
汇款方式	□银行		□邮局	汇款日期	
合计金额	人民币（大写）				
注：订刊款汇出后请详细填写以上内容，并把征订单和汇款底单发邮件到 urp@tsinghua. edu. cn。